Alejandro José Toselli

Elementos Básicos de Petrología Ígnea

Alejandro José Toselli

Elementos Básicos de Petrología Ígnea

Conceptos y clasificaciones

Editorial Académica Española

Imprint
Any brand names and product names mentioned in this book are subject to trademark, brand or patent protection and are trademarks or registered trademarks of their respective holders. The use of brand names, product names, common names, trade names, product descriptions etc. even without a particular marking in this work is in no way to be construed to mean that such names may be regarded as unrestricted in respect of trademark and brand protection legislation and could thus be used by anyone.

Cover image: www.ingimage.com

Publisher:
Editorial Académica Española
is a trademark of
International Book Market Service Ltd., member of OmniScriptum Publishing Group
17 Meldrum Street, Beau Bassin 71504, Mauritius

Printed at: see last page
ISBN: 978-3-659-10257-8

INSTITUTO SUPERIOR DE CORRELACIÓN GEOLÓGICA
(INSUGEO)

Miscelanea 18

ELEMENTOS BASICOS DE PETROLOGIA IGNEA

Alejandro José TOSELLI

Miscelánea INSUGEO

Esta Serie es editada por el INSUGEO con el objeto de dar a conocer información de interés geológico y del medio ambiente, siendo los trabajos allí publicados representativos y puntuales. Ella incluye guías de campo, resúmenes de reuniones científicas y monografías vinculadas al objetivo principal. Se requiere que los manuscritos sean remitidos en apoyo informático y papel; las ilustraciones de igual manera en caja 13X20 cm y con buen contraste. Todos los trabajos tienen revisores y también son puestas en consideración del Consejo Editor. Gran parte de este material puede consultarse gratuitamente y obtener en la página Web del INSUGEO: www.insugeo.org.ar. Esta colección está referenciada en Latindex, EBSCO, Ulrich International Periodical Directory, Thomson Reuters ISI, Zoological Record, Gale Cencage Learning y Georef, Directory of Open Access Journals DOAJ. Integra el Núcleo Básico de Revistas Científicas Argentina.

Miscelánea Insugeo nº 1: Colección de Paleontología Lillo. Catálogo de fósiles publicados 1970-1993

Miscelánea Insugeo nº 2: Lower Paleozoic of Tarija Región, Southern Bolivia (agotado)

Miscelánea Insugeo nº 3: Actividad desarrollada durante los años 1991-1993 (agotado)

Miscelánea Insugeo nº 4: The Jurasic and Cretaceous terrestrial beds from Southern Neuquén Basin, Argentina

Miscelánea Insugeo nº 5: Cuadro general de la ciudad de Paraná

Miscelánea Insugeo nº 6: Cambrian from the Southern Edge

Miscelánea Insugeo nº 7: The Ordovician of Mendoza

Miscelánea Insugeo nº 8: Ordovician / Silurian sections in the Precordillera, western Argentina

Miscelánea Insugeo nº 9: Cambro / Ordovician sections in NW Argentina

Miscelánea Insugeo nº 10: Ordovician and Silurian of the Precordillera, San Juan Providence, Argentina

Miscelánea Insugeo nº 11: Ordovician and Silurian of the Cordillera Oriental and Sierras Subandinas, NW Argentina

Miscelánea Insugeo nº 12: Temas de la Biodiversidad del Litoral Fluvial Argentino I

Miscelánea Insugeo nº 13: Simposio Bodenbender

Miscelánea Insugeo nº 14: Temas de la Biodiversidad del Litoral Fluvial Argentino II

Miscelánea Insugeo nº 15: Textura y estructura de las Rocas Igneas

Miscelánea Insugeo nº 16: Historia de la Geología Argentina

Miscelánea Insugeo nº 17 (1): Temas de la Biodiversidad del Litoral Fluvial Argentino III

Miscelánea Insugeo nº 17 (2): Temas de la Biodiversidad del Litoral Fluvial Argentino III

Instituto Superior de Correlación Geológica
Miguel Lillo 205 – San Miguel de Tucumán – República Argentina

ELEMENTOS BASICOS DE PETROLOGIA IGNEA

Indice

Prólogo 12
Abstract - Resumen 13
Agradecimientos 14

1. CONCEPTOS FUNDAMENTALES
Introducción 15
Criterios de campo 15
Criterios texturales 15
Depósitos piroclásticos 15
Interpretación de las rocas ígneas 16
El interior de la Tierra 16
Origen del sistema solar y de la Tierra 19
Diferenciación de la Tierra 21
¿Cómo se han logrado estos conocimientos? 22
Meteoritos 23
Variaciones de presión y temperatura con la profundidad 25
Gradientes de Presión 26
Gradientes de Temperatura 27

2. CLASIFICACION Y NOMENCLATURA DE LAS ROCAS IGNEAS
Introducción 29
Términos composicionales 29
Índice de color 30
Clasificación de la IUGS 30
Rocas faneríticas 31
Nomenclatura de la figura 2-1 (QAPF plutónicas) 32
Términos modificatorios 33
Rocas máficas y ultramáficas 34
Nomenclatura de la figura 2-5 (QAPF volcánicas) 36
Rocas piroclásticas 36
Clasificaciones químicas 37
En la norma CIPW (ver anexo I) 38
La clasificación TAS 38
Concepto de saturación 40

3. TEXTURAS
Introducción 43
Texturas primarias (Interacción fundido-cristal) 44
Lugares preferenciales de nucleamiento 49
Reacción y resorción magmática 52
Movimientos diferenciales de cristales y fundido 52
Texturas cumuláticas 53
Maclas primarias 54
Fábricas volcánicas 54
Fábricas piroclásticas 57
Texturas secundarias (cambios postmagmáticos)............................... 58
Transformaciones polimórficas 59
Maclas secundarias 60
Reacciones secundarias y de reemplazo 61
Deformación 63

4. PROCESOS VOLCÁNICOS
Introducción 65
Vulcanismo Hawaiano o en Escudo 66
Vulcanismo Estromboliano 67
Vulcanismo Vulcaniano 67
Vulcanismo Peleano 68
Vulcanismo Pliniano 69
Comportamiento del material eyectado 69

Lavas pahoehoe o cordadas 69
Lavas AA o escoriaceas 70
Lavas pillow o almohadilladas 71
Lavas submarinas 71
Domos de lava 72
Rocas piroclásticas 73
Eventos piroclásticos pequeños 75
Caidas de cenizas 76
Flujos de cenizas 77
Lahars 78
Hialoclastitas 78
Depósitos piroclásticos laminares 78
Crateres y calderas 79
Super-volcanes y super-erupciones explosivas 80
Super-volcán 80
Super-erupción 80
Reservorios magmáticos que alimentan a las super-erupciones 81
Calderas 83
Grandes provincias ígneas - LIPs. 85
Plateau basálticos oceánicos 85
Plateau de basaltos continentales 86
Origen de los magmas 87
Ruptura continental 87

5. CUERPOS INTRUSIVOS O PLUTONICOS

Introducción 91
Cuerpos laminares 91
Cuerpos globosos 94
Relaciones de contacto de los plutones 95
Tiempo de intrusión 97
Profundidad de los intrusivos 97
Inyecciones múltiples y plutones zonados 100
Los procesos de ascenso del magma y emplazamiento y el problema del espacio 100

6. REGLA DE LAS FASES: SISTEMAS DE UNO Y DOS COMPONENTES

Introducción 103
Fases en equilibrio y regla de las fases 104
Clasificación de los sistemas 106
Sistemas de un solo componente 106
Fusión Congruente 106
Sistema Sílice 107
Fusión incongruente 108
Sistemas de dos componentes 109
Sistemas de tipo eutéctico 109
Sistema diópsido-anortita 109
Fusión en equilibrio 111
Cristalización fraccionada 111
Fusión parcial en equilibrio 111
Disolución sólida completa 112
Sistema de las plagioclasas 112
Zoneado composicional 113
Fusión de equilibrio incongruente 114
Fusión fraccionada 114
Sistema forsterita-fayalita 114
Fusión incongruente 115
Sistemas peritécticos binarios 115
Sistema Forsterita-sílice 115
Cristalización fraccionada 117
Relaciones de fusión 117
Desmezcla de disoluciones sólidas 118
Sistema de los feldespatos alcalinos 118

7. SISTEMAS DE TRES COMPONENTES

Introducción 123
Sistemas eutécticos ternarios (Anortita-Forsterita-Diópsido) 123
Cristalización fraccionada 124
Fusión en equilibrio 125
Fusión parcial 125
Sistema ternario peritéctico (Anortita-Forsterita-Sílice) 125
Cristalización fraccionada 127
Sistemas ternarios con solución sólida (Diópsido-Albita-Anortita) 127
Sistemas con más de tres componentes (Albita-Anortita-Diópsido-Forsterita) 129
Series de reacción 130
Efectos de la presión sobre el comportamiento de los fundidos 131
Efectos de los fluidos con el comportamiento de los fundidos 131
Inclusiones fluidas 132
Los efectos del agua 133
Rol del agua en el comportamiento magmático 134
Controles sobre las erupciones volcánicas explosivas 136
Ebullición retrógrada: estadios tardíos de sistemas magmáticos confinados 136
Sistemas hidrotermales 137
Isótopos y los sistemas convectivos de agua meteórica 139
Efectos del anhídrido carbónico 139
Componentes volátiles 140

8. PETROLOGÍA QUÍMICA: ELEMENTOS MAYORES Y MENORES

Introducción 143
Minerales normativos. 144
Diagramas de variación 146
Proyecciones bivariantes. 146
Índice de diferenciación (Thornton y Tuttle) 149
Índice de cristalización (Poldevaart y Parker) 150
Comentarios 151
Diagrama triángular AFM. 152
Diagramas de variación para modelar la evolución magmática 152
Relación entre elementos de Pearce 153
Modelos gráficos y matemáticos de evolución magmática 154
Series de magmas 158

9. PETROLOGIA QUIMICA II: ELEMENTOS TRAZAS E ISOTOPOS

Introducción 165
Distribución de los elementos 165
Modelos de procesos sólido-fundido 168
Baño de fusión 168
Fraccionamiento Rayleigh 169
Las tierras raras: un grupo especial de elementos trazas 170
Diagramas Spider o Multielementos 171
Aplicación de los elementos trazas a sistemas ígneos 172
Criterios geoquímicas para discriminar entre ambientes tectónicos 175
Isótopos 176
Isótopos de oxígeno 176
Isótopos de Potasio y Argón 177
Isótopos de Rubidio y Estroncio 177
Isótopos de Samario y Neodimio 180
Sistemas Uranio, Torio y Plomo 182
Sistema Lutecio y Hafnio 184
Sistema de Renio y Osmio 185

10. MAGMAS

Introducción 187
Composición de los magmas 188
Propiedades físicas de los magmas 189
Temperaturas 189
Naturaleza físico-química de los líquidos silicáticos 191

Viscosidad 192
Efectos del enfriamiento en la cristalización 194
Densidad 196
Tiempo requerido para la cristalización 197
Ascenso del magma a través del manto y de la corteza 197
Transferencia de masa y energía por difusión 199
Convección 200
Diferenciación magmática 202
Clasificación de los procesos de diferenciación 202
Sistemas que involucran sólo líquidos 203
Sistemas que involucran sólidos y líquidos 203
Sistemas que involucran líquido y vapor 204
Sistemas que involucran líquido, sólido y vapor 204
Asimilación magmática 204
Reacciones con las rocas de caja 204
Asimilación 205
Rocas híbridas 207
Mixing – mezcla homogénea 208
Mingling – mezcla heterogénea 208
Alteración post-solidificación 208
Generación del magma 209
Fusión parcial 211

11. ROCAS PLUTONICAS
Introducción 213
Categorías de granitos 213
Parámetros geoquímicas 215
Cinturón batolítico mesozoico andino 217
Elementos trazas característicos de los granitos 217
Caracterización según participación del manto y corteza 219
Granitos en zonas de colisión continente-continente 220
Granitos tipo-A 221
Petrogénesis 222
Clasificación geotectónica de los granitos 224
Pegmatitas 224
Petrogénesis 225

12. DORSALES OCEANICAS
Introducción 229
Naturaleza de la corteza oceánica 231
Zona de fallas transformantes 231
Dorsales asísmicas 231
Flujo calórico y sistemas hidrotermales... 232
Metamorfismo del fondo oceánico... 232
Basaltos de las dorsales medio-oceánicas (MORB). 232
Composición química.. 233
Origen de los magmas MORB y su fuente mantélica 235
Reservorios mantélicos 237
Modelos petrogenéticos 237
Ofiolitas.. 240
Introducción 240
Características distintivas.. 240
Origen y emplazamiento... 241
Serpentinización 244

13. MAGMATISMO DE INTRAPLACA
Introducción 245
Islas oceánicas... 246
Procesos de fusión parcial 246
Cámaras de magma en altos niveles 248
Petrografía de las rocas volcánicas de islas oceánicas...................................... 248
Composición química 249

Elementos mayores 250
Elementos trazas y tierras raras 251
Isótopos radiogénicos 253
Modelo petrogenético 255
Profundidad de segregación de los magmas 255

14. FLUJOS BASALTICOS CONTINENTALES
Introducción 257
Petrografía de las rocas volcánicas 257
Composición química 260
Elementos trazas 260
Isótopos radiogénicos 261
Modelos petrogenéticos 262

15. MAGMATISMO EN MARGENES ACTIVOS DE PLACAS
Introducción 265
Arcos de islas oceánicas 265
Estructura de los arcos de islas 267
Estructura térmica y procesos de fusión parcial 267
Segregación, ascenso y almacenamiento del magma 268
Características de las series de magmas 269
Petrografía de las volcanitas 271
Variaciones temporales y espaciales del magmatismo de arco 271
Composición química de los magmas 272
Identificación de los magmas primarios 273
Contenidos de volátiles 274
Isótopos radiogénicos 274
Modelos petrogenéticos 275

16. MAGMATISMO DE MARGENES CONTINENTALES ACTIVOS
Introducción 279
Estructura de los márgenes continentales activos 280
Reservorios de magma en la corteza 281
Características petrográficas de las rocas volcánicas y plutónicas 283
Andesitas 283
Riolitas 285
Composición química de los magmas 286
Elementos mayores 287
Elementos trazas 288
Isótopos radiogénicos 288
Modelos petrogenéticos 289

17. MAGMATISMO EN CUENCAS DE RETRO-ARCO
Introducción 293
Petrografía de las rocas volcánicas 295
Composición química de los magmas 295
Elementos mayores 295
Elementos trazas 296
Isótopos radiogénicos 297
Modelo petrogenético 297

18. MAGMATISMO POTASICO DE INTRAPLACA
Introducción 301
Kimberlitas 302
Petrografía de las kimberlitas 303
Lamproitas 304
Rocas melilíticas 305
Lamprófiros 305
Composiciones químicas de kimberlitas, lamproitas y lamprófiros 306
Elementos mayores 306
Elementos trazas 310
Isótopos radiogénicos 311

Modelos petrogenéticos 312
Origen de los magmas y relación con los diamantes 316

19. MAGMATISMO DE RIFT CONTINENTAL
Introducción 319
Petrografía 320
Composición química 320
Elementos mayores 320
Elementos trazas 322
Isótopos radiogénicos 323
Modelo petrogenético 325
Carbonatitas 328
Introducción 328
Origen de las carbonatitas 329

20. INTRUSIONES MAFICAS BANDEADAS (LIMs)
Introducción 333
Intrusiones básicas 333
Diques y filones capa diferenciados 334
Grandes intrusiones diferenciadas bandeadas 334
Propiedades.. 335

21. ANORTOSITAS
Introducción 339
Anortositas 339
Modelo de generación de anortositas –tipo masivo 341
Charnoquitas 343

PRÓLOGO

El propósito de este libro ha sido combinar las relaciones geológicas de campo, con los avances en experimentos de laboratorio sobre la forma de originarse las rocas ígneas y la experiencia en el dictado de clases de la carrera de Geología de Facultad de Ciencias Naturales e Instituto Miguel Lillo de la Universidad Nacional de Tucumán, durante más de cuarenta años.

He intentado resumir e integrar los procesos petrogenéticos con las asociaciones de rocas, que se sostienen sobre la base de los ambientes geotectónicos condicionados por la tectónica de placas.

El libro ha sido escrito pensado en los estudiantes de Geología y de Ciencias Naturales, como así también en profesionales que tengan que resolver problemas relacionados con la dinámica que significan los complejos y asociaciones de rocas, con desarrollo de una base simple, pero firme, para avanzar en estudios más profundos y complejos en la interpretación de la fenomenología genética del magmatismo.

Todos reconocerán al leer este libro que se toma, de la bibliografía existente, enorme cantidad de material, como los resultados de los experimentos de laboratorio, las clasificaciones de rocas (mineralógicas y químicas), las asociaciones de rocas, tratando de integrar en forma coherente toda dicha información, con miras a lograr un desarrollo conceptual de la problemática magmática.

Muchas de las ilustraciones, gráficos y fotografías son nuevas y otras son adaptaciones de otras ya publicadas, que por su valor didáctico han sido parcialmente modificadas, adaptadas e incluidas, como complemento adecuado al texto.

ABSTRACT

In this book "Basic Elements on Igneous Petrology", develop key concepts for understanding the origin, evolution and characterization of igneous rocks. It is organized into chapters starting with the concepts of the structure and differentiation of the Earth, its formation as part of the solar system and the meaning of meteorites, as well as changes in pressure and temperature with increasing depth our planet.

We continue with the classifications and nomenclature of igneous rocks, using mineralogical and chemical schemes, effective and textural classifications and in the form of lying in the field, marking the evolutionary differences between volcanic and plutonic processes.

The concept of the phase rule is applied to different petrological systems that explain experimentally the mineral assemblages and textures in the rocks that rise up.

The chemical compositions of rocks, including the major elements, minor and trace, are used to explain the variation diagrams, which serve to explain the evolution experienced by magmas to crystallize, leading to the formation of associations of rocks. This includes radioactive and stable isotopes are commonly used in genetic interpretations. This enters the concept of magma and dynamic phenomena that take place during ascent and consolidation, either as intrusive or volcanic outcropings, with their relations with the rocks it passes through. Are outlined different geotectonic environments that give rise to magmas by partial melting and define their primary character.

So we arrived, after considering the tools to be used, to different groups of rocks, starting with the different groups of granites and their classifications, following by the basalts of mid-ocean ridges and within plates magmatism, continental flood basalt provinces, active continental margins, and back-arc basins. To these are added potassic within continental plates, corresponding to the continental rift zone magmatism, the carbonatites, kimberlites, ophiolites, mafic banded intrusions, and anorthosites.

RESUMEN

En este libro "Elementos Básicos de Petrología Ígnea", se desarrollan los conceptos fundamentales para entender el origen, evolución y caracterización de las rocas ígneas. Para ello se lo ha organizado en capítulos comenzando con los conceptos de la estructura y diferenciación de la Tierra, su formación como parte del sistema solar y el significado de los meteoritos; así como los cambios de presión y de temperatura con el aumento de profundidad en nuestro planeta.

Continuamos con las clasificaciones y nomenclatura de las rocas ígneas, utilizando los esquemas mineralógicos y químicos, en vigencia, así como las clasificaciones texturales y según la forma de yacer en el campo, marcando las diferencias evolutivas entre los procesos volcánicos y los plutónicos.

El concepto de la regla de las fases es aplicada a los diferentes sistemas petrológicos, que explican experimentalmente las asociaciones minerales y las texturas que originan en las rocas que integran.

Las composiciones químicas de las rocas, incluyendo los elementos mayores, menores y trazas, son utilizadas para explicar los diagramas de variación, que sirven para explicar la evolución que sufren los magmas al cristalizar, dando lugar a la formación de las diferentes asociaciones de rocas. Aquí se incluyen los isótopos radiactivos y estables que son utilizados normalmente en las interpretaciones genéticas. Con esto se accede al concepto de magma y los fenómenos dinámicos que tienen lugar durante su ascenso y consolidación, ya sea como cuerpos plutónicos o efusiones volcánicas, junto a sus relaciones con las rocas que atraviesa. Se esquematizan los distintos ambientes geotectónicos que dan origen a los magmas por fusión parcial y definen sus caracteres primarios.

Así llegamos, después de haber considerado las herramientas que deben ser utilizadas, a los diferentes grupos de rocas, comenzando por los diferentes grupos de granitos y sus clasificaciones, siguiendo por los basaltos de las dorsales oceánicas y de intraplaca en áreas oceánicas, los flujos basálticos continentales, el magmatismo de márgenes continentales activos y de las cuencas de retro-arco. A estos se agregan el magmatismo potásico de intraplaca, el correspondientes a zonas de rift continental, las carbonatitas, las intrusiones máficas bandeadas y las anortositas.

AGRADECIMIENTOS

En primer lugar agradezco a mi esposa Dra. Juana N. Rossi por los constantes comentarios y críticas que llevaron a expresar con claridad los temas desarrollados, lo mismo a los colegas que permanentemente me alentaron a terminar el libro.

Mi reconocimiento a la Facultad de Ciencias Naturales e Instituto Miguel Lillo de la Universidad Nacional de Tucumán y al Instituto Superior de Correlación Geológica del CONICET, por la colaboración institucional para alcanzar esta meta.

También hago llegar mi reconocimiento a los alumnos de los cursos de grado de la carrera de geología, que durante años utilizaron los apuntes de cátedra, que llevaron finalmente a la concreción de esta obra.

Miscelanea 18: 15-28
Tucumán, 2010 -ISSN 1514 - 4836 - ISSN on-line ISSN 1668 - 3242

Elementos básicos de petrología ígnea

Capitulo 1
Conceptos Fundamentales

Introducción

La petrología ígnea estudia los fundidos magmáticos y a las rocas que cristalizan desde los mismos. El origen por cristalización desde un fundido es un criterio suficientemente simple como para considerar a una roca como ígnea. Pero raramente se puede observar directamente su formación y sólo en el caso de las lavas que se enfrían directamente en superficie. Por tal razón se han desarrollado criterios de observación para definir el origen de las rocas ígneas. Tales criterios incluyen, observaciones de campo y petrográficas.

Criterios de campo: Los cuerpos intrusivos comúnmente cortan a las estructuras tales como el bandeado o la foliación de la roca de campo, en la cual intruyen y producen algunos efectos térmicos en el contacto. Cuando se desarrolla una estrecha zona de grano fino, en el margen de un intrusivo, o un cocimiento de la roca de caja, ambos son buenos indicadores del origen ígneo del cuerpo plutónico. Asimismo si se observan ciertas formas específicas en los cuerpos de roca que se reconocen como de origen ígneo, tales como estrato-volcanes, flujos pahoehoe, filones, lacolitos, etc., que siempre se asocian con procesos ígneos, o que han sido directamente observados, son todos elementos que se utilizan para establecer el origen ígneo de las rocas involucradas.

Palabras clave: Granitos. Sierra de Velasco. Geoquímica. Wolframio.

Criterios textuales: La petrografía, es la rama de la petrología, que estudia las rocas bajo el microscopio de polarización con luz transmitida, utilizando secciones delgadas. Así se pueden asociar ciertas texturas de intercrecimiento, como de lenta cristalización desde un fundido. Cuando los cristales se forman por enfriamiento de un fundido, usualmente desarrollan formas cristalinas casi perfectas, si no hay obstrucción al crecimiento de los cristales. Como el fundido continúa su enfriamiento y mas cristales se forman, ellos comienzan a interferir unos con otros, modificando sus hábitos cristalográficos, resultando texturas de interpenetración de cristales, constituyendo texturas entrelazadas (intercrecimientos), en que los límites de los granos minerales se interpenetran mutuamente. Con el enfriamiento rápido y solidificación de un fundido, resulta una textura vítrea característica, por falta de ordenamiento cristalino se forma un sólido vítreo, que se reconoce al microscopio por su carácter óptico isótropo.

En razón que los líquidos no pueden transmitir esfuerzos dirigidos, raramente se desarrollan foliaciones. Un criterio textural común para distinguir a las rocas ígneas, de las rocas metamórficas de alto grado, en muestras de mano, es justamente la falta de orientación de los minerales en las rocas ígneas. Este criterio debe ser aplicado con cuidado, porque algunos procesos ígneos, tales como el asentamiento de cristales y el flujo magmático, pueden producir alineamientos de los minerales que podrían ser confundidos con los caracteres de las rocas metamórficas.

Depósitos Piroclásticos: resultan de las erupciones explosivas y son tal vez los más difíciles de reconocer como de origen ígneo. Usualmente la parte magmática ha solidificado y enfriado antes de haber sido depositado, conteniendo una proporción importante de material pulverizado que corresponde a rocas preexistentes. La deposición del material piroclástico, responde en gran parte a procesos sedimentarios, que hacen más difícil su identificación. Hay algún debate entre los geólogos si las rocas piroclásticas deben ser consideradas como ígneas o como sedimentarias. Ellas son ígneas en el sentido que la mayor parte del material que forma los depósitos son de origen volcánico (esta es la parte "piro"). Y ellas son sedimentarias en el sentido que las partículas sólidas han sido depositadas por un medio fluido, aire o a veces agua (esta la parte "clástica".)

Interpretación de las rocas ígneas: El estudio de las rocas ígneas y de los procesos que les dan origen, deben considerar e interpretar ¿Cómo se generan los fundidos magmáticos? ¿Qué es un fundido? ¿Cómo los fundidos producen rocas ígneas cristalizadas? ¿Qué procesos acompañan a la cristalización? ¿Puede atribuirse la gran variación de composiciones de las rocas ígneas a diferentes fuentes, o ha variaciones en los procesos de fusión y cristalización? ¿Qué relaciones hay entre los diversos tipos de rocas ígneas y los ambientes tectónicos?

Para responder a estos interrogantes se debe tener:

1. Experiencia petrológica para conocer las rocas y las texturas. Ya que no se puede comenzar un estudio de rocas sin saber como: reconocer, describir, organizar y analizar las rocas.

2. Es necesario la utilización de los datos experimentales. Se puede entender la generación y cristalización de los fundidos por simulación de las condiciones a que habrían estado sometidas las rocas.

3. Bases teóricas son necesarias para entender y aplicar los resultados experimentales. Es necesario una base química que incluya elementos mayores, menores y trazas, además de isótopos, para evaluar la región fuente y los procesos magmáticos evolutivos.

4. Se requiere tener conocimiento y comprender las condiciones físicas que existen en el interior de la Tierra, ya que los fundidos se generan a profundidades que no podemos observar directamente, en condiciones de alta presión y temperatura y que tendrían relación con los ambientes tectónicos que originan cada tipo de roca.

5. Finalmente se necesita experiencia práctica de la actividad ígnea. La consulta bibliográfica basada en el estudio de las rocas ígneas comunes y procesos que actúan en la naturaleza, da un panorama para realizar el estudio de las rocas ígneas.

El interior de la tierra

Todas las rocas terrestres que se encuentran en la superficie terrestre, fueron derivadas originalmente desde el manto, aunque algunas lo han hecho a través de uno o más ciclos magmáticos, metamórficos y sedimentarios. Si estas rocas se han originado en profundidad es necesario entender a través de que procesos, ellas llegaron a la superficie.

El interior de la Tierra es dividido en tres unidades mayores: corteza, manto y núcleo (Fig. 1-1). Estas unidades, reconocidas hace décadas por los estudios sismológicos, permitió su separación por las discontinuidades en las velocidades de las ondas P (compresionales o primarias) y S (secundarias, transversales o de cizalla), en su propagación a través de las capas de la Tierra (Fig. 1-2).

Hay dos tipos básicos de corteza: oceánica y continental (Winter 2001). La corteza oceánica es delgada (aprox. 10 km de espesor) y tiene esencialmente composición basáltica. La

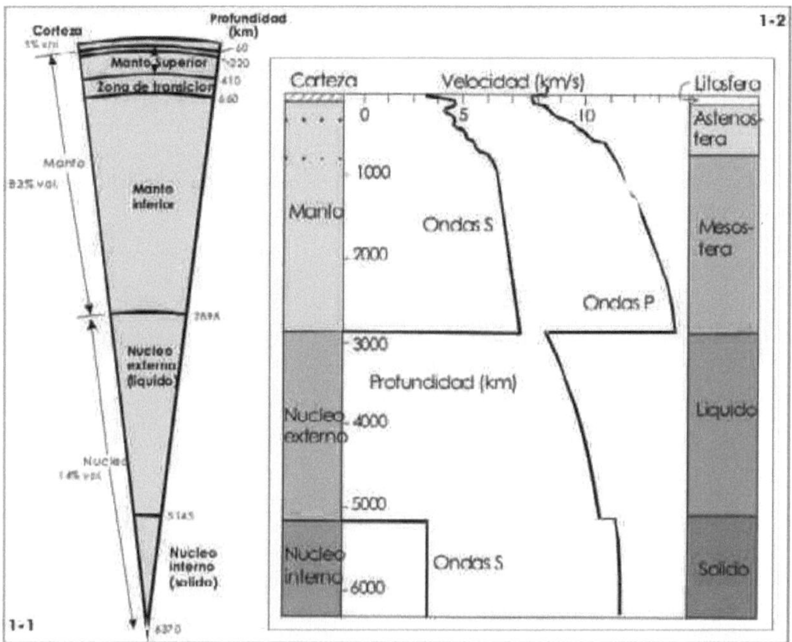

Figura 1-1. Subdivisiones mayores de la Tierra.
Figura 1-2. Variación de velocidad de las ondas P y S con la profundidad, con subdivisiones de la Tierra sobre la izquierda y subdivisiones reológicas sobre la derecha.

corteza continental es más gruesa (en promedio aprox. 36 km y se extiende hasta los 90 km) y es de composición más heterogénea, incluyendo distintos tipos de rocas sedimentaria, ígneas y metamórficas. Una composición promedio de la corteza continental estaría representada por una granodiorita. La corteza en general representa aprox. 3% del volumen de la Tierra.

Inmediatamente por debajo de la corteza, se encuentra el manto que se extiende hasta casi los 3000 km y comprende aproximadamente el 83% del volumen de la Tierra. El límite entre la corteza y el manto, es definida por la discontinuidad de Mohorovicic o Moho (discontinuidad M – 60 km). En esta discontinuidad la velocidad de las ondas P se incrementa abruptamente, desde 7 km/s. a más de 8 km/s. Esto produce tanto reflexión como refracción, permitiendo en forma relativamente simple determinar la profundidad. El manto está compuesto predominantemente por silicatos de magnesio y hierro. Asimismo dentro del manto hay varias discontinuidades sísmicas que separan capas con diferencias en las propiedades físicas, más que en las químicas. La capa mas superficial se extiende entre los 60 y 220 km, es llamada capa de baja velocidad, porque en ella las ondas sísmicas, tienen velocidades más bajas que las capas que se encuentran por arriba y por debajo. Esta baja velocidad de las ondas sísmicas es inusual, porque las velocidades generalmente se incrementan con la profundidad, por aumento de la densidad del material. La razón de la disminución de la velocidad de las ondas sísmicas es causada por una fusión parcial de hasta un 10% del material del manto. El fundido probablemente forma una delgada película discontinua entre los límites de los minerales, permitiendo un comportamiento más dúctil.

La capa de baja velocidad varía en espesor, dependiendo de la presión local, la temperatura, el punto de fusión y la disponibilidad de agua.

Por debajo de la capa de baja velocidad se encuentran otras dos discontinuidades sísmicas dentro del manto. La discontinuidad de 410 km, resulta de una fase de transición en la cual el olivino cambia a la estructura cristalográfica de tipo-espinela. Y a 660 km la coordinación de la sílice, cambia de la coordinación IV común, a coordinación VI, que es típica en la perovskita. Ambas transiciones marcan abruptos incrementos en la densidad del manto, que son acompañados por saltos en las velocidades de las ondas sísmicas.

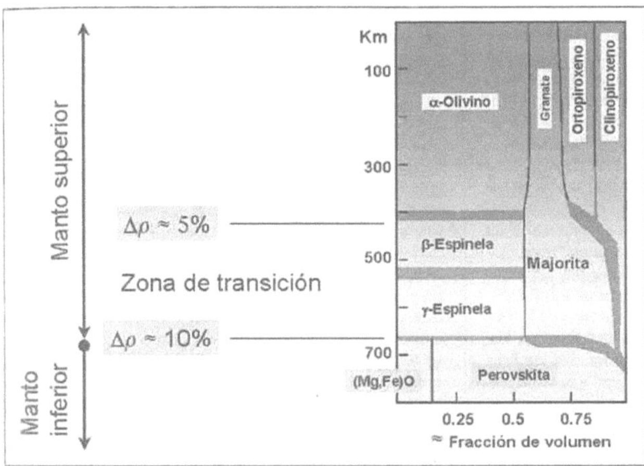

Fig. 1-3. Transición mineral en el manto de la espinela a la perovskita.

Por debajo de la discontinuidad de los 660 km, las velocidades de las ondas sísmicas se incrementan progresivamente en forma bastante uniforme, hasta el núcleo. El límite manto-núcleo es una marcada discontinuidad química, en la cual los silicatos del manto dan lugar a un material mucho más denso, rico en Fe-metálico con cantidades menores de Ni, S, Si, O, etc. La parte externa del núcleo es un fundido, mientras el núcleo interno es sólido. Las composiciones de las partes líquida y sólido, son probablemente similares. La transición a estado sólido se produce por el aumento de presión con la profundidad, que favorece el estado sólido. Las ondas S no pueden propagarse a través de los líquidos por que no trasmiten los esfuerzos de cizalla. Aunque las ondas S sólo disminuyen su velocidad de propagación cuando hay delgadas películas de líquido entre los granos, pero desaparecen totalmente cuando alcanzan el núcleo externo. Las ondas P, disminuyen su velocidad en el núcleo líquido y se refractan hacia abajo, produciendo una zona de sombra sísmica, en la cual las ondas P, no alcanzan la superficie de la Tierra, según el sitio donde ellas se hayan originado.

Otra alternativa para considerar en las subdivisiones de la Tierra, se basa en las propiedades reológicas (Fig. 1-2). Usando este criterio, se puede considerar a la corteza como la porción más rígida de la parte superior del manto, por sobre la capa de baja velocidad y que se comporta como una unidad coherente y que se denomina litosfera. La litosfera tiene en promedio de 70 a 80 km de espesor bajo las cuencas oceánicas y de 100 a 150 km por debajo de los continentes. La parte más dúctil del manto que le sigue por debajo, es llamada astenósfera. La litosfera y la astenósfera se distinguen por sus propiedades mecánicas y no por su composición ni por la velocidad de las ondas sísmicas. Esto es importante en la teoría de las placas tectónicas, porque la ductilidad de la astenósfera es la que provee la zona de dislocación sobre la cual se mueven las placas litosféricas rígidas. El manto por debajo de la astenósfera es llamada mesosfera. El límite astenósfera-mesosfera, debería corresponder a la transición de material dúctil a más rígido con el aumento de profundidad. El piso de la capa dúctil muestra bajo contraste en la velocidad de las ondas sísmicas. La mayoría de los geofísicos sostiene que la astenósfera se extiende hasta aproximadamente 700 km de profundidad. La naturaleza del manto por debajo no es bien conocida, pero las ondas sísmicas que cruzan la mesosfera por debajo de los 700 km están poco atenuadas, lo que sugiere la rigidez de esta capa.

Origen del sistema solar y de la tierra

El siguiente desarrollo resume las teorías mas aceptadas sobre el origen del sistema solar. El modelo mas popular sobre el origen del universo se refiere al Big Bang, que ocurrió entre 13 y 15 Ga. De acuerdo a los datos isotópicos de los meteoritos, el sistema solar se inició hace aproximadamente 4,56 Ga, a partir de una enorme nube de materia llamada "nébula solar". La nébula consistió esencialmente de H_2 molecular, mas algo de He y cantidades menores de Be y Li (que fueron los únicos productos del Big Bang). Alrededor del 2% comprende elementos pesados, incluyendo algunos otros gases y partículas sólidas finas, presumiblemente creadas por reacciones nucleares de síntesis en estadios tempranos de evolución de las supernovas. La nebulosa comenzó a colapsar lentamente por atracción gravitacional e interacción de sus constituyentes. El porque ella comenzó a rotar y se aplanó tomando la forma de disco sería como resultado de la fuerza centrífuga y de la conservación del momento angular, resultando que la mayor parte de la masa se concentró hacia el centro conservando el momento angular del colapso gravitatorio, donde eventualmente se formó el Sol. Los cuerpos pequeños de metros a kilómetros, llamados planetesimales, comienzan a formarse y crecer en la nébula. El colapso gravitacional de la masa y su compresión habría generado considerable aumento de la temperatura y eventualmente se alcanzó un estadio donde se produjo la síntesis nuclear (fusión) del hidrógeno para formar helio.

Los primeros 100.000 años atestiguarían una rápida evolución del "proto-sol", acompañada por una alta luminosidad causada por el calor generado y la contracción inicial. Cuando se alcanza la compresión adecuada, el Sol alcanza el "estadio T-Tauri", caracterizada por una actividad menos vigorosa, que duraría mas de 10 Ma. El viento solar, una corriente cargada de partículas, cambia su carácter durante el estadio T-Tauri y comienza a emanar radialmente hacia fuera desde el sol, más que espiralmente desde los polos y la nébula pierde aproximadamente la mitad de su masa inicial durante este estadio.

Del material remanente, el 99,9% de la masa colapsó para formar el Sol y el restante 0,1%, con el mayor momento angular, permaneció en el disco. El disco de material tuvo suficiente masa para contraerse en la parte media del plano, donde localmente se separan acumulaciones locales formando los planetesimales. Los procesos de acreción planetaria tuvieron lugar bajo fuertes gradientes de presión y temperatura, generados por el temprano Sol. Como resultado, los elementos más volátiles y partículas sólidas de la nébula son evaporadas desde la porción interna mas caliente del sistema solar. Las partículas de vapor son expulsadas por el intenso viento solar T-Tauri y condensada directamente sobre los sólidos cuando la temperatura es suficientemente baja. Sólo los grandes planetesimales pudieron sobrevivir a esta intensa actividad en la zona interna del sistema solar. Las actuales temperaturas de condensación (y la distancia del Sol a la cual tuvieron lugar) depende de los elementos particulares y de los componentes involucrados. Solo los elementos más refractarios sobrevivieron o se condensaron en las zonas mas internas, mientras que los constituyentes más volátiles se movieron hacia fuera. Como resultado, los gradientes de temperaturas primarios y del viento solar, la nébula experimentó una diferenciación química basada en las temperaturas de condensación. Los óxidos más refractarios como, Al_2O_3, CaO y TiO_2, se condensaron rápidamente en las partes mas internas del sistema solar, donde faltan los elementos más volátiles. Mientras que los metales como Fe, Mg y Ni, formaron silicatos de Fe-Mg-Ni, los metales alcalinos y silicatos, sulfuros y silicatos hidratados, H_2O, y sólidos de amonio, metano, etc., se fueron condensando progresivamente hacia fuera. La distancia mas allá de la cual los componentes volátiles tales como el agua y el metano se condensaron se la denomina "línea de nieve".

Aparentemente un gradiente de descenso de presión hacia fuera desde el centro de la nébula, también ha tenido lugar, principalmente en lo relativo a la temperatura de condensación del Fe metal versus silicatos, como así también en la relación Fe/Si (y contenido de oxígeno) de los planetas.

Los sólidos condensados continuaron acrecionándose como planetesimales. En la parte mas interna del sistema solar, los materiales más refractarios se fueron acumulando y formaron los planetas terrestres (Mercurio, Venus, Tierra y Marte), así como los cuerpos relacionados que son los asteroides y meteoritos. En las partes más externas, más allá de la "línea de nieve", se formaron los grandes planetas gaseosos (Júpiter, Saturno).

De esta muy breve descripción, queda claro que la composición de los planetas es en gran parte el resultado de condiciones específicas que existieron a diferentes distancias desde el centro de la nébula solar durante los primeros 10 Ma de evolución estelar. La composición de la Tierra es esencialmente el resultado de la antigua supernova que sembró la nébula solar con partículas sólidas y de los procesos de evaporación/condensación asociados con las temperaturas a la particular distancia de la Tierra, durante el estadio T-Tauri del Sol. Los procesos de diferenciación que produjeron la variación química a través del sistema no fueron totalmente eficientes. La composición de la Tierra es compleja y contiene algunos elementos muy estables, que no se ajustan a lo que se esperaría de la condensación a la distancia que está del Sol. Algunos de los variados constituyentes de la Tierra, incluyen los volátiles, que estuvieron contenidos en los tempranos planetesimales y que sobrevivieron a la completa vaporización durante el estadio caliente T-Tauri de evolución del Sol, mientras que otros componentes fueron agregados vía impactos de cometas y meteoritos desde la parte externa del sistema solar, conocido como bombardeo pesado que finaliza a 3,9 Ga. Los procesos descritos favorecieron la concentración de los siete elementos que constituyen el 97% de la masa de la Tierra (Tabla 1-1).

Elemento	Oxígeno	Magnesio	Hierro	Silicio	Azufre	Aluminio	Calcio
Porcentaje	50,7	15,3	15,2	14,4	3,0	1,4	1,0

Tabla 1-1. Abundancia atómica relativa de los elementos más comunes de la Tierra.

Estos elementos son consistentes con las abundancias solares y su condensación se habría producido a las temperaturas y presiones que reinaban en la Tierra dentro de los gradientes nebulares descritos.

Diferenciación de la tierra

El planetesimal que formó la Tierra, se produjo probablemente por acumulación secuencial causada por la gravitación, de materiales más densos, que concentraron una mezcla de Fe-Ni y otros óxidos pesados hacia el centro, con procesos de diferenciación, como resultado del calentamiento, causado por colapso gravitacional, por impactos y concentración del calor radiactivo. Eventualmente el planeta se calentó lo suficiente para iniciar la fusión a profundidades someras, por debajo de una corteza sólida, que se enfrió por radiación de calor hacia el espacio. Con el comienzo de la fusión la movilidad dentro de la Tierra se incrementó. Porciones densas de fundidos se movieron hacia abajo y las mas livianas hacia arriba. La energía gravitacional liberada por estos procesos generó probablemente suficiente calor como para fundir la totalidad de la Tierra, con la posible excepción de las capas mas externas, que también pudieron ser fundidas si hubo suficiente atmósfera gaseosa como para retardar la radiación y el enfriamiento.

Siderófilos	Calcófilos	Litófilos	Atmófilos	Biófilos
Fe, Co, Ni, Ru, Rh, Pd, Os, Ir, Pt, Au, Re, Mo, Ge, Sn, C, P, (Pb, As, W)	Cu, Ag, Zn, Cd, Hg, Ga, In, Tl, (Ge), (Sn), Pb, As, Sb, Bi, S, Se, Te, (Fe, Mo, Cr)	Li, Na, K, Rb, Cs, Be, Mg, Ca, Sr, Ba, B, Al,Sc, Y, Tierras Raras, (C), Si, Ti, Zr, Hf, Th, (P), V, Nb, Ta, O, Cr, W, U,(H), F, I, Cl, Br, Mn, (Tl, Ga, Ge, Fe)	N, H, (O), (C), He, Ne, Ar, Kr, Xe, Rn,	H, C, N,(O), P.

Tabla 1-2. Clasificación geoquímica de los elementos (Goldschmidt, 1925).

El resultado de estos procesos fue que la Tierra se separó en capas controladas por la densidad y las afinidades químicas de los elementos que las forman. El concepto de afinidad química, en términos simples, se refiere al comportamiento de los elementos controlados por la configuración electrónica de las capas más externas y sus efectos en las características de los enlaces. Goldschmidt (1925) propuso que los elementos de la Tierra tienden a incorporarse en fases separadas, análogas a la distribución hallada en los meteoritos y en los hornos de fundición, separando a los elementos en:

Siderófilos: elementos asociados preferentemente con el hierro metálico.

Calcófilos: elementos que se asocian preferentemente con el azufre (en los meteoritos con la troilita).

Litófilos: elementos asociados preferentemente con el oxígeno y que por consiguiente forman parte de los silicatos.

Atmófilos: elementos propios de la atmósfera.

Biófilos: elementos esenciales para la vida animal y vegetal.

La clasificación de Goldschmidt es empírica, pero tiene una explicación teórica basada en la afinidad química. Los elementos siderófilos, se presentan esencialmente sin combinar, debido a su elevado potencial de ionización, en comparación con los elementos litófilos, cuyo potencial es más bajo y les permite entrar fácilmente en combinación. Los elementos calcófilos, si bien su potencial de ionización es más elevado que el de los siderófilos, su comportamiento es diferente por su capacidad de polarizar al azufre (mucho mas polarizable que el oxígeno), esto favorece la unión covalente entre ellos. La capacidad de polarización es a la vez función del potencial iónico del catión y del tamaño del anión. La relación litófilo-calcófilo se demuestra también en los cationes divalentes. El calcio y el magnesio son litófilos y forman silicatos, carbonatos y sulfatos; mientras que el hierro, cobalto, cinc y cobre, prefieren unirse al azufre y son calcófilos. El manganeso es un elemento intermedio, pues aparece tanto en sulfuros como en sales oxigenadas.

Los elementos atmófilos pueden haberse formado tempranamente en la Tierra como pequeños océanos y atmósfera incipiente, pero la mayoría de los elementos gaseosos livianos no se sostuvieron durante los estadios tempranos de la Tierra y escaparon al espacio, por lo que la atmósfera y los océanos se habrían formado con posterioridad.

Después de unos pocos cientos de millones de años, este fundido diferenciado de la Tierra se enfrió y solidificó en condiciones similares a las actuales, teniendo si un gradiente distinto de temperatura y presión con la profundidad.

Las capas litófila, calcófila y siderófila, no deben confundirse con las capas actuales, corteza, manto y núcleo. El núcleo de la Tierra es la capa siderófila, pero los componentes calcófilos fueron disueltos en los siderófilos del núcleo y nunca se separaron como fases distintas. El manto representa una segregación litófila, pero ¿y la corteza? Ni la corteza continental ni el océano, se formaron por un proceso de diferenciación a gran escala en la Tierra primitiva (aunque esto habría ocurrido en las tierras altas de la Luna con las anortositas). La corteza oceánica de la Tierra ha sido reciclada muchas veces en el pasado y la corteza continental ha evolucionado lentamente con el tiempo. Los procesos por los que el manto se diferencia para producir corteza son predominantemente de origen ígneo.

¿Como se lograron estos conocimientos?

La pregunta que nos hacemos es si son correctas las interpretaciones de datos que se usan para ajustar la aproximación petrológica, que concierne al origen del Universo, del sistema solar y de lo que representa la Tierra. La explicación más simple de todos los datos sin violar las leyes físicas, es consistente con las leyes físicas de la mecánica celeste, la gravedad, síntesis nuclear, etc. También son consistentes con las observaciones geofísicas de las ondas sísmicas y la naturaleza del sistema solar.

Los datos de la composición y de las zonas del interior de la Tierra (Figs. 1-1 y 1-2) son el resultado de dichas investigaciones. Las rocas ígneas son el producto de fundidos en profundidad y conocemos con cierta certeza como ocurre tal fusión. Se han hecho perforaciones hasta el manto (pero nunca se alcanzó el núcleo), en el sentido de muestrear directamente tales materiales y nuestros hipotéticos manto y núcleo son de lejos materiales muy diferentes a los que encontramos en la superficie de la Tierra. ¿Qué evidencias tenemos que soportan la supuesta composición y estructura de nuestro planeta?

Primero, las cuidadosas y precisas mediciones de la constante gravitacional, que se usa para medir el momento de inercia de la Tierra, calcular su masa y su densidad promedio. La densidad promedio de la Tierra es de 5,52 g/cm3. Es relativamente sencillo inventariar la composición química de las rocas expuestas en la superficie, pero su densidad raramente es mayor a 3,0 g/cm3, por lo que en el interior de la Tierra debe haber material mucho más denso. Los elementos que constituyen el Sol, las estrellas y las superficies de otros planetas, tienen analogías con nuestro planeta.

La Fig. 1-4 ilustra las concentraciones estimadas de los elementos en la nébula solar (estimada desde los meteoritos). El hidrógeno es de lejos el elemento más abundante y debe haber constituido la nébula original. Otros elementos (excepto el He) fueron sintetizados desde el H en el Sol y las estrellas. El decrecimiento en las abundancias con el incremento del número atómico (Z) refleja la dificultad de sintetizar progresivamente átomos más grandes. Otra característica interesante que se observa en la figura es la curva en "sierra", que está de

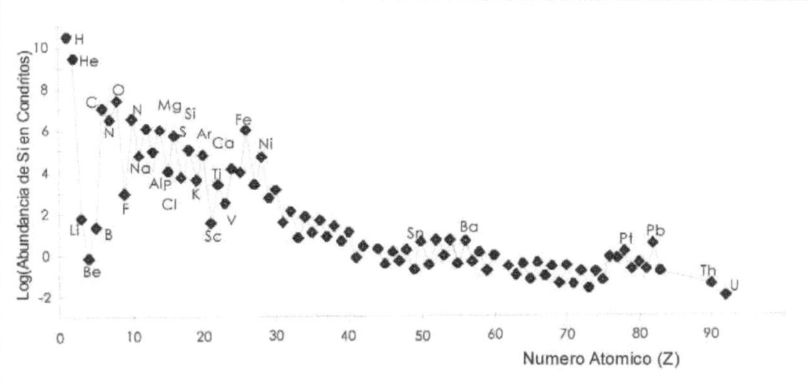

Fig. 1-4. Abundancia estimada de los elementos de la nébula solar (expresada en átomos de Si $*10^6$).

acuerdo con la regla de Oddo-Harkins, que dice que los átomos con números pares son más estables y por lo tanto más abundantes, que los que están formados por números impares. Esto permite asumir que los elementos mas comunes como el Fe, el Mg y Ni, son mucho más abundantes en el sistema solar, que en la corteza de la Tierra y se puede inferir que también están concentrados en la Tierra. El Fe es suficientemente denso para satisfacer la alta densidad requerida para la Tierra de 5,52 g/cm^3.

Los estudios sísmicos indican diferentes comportamientos en las velocidades de las ondas P y S, en variados materiales a elevadas presiones y temperaturas, que pueden ser medidas en el laboratorio y comparadas con las velocidades sísmicas dentro de la Tierra, como se determinan en los sismos. Adicionalmente, los fenómenos de reflexión y refracción de las ondas sísmicas evidencian la estructura interna de la Tierra y las profundidades de sus discontinuidades, que permiten la subdivisión en corteza, manto, núcleo externo y núcleo interno, así como otros detalles geofísicos.

Así como conocemos mas acerca de las muestras del manto obtenidas, hay un gran número de rocas que se encuentran en la superficie y cuyo origen corresponde al manto. En zonas de subducción fósiles, fragmentos de corteza oceánica y del manto subyacente han sido incorporadas a los prismas de acreción, los que por levantamiento y erosión, dejan expuestas estas rocas de manto. Xenolitos de material de manto son llevados ocasionalmente hasta la superficie, por los basaltos. Materiales del manto profundo llegan a la superficie como xenolitos en las diatremas de kimberlitas diamantíferas. La vasta mayoría de las muestras encontradas son rocas ultramáficas compuestas por olivino y piroxenas. En razón de la alta densidad de estas rocas, no es fácil que puedan alcanzar la superficie, que es mucho menos densa.

Meteoritos

Los meteoritos son objetos sólidos extraterrestres que han impactado en la superficie terrestre después de haber sobrevivido el pasaje a través de la atmósfera. La mayoría de ellos corresponden a fragmentos derivados de la colisión de grandes cuerpos, principalmente del cinturón de asteroides que orbitan entre Marte y Júpiter. Ellos son muy importantes, porque representan restos de estadios tempranos a intermedios del desarrollo de la nébula solar que por subsecuentes alteraciones y diferenciaciones dio lugar a la formación de la Tierra, por lo que dan invalorable información sobre la construcción del sistema solar. Los meteoritos han sido clasificados en diferentes formas y la Tabla 1-3, ofrece una clasificación simplificada, que da indicaciones generales sobre los tipos mas importantes.

Meteoritos Metálicos: están compuestos principalmente por aleación metálica Fe-Ni.

Meteoritos Pétreos: están compuestos por minerales silicáticos.

Meteoritos Metálicos-Pétreos: contienen cantidades similares de Fe-Ni y silicatos.

Los meteoritos metálicos (Fe-Ni) se piensa corresponden a fragmentos del núcleo de algún planeta terrestre que ha sufrido diferenciación desde silicatos, sulfuros y líquidos metálicos, como se discutió en la hipótesis de génesis de la Tierra. Estos meteoritos contienen cantidades de siderofilita (aleación de Fe-Ni) y fases de calcofilita (segregaciones de troilita: FeS). La aleación de Fe-Ni está compuesta de dos fases, kamacita y taenita, las cuales se separan con el enfriamiento desde una fase única homogénea. Estas dos fases están comúnmente intercrecidas siguiendo un patrón como lamelas cruzadas que se intersectan (cross-hatched) llamada "textura de Widmanstätten" (Fig. 1-5). Los meteoritos Metálicos-pétreos son considerados meteoritos "diferenciados" porque constituyen grandes cuerpos y habrían sufrido diferenciación geoquímica. Los meteoritos asimismo, registran grandes variaciones en desarrollo, que representarían diferentes partes de un planeta. Por otra parte, las colisiones entre asteroides, cambia a los cuerpos meteoríticos originales en fragmentos que son remezclados y brechados, como se observa en muchos de ellos.

Fig. 1-5. Textura de Widmanstätten, en meteorito metálico.

Fig. 1-6. Meteorito Casilda. A: vista macro. B: condrito polisomático fibroradiado de clinoenstatita con opaco incluido con hábito subparalelo (0,27 mm diámetro, nicoles cruzados).

Los meteoritos pétreos son subdivididos sobre la base del contenido de "cóndrulos", que son inclusiones silicáticas esféricas con tamaños entre 0,1 y 3 mm de diámetro. Los condrulos parecen ser gotas de vidrio que han cristalizado dando origen a minerales silicáticos. Los meteoritos con condrulos se denominan "Condritos" y los que carecen de ellos "Acondritos".

Los acondritos, son también meteoritos diferenciados, al igual que los metálicos y los de hierro-pétreos, a diferencia de los condríticos (Fig. 1-6 A y B) que son considerados meteoritos no-diferenciados, porque el calor requerido para permitir la fusión y diferenciación de un planeta, habría destruido los condrulos vítreos. El pequeño tamaño de los cóndrulos indica enfriamiento rápido (< 1 hora), que sería el requerido en el enfriamiento de una nébula al tiempo de su formación. Ellos probablemente se formaron después de la condensación y antes de la formación de los planetesimales. Edades determinadas indican 4.550 Ma, por lo que los condritos son considerados como los tipos de meteoritos más primitivos, en el sentido que se piensa que su composición es muy próxima a la nébula solar original. Se sugiere que todos los planetas terrestres interiores se formaron desde un material de composición condrítica promedio. Esto ha conducido al desarrollo del modelo Condrítico de la Tierra. Este modelo provee un buen ajuste para la mayoría de los elementos que componen la Tierra, con algunas pequeñas diferencias. Por ejemplo, la Tierra es mucho más densa y debe tener mayor relación Fe/Si que los condritos. Los modelos de formación de los planetas, se basan en las temperaturas de condensación en función de la distancia desde el Sol y explican las composiciones químicas de los planetas y sus variaciones, asumiendo que algunos meteoritos los representan.

Clase		Subclase	Nº de caídas	% de caídas
Hierro		Todas	42	5
Hierro-Pétreos		Todas	9	1
Pétreos	Acondritos	SNC´s (Marte)	4	8
		Otros	65	
	Condritos	Carbonaceos	35	86
		Otros	677	

Tabla 1-3. Clasificación simplificada de Meteoritos. (Sears y Dodd, 1988).

Algunas subdivisiones de los meteoritos se basan en sus texturas y/o contenido mineral. Hay considerable variación en la composición global así como en la mineralogía. Sobre 90 minerales encontrados en los meteoritos pétreos, sólo algunos no se encuentran en la Tierra. Diversos meteoritos parece que vinieran de la Luna y de planetas próximos como Marte, por lo que su estudio provee importante información sobre la composición química del sistema solar y de sus integrantes.

Variaciones de presion y temperatura con la profundidad

Para explicar como se forman los fundidos magmáticos y el metamorfismo, se debe entender que condiciones físicas (presión y temperatura), que tienen lugar en el interior de la Tierra, para poder evaluar como responden los materiales a dichas condiciones. La presión se incrementa con la profundidad, como resultado del peso de los materiales que se sobreponen, mientras que la temperatura se incrementa como resultado de la lenta transferencia de calor desde el interior de la Tierra hacia la superficie.

Gradientes de presión

La presión ejercida en un medio dúctil o fluido resulta del peso de la columna de material sobrepuesto (Fig. 1-7).

Para la presión hidrostática

$$P = \varrho g h$$

Donde P es la presión, ϱ es la densidad, g es la aceleración de la gravedad, h es la altura de la columna de material que está por encima (profundidad). La condición de la presión hidrostática es que la misma es igual en todas las direcciones (vertical y horizontal). En el caso de las rocas que se vuelven dúctiles con la profundidad y cumplen esta condición, se denomina presión litostática.

En las proximidades de la superficie de la Tierra, las rocas están sometidas a deformación frágil, por lo que soportan presiones diferenciales según la dirección. Si las presiones horizontales, exceden a las verticales, las rocas pueden responder con fracturas o con plegamientos.

Un cálculo más preciso de la presión en la base de la corteza, se realiza utilizando un promedio de la corteza y si se fuera a mayor profundidad se usaría la densidad representativa del manto.

Por ejemplo, un promedio de densidad cortical es 2,8g/cm³. Para calcular la presión en la corteza continental a 35 km, sustituimos en la siguiente ecuación:

P = 2800 kg/m3 x 9,8 m/s2 x 35.000 m

        = 9,8 x 108 kg/(m s2)

        = 9,8 x 108 Pa = 1 GPa

   1 GPa = 1 x 109 Pa = 1 kg/(m.s2)

Esto da un buen promedio de presión para la corteza continental de 1 GPa/35 km, o aproximadamente 0,03 GPa/km, o 30 MPa/km.

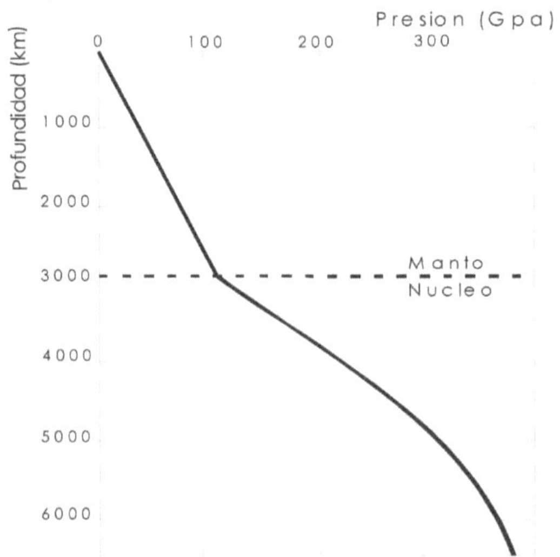

Fig. 1-7. Variación de la presión con la profundidad.

Una densidad representativa para el manto superior es de 3,35 g/cm3, resultando para el manto un gradiente de presión de aproximadamente 35 MPa/km.

Gradientes de temperatura

Determinar el gradiente geotérmico, o sea la variación de la temperatura con la profundidad, es mucho más dificultoso de hacerlo que con la presión (Fig. 1-8). Hay dos fuentes primarias de calor en la Tierra.

1. Enfriamiento: calor desarrollado tempranamente en la historia de la Tierra, desde los procesos de acreción y diferenciación gravitacional, que gradualmente se va perdiendo con el tiempo. Hubo un gradiente inicial de temperatura una vez que el planeta solidificado comenzó a enfriarse. Hay también una partición gravitacional continuada del hierro en el núcleo interno que contribuye también aportando calor.

2. Decaimiento de isótopos radiactivos: la mayoría de los elementos radiactivos, están concentrados en la corteza continental y su decaimiento produce del 30 al 50% del calor que alcanza la superficie de la Tierra.

Una vez generado, el calor es transferido desde las zonas calientes a las zonas más frías, por cuatro procesos que dependen del material involucrado en la transferencia:

1. Si el material es suficientemente transparente o traslúcido, el calor puede ser transferido por **radiación**. La radiación es el movimiento a través de un medio de partículas/ondas, tales como la luz visible o infrarroja del espectro. Este es el principal camino por el cual la Tierra pierde calor desde la superficie hacia el espacio. Por este camino también recibimos energía desde el Sol. La transferencia de calor por radiación no es posible dentro de la tierra sólida, excepto posiblemente a gran profundidad, donde los minerales silicáticos están lo suficientemente calientes como para perder su opacidad a la radiación infrarroja.

2. Si el material es opaco y rígido, el calor puede ser transferido por conducción. Esto involucra la transferencia de energía cinética (mayormente vibracional) desde átomos calientes a otros más fríos. El calor por conducción es bastante eficiente en metales, en los cuales los electrones están libres para migrar. Pero la conducción es pobre en los minerales silicáticos.

3. Si el material es más dúctil y puede ser desplazado, el calor puede ser eficientemente transferido por **convección**. En sentido amplio, la convección es el movimiento de material, como respuesta a diferencias de densidad, causada por variación térmica o composición. Se considerará aquí el tipo de convección que involucra la expansión de material por aumento de calor, debido a que aumenta su capacidad de flotar. La convección puede involucrar flujo en una sola dirección, en tal caso el material caliente que se mueve se acumulará en el tope de un sistema dúctil (o si hay enfriamiento y aumento de densidad, el material se acumulará en la base de un sistema). La convección puede también tener lugar como un movimiento cíclico, típicamente debajo de una celda cerrada se localiza una fuente de calor. En dicha celda de convección el material más caliente asciende y desplaza lateralmente al material más frío y denso que tiende a descender y así se mantiene el sistema, constituyendo un ciclo continuo.

4. **Advección**: es similar a la convección, pero involucra la transferencia de calor con las rocas en movimiento esencialmente horizontal. Por ejemplo, una zona caliente profunda que es levantada por tectonismo, o erosión y ascenso isostático, en ambos casos el calor asciende físicamente con las rocas, aunque en forma pasiva.

La convección puede actuar eficientemente en el núcleo líquido y en algunos fluidos astenosféricos del manto y puede ser responsable del alto flujo de calor medido en las

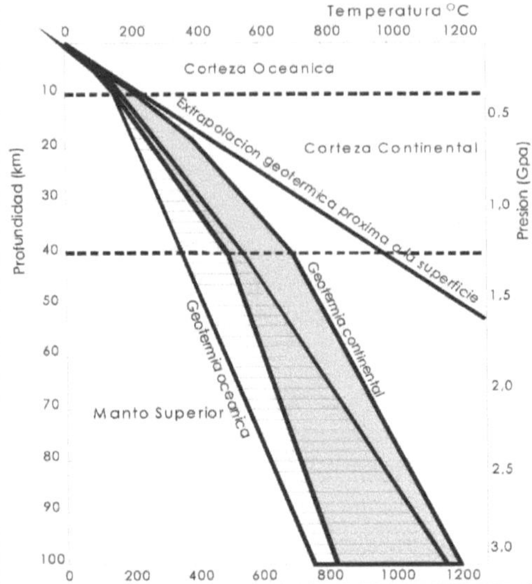

Fig. 1-8. Estimación del rango de variación del gradiente geotérmico en áreas oceánicas (rayado horizontal) y en áreas continentales (gris), hasta los 100 km.

dorsales medio-oceánicas. Es también el método primario de transferencia de calor en los sistemas hidrotermales por encima de los cuerpos de magma o dentro de la corteza oceánica superior, donde el agua circula libremente encima de roca caliente. Más allá de estas áreas la conducción y la advección son los únicos mecanismos de transferencia de calor.

El flujo calórico es relativamente alto en corteza oceánica de reciente formación y en áreas orogénicas, donde el magma asciende por convección y/o advección hasta niveles someros. Este alto flujo de calor comenzó hace aproximadamente 180 Ma en la litosfera oceánica (desde las dorsales) y hace aproximadamente 800 Ma en los continentes. Los modelos basados en valores del flujo calórico por conducción, se complican por la concentración de elementos radiactivos en la corteza continental, que produce mayor transferencia de calor que en la corteza oceánica, pero que en el manto convergerían los valores, por debajo de las zonas con concentración de minerales radiactivos. Estimaciones del flujo de calor desde el manto están en el rango de 25 a 38 mW/m2 debajo de los océanos y de 21 a 34 mW/m2, debajo de los continentes. El flujo de calor es comúnmente expresado en unidades (HFU), de los cuales 1 HFU = 41,84 mW/m2.

El gradiente geotérmico en las áreas corticales superiores es de 0,3°C/km (10°C/Gpa).

Lecturas sugeridas

Best, M. 1982. Igneous and Metamorphic Petrology. 630 páginas. W.H.Freeman & Co.

Goldschmidt, V. M. 1925. Geochemische Verteilung Gesetze der Elemente. Norske Videnskape-Akad. Oslo. Skr. I, 1.

Goldschmidt, V.M. 1933. Grundlagen der Quantitativen geochemie. Fortschr. Mineral. Kristall. Petr. 17: 112-156.

Sears, D.W.G., y Dodd, R.T. 1988. Overview and classification of meteorites. In: Kerridge, J.F., y Mathews, M.S. (eds.). Meteorites and the early Solar System, 3-31. Univ. of Arizona.

Winter, J.D. 2001. An Introduction to Igneous and Metamorphic Petrology. 697 págs. Prentice Hall.

Miscelanea 18: 29-42
Tucumán, 2010 -ISSN 1514 - 4836 - ISSN on-line ISSN 1668 - 3242

Capitulo 2
Clasificación y nomenclatura de las rocas ígneas

Introducción

Tradicionalmente se clasifica a las rocas en ígneas, sedimentarias y metamórficas, basándose primero en criterios geológico - texturales y apoyado en la composición mineralógica.

Específicamente para clasificar a las rocas ígneas, se utilizan tres categorías:

Rocas Faneríticas: se incluyen las que tienen cristales que son visibles e identificables a simple vista.

Rocas Afaníticas: están constituidas por cristales y componentes, que son demasiado pequeños para ser idenficables a simple vista.

Rocas Fragmentadas: están constituidas por material ígneo desagregado, depositado y posteriormente amalgamado. Los fragmentos pueden incluir, rocas preexistentes (líticos), fragmentos de cristales y vidrio.

Cuando la roca muestra textura fanerítica, significa que ha cristalizado lentamente por debajo de la superficie de la Tierra y es denominada roca plutónica o intrusiva. Si la roca es afanítica, significa que se ha enfriado rápidamente sobre la superficie de la Tierra y se la denomina roca volcánica o extrusiva. Las rocas constituidas por fragmentos ígneos, se las denomina colectivamente, rocas piroclásticas. Algunas rocas clasificadas como faneríticas y afaníticas son relativamente equigranulares (con tamaño de grano uniforme), mientras que otras exhiben diferentes tamaños de grano, porque los diferentes minerales, pueden haber tenido distintas velocidades de crecimiento. La variación del tamaño puede variar en forma gradual dentro de un rango pequeño, que se denomina seriada o puede presentar dos tamaños de grano bien contrastados, que se denominan porfíricas o porfiríticas. Los grandes cristales son denominados fenocristales y se forman durante un período de lento enfriamiento. Los cristales finos, de enfriamiento rápido se denominan matriz. La clasificación de tales rocas como plutónicas o volcánicas se basa fundamentalmente en el tamaño de grano de la matriz. Considerando que el tamaño de grano, es generalmente determinado por la velocidad de enfriamiento, las rocas porfiríticas resultarían de dos fases distintas de enfriamiento. Las rocas volcánicas, los fenocristales, resultan del enfriamiento lento en una cámara magmática, mientras que la matriz se forma durante la erupción.

Términos composicionales

Casi todas las rocas ígneas están compuestas principalmente por minerales silicáticos: feldespatos, feldespatoides, cuarzo, moscovita, biotita, hornblenda, piroxenos y olivino. De estos los cuatro primeros son minerales félsicos (de álcali - calcio + sílice) y los restantes son minerales máficos (de magnesio - férrico y ferroso + sílice). Generalmente, el término félsico se refiere a los silicatos de colores claros, mientras que los máficos se refieren a los silicatos de colores oscuros. Adicionalmente a estos minerales principales, hay minerales presentes en pequeñas cantidades, representados entre otros por, apatito, zircón, titanita, epidota y monacita, junto a óxidos, sulfuros y productos de alteración como cloritas, epidota y arcillas.

Las composiciones de las rocas ígneas pueden ser expresadas en distintas formas. La mayoría de los geólogos están de acuerdo en que el contenido mineral es la mejor base de clasificación para las rocas ígneas. Por desgracia un número de términos descriptivos utilizados son similares, pero no equivalentes, resultando en una confusión descriptiva. Por ejemplo, el término félsico, describe a rocas compuestas predominantemente por minerales félsicos, mientras que el término máfico describe a las rocas constituidas por dichos tipos de minerales.

El término ultramáfico, se refiere a rocas con >90% de minerales oscuros. Estos términos indican el contenido de minerales que forman las rocas, similarmente pero no equivalentes, los términos leucocrático y melanocrático, significan rocas formadas por minerales claros y oscuros respectivamente. Aquí el significado se refiere al color de las rocas. Asimismo estos términos tienen connotaciones químicas que pueden llevar a confusión. Por ejemplo las plagioclasas más cálcicas que An50, son de color gris oscuro y hasta negro. Lo mismo para el cuarzo ahumado. ¿Deben entonces estos minerales ser considerados máficos? La mayoría de los geólogos se resiste a esto. El color de las rocas se cuantifica utilizando el índice de color, que es simplemente el porcentaje en volumen de minerales oscuros.

Indice de color

hololeucocrático	0 - 5%
leucocrático	5 - 35%
mesocrático	35 - 65%
melanocrático	65 - 90%
ultramáfico	90 - 100%

Los términos puramente químicos, tales como: silícico, magnesiano, alcalino o aluminoso, etc., se refieren simplemente al contenido de SiO_2, MgO, (Na_2O+K_2O) y Al_2O_3, que se encuentran presentes en una roca particular y especialmente cuando son inusualmente altos. Un alto contenido de sílice se considera sinónimo con el término ácido. Opuesto a este término es el concepto de básico. Por lo que las rocas ígneas han sido subdivididas en:

Acidas	>66% peso
Intermedias	66-52% peso
Básicas	52-45% peso
Ultrabásicas	<45% peso

Ahora bien el porcentaje de sílice guarda poca relación con el porcentaje de cuarzo en una roca, aunque como regla general, las rocas ácidas tienen cuarzo y las básicas y ultrabásicas no. Asimismo las rocas ácidas, intermedias y básicas tienen feldespatos y las ultrabásicas no.

Clasificación de la IUGS (International Union of Geological Sciences)

El sistema de la IUGS requiere la determinación cuantitativa de los minerales componentes y su proyección en un diagrama triangular particular, lo que permite establecer el nombre de la roca. Para la clasificación rige el siguiente procedimiento:

1. Determinar la moda (porcentaje en volumen de cada mineral presente).

2. A partir de la moda determinada, establecer en porcentaje en volumen de cada uno de los siguientes minerales:

$Q' = \%$ cuarzo

$P' = \%$ plagioclasa (An5 – An100). La restricción composicional es para evitar confusión para el caso de la Albita casi pura, que debe ser considerada como feldespato alcalino.

$A' = \%$ feldespato alcalino

$F' = \%$ total de feldespatoides (foides)

$M' = \%$ total de minerales máficos y accesorios.

3. La mayoría de las rocas ígneas que se encuentran en la superficie de terrestre tienen al menos 10% $Q'+A'+P'$ o $F'+A'+P'$. En razón que el cuarzo no es compatible con los feldespatoides, ellos nunca están en equilibrio en la misma roca. Si la roca a ser clasificada tiene por lo menos el 10% de estos 3 componentes, ignorar M y normalizar a 100% con los 3 parámetros (esto se logra haciendo $100/(Q'+A'+P')$ o $100/(F'+A'+P')$). Desde aquí se hace $Q=100Q'/(Q'+A'+P')$, y en forma similar para P, A, y F (si corresponde) y la suma debe dar 100%. Parece extraño ignorar M, pero este es el procedimiento. Como resultado, una roca con 85% de minerales máficos puede tener el mismo nombre que otra roca con 3% de minerales máficos, si la relación de P:A:Q, es la misma.

4. Determinar si la roca es fanerítica (plutónica), usar el doble-triángulo (Fig. 2-1); o afanítica (volcánica), usar el doble-triángulo (Fig. 2-5).

5. Si la roca es fanerítica y Q + A + P + F < 10, ver Figs. 2-2 y 2-3.

Rocas faneríticas

No se debe usar el término "foide" en el nombre de una roca, se debe usar el nombre del feldespatoide correspondiente. Lo mismo se aplica para "feldespato alcalino" se debe utilizar el nombre de ortosa o microclina, según corresponda.

Las rocas que se proyectan en las proximidades de P presentan algunos problemas, ya que tres rocas relativamente comunes caen próximas a ese vértice: gabros, dioritas y anortositas, que no pueden ser diferenciadas sólo en base de las relaciones QAPF. Las anortositas tienen contenidos mayores al 90% de plagioclasa en una moda normalizada, por lo que se la puede identificar sin problemas. Pero las dioritas y gabros, se proyectan en el mismo campo, por lo que deben ser distinguidas utilizando otros criterios fuera de las relaciones QAPF. Para ello se usan dos parámetros. En la muestra de mano, un gabro tiene >35% de minerales máficos (piroxenas y olivino), mientras que la diorita tiene <35% de minerales máficos (hornblenda y piroxenas). En las secciones delgadas, la plagioclasa del gabro es >An50; mientras que en la diorita es <An50.

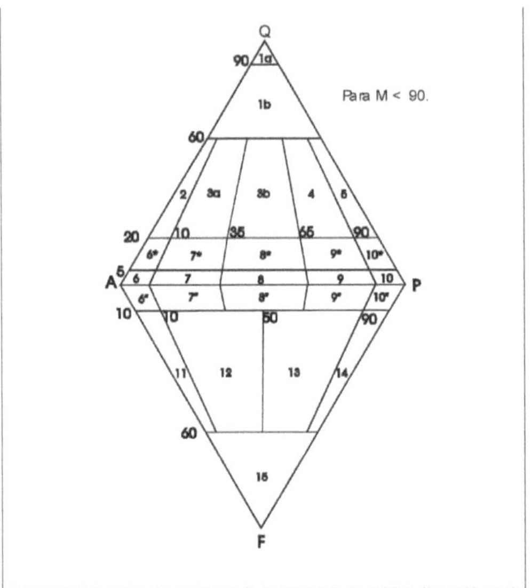

Fig. 2-1. Doble triángulo QAPF, correspondiente a las rocas plutónicas, para M<90.

Nomenclatura de la figura 2-1 (QAPF plutónicas)

1a: Cuarzolita (silexita).
1b: Granitoides ricos en cuarzo.
2:   Granitos de feldespato alcalino.
3a: Sienogranitos.
3b: Monzogranitos.
4:   Granodioritas.
5:   Tonalitas.
6:   Sienitas de feldespato alcalino.
6*: Cuarzosienitas de feldespato alcalino.
6": Sienitas de feldespato alcalino con feldespatoides.
7:   Sienitas.
7*: Cuarzosienitas.
7": Sienitas con feldespatoides.
8:   Monzonitas
8*: Cuarzomonzonitas.
8": Monzonitas con feldespatoides.
9:   Monzodioritas / Monzogabros.
9*: Cuarzo-monzodioritas / Cuarzo-monzogabros.
9": Monzodioritas / Monzogabros con feldespatoides.
10: Dioritas / Gabros (si tienen plagioclasa >An50) ver Figs. 2-2 y 2-3.
10*: Cuarzodioritas / Cuarzogabros.
10": Dioritas / Gabros con feldespatoides.
11:   Sienitas feldespatoidicas.
12:   Monzosienitas feldespatoidicas.
13:   Monzodioritas / Monzogabros feldespatoidicos.

14: Gabros / Dioritas feldespatoidicas.

Términos modificatorios

El sistema de la IUGS acepta incluir características texturales, mineralógicas o químicas en el nombre de una roca. Por ejemplo si la roca es poco coloreada, se le puede agregar el prefijo "leuco-" (leuco granito). Si es anormalmente oscura, se puede agregar el prefijo "mela-" (mela granito). Esto ayudaría a establecer las diferencias del punto 3, respecto al contenido total de minerales máficos. También se pueden usar términos texturales, tales como granito porfírico, granito gráfico, etc. Los términos texturales tales como "pegmatita", "aplita" o "toba", son incompletos si no se les agrega el nombre de la roca que las forma, tales como "pegmatita granítica", "aplita granodiorítica", "toba riolítica". También se puede incluir información mineralógica que se considere importante, como por ejemplo "granito riebeckítico", "granito biotítico-moscovítico". Cuando se incluye más de un mineral estos deben ser citados en orden de volumen decreciente. También se puede agregar calificativos químicos, tales como: alcalino, calco-alcalino, peraluminoso, etc. Como se verá oportunamente, algunos caracteres químicos se manifiestan en la totalidad de una serie magmática cogenética en algunas provincias magmáticas. El término químico se aplica así a "suites" de rocas ígneas (o grupos de rocas genéticamente relacionadas).

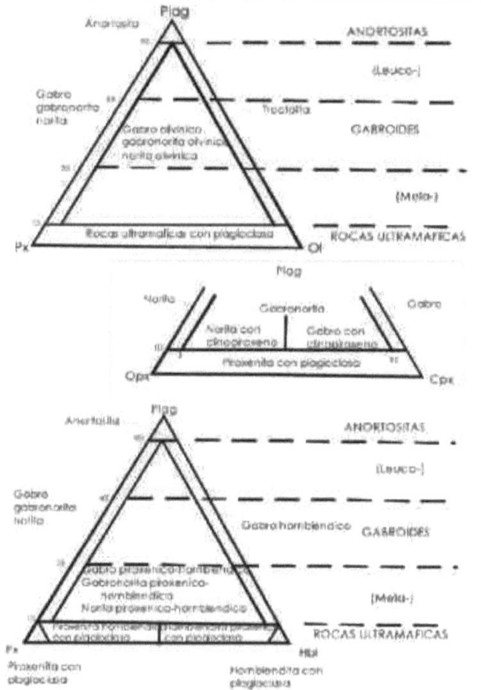

Fig. 2-2. Triángulos de composición para rocas plutónicas máficas y ultramáficas.

Rocas máficas y ultramáficas

Las rocas gábricas (plagioclasa + mafitos) y ultramáficas (>90% de mafitos) se clasifican utilizando diagramas separados (Figs. 2-2 y 2-3). Cuando se pueden distinguir las piroxenas en un gabro la terminología es más específica (por ejemplo si está constituido por ortopiroxeno, es nombre es norita), pero en la muestra de mano es difícil distinguir orto- de clino-piroxenos, por lo que usamos el término gabro. En las rocas ultramáficas se usan los términos peridotita y piroxenita, porque son independientes del tipo de piroxeno. La presencia de 5% de hornblenda genera complicaciones en las clasificaciones tanto de las rocas básicas como de las ultrabásicas. Para más detalles consultar Streckeisen (1974), Le Maitre (1989).

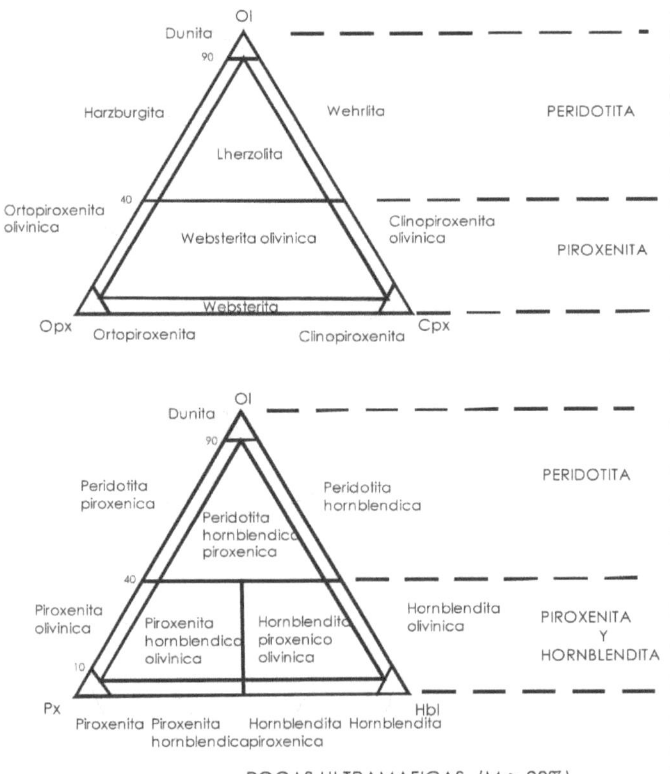

Fig. 2-3. Corresponde a los triángulos de composición de las rocas ultrabásicas plutónicas.

Rocas afaníticas

Para clasificar a las rocas volcánicas, se utilizan los mismos procedimientos que para las rocas faneríticas, utilizando el doble-triángulo QAPF (Fig.2-4), aunque la granulometría fina de estas rocas hace dificultosa las determinaciones. La matriz de estas rocas es de granulometría extremadamente fina o aún vítrea o de material amorfo, que hacen imposible su determinación mineralógica cuantitativa, que en estos casos se basa sólo en el modo de los fenocristales. La IUGS recomienda que las rocas identificadas de esta manera se denominen "fenotipos" y deben utilizar el prefijo "feno" antes del nombre (feno-latita).

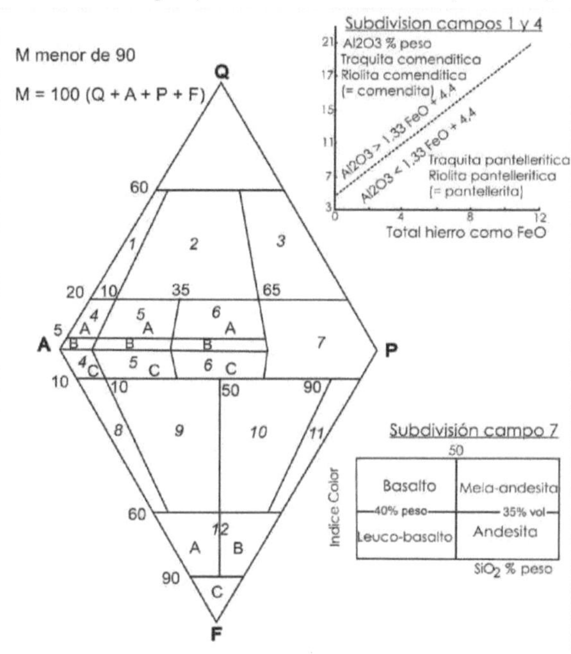

Fig. 2-4. Doble triángulo QAPF de las rocas volcánicas.

Nomenclatura de la figura 2-4 (QAPF volcánicas)

1: Riolitas de feldespato alcalino.
2: Riolitas.
3: Dacitas.
4a: Cuarzo-traquitas de feldespato alcalino.
4b: Traquitas de feldespato alcalino.
4c: Traquitas de feldespato alcalino con feldespatoides.
5a: Cuarzo-traquitas.
5b: Traquitas.
5c: Traquitas con feldespatoides.
6a: Cuarzo-latitas.
6b: Latitas.
6c: Latita con feldespatoides.
7: Andesitas / Basaltos.
8: Fonolitas.
9: Fonolitas tefríticas.

10:   Tefritas fonolíticas. (Basanitas si el olivino > 10%).

11:   Tefritas. (Basanitas si el olivino > 10%).

12a: Foiditas fonolíticas.

12b: Foiditas tefríticas.

12c: Foidita.

Para M > 90: Ultramafititas.

Nuevamente las rocas que se proyectan próximas a P, presentan problemas en la clasificación. No se pueden distinguir basaltos de andesitas. La IUGS recomienda para su distinción, el uso del contenido de sílice o el índice de color y no la composición de la plagioclasa. Una andesita es definida como una roca rica en plagioclasa, con índice de color <35% y con <52% de SiO_2. Muchas andesitas definidas por el índice de color o el contenido de SiO_2, tienen plagioclasas de composición An65 o mayor.

La forma más adecuada para resolver el problema de la matriz es analizar químicamente a la roca y su clasificación basada en resultados analíticos (como en el uso de la SiO_2, para distinguir los basaltos de las andesitas). La IUGS recomienda, para las rocas volcánicas, el uso de la clasificación TAS (contenido total de $Na_2O + K_2O$ versus la SiO_2). Esta clasificación ha sido propuesta por Zanettin (1984), Le Maitre (1984), Le Bas et al. (1986).

Las rocas alcalinas continentales, por su parte, presentan una amplia variabilidad química y mineralógica. Químicamente presentan altas concentraciones de algunos elementos, que están sólo presentes como trazas en las rocas ígneas comunes. La gran variedad de resultados produce una nomenclatura igualmente compleja. Aunque las rocas alcalinas constituyen menos del 1% en volumen de las rocas ígneas, la mitad de los nombres formales utilizados, se aplican a ellas.

Rocas piroclásticas

Cuando se dispone de la composición química, las rocas piroclásticas deben ser clasificadas de la misma manera que cualquier roca volcánica (clasificación TAS), pero ellas

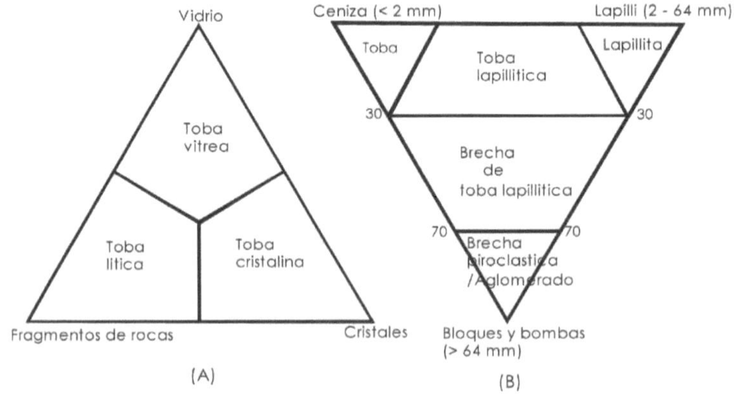

Fig. 2-5. Triángulos de composición para las rocas piroclásticas.

pueden contener impurezas significativas y sólo cuando el material extraño es mínimo puede aplicarse con confianza el nombre. Las rocas piroclásticas comúnmente se clasifican sobre del tipo de material fragmentado (colectivamente llamado piroclástico) o utilizando el tamaño de los fragmentos (que se agrega al nombre químico o modal). Si el volumen porcentual de vidrio y fragmentos de cristales y rocas es determinado, se utiliza para la clasificación los diagramas triangulares de la (Fig. 2-5). La hialoclastita es una toba hidromagmática que se forma cuando el magma se pone en contacto con el agua (Mazzoni 1986).

PIROCLASTO (individuo)	TEFRA (agregado inconsolidado)	PIROCLASTITA (agregado consolidado)	mm
BLOQUE[(1)] BOMBA[(2)]	AGLOMERADO PIROCLASTICO ESTRATO DE BLOQUES O BOMBAS	BRECHA PIROCLASTICA O AGLOMERADO PIROCLASTICO	
			64
LAPILLI	ESTRATO O CAPA DE LAPILLI	LAPILLITA	
			2
CENIZA DE GRANO GRUESO	ESTRATO O CAPA DE CENIZA GRUESA	TOBA GRUESA	
			0,062
CENIZA DE GRANO FINO	ESTRATO O CAPA DE CENIZA FINA (POLVO)	TOBA FINA	

Tabla 2-1. Clasificación y nomenclatura de depósitos piroclásticos. (Schmid, 1981, con modificaciones posteriores).

Clasificaciones químicas

La gradación en el contenido de sílice fue utilizada para definir los términos: **ácidos** (rocas claras) y **básicos** (rocas oscuras) en el sentido de los magmas. Con objeto de obtener mayor detalle Williams, Turner y Gilbert (1954), propusieron los términos:

Acido - SiO_2 - mayor 63%
  Ej. granitos, promedio 73%; granodioritas 67%
Intermedios - SiO_2 entre 63 y 52%
  Ej. andesitas, promedio 57%, traquitas 62%
Básicos o máficos - SiO_2 entre 52 y 45%
  Ej. basaltos, promedio 48 a 51%
Ultrabásicos - SiO_2, menor al 45%
  Ej. peridotita, promedio 41 - 42%, nefelinitas 40%

Ahora bien el porcentaje de sílice guarda poca relación con el porcentaje de cuarzo en una roca, aunque como regla general, las rocas ácidas contienen cuarzo y las básicas y ultrabásicas no. Por otra parte las rocas ácidas, intermedias y básicas tienen feldespatos y las ultrabásicas carecen de cuarzo.

Dos rocas que contienen la misma cantidad de sílice, una puede estar desprovista de cuarzo y la otra tenerlo hasta un 30% en volumen. Y también, dos rocas que contienen la misma cantidad de cuarzo pueden diferir en su contenido de sílice hasta en un 15%. En resumen, cuando el porcentaje de sílice es utilizado como base de clasificación, reúne muchas rocas mineralógicamente distintas.

Una clasificación que corrientemente es utilizada para los granitoides es la de Baker (1976) que utiliza los valores de Ab – An – Or obtenidos del cálculo de la norma CIPW (Fig. 2-6).

En la norma CIPW (ver anexo I)

Las rocas sobresaturadas en SiO_2 contienen: cuarzo + hipersteno.

Las rocas saturadas en SiO_2 contienen: Hipersteno

Las rocas subsaturadas en SiO_2 contienen: Olivino+/- Nefelina

El segundo componente en importancia en la composición de las rocas ígneas es el **Al_2O_3**. Que se expresa en proporción molecular, que es el porcentaje (%) del óxido dividido su peso molecular. (Prop. Mol. = % peso óxido/peso molecular.)

La saturación de alúmina, de acuerdo a Shand (1927), desarrolla tres clases de rocas:

Rocas peraluminosas: la proporción molecular de Al_2O_3 > ($CaO + Na_2O + K_2O$) (valores mayores a 1), corindón aparece en la norma. Minerales característicos son: moscovita, topacio, turmalina, espesartita, almandino, sillimanita, andalucita, cordierita, biotita.

Rocas metaluminosas: la proporción molecular de Al_2O_3 < ($CaO + Na_2O + K_2O$) > ($Na_2O + K_2O$) (valores menores a 1), anortita es prominente en la norma. Algunos minerales oscuros como biotita, hornblenda, diópsido, titanita y melilita son típicos.

Rocas peralcalinas: en las cuales la proporción molecular de Al_2O_3 < ($Na_2O + K_2O$). Acmita, silicato de sodio y raramente silicato de potasio, aparecen en la norma. Minerales alcalinos ferromagnesianos tales como aegirina, riebeckita, richterita, acmita, diópsido, hornblenda y fluorita son comunes.

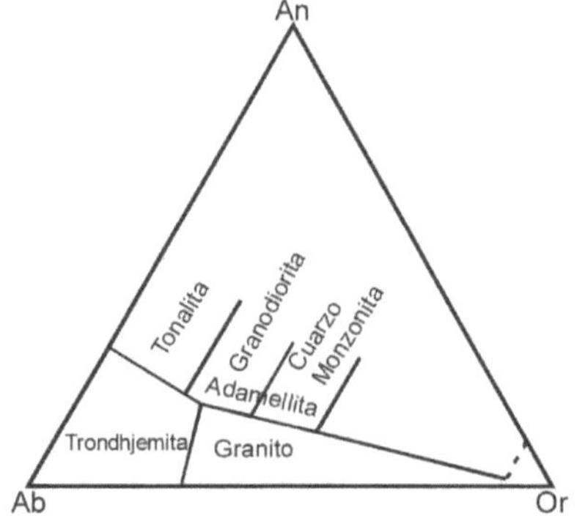

Fig. 2-6. Una clasificación que corrientemente es utilizada para los granitodes es la de Barker (1976) que utiliza los valores de Ab – An – Or obtenidos del cálculo de la norma.

Clasificación "TAS" para las rocas volcánicas

Esta clasificación es recomendada por la (IUGS) Subcomisión Internacional de Sistemática de las rocas Ígneas, se utiliza cuando se carece de análisis modales. Entre otros han propuesto esta clasificación, Zanettin (1984), Le Maitre (1984), Le Bas et al. (1986).

La construcción de la clasificación TAS se basa en los siguientes criterios:

a) Los campos identificados fueron elegidos de acuerdo, con el uso corriente de los nombres empleados.

b) Se consideraron como rocas frescas aquellas con H_2O+ <2% y CO_2<0,5%.

d) Todos los análisis son re-calculados a 100, libres de H_2O y CO_2.

e) Los límites de sílice para los campos de picrobasaltos, basaltos, andesitas basálticas y dacitas, son de 45, 52 y 63% en peso respectivamente y coinciden con los usados para distinguir rocas ultrabásicas, básicas e intermedias (Carmichael et al. 1974). El valor 52% para los basaltos es el aceptado en la clasificación QAPF de Streckeisen.

f) Algunos límites se determinan, localizando su contraparte en la clasificación QAPF.

La clasificación TAS debe ser usada con las siguientes restricciones: (no están todas)

1) La clasificación es puramente descriptiva, no hay implicancias genéticas.

2) Es independiente de la asociación de campo, excepto que la roca es volcánica.

3) La relación FeO a Fe_2O_3 se toma del análisis. Si no se ha determinado, un estado de oxidación estándar se calcula siguiendo el método de Le Maitre (1976).

4) La clasificación no es aplicable para rocas que han sufrido enriquecimiento cristalino (cumulatos) o han sufrido metasomatismo.

Los resultados son generalmente consistentes con los obtenidos en el diagrama QAPF, cuando se dispone de análisis modales adecuados.

Las rocas que tienen contenidos de vidrio mensurables, clasifican como:

vitrífero	0 - 20%
vítrico	20 - 50%
vítreo	50 - 80%
(nombre específico: obsidiana, taquilita)	80 - 100%

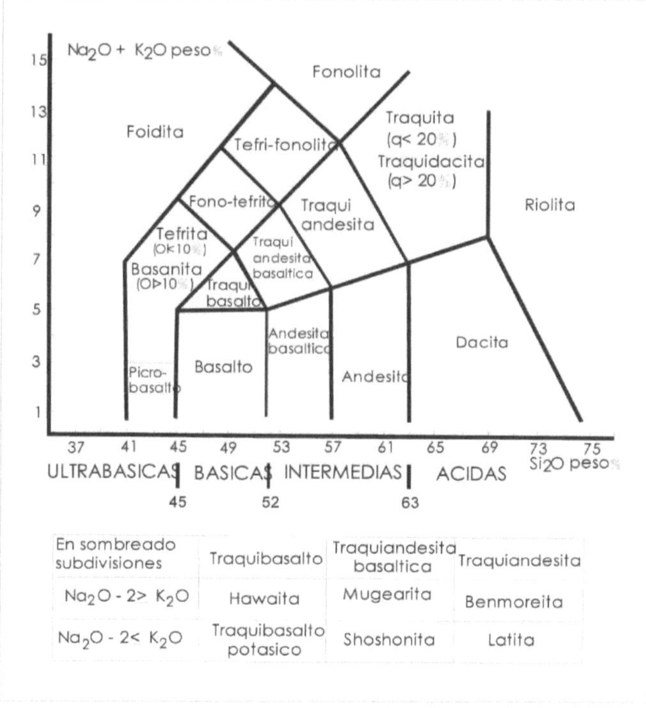

En sombreado subdivisiones	Traquibasalto	Traquiandesita basaltica	Traquiandesita
$Na_2O - 2 > K_2O$	Hawaita	Mugearita	Benmoreita
$Na_2O - 2 < K_2O$	Traquibasalto potasico	Shoshonita	Latita

Fig. 2-7. Diagrama SiO_2 vs. Na_2O+K_2O (TAS) para las rocas volcánicas (Zanettin 1984).

Las clasificaciones no incluyen los nombres de rocas hipabisales (intrusiones someras) o de rocas tales como diabasa (dolerita en Inglaterra) u otras rocas como carbonatitas (carbonatos ígneos), lamproitas/lamprófiros (diques y coladas máficas, ricas en volátiles y generalmente alcalinas); espilitas (basaltos sódicos), o queratófiros (volcanitas sódicas intermedias), charnoquitas, rocas melilíticas, etc.

Concepto de saturación

Shand (1927) propuso una clasificación química, balanceando paralelamente el contenido de sílice y alúmina, que le permitió desarrollar el concepto de saturación. El reconoce dos grupos de minerales ígneos, aquellos compatibles con cuarzo o tridimita (saturados) y aquellos que nunca están asociados con minerales de sílice (subsaturados).

Saturación en sílice	Minerales Saturados	Feldespatos, Piroxenos (pobres en A-Ti), Anfíboles, Micas, Fayalita, Espesartina-almandino, Titanita, Circón, Turmalina, Topacio, Magnetita, Ilmenita, Apatito.
	Minerales Sub-aturados	Leucita, Nefelina, Sodalita, Hauyna, Noseana, Forsterita, Andradita, Perovskita, Melilita, Corindón, Augita.

El concepto de desarrollo de saturación en sílice – SiO_2 – depende, tanto de la concentración relativa de sílice, como de la concentración de otros constituyentes químicos de la roca, que se combinan con ella para formar silicatos. Como ejemplo ilustrativo usaremos las concentraciones relativas de SiO_2 y Na_2O. La nefelina y el cuarzo, juntos son inestables y reacciónan para dar albita estable:

$$Na_2O.Al_2O_3.2SiO_2 + 4\ SiO_2 \dashrightarrow Na_2O.Al_2O_3.6SiO_2 \qquad ó$$
$$2\ NaAlSiO_4 + 4\ SiO_2 \dashrightarrow 2\ NaAlSi_3O_8$$

$$\text{Nefelina} \qquad \text{Cuarzo} \qquad \text{Albita}$$

En un magma que cristaliza, los dos componentes de la izquierda se disuelven en el fundido y se combinan para dar albita y la roca resultante es composicionalmente saturada con respecto a la sílice.

La albita, tiene una relación SiO_2:Na_2O = 6:1, que es la relación de los magmas desde la cual la albita cristaliza y el fundido está saturado. Si en el magma, la relación es menor que 6:1 y mayor que 2:1, hay insuficiente cantidad de SiO_2 para combinarse con todo el Na_2O y el material resultante tiene albita y nefelina. Si la relación es menor a 2:1, entonces no se forma albita y todo cristaliza como nefelina, entonces se dice que la roca es subsaturada en SiO_2. Por el contrario si la relación SiO_2:Na_2O es mayor que 6:1, hay exceso de SiO_2 y se forman cuarzo y albita, siendo la roca sobresaturada. Si en cambio, la relación es de SiO_2:Na_2O = 6:1, la roca es saturada.

El otro componente importante en la composición de todas las rocas ígneas es el Al_2O_3. Que se expresa en proporción molecular, que es el porcentaje del óxido dividido por su peso molecular. (Prop. Mol. = % peso óxido/peso molecular.)

La saturación de alúmina, de acuerdo a Shand (1927), desarrolla tres clases de rocas:

ROCAS PERALUMINOSAS

La proporción molecular de [Al_2O_3 > (CaO + Na_2O + K_2O)] (valores mayores a 1) (también se expresa como ASI o ACNK). El corindón aparece en la norma y los minerales característicos son: moscovita, topacio, turmalina, espesartita, almandino, sillimanita, andalucita, cordierita, biotita.

ROCAS METALUMINOSAS

La proporción molecular de $[Al_2O_3 < (CaO + Na_2O + K_2O) > (Na_2O + K_2O)]$ (valores menores a 1). La anortita es prominente en la norma y contienen algunos minerales oscuros típicos como: biotita, hornblenda, diópsido, titanita y melilita.

ROCAS PERALCALINAS

En las cuales la proporción molecular de $[Al_2O_3 < (Na_2O + K_2O)]$. En la norma se forman: Acmita, silicato de sodio y raramente silicato de potasio. Contienen minerales alcalinos ferromagnesianos tales como: aegirina, riebeckita, richterita, acmita y fluorita.

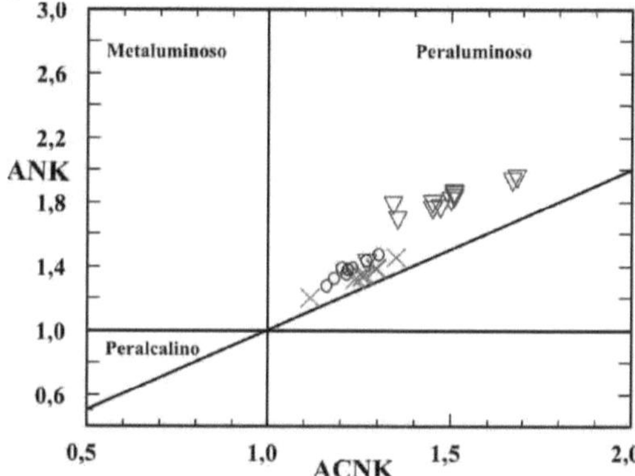

Fig. 2-8. Diagrama de saturación de alúmina de Shand, según las relaciones de las proporciones moleculares de alúmina a óxidos de sodio y potasio, versus alúmina a óxidos de calcio, sodio y potasio, que definen los campos peralcalino, metaluminoso y peraluminoso.

Lecturas seleccionadas

Barker, F. ed. 1976. Trondhjemites, dacites, and related rocks. New York. Elsevier.

Carmichael, I.S.E., Turner, F.J., y Verhoogen, J. 1974. Igneous petrology. 739 pp. New York, McGraw-Hill.

De La Roche, H., Leterrier, J., Grandclaude, P., y Marchal, M. 1980. A Classification of Volcanic and Plutonic Rocks Using R1-R2 Diagram and Major-Element Analyses. Its Relationships with Current Nomenclature. Chemical Geology, 29: 183-210.

Le Bas, M., Le Maitre, R., Streckeisen, A. y Zanettin, B., 1986. A Chemical Classification of Volcanic Rocks Based on the Total Alkali-Silica Diagram. Journal of Petrology 27(3): 745-750.

Le Maitre, R., 1984. A proposal by the IUGS Subcomisión on the Systematics of Igneous Rocks for a chemical classification of volcanic rocks based on the total alkali-silica (TAS) diagram. Australian Journal of Earth Science. Melbourne, 31: 243-255.

Le Maitre, R.W. 1976. The chemical variability of some common igneous rocks. Journal Petrology 17: 589-637.

Mazzoni, M. 1986. Procesos y depósitos piroclásticos. Asociación Geológica Argentina. Serie "B", Didáctica y Complementaria, N° 14. Buenos Aires.

O'Connor, J. T. 1965. A classification for quartz-rich igneous rocks based on feldspar ratios. US.Geol. Survey. Prof. Paper, 525-B: 79-84.

Schmid, R. 1981. Descriptive nomenclature and classification of pyroclastic deposits and fragments: recommendations of the IUGS Subcomission on the Systematics of Igneous Rocks. Geology. The Geological Society of America. Boulder, Co. 9: 41-43.

Streckeisen, A. 1967. Classification and Nomenclatura of Igneous Rocks (Final Report of an Inquirf). Neues Jahrbuch für Mineralogie. Stuttgart. Abhandlungen,107: 144-214.

Teruggi, M. 1980. La Clasificación de las Rocas Igneas. Colección Ciencias de la Tierra. Estudios N° 1, 34 pp. Buenos Aires.

Winter, J.D. 2001. An Introduction to Igneous and Metamorphic Petrology. 697 páginas. Prentice Hall.

Zanettin, B.1984. Proposed new chemical classification of volcanic rocks. Episodes 7: 19-20.

Elementos básicos de petrología ígnea

Miscelanea 18: 43-64
Tucumán, 2010 -ISSN 1514 - 4836 - ISSN on-line ISSN 1668 - 3242

Capitulo 3

Texturas

Introducción

La Petrografía es la rama de la Petrología que trata la descripción y clasificación de las rocas. La gran variedad composicional, estructural y textural de las rocas ígneas atestiguan sobre la diversidad de condiciones bajo las cuales los magmas se enfrían y cristalizan. El nucleamiento y crecimiento de los minerales y la eficiencia con que ellos se equilibran con el líquido que se enfría y desde el cual se forman, son fuertemente dependientes de las propiedades físico-químicas del sistema y de la velocidad de enfriamiento del cuerpo y de la roca de caja. Por lo que las relaciones entre los minerales y/o vidrio, son algo más que meras descripciones de las rocas, sino que brindan importante ayuda en la interpretación de la génesis e historia de las rocas.

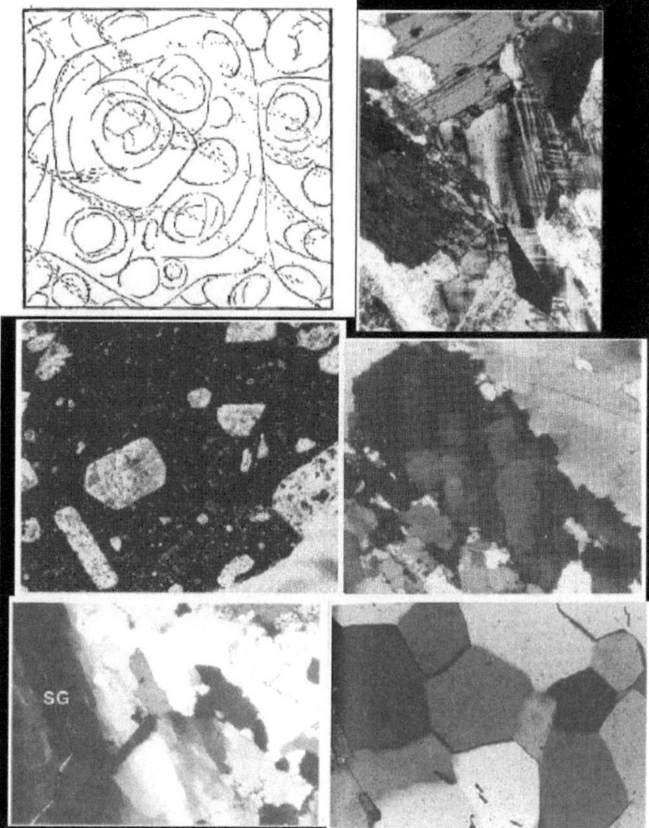

Fig. 3-1. Texturas básicas: A) Vítrea. B) Secuencial. C) Porfídica. D y E) Deformada. F) Cristaloblástica.

Los términos textura y estructura son tradicionales y su uso está muy generalizado por los petrógrafos, pero los límites ambiguos de aplicación de los mismos ha llevado a muchos a integrar estos dos términos bajo el concepto de Fábrica, aunque nosotros mantendremos el uso del término textura para observaciones a escala pequeña y estructura para observaciones mesoscópicas, aunque sin descartar el uso de fábrica. Las texturas de los diferentes tipos de rocas pueden ser agrupados en seis tipos básicos: vítrea, secuencial, clástica, deformada y cristaloblástica (Fig. 3-1). Los dos primeros son claramente ígneas, mientras que las restantes son metamórficas. Todos los demás tipos de fábricas son esencialmente variantes o combinaciones de estos tipos básicos.

Las fábricas que se observan en las rocas ígneas resultan de numerosos procesos que pueden ser agrupados en dos categorías principales. Las Texturas Primarias, que tienen lugar durante la cristalización ígnea y son el resultado de las interacciones entre los minerales y el fundido. Las Texturas Secundarias, son alteraciones que tienen lugar después que la roca ha alcanzado el estado sólido.

Texturas Primarias (interacción fundido/cristal)

La formación y crecimiento de cristales, tanto desde un fundido o en un medio sólido (crecimiento de minerales metamórficos), involucra tres procesos principales: 1) Nucleamiento inicial del cristal; 2) Crecimiento subsecuente del cristal; y 3) Difusión de las especies químicas a través del medio que los rodea, hacia las caras de los cristales en crecimiento.

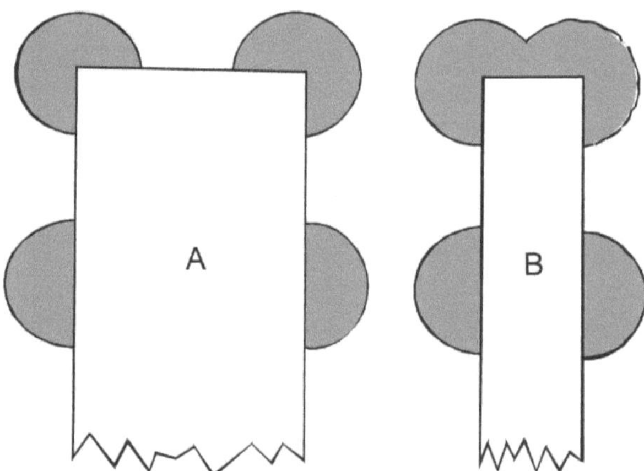

Fig. 3-2. A – El volumen de líquido disponible (gris) disponible en cada vértice es mayor que para las caras. **B –** El volumen disponible de líquido en el extremo de un cristal es mayor, lo que permite el desarrollo acicular del mismo.

La nucleamiento, es el paso inicial crítico de desarrollo de un cristal. Cristales iniciales muy delgados, tienen alta relación de superficie a volumen y por lo tanto una gran proporción de iones en la superficie. La superficie de los iones tiene cargas no balanceadas, porque aún no se ha completado el desarrollo del enrejado cristalino, para balancear las cargas del interior. El resultado es una alta energía de superficie de los cristales iniciales y por lo tanto baja estabilidad. El agrupamiento de unos pocos iones compatibles en un fundido que se enfría, tienden espontáneamente a agruparse, cuando se alcanzan las condiciones de saturación a una temperatura. En tales condiciones, la cristalización es posible, sin el requisito previo del nucleamiento. Pero antes de que la cristalización sea posible, un tamaño crítico de agrupamiento o núcleos de cristales deben formarse. Esto requiere cierta sobresaturación o de sobreenfriamiento (enfriamiento del fundido por debajo de la temperatura de cristalización del mineral).

Distintos estudios indican que los cristales con estructuras simples tienden a nuclearse más fácilmente que aquellos de estructuras más complejas. Por ejemplo, óxidos (magnetita o ilmenita) y olivino, en general se nuclean más fácilmente (con menos sobreenfriamiento, que las plagioclasas, que tienen polimerización Si-O más compleja).

El crecimiento de cristales, involucra la adición de iones sobre los cristales existentes o núcleos de cristales. En estructuras simples con alta simetría, las caras con alta densidad de puntos en la red ($\{100\}$ y $\{110\}$), tienden a formar caras más prominentes (Fig. 3-2). En silicatos mas complejos esta tendencia puede ser sobrecargada por crecimiento en direcciones preferenciales, con cadenas sin interrupción y enlaces fuertes. Así las piroxenas y anfíboles tienden a alargarse en las direcciones de las cadenas Si-O-Si-O y las micas tienden a crecer en las direcciones de las hojas de los silicatos. En general las caras con baja energía prevalecen sobre las de alta energía, considerando que cuando la energía de un sistema es baja, es más estable. La energía de superficie de las diferentes caras puede variar marcadamente con el cambio de condiciones, así que la forma de un mineral particular puede variar de una roca a otra. Cuando el sobreenfriamiento se incrementa, los minerales cambian, desde bien facetados a aciculares, dendríticos y finalmente esferulíticos.

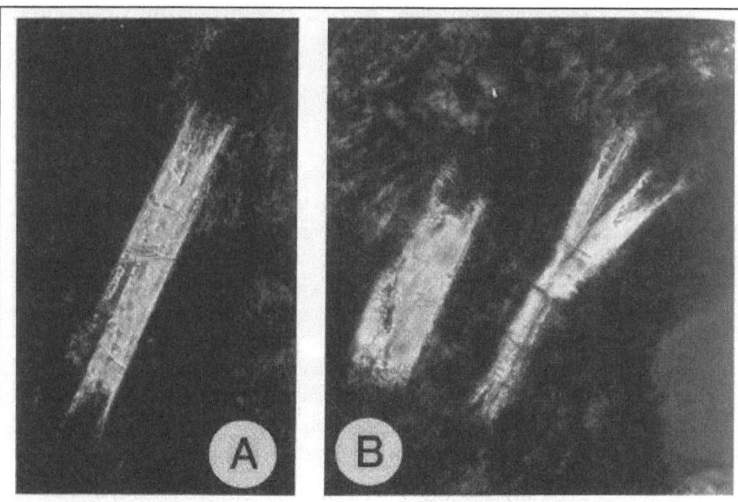

Fig. 3-3. Plagioclasa "cola de golondrina", en traquitas (longitud tablillas 0,22 mm).

Los procesos nucleamiento, crecimiento y difusión están involucrados en el desarrollo de los minerales, por lo que se deben considerar sus influencias relativas sobre las fábricas de las rocas que resultan. A estos debe agregarse la velocidad de enfriamiento del magma. Si la velocidad de enfriamiento es muy lenta, el equilibrio se mantiene entre cristales y líquido, pero si el enfriamiento es más rápido, puede resultar un significativo sobreenfriamiento y falta tiempo para que se pueda producir nucleamiento, crecimiento y difusión. La velocidad de enfriamiento es una variable que tiene control externo y de gran influencia en la formación de los cristales, por lo que toda la información textural que se puede observar es utilizada para su interpretación.

Las relaciones de nucleamiento y crecimiento de cristales son fuertemente dependientes del grado de sobreenfriamiento del magma. Originalmente el sobreenfriamiento mejora estas relaciones, pero con el mayor enfriamiento decrece la cinética y se incrementa la viscosidad, por lo que se inhiben estas relaciones. Como se ilustra en la Fig. 3-3, la máxima relación de crecimiento tiene lugar a altas temperaturas, que también produce la máxima relación de nucleamiento, porque es más fácil agregar átomos a las superficies de los cristales en crecimiento, una vez que se forman los cristales embrionarios. Con el sobreenfriamiento se inhibe progresivamente el crecimiento, porque los átomos tienen dificultad para moverse y ubicarse en la superficie de los cristales en crecimiento, por lo que crecen pocos cristales y es más fácil nuclearse como acumulaciones locales que moverse a cierta distancia. La Fig. 3-4 nos ayuda entender como la velocidad de enfriamiento afecta al tamaño de grano de las rocas. El sobreenfriamiento tiene lugar cuando las temperaturas caen por debajo del punto de fusión y antes que la cristalización tenga lugar. Por ejemplo, si la relación de enfriamiento es lento, sólo escaso sobreenfriamiento será posible (temperatura Ta), ya que el nucleamiento es muy lento y la relación de crecimiento es muy alta. Así pocos cristales se forman y ellos adquieren gran tamaño, resultando una fábrica de grano grueso, que es común en las rocas plutónicas. En las rocas que se enfrían más rápidamente, puede haber un sobreenfriamiento significativo, antes que los cristales comiencen a cristalizar. Si las rocas son sobre-enfriadas en Tb, la relación de nucleamiento excede a la relación de crecimiento, y muchos cristales pequeños son formados, resultando una fábrica de grano fino, típica de rocas volcánicas. Cuando hay muy alto grado de sobreenfriamiento (Tc) puede ser insignificante las relaciones de nucleamiento y crecimiento, tal como ocurre en los líquidos solidificados a vidrio, con pocos cristales o sin ellos.

Dos estadios de enfriamiento pueden crear una distribución bimodal de tamaños de grano. Enfriamiento lento seguido de uno rápido, es la única secuencia posible que puede tener lugar cuando una cristalización comienza en la cámara magmática, seguido por la apertura de un conducto por el que el magma migra hacia la superficie. Inicialmente el magma puede estar débilmente sobre-enfriado y pocos cristales pueden formarse, situación que cambia con el fenómeno efusivo que da lugar a cristales de grano fino. Esta distribución bimodal del tamaño de grano, unos de tamaño considerablemente mayor a los otros, da lugar a la textura porfídica. Los grandes cristales son denominados fenocristales y están rodeados por otros de grano fino denominados matriz, o pasta, o mesostasis (Fig. 3-1C). Las rocas porfídicas se consideran plutónicas o volcánicas en base a la granulometría de la matriz. Si los fenocristales se encuentran dentro de una masa vítrea, la fábrica se denomina vitrofírica. Si los fenocristales contienen abundantes inclusiones de otros minerales que han sido englobados durante el crecimiento, la fábrica es poiquilítica (Fig. 3-5) y el mineral incluyente es denominado oico-cristal.

La relación de crecimiento depende tanto de la energía de superficie de las caras como de la relación de difusión. Para una velocidad de enfriamiento constante, los cristales más grandes serán aquellos con estructuras mas simples (ellos también se nuclean mas tempranamente), por ser mas fácil la difusión de sus componentes. La velocidad de difusión es más rápida a

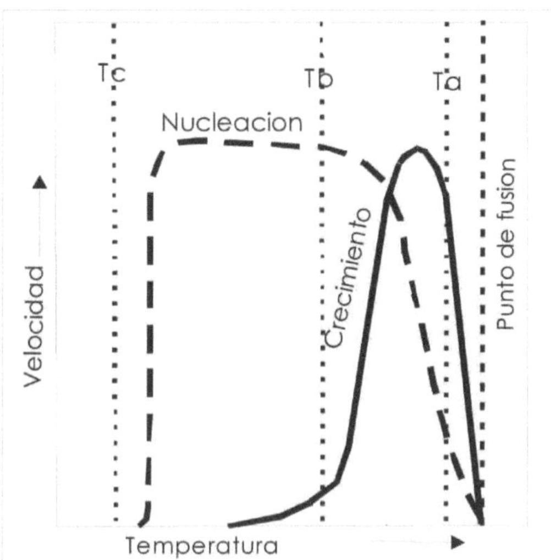

Fig. 3-4. Relación entre nucleamiento cristalina en función de la temperatura por debajo del punto de fusión.

altas temperaturas y con materiales de baja viscosidad. La velocidad de difusión es así baja, en fundidos viscosos altamente polimerizados, tales como los ricos en sílice que generalmente están más fríos que los fundidos máficos. Los iones pequeños, con baja carga se difunden mejor en fundidos básicos y a alta temperatura, mientras que en los complejos altamente polimerizados se difunden lentamente. En general la difusión en un fluido es mayor que en un vidrio y a su vez en el vidrio es mayor que en un sólido cristalizado. El agua baja drásticamente es desarrollo de la polimerización en un magma, mejorando la difusión. Los álcalis tienen un efecto similar, aunque menos notable. El grano muy grueso de muchas pegmatitas, puede ser atribuido a la alta movilidad de las especies en fundidos ricos en agua, en los cuales la cristalización es extremadamente lenta.

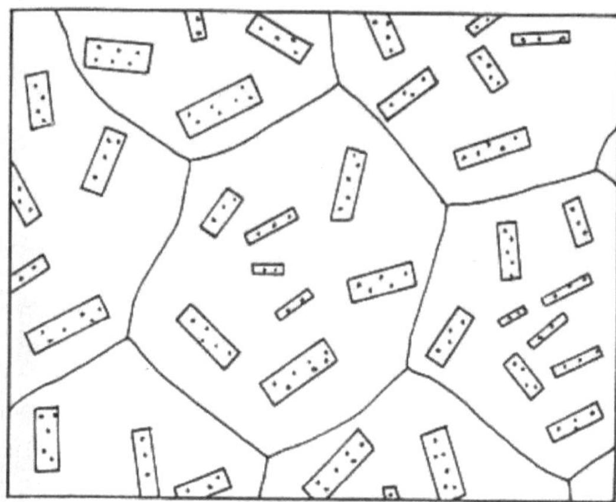

Fig. 3-5. Textura poquilítica.

La noción popular que los grandes cristales en una roca porfírica se habrían formado tempranamente, en un ambiente de lento enfriamiento, no es universalmente válido. La súbita pérdida de una fase fluida rica en agua, puede también producir rápido ascenso de la temperatura de cristalización y permitir el desarrollo de fábricas porfíricas en algunas rocas plutónicas.

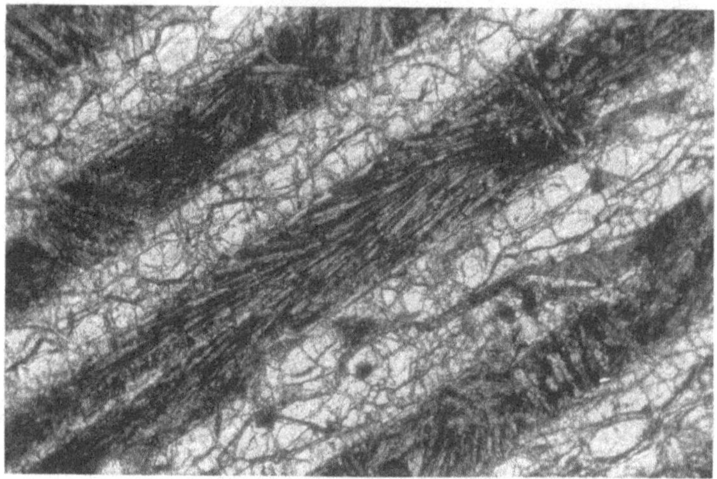

Fig. 3-6. Textura spinifex, definida por el desarrollo esquelético fibroso de olivino.

Cuando la relación de difusión no está limitada, los cristales crecen libremente en un fundido y tenderán a formar cristales euhedrales bien facetados. Cuando la relación de difusión es mas lenta que la relación de crecimiento (como en los enfriamientos súbitos o en las lavas congeladas), los cristales tienden a desarrollar formas radiales u hojosas, dando lugar a las texturas dendríticas, o en situaciones mas extremas a texturas esferulíticas. En las lavas ultramáficas, tales como las komatiítas del Precámbrico, cuando se enfrían pueden llegar a desarrollar cristales muy largos de olivino, que pueden alcanzar hasta el metro, dando lugar a la textura spinifex (Fig. 3-6). Este tamaño excepcional puede haber sido causado por el rápido enfriamiento de olivino de estructura simple, en un magma de muy baja viscosidad y no por enfriamiento lento. Piroxenos con textura spinifex de más de cinco centímetros, también han sido descriptos.

En los vértices de los cristales hay una cierta cantidad líquido con sus componentes, por los cuales se disipa más calor de cristalización que por las caras del cristal. Asimismo en los ángulos y vértices hay una alta proporción de enlaces libres, lo que genera una expectativa de más rápido crecimiento, que sobre las caras, durante el rápido enfriamiento, lo que produce los llamados cristales esqueletales. En casos extremos el crecimiento de las aristas puede englobar bolsillos de fundido entre las caras. El crecimiento de los ángulos de las plagioclasas sobre-enfriadas crean las características formas en cola de golondrina (Fig.3-3). Por supuesto no se debe olvidar que cualquier movimiento del líquido en la cámara u homogenización de los cristales, tiende a reducir los efectos limitantes de la difusión lenta.

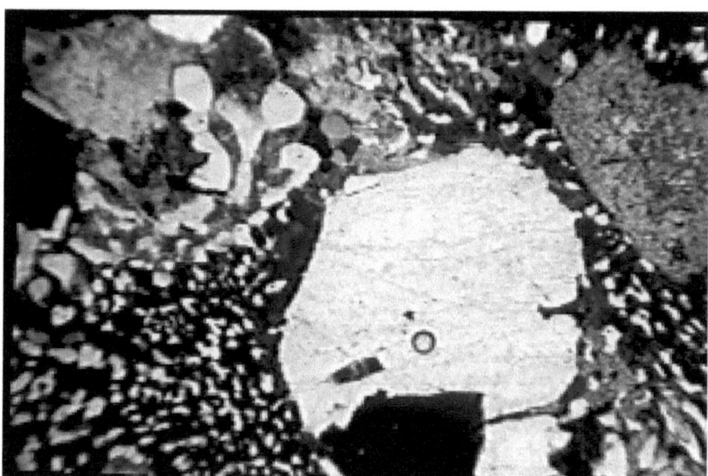

Fig. 3-7. Textura granofírica, en riolitas. (Chaschuil, Sierra de Famatina).

Lugares preferenciales de nucleamiento

Epitaxis: es el término general para describir la nucleamiento preferencial de un mineral sobre otro pre-existente. En forma similar la estructura del mineral que constituye el sustrato es un pre-requisito para el crecimiento epitaxial de una nueva fase. Los constituyentes atómicos del nuevo mineral encuentran lugares favorables para acumularse formando núcleos estables. El crecimiento de sillimanita sobre biotita o moscovita en las rocas metamórficas, o el reemplazo de cianita, son ejemplos comunes de reemplazo directo por otros minerales. Las estructuras de Si-Al-O en la sillimanita y en las micas tienen geometrías y tamaños de enlace similares, por lo que la sillimanita tiende a formarse en áreas de concentración de micas.

La textura rapaquivi, corresponde al sobrecrecimiento de albita sobre ortosa y ocurre en granitos donde la plagioclasa se desarrolla sobre un feldespato alcalino de estructura similar, más que por nucleamiento sobre el mismo (Fig. 3-8A).

Fig. 3-8: A: Textura rapaquivi. B: Textura esferulítica.

Textura esferulítica, se desarrolla en rocas volcánicas silícicas, en la que agujas de cuarzo y feldespato alcalino crecen radialmente desde un centro común (Fig. 3-8B). La textura variolítica es el desarrollo equivalente en rocas basálticas y resultan probablemente de la nucleamiento de cristales de plagioclasa de desarrollo tardío. Ambas se considera que se forman durante la devitrificación de vidrios y serán tratadas con las fábricas secundarias.

La nucleamiento de minerales en las paredes de diques y de vesículas, son también comunes. El crecimiento de cristales alargados, generalmente cuarzo, con los ejes normales a las paredes, desarrollan la textura peine, porque las columnas paralelas recuerdan los dientes de un peine. La textura crescumulatica es similar y describe el crecimiento paralelo de cristales alargados, que no están en equilibrio, de olivinos, piroxenas, feldespatos o cuarzo, que aparecen nucleados sobre paredes y como capas que pueden alcanzar algunos centímetros de largo. Estas texturas suelen presentarse en plutones máficos bandeados, donde forma capas múltiples y en los márgenes de los granitos.

Zoneado composicional: es un fenómeno común, que ocurre cuando un mineral cambia su composición y su desarrollo tiene lugar durante el enfriamiento. La composición de la mayoría de los minerales de solución sólida, que están en equilibrio con otros minerales o líquidos, es dependiente de la temperatura. El zoneamiento composicional sólo puede ser observado petrográficamente cuando el color o la posición de extinción, varía con la composición, como por ejemplo las plagioclasas. Si el equilibrio entre el cristal y el fundido se mantiene, la composición del mineral se ajustará con el descenso de temperatura, produciendo un cristal homogéneo. El zoneado químico, tiene lugar cuando el equilibrio no se mantiene y capas de nueva composición se agregan sobre las más antiguas. El equilibrio composicional requiere en la plagioclasa el intercambio de Si-Al y esto es dificultoso debido a la fuerza de las uniones Si-O y Al-O. Como la difusión del Al es bajo, el zoneamiento de las plagioclasas es bastante común (Fig. 3-11). En el zoneamiento se espera comúnmente que la plagioclasa muestre el núcleo más rico en anortita y el borde más albítico, que se denomina zoneamiento normal. El zoneamiento inverso es el opuesto, con un interior más sódico y el exterior más cálcico y es raro en las rocas ígneas, pero común en plagioclasas metamórficas, en las que su crecimiento es acompañado por el descenso de la temperatura. El zoneado oscilatorio, es un tipo común en las plagioclasas, porque el decrecimiento regular del contenido de anortita, raramente es dominante en todo el período de cristalización y se produce por cambios de las condiciones en la cámara magmática, como ser la inyección de nuevos pulsos de magma más básico y caliente, que generalmente pueden estar acompañados por senos de corrosión en los anillos de los cristales, que indican cambios composicionales abruptos. También puede ser por perdida de agua que eleva el punto de cristalización, o entrada de agua en la cámara que baja el punto de cristalización.

Secuencias de cristalización: Como regla los minerales de formación temprana en los fundidos no son significativamente sobre-enfriados y están rodeados completamente por líquido y desarrollan cristales euhedrales que forman todas sus caras cristalográficas. Cuando mas cristales se generan, se va llenando la cámara magmática e inevitablemente empezarán a chocar unos con otros, lo que impedirá el desarrollo de algunas caras cristalográficas, dando lugar a cristales con formas subhedras y anhedras. Finalmente se desarrollarán cristales rellenando los últimos espacios entre los mismos, dando lugar a los cristales intersticiales.

Minerales euhedrales de formación temprana son generalmente los fenocristales en una matriz afanítica. Algunos minerales zoneados pueden mostrar núcleos euhédricos que se han formado cuando los cristales estaban suspendidos en un fundido y anillos anhedrales que se formaron posteriormente cuando el fundido estaba abarrotado de cristales que interferían entre si en su crecimiento. En general olivinos y piroxenas tienden a ser más euhedrales que feldespatos y cuarzo. Hunter (1987) demostró que aunque los cristales suspendidos en un fundido tienden a formar granos euhedrales, una vez que ellos empiezan a interferir unos con otros, se disuelven áreas de las superficies en contacto, volviéndose mas redondeados.

Los geólogos a menudo apelan al tamaño de grano como indicador de la secuencia de cristalización. En las rocas porfíricas volcánicas, generalmente se considera que los fenocristales se han formado antes de la matriz. Aunque esto comúnmente es cierto, el tamaño de grano es dependiente de las relaciones de nucleamiento y crecimiento y algunos minerales de la matríz se han formado tempranamente por rápido nucleamiento pero con más lento crecimiento que los fenocristales. Los megacristales euhedrales de feldespato-K, que se encuentran en muchas rocas graníticas, se piensa que son de formación tardía en la secuencia de cristalización y no temprana, como suponen otros autores.

Otro indicador de la secuencia de cristalización está basada en la relaciones de inclusiones. Las inclusiones ígneas serían de formación más temprana que los cristales que las contienen. En el caso del feldespato-K, suele tener fábrica poiquilítica y las numerosas inclusiones minerales, son indicadores de su formación tardía. En la textura oofítica, por ejemplo, se observa la inclusión de tablillas de plagioclasa dentro de clino-piroxena de formación posterior. Aunque hay en algunos casos evidencias de la cristalización simultánea de ambos minerales. Flood y Vernon (1988) concluyen que ninguno de los clásicos criterios para determinar la secuencia de cristalización es enteramente satisfactorio.

En sistemas graníticos someros ricos en agua, un único feldespato alcalino puede formarse, pero si el agua se pierde en forma súbita, el punto de fusión baja rápidamente resultando un sobreenfriamiento (aún a temperatura constante), lo que produce la rápida cristalización simultánea de feldespato alcalino y cuarzo. Bajo estas condiciones, los dos minerales no tienen tiempo de formar cristales independientes, sino que constituyen un intercrecimiento con formas esqueletales que se denomina textura granofírica, y la roca en la que domina esta fábrica se denomina granófiro (Fig. 3-7). Una variante de grano grueso es llamada textura gráfica, donde la forma cuneiforme del cuarzo se desarrolla dentro de una masa de feldespato potásico.

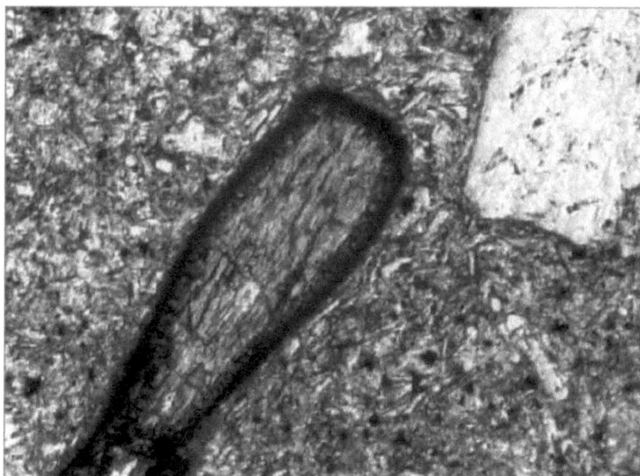

Fig. 3-9. Fenocristal de hornblenda con borde de oxidación.

Reacción y resorción magmática: En algunos sistemas los cristales tempranamente formados reaccionan con el fundido para dar nuevos minerales. Por ejemplo la reacción del olivino con el fundido produce piroxena en el sistema $SiO_2 - Mg_2SiO_4$, es común observar fenocristales de olivino con un manto de orto-piroxena, que se produce en la interfase olivino-fundido.

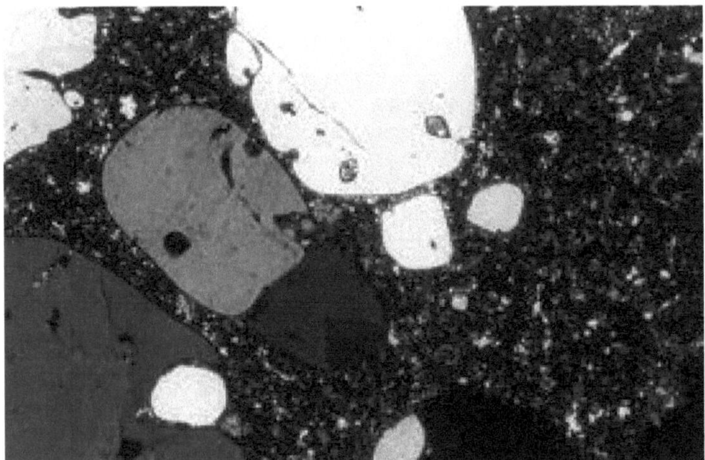

Fig. 3-10. Fenocristales de cuarzo corroidos, redondeados y con bahías de disolución, por la matríz silícica de grano fino.

Otra reacción que suele ocurrir tiene lugar cuando magmas hidratados alcanzan niveles superficiales, donde por la súbita perdida de presión escapan los volátiles lo que causa que los fenocristales que contienen agua, tales como hornblenda y biotita, se deshidraten y oxiden, dando finos anillos de óxidos de hierro (Fig. 3-9).

El término resorción se aplica a la re-fusión o disolución de mineral en el fundido desde el cual se han formado, como es el caso de fenocristales de cuarzo en riolitas, que son parcialmente disueltos durante el ascenso y evolución magmática (Fig. 3-10). Los cristales resorbidos comúnmente tienen bordes redondeados y golfos, que se atribuyen al avance de la resorción; pero otros opinan que dichos fenómenos son el resultado del rápido crecimiento que envuelve al fundido debido al sobreenfriamiento.

Movimientos diferenciales de cristales y fundido

El flujo en un fundido puede producir el alineamiento de minerales alargados o tabulares, produciendo las fábricas de foliación planar o de lineamiento. El alineamiento de microlitos de plagioclasa en las rocas volcánicas, mostrando flujo alrededor de los fenocristales, definen la textura traquítica (Fig. 3-16B). La orientación al azar o falta de alineamiento de los microlitos, define la textura pilotáxica o afieltrada. La mezcla heterogénea (mingling) de dos líquidos magmáticos, tanto en una cámara como en los flujos, puede crear un bandeado de flujo, que son capas alternantes de diferente composición. El bandeado y el alineamiento mineral pueden también formarse en las proximidades de las paredes de las cámaras magmáticas.

Los fenocristales suspendidos pueden arracimarse y adherirse por tensión superficial dando lugar a la llamada sinneusis por Vance (1969) y que puede ser el primer paso para generar el crecimiento de maclas, porque su orientación puede ser energéticamente favorable para que dos cristales del mismo mineral se adhieran entre si. La acumulación de múltiples granos que se adhieren a fenocristales se denomina textura cumulofírica. Si la acumulación es esencialmente de un único mineral, da lugar a la textura glomeroporfírica.

Texturas cumuláticas

Históricamente se consideró que los cristales se acumulan ya sea por hundimiento o por flotación, debido al contraste de densidad con el fundido del cual se separan, pero mas recientemente se ha propuesto la alternativa que ellos se forman en las proximidades del techo, de las paredes o del piso de la cámara magmática.

Fig. 3-11. Bandeado magmático en los granitos de la Sierra de Mazán, con un espesor de 6 m. Las variaciones texturales, responden a sucesivos pulsos intrusivos en el techo de una cámara magmática.

En el caso ideal, los cristales de formación temprana de una o mas especies minerales, se acumulan en contacto mutuo, con un líquido remanente intersticial, que ocupa los espacios entre los cristales y que desarrollan varias texturas distintivas, desde la cuales el modo de cristalización puede ser deducida.

La distinción mas simple corresponde a los ortocumulatos, en los que los cristales se acumulan y están incluidos en material fundido intersticial (Fig. 3-12A) y los adcumulatos en los que el líquido intersticial ha sido expulsado y los cristales acumulados continúan cristalizando hasta estar en contacto mutuo (Fig. 3-12B-C), que es casi un cumulato monomineral con pocos cristales extraños en los intersticios. Puede suceder que se logre un equilibrio textural, que da lugar a una fábrica poligonal (textura en mosaico), que se aproxima a la que desarrollan los granos durante el crecimiento y compactación. Hunter (1987) hace

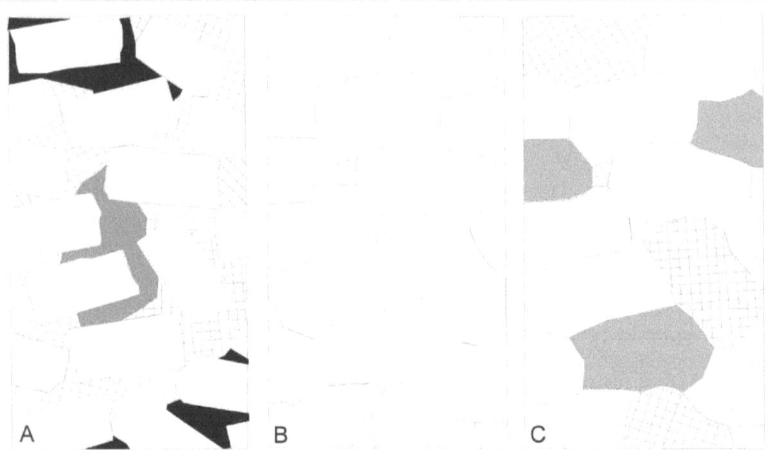

Fig. 3-12. A: Ortocumulato de plagioclasa. B: Adcumulato de plagioclasa. C: Adcumulato de plagioclasa- olivino y piroxeno. Plagioclasa en blanco; olivino en gris; piroxeno en cuadriculado; oxido de hierro en negro. Los cristales cumulus están delineados con líneas de puntos.

notar que los ángulos diedros entre minerales en contacto, se desarrollan en estadios tardíos de fundidos atrapados, carácter que es casi constante en los adcumulatos.

En los minerales tardíos que tienen nucleamiento lento, ellos envuelven a los granos de cumulus, dando lugar a la textura poiquilítica, pero los oico-cristales pueden ser tan grandes, que los intersticiales son difíciles de reconocer en la pequeña área de las secciones delgadas. Un gran oico-cristal también requiere intercambio entre el líquido intersticial y el reservorio magmático principal, que provee sus componentes para poder formar otros minerales. A este adcumulato se lo denomina hetero-adcumulato y finalmente el término mesocumulato se aplica a las fábricas cumuláticas que son intermedias entre orto- y adcumulatos.

Maclas primarias

Una macla es un intercrecimiento de un mineral con dos o más orientaciones cristalográficas, que guardan relaciones especiales entre ellas. Las maclas primarias o de crecimiento se pueden formar sineusis en mezclas durante la cristalización desde un fundido, como por ejemplo la macla de Carlsbad de los feldespatos (Fig. 3-13) o por el llamado nucleamiento por error, que es probablemente el proceso dominante que produce el maclado primario. El nucleamiento por error tiene lugar durante un período de rápido crecimiento, que reduce rápidamente la sobresaturación o el sobreenfriamiento. Las maclas repetitivas de albita, serían el resultado de errores de nucleamiento durante el crecimiento (Fig. 3-14).

Fábricas volcánicas

Las rocas volcánicas tienden a enfriarse rápidamente y forman numerosos cristales

Fig. 3-13. Macla de Carlsbad en sanidina-ortosa.

pequeños. Los fenocristales son una excepción y son el resultado del enfriamiento lento en la cámara magmática, antes de la erupción. Durante la erupción el líquido remanente cristaliza en cristales tabulares finos o equidimensionales formando la pasta o matríz. Los cristales de la pasta son llamados microlitos (si tienen tamaño suficiente para producir birrefringencia) o cristalitos (si no lo tienen). Los microlitos bajo el microcospio suelen ser denominados microfenocristales. Ellos son formados durante la erupción y representan a minerales con más alta relación de nucleación y crecimiento que la masa fina que los rodea.

Fig. 3-14. Cristal zoneado de plagioclasa, con maclado polisintético.

Los basaltos cristalizan rápidamente, porque están muy calientes y los minerales dominantes tienen estructuras simples, de los que resultan fábricas con una densa red de microfenocristales de plagioclasa y piroxenas granulosas, con cristales pequeños de magnetita.

El vidrio solidifica como material intersticial. La cantidad de vidrio en las rocas basálticas es generalmente menor que en las silícicas, pero la cantidad puede variar considerablemente, desde virtualmente ausentes, hasta dominante en los basaltos vítreos que se enfrían en contacto con el agua. La textura oofítica (Fig. 3-15) corresponde a una red de microfenocristales de plagioclasa tabulares incluidas en grandes fenocristales de piroxeno, que pueden o no estar asociados con vidrio. Esta textura grada a sub-ofítica, que está formada por piroxenas pequeñas incluidas en plagioclasa, y también grada a textura intergranular, en la que los cristales de piroxeno y plagioclasa son de tamaños similares y el vidrio o sus productos de alteración están subordinados. La textura intergranular grada a intersertal, cuando el vidrio intersticial o sus alteraciones es un componente importante. Cuando el vidrio es abundante pero no dominante e incluye microlitos o microfenocristales, la textura se denomina hialo-ofítica, que a su vez grada a hialo-pilítica, cuando el vidrio se vuelve dominante y en la que las piroxenas y plagioclasa se encuentran como pequeños microlitos.

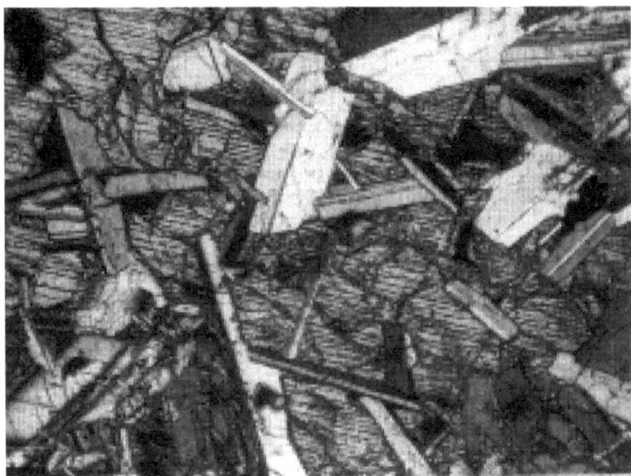

Fig. 3-15. Textura oofítica, definida por cristales grandes de piroxeno que engloba tablillas de plagioclasa, orientadas al azar.

La textura holo-hialina (vítrea) es más común en los flujos de riolitas y dacitas. Si la roca tiene > 80% de vidrio se denomina obsidiana, aunque algunos autores prefieren restringir el término a los vidrios más silícicos y se refieren a las variedades de composición basáltica como taquilita o vidrio basáltico. La obsidiana es de color muy oscuro a despecho de su naturaleza silícica, porque el vidrio es oscurecido por pequeñas cantidades de impurezas. Los vidrios de las lavas silícicas no necesariamente son causados por rápido enfriamiento, porque los flujos de obsidiana son demasiado voluminosos para que se enfríen rápidamente.

El lento movimiento al igual que el bajo nucleamiento y difusión puede impedir la cristalización, produciendo estas rocas vítreas. Los términos texturales describen los cristales orientados al azar, pero cuando estos están orientados se utiliza el término textura traquítica, que identifica la orientación subparalelo de los microlitos de feldespato que denotan las líneas de flujo de la lava (Fig. 3-16B). Mientras que la textura intergranular se observa que entre los

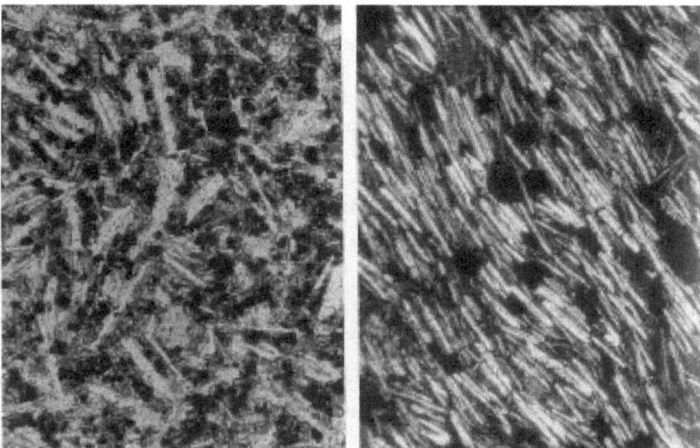

Fig. 3-16. A: textura intergranular. B: Textura traquítica.

microlitos orientados de feldespato se desarrollan granos dispersos de augita (Fig. 3-16A).

Las burbujas entrampadas creadas por el gas que escapa son de formas subesféricas y son llamadas vesículas. Las mismas tienden a elevarse en los magmas basálticos menos viscosos y a concentrarse próximos a la superficie de los flujos. Hay una gradación completa desde basalto, basalto vesicular y escoria con el incremento de las vesículas. Las vesículas que están rellenas por minerales tardíos, tales como zeolitas, carbonatos u ópalo, son denominadas amígdalas. La contraparte silícica de la escoria se denomina pumita, que típicamente es clara y espumosa, y las muestras frescas flotan en el agua.

Fábricas piroclásticas

Las rocas piroclásticas son producto de la actividad volcánica explosiva y su clasificación está basada en la naturaleza de los fragmentos piroclásticos o tefra. La ceniza que compone a los piroclastos es comúnmente una mezcla de roca pulverizada y vidrio primario.

Fig. 3-17. Fiammes en ignimbrita riolítica.

Las vesículas formadas en la pumita rápidamente expandida son usualmente destruidas. El vidrio intersticial forma fragmentos con cúspides o espículas de tres puntas. Como los fragmentos están comúnmente calientes en el flujo piroclástico, ellos se deforman en forma dúctil y se aplastan. Este tipo de bandeamiento y otras estructuras causadas por compresión y deformación resultantes del asentamiento y acumulación, se denominan colectivamente fábricas eutaxíticas. Fragmentos mayores de pómez pueden acumularse sin modificaciones y muestran evidencias de haber sido estrujadas con la eliminación de las burbujas. Si todo el gas es expulsado, la pumita toma el color negro de la obsidiana y los fragmentos aplastados son llamados fiammes (Fig. 3-17).

Fig. 3-18. A: Lágrimas de Pelé. B: Cabellos de Pelé. Islas Hawaii.

En las lavas fluidas como los basaltos, la explosión de las burbujas expulsa un fino rocío que cae como vidrio o finas bolillas que son denominadas "lágrimas de Pele" (en honor a la diosa Pele de Hawai), o el vidrio se estira como delgados hilos denominados "cabellos de Pele" (Figs. 3-18A y B). La caída de cenizas desde el aíre puede acumularse en capas sucesivas o sobre un único núcleo de ceniza, formando una esfera denominada lapilli acrecionario. El depósito consolidado de tal tipo de lápilli es denominado toba pisoolítica.

Texturas secundarias (cambios post-magmáticos)

Las texturas secundarias son aquellas que se forman después que la roca ígnea está completamente sólida. Este proceso no involucra fundido y por lo tanto es metamórfico. El proceso de cristalización no cesa necesariamente cuando el magma se vuelve sólido, ya que la temperatura permanece relativamente alta y fenómenos de re-cristalización y de re-equilibrio químico y térmico tienen lugar. Por ejemplo los grandes plutones pueden retener temperaturas equivalentes al alto grado de metamorfismo por miles de años lo que ofrece una amplia oportunidad para que estos procesos tengan lugar. Los procesos en estado sólido que resultan del calor ígneo remanente son llamados auto-metamórficos.

La maduración de Ostwald es un proceso de templado (o maduramiento textural) de los cristales en un ambiente estático. Hunter (1987) observó diferencias de curvatura en los límites de los granos que conducen a su crecimiento por maduración de Ostwald, hasta que los límites se vuelven rectos (Fig. 3-19) y los límites de los granos migran hacia sus centros de curvatura. Pequeños granos con curvatura convexa hacia fuera son así eliminados por las superficies de granos vecinos más grandes, con curvatura convexa hacia adentro de los que invaden. Si el proceso alcanza equilibrio textural en un sólido se formarán granos de tamaño similar, de bordes rectos y con intersecciones triples a 120°. Esta textura de equilibrio es común en rocas metamórficas mono-minerales (cuarcitas o mármol) y particularmente en régimen casi estático.

La mayoría de las rocas ígneas no son mono-minerales y por lo tanto raramente alcanzan una buena textura de equilibrio. Las diferencias relativas en la energía de superficie de los diferentes minerales y de tamaño de grano permiten comunmente el desarrollo de fábricas de interpenetración. La maduración de Ostwald, elimina granos pequeños a favor de los grandes y en los estadios tempranos de crecimiento, produce una distribución uniforme de tamaños de grano. En las rocas volcánicas, los granos iniciales pequeños, son mucho menos estables que en las plutónicas y la matriz recristaliza rápidamente. El vidrio es particularmente inestable y rápidamente se desvitrifica y es reemplazado por granos finos de mineral. Pero las volcánicas que se enfrían rápidamente a bajas temperaturas y con restricciones cinéticas, desarrollan re-cristalización temprana. La retención de las fábricas magmáticas es así muy buena en las rocas ígneas, pero algunos tipos de re-cristalización en estado sólido son bien conocidos y son tratadas a continuación.

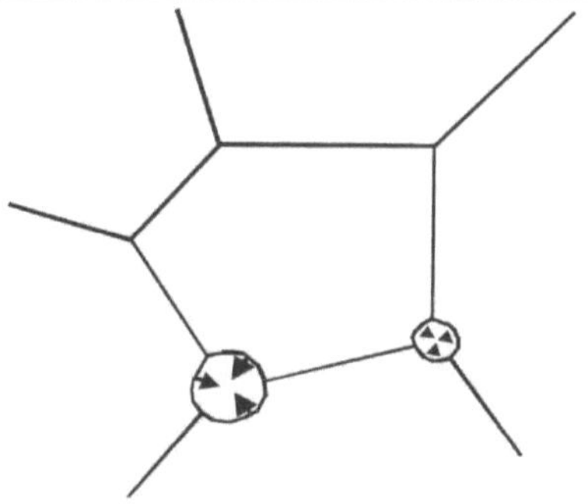

Fig. 3-19. Maduración de Ostwald, en una roca monomineral. Los límites de los granos tienen curvatura negativa (cóncava hacia adentro), que al migrar hacia el centro de curvatura, eliminan los granos pequeños y establecen una granulometría uniforme, con texturas de mosaico poligonal con ángulos de intersección en equilibrio a 120°.

Transformaciones polimórficas

Diversos minerales tienen más de un estado estructural y las diferentes formas estructurales de la misma sustancia química se denominan polimorfos, como por ejemplo grafito-diamante, cianita-andalucita-sillimanita, calcita-aragonita y los diferentes polimorfos de la SiO_2 o de los feldespatos. Una estructura es estable en un rango particular de condiciones de presión y temperatura, de manera que un polimorfo se transforma en otro cuando dichas condiciones cambian. Durante el enfriamiento y despresurización por ascenso, el magma puede cruzar estos límites de estabilidad de los polimorfos, de lo que resultan sus transformaciones.

Las transformaciones por desplazamiento, involucran sólo el cambio de las posiciones de los átomos o el cambio de los ángulos de enlace. Un ejemplo clásico es la transición, por enfriamiento, de cuarzo-alto a cuarzo-bajo, en la que la estructura hexagonal del cuarzo-alto, invierte a la estructura trigonal del cuarzo-bajo.

Las transformaciones reconstructivas, como la de grafito-diamante, o tridimita-cuarzo alto, involucran la ruptura y reforma de los enlaces. Las transformaciones por desplazamiento ocurren rápidamente, de manera que un polimorfo se transforma en otro, ni bien su campo de estabilidad es alcanzado, mientras que en las transformaciones reconstructivas el polimorfismo es menos fácil y un polimorfo puede permanecer en el campo de estabilidad de otro.

Las transformaciones polimórficas son comunes en muchos minerales, incluyendo cuarzo y feldespatos, pero puede ser difícil su reconocimiento textural, porque las evidencias de su fase inicial puede haber sido completamente borrada y solo se reconoce el reemplazo polimórfico. Si el mineral que formó la fase inicial es distinguible, el reemplazo polimórfico puede ser un pseudomorfo del original. Por ejemplo, el cuarzo alto cristaliza como fenocristales en algunas riolitas, formando dipirámides hexagonales. En la transformación por desplazamiento, el cuarzo alto puede invertir a 573° C y a presión atmosférica a cuarzo-bajo, pero las formas originales de los fenocristales se mantienen sin cambios.

Maclas secundarias

Pueden formarse por procesos secundarios en minerales pre-existentes, tales como en las transformaciones polimórficas o por deformación. Las maclas de transformación son causadas cuando una estructura de cristal de alta temperatura invierte a un polimorfo de baja temperatura. Como las estructuras de alta temperatura tienen más energía vibratoria, generalmente exhiben mayor grado de simetría que la alternativa de baja temperatura.

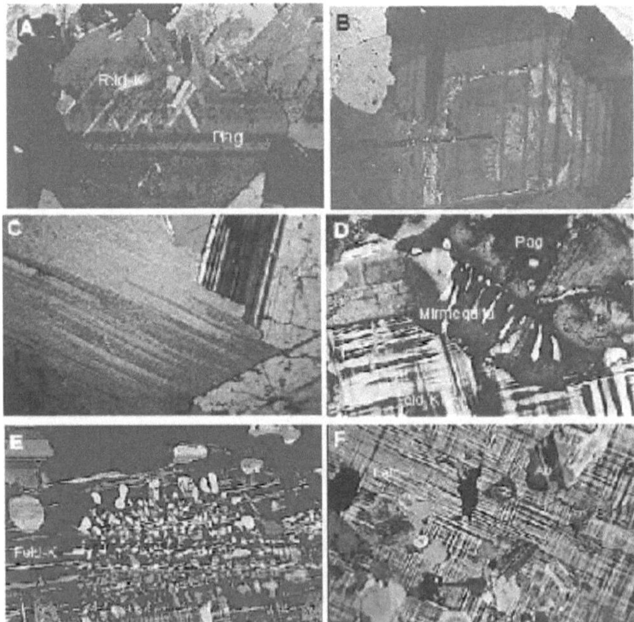

Fig. 3-20. A: Plagioclasa con maclado polisintético e inclusiones euhedrales de feldespato potásico. B: Plagioclasa maclada con zoneamiento determinado por disolución y crecimiento. C: Plagioclasa con maclado polisintético. D: Plagioclasa reemplazando a microclino, con formación de mirquetitas. E: Desarrollo de pertitas de albita en microclino. F: Desarrollo secundario de maclado en "tartán" del microclino, con inclusiones de albita subhedral.

Como la simetría baja con el enfriamiento, la forma típica de alta temperatura elige dos o más alternativas de orientación de baja simetría. Si la totalidad del cristal asume una alternativa, no se forman maclas, pero si diferentes partes del cristal eligen diferentes alternativas, se producen desplazamientos que se relacionan mediante maclas entre sí. Este es el origen del maclado del microclino "cross-hatched" o "tartan" (Fig. 3-20F), que se produce cuando la ortosa de alta temperatura invierte a la estructura triclínica de baja temperatura típica del microclino. En la plagioclasa las familiares maclas polisintéticas de albita, se atribuyen a una inversión del sistema monoclínico al triclínico, pero que no ocurre en las plagioclasas de composición intermedia, que muestran maclas primarias resultantes de nucleamiento por error durante el crecimiento. Las maclas cíclicas en cuarzo y olivino, son otros ejemplos de maclas de transformación.

Las maclas también pueden formarse por deformación de rocas en estado sólido. Las maclas de deformación en plagioclasa pueden ocurrir sobre la ley de albita, pero usualmente no tienen la forma extremadamente regular de las lamelas que se forman por el descenso de temperatura. La calcita también desarrolla maclas en respuesta a la deformación dúctil.

Desmezcla

Involucra a una solución sólida cuya mezcla de solución sólida es limitada con el enfriamiento. Tal vez el ejemplo mejor conocido es el de los feldespatos alcalinos, que por desmezcla se produce la separación de feldespato-Na y feldespato-K. Cuando desde el feldespato potásico se separan lamelas de albita, la fábrica se denomina pertítica (Fig. 3-20E); pero cuando ocurre lo contrario y se segregan lamelas de feldespato potásico desde albita, se forman las anti-pertitas (Fig. 3-20A).

La ex-solución también ocurre en piroxenas, desde clino-piroxenas altas en Ca se separan lamelas de orto-piroxenas bajas en Ca. Pigeonita es una mezcla intermedia que se encuentra sólo en rocas volcánicas o enfriadas rápidamente, por lo que no puede producirse la desmezcla.

En los anfíboles también se pueden observar fenómenos de exsolución. Asimismo algunos silicatos máficos pueden exsolver óxidos de Fe y Ti. En anortositas, piroxenos a alta temperatura y presión pueden disolver considerable cantidad de Al, que se exsuelven como lamelas de plagioclasa con el enfriamiento y a presiones más bajas. El color rojo que es común en algunos feldespatos potásicos es causado por la ex solución de hematita de grano muy fino.

Los ocelli (ojos) son cuerpos esféricos u ovoides de pocos milímetros a centímetros que se presentan en algunas rocas ígneas. Algunos parecen ser el resultado de inmiscibilidad líquida o un fenómenos de exsolución primaria. Otros son probablemente el relleno de amígdalas y otros pueden ser burbujas de mezcla de magmas.

Reacciones secundarias y de reemplazo

Las reacciones sólido-sólido y sólido-vapor son procesos que dominan durante el metamorfismo, pero como hemos visto las rocas ígneas plutónicas permanecen durante largo tiempo a alta temperatura, por lo que sus productos aunque no son diferentes a los típicamente metamórficos se los denomina procesos auto-metamórficos, porque forman parte de los procesos de enfriamiento de las rocas ígneas.

Los procesos autometamórficos son mas comunes en los cuerpos plutónicos que en los volcánicos, porque permanecen a elevada temperatura durante mucho tiempo. Los procesos diagenéticos y de alteración no son considerados autometamórficos. Mayormente las reacciones autometamórficas involucran minerales a temperaturas moderadas en un ambiente en el cual el agua es liberada desde fundidos residuales o es introducida desde el exterior, por lo que involucran fenómenos de hidratación que se denominan alteraciones deutéricas.

Las piroxenas son minerales máficos primarios comunes en una gran variedad de rocas. Si el agua penetra en ellos a temperaturas bajas, el piroxeno se transforma en anfíbol dando lugar al fenómeno de uralitización. Este anfíbol puede ser un único cristal de hornblenda, o agregados de hornblenda o de actinolita fibrosa.

La biotitización es un procesos similar de hidratación o alteración deutérica que produce biotita desde piroxena o más comúnmente desde hornblenda. Como la biotita tiene poco Ca, epidota puede formarse con el que se libera durante la alteración de la hornblenda.

La cloritización, es la alteración de cualquier mineral máfico en clorita. La clorita es un filosilicato muy hidratado y comúnmente reemplaza a minerales máficos menos hidratados a bajas temperaturas, cuando hay disponibilidad de agua. Piroxenas, hornblendas y biotitas, sufren comúnmente alteración clorítica, ya sea comenzando desde los bordes o aprovechando los planos de clivaje.

La sericitización, es el proceso por el cual los feldespatos son hidratados para producir sericita, que es una mica blanca de grano fino. Iones K+ son requeridos por la plagioclasa para que se altere a sericita. El K+ puede ser liberado en la cloritización de la biotita. El feldespato-K no requiere K extra y puede estar sericitizado como la plagioclasa.

La saussuritización es la alteración de la plagioclasa en epidoto. Las plagioclasas más cálcicas son estables a altas temperaturas y menos estables que las sódicas a bajas temperaturas, por lo que las plagioclasas cálcicas se alteran más fácilmente que la albita, liberando Ca y Al, para formar epidota (+/- calcita y/o sericita).

El olivino es fácilmente alterado cuando se enfría, siendo reemplazado por serpentina o por iddingsita de color marrón oscuro.

El término simplectita se aplica a intercrecimientos de minerales de grano fino que se reemplazan mutuamente, en forma parcial o total. El reemplazo completo es común y forma pseudomorfos. Los agregados de Uralita de hornblenda o actinolita, que reemplazan al piroxeno son ejemplos del fenómeno, al igual que biotita+epidota reemplazando a hornblenda.

La mirmequita es un intercrecimiento dendrítico de cuarzo dentro de un cristal único de plagioclasa. El cuarzo aparece como vermes en las secciones delgadas, que extinguen simultáneamente, indicando que ellos son partes de un único cristal de cuarzo. Las mirmequitas son comunes en rocas graníticas y ocurren preferentemente donde la plagioclasa está en contacto con el feldespato potásico. Las mirmequitas parece que han crecido desde el límite entre los feldespatos, donde la plagioclasa más cálcica reemplaza al feldespato potásico, la SiO_2 sobrante, cristaliza como cuarzo, ya que el componente anortita de la plagioclasa, tiene menos SiO_2 que el feldespato-K (Fig. 3-20D). Las mirmequitas se forman comúnmente durante el enfriamiento de los granitos pero también lo hacen en las rocas metamórficas.

La desvitrificación es la cristalización secundaria de vidrio en agregados minerales de grano fino. El vidrio de por si es inestable y rápidamente es reemplazado por minerales más estables cuando la cinética lo permite. El vidrio basáltico hidratado puede ser reemplazado por productos de oxidación-hidratación colectivamente llamados palagonita. Las rocas vítreas más silícicas se devitrifican dando una masa microgranular de pequeños granos interpenetrados equidimensionales de feldespato y minerales de sílice, que es llamada fábrica felsítica. A veces la desvitrificación del vidrio puede producir agregados radiales de cristales de cristobalita, tridimita y feldespato, llamadas esferulitas. Las vesículas formadas por gases y rellenadas por cristales se denominan amígdalas.

Deformación

La deformación en las rocas sólidas puede producir diferentes fábricas, que en general son tratadas por el metamorfismo. Pero hay deformaciones que tienen lugar en la etapa de post-cristalización de las rocas ígneas. Por ejemplo la foliación se forma en algunas rocas ígneas a altas temperaturas y con la roca en estado suficientemente dúctil para deformarse. La compactación de los depósitos piroclásticos, produce un efecto de aplanamiento que le da un aspecto de foliación. La deformación también produce extinción ondulosa, que se observa por el aspecto ondulante que toma la extinción debido a la deformación de la estructura cristalina de un mineral, como por ejemplo en el cuarzo.

Lecturas seleccionadas

Flood, R.H., y Vernon, R.H. 1988. Microstructural evidence of orders of crystallization in granitic rocks. Lithos 21: 237-245.
Hibbard, M.J. 1995. Petrography to Petrogenesis. Prentice Hall. 587 pp.
Hunter, R.H. 1987. Textural equilibrium in layered igneous rocks. In: Parsons, I. (ed.). Origins of igneous layering. Boston. Reidel: 473-503.
López, J.P., y Bellos, L.I. 2005. Texturas y estructuras de las rocas ígneas: significado petrológico e implicancias en las condiciones de formación de las rocas. Miscelanea 15. INSUGEO.
Shelley, D. 1992. Igneous and Metamorphic Rocks under the Microscope. Chapman & Hall. 445 pp.
Vance, J.A. 1969. On synneusis. Contributions to Mineralogy and Petrology 24: 7-29.
Wimenauer, W. 1985. Petrographie der magmatischen und metamorphen Gesteine. Ferdinand Enke Verlag. 382 pp. Stuttgart.

Elementos básicos de petrología ígnea

Miscelanea 18: 65-90
Tucumán, 2010 -ISSN 1514 - 4836 - ISSN on-line ISSN 1668 - 3242

Capitulo 4

Volcanismo

Introducción

El volcanismo es el proceso geológico más espectacular a la observación humana ya que ocurre en períodos cortos y muestra en forma categórica la actividad endógena de nuestro planeta. Corresponde a la erupción de magmas sobre la superficie terrestre, donde se enfría rápidamente bajo diferentes condiciones.

Las rocas volcánicas deben ser estudiadas en todas las escalas, desde global a microscópica. Aquí comenzaremos con los aspectos generales de las erupciones considerando las escalas medias de afloramientos, formas y depósitos volcánicos, que son a la vez los más dramáticos y familiares.

Las rocas ígneas que cortan a la corteza y alcanzan la superficie forman los edificios de rocas volcánicas, ya sea como coladas o como depósitos piroclásticos.

Los sistemas magmáticos próximos a la superficie, pueden ser divididos en dos amplias categorías, cada uno con diferentes flujos de energía y modos de erupción. Primero están los magmas cuyo contenido de gas disuelto es suficientemente bajo como para que ellos no hiervan, o bien lo hagan en forma tranquila. Los segundos son los magmas que hierven violenta y explosivamente, ya que contienen mayor cantidad de gas disuelto. Así los magmas erupcionados desde los volcanes pueden ser emitidos como coladas de lava o como eyectos piroclásticos (llamados tefra). Durante la historia de actividad de un volcán, el modo de erupción comúnmente fluctúa entre estos dos extremos.

En sentido diferente, las erupciones volcánicas pueden ser centrales o fisurales.

En una erupción central, el magma es extruido desde una salida localizada, que construye un edificio cónico, que comúnmente se llama "volcán", como los correspondientes a zonas de colisión de bordes continentales activos y a los arcos de islas.

Otros magmas son extruidos desde largas fracturas de la corteza que dan lugar a las llamadas erupciones fisurales a partir de las cuales se extruyen los mayores volúmenes volcánicos de nuestro planeta, como son los de las dorsales medio-oceánicas y los plateau lávicos continentales.

Las extrusiones muestran diferentes comportamientos dependiendo de su composición, que se relaciona en gran medida con la viscosidad. Los magmas de baja viscosidad, dan origen generalmente a flujos de lava y edificios volcánicos en escudo, p. ej. islas Hawai. Por el contrario el aumento del contenido de $SiO2$ y de volátiles da lugar a erupciones explosivas con eyección de grandes volúmenes de tefra, dando lugar a la formación de las calderas (volcanismo pliniano) p.ej. Cerro Galán en la Puna de Argentina. Entre estos dos extremos tenemos los tipos: estromboliano, vulcaniano y peleano.

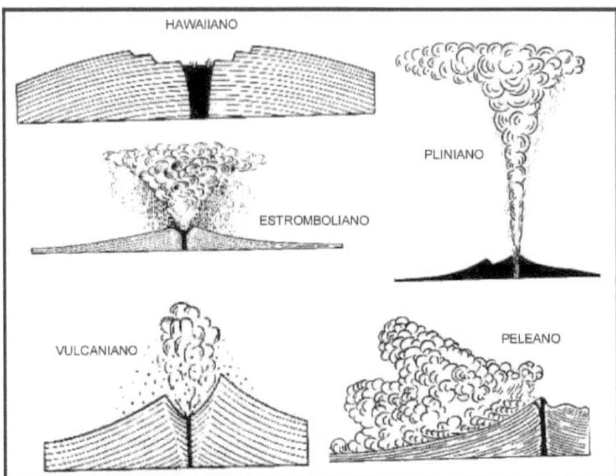

Fig. 4-1. Tipos de erupciones volcánicas.

Las erupciones volcánicas están condicionadas esencialmente por su composición, viscosidad, temperatura y contenido de volátiles, que dan como resultado características particulares de la actividad eruptiva, que permiten su clasificación de la siguiente manera:

Volcanismo Hawaiano o volcanes en Escudo

Constituyen las efusiones más tranquilas, con extrusión de lavas muy fluidas de composición basáltica. A veces suelen alternar con estadios más activos con efusión de eyectos correspondientes a cenizas básicas, brechas y aglomerados, todos de desarrollo local y poco voluminosos.

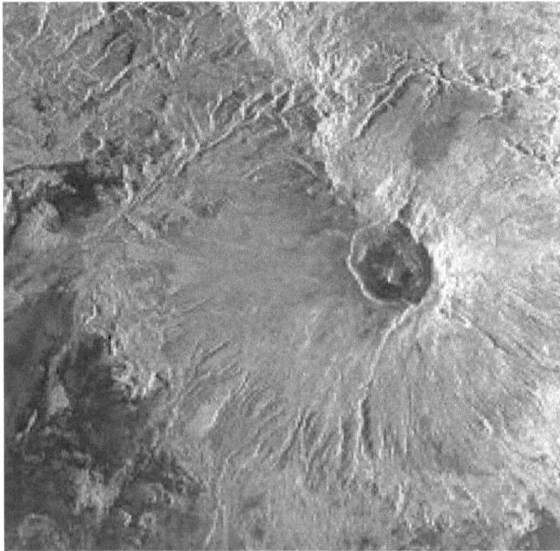

Fig. 4-2. Volcán en escudo, Emi Koussi, Macizo de Tibesti, Sahara.

Los volcanes en escudo se construyen alrededor de un centro eruptivo, desde el que se producen delgadas capas lávicas que se acumulan en forma sucesiva.

Este volcanismo es generalmente de intraplaca y constituye generalmente cadenas de islas.

La construcción de un volcán en escudo es un largo proceso, en el que cada erupción individual contribuye a la construcción del volcán, que muestra un cono muy amplio con suave pendiente. La mayoría de estos volcanes se desarrollan en áreas oceánicas, como islas y en zonas continentales se destacan algunos volcanes de Africa oriental, como el volcán Emi Koussi, en el Macizo de Tibesti (Sahara). Algunos presentan un estado transicional con actividad más explosiva y tipos de magma más viscosos, que dan lugar a volcanes compuestos, como el Etna.

Fig. 4-3. Estrato volcán Lican Cabur (San Pedro de Atacama, Chile).

Volcanismo estromboliano

Es característico por una actividad explosiva intermitente, resultado de la liberación periódica del excedente de presión gaseosa. La mayor parte de la actividad consiste en la eyección de bombas y escorias incandescentes, acompañadas de escasa ceniza y pobre efusión de lavas. Debido a la poca altura a la que es proyectado el material, se produce una copiosa acumulación proximal, que excede el ángulo de reposo (aprox. 33°), lo que origina que la redistribución del material se produzca por movimientos de masa gravitatorios, muy frecuentes en los conos de este tipo. El magma es generalmente de composición intermedia a básica y de mayor viscosidad que los de tipo hawaiano. Este volcanismo es típico del sur de Italia, caracterizado por lavas alcalinas ricas en potasio.

Volcanismo Vulcaniano

Constituye a los estrato-volcanes o volcanes compuestos, que están formados por la alternancia de flujos de lava y material piroclástico. Un cono empinado con un cráter en la cima es la estructura más simple, pero la alternancia de efusiones tranquilas, con actividad explosiva, provoca cambios frecuentes en la forma del cráter y la apertura de nuevas fisuras y escapes, produce nuevos cráteres, sobre los flancos del cono original. Típicamente se desarrollan diques y filones capa dentro de la pila volcánica, así como coladas volcánicas y cenizas. Las andesitas son los productos volcánicos más típicos y se asociación con dacitas y riolitas. La actividad explosiva intermitente que tiene lugar en el conducto central, da lugar a la configuración típica de los estratovolcanes (Fig. 4-3).

La composición magmática es diferente a los casos anteriores ya que, si bien puede variar desde básica (basaltos) a ácida (dacitas y riolitas) es más frecuentemente intermedia a félsica (andesitas).

Generalmente las efusiones comienzan con la formación de una nube eruptiva oscura de cenizas mezcladas con lapillo, bombas y muchas veces con explosiones hidromagmáticas. Las tefras, en su mayoría sólidas, constituyen conos de cenizas vítreas o líticas, brechas y mantos de cenizas de caída, con mayor dispersión areal que las coladas. Según Self (1982), los magmas ricos en cristales son más propensos a este tipo de erupción, aunque existen todas las gradaciones entre los tipos estrombolianos y vulcanianos (Walker 1982).

Este tipo de vulcanismo se produce en zonas de colisión, con subsidencia de la placa oceánica debajo de la continental, como en el borde occidental de América del Sur, en la Cordillera de los Andes, que constituyen los picos más elevados y cuya conformación responde a estratovolcanes, como Ojos del Salado en la frontera Chileno-Argentina o el Santa Helena en USA.

El VEI es el producto combinado de: A) Volumen total de productos expulsados por

IEV	CLASIFIC. ERUPCIÓN	DESCRIPC.	ALTURA COLUMNA ERUPTIVA	VOLUMEN MATERIAL ARROJADO	PERIODOS	EJEMPLO	TOTAL ERUPC. HISTOR.
0	Hawaiana	No-explosiva	<100 m	>1000 m3	Diaria	Kilauea	----------
1	Estromboliana	Ligera	100-1000 m	>10000 m3	Diaria	Estromboli	----------
2	Volcaniana/ estromboliana	Explosiva	1 – 5 km	>1000000 m3	Semanal	Galeras, 1992	3477
3	Volcaniana (sub-pliniana)	Violenta	5 – 15 km	<10000000 m3	Anual	Nevado del Ruiz 1985	868
4	Volcaniana (subpliniana)/ Pliniana	Cataclísmica	10 – 25 km	>0,1 Km3	Cada 10 años	Galunggung, 1982	278
5	Pliniana	Paroxísmica	> 25 km	> 1 km3	Cada 100 años	St. Helena 1980	84
6	Pliniana/ Ultra-pliniana (krakatoana)	Colosal	> 25 km	>10 km3	Cada 100 años	Krakatoa 1883	39
7	Ultra-pliniana (krakatoana)	Super-Colosal	> 25 km	>100 km3	Cada 1.000 Años	Tambora 1815 Maipo 500.000 adC	4
8	Ultra-pliniana (krakatoana)	Mega-Colosal	> 25 km	>1000 km3	Cada 10.000 Años	Toba, 69.000 adC.	1

Tabla 4-1. Índice de explosividad volcánica (VEI).

el volcán. B) Altura alcanzada por la nube eruptiva. C) Tiempo de duración de la erupción. D) Inyección en la troposfera y estratosfera de los productos expulsados. Modificado de Newhall y Self (1982)

Volcanismo Peleano

Tiene lugar por eyección de magmas viscosos, intermedios y ácidos, que en forma de corrientes de densidad, constituidas por partículas incandescentes en suspensión, descienden por los flancos del cono a gran velocidad, produciendo una acción devastadora. El material eyectado, que es poco voluminoso, alcanza sólo distribución local y consiste en cascajo y brechas líticas, encauzadas en valles o acumulados en bajos topográficos. En la fase final de la erupción se produce la inyección de magma viscoso que conforma domos empinados o espinas, cuyo ulterior derrumbe total o parcial desencadena una nueva erupción. La distribución de cenizas es mucho más reducida que en los tipos vulcanianos o plinianos. Walker (1982) no considera al "tipo peleano como un volcanismo distinto, sino como una variedad del vulcaniano o del estromboliano, durante los cuales se genera". Un ejemplo típico es el Mont Pelé de la isla Martinica (Antillas Orientales) (Fig. 4-7).

Volcanismo Pliniano

Las erupciones plinianas están caracterizadas por su extrema violencia y poder y en ellas se produce la efusión continua de un potente chorro gaseoso, que puede durar de horas a días, que inyecta grandes volúmenes de materiales félsicos y muy vesiculados en la alta atmósfera y en la estratosfera. Constituyen las eyecciones más espectaculares, con grados superlativos de intensidad y magnitud (Wilson y Walker, 1981), tales como las del Monte Mazama (5000 a.c.) (USA), Vesubio (año 79 a.c.), Krakatoa (1883), Katmai (1912), Quizapu (1932), Tambora, etc. El tope de las columnas eruptivas suele alcanzar entre los 20 y 60 Km de altura, las que son dispersadas por cientos o miles de kilómetros por los vientos predominantes. Muchas veces, el espectacular vaciamiento de la cámara magmática que conlleva este tipo de fusión desencadena el colapso del terreno y la formación de una caldera.

Comportamiento del material eyectado

Los flujos de lava que salen desde un orificio, están principalmente determinados por su viscosidad. Las lavas que son suficientemente fluidas salen desde un cráter y fluyen por efecto de la gravedad son los basaltos y algunas andesitas. Las lavas mas viscosas y mayor contenido de volátiles, tales como riolitas, traquitas, fonolitas y algunas andesitas, tienden a formar domos si son bajos en volátiles, o flujos de cenizas o pumiceos si son ricos en volátiles.

Tres tipos de flujos son reconocidos en las lavas de composición básica, con todas las gradaciones entre ellos. Estos son: cordadas o pahoehoe, escoriaceas o aa y almohadilladas o pillows.

Lavas Pahoehoe o cordadas

Se desarrollan desde magmas de muy baja viscosidad y consiste de delgadas lenguas y lóbulos, que comúnmente se sobreponen unos a otros, como una superficie de oleaje ondulada y cordada (Fig. 4-4). Una fina piel vítrea, rápidamente enfriada por contacto con el aire, aísla el interior, con exsolución de gas. Momentáneamente el flujo de lava puede detenerse y luego escaparse por ruptura de la cubierta enfriada con formación de nuevas lenguas y lóbulos, con lava incandescente que emerge o crece dentro de la nueva lengua.

La temperatura de la erupción y el gas contenido puede mantener el flujo de lava debajo de la piel vítrea. El mantenimiento de tales condiciones apropiadas para la baja viscosidad permite el drenaje de lava por debajo de la piel vítrea produciendo tubos de lava abiertos. Algunos "pahoehoe", gradan a "aa", como resultado del incremento de viscosidad causada por descenso de temperatura y pérdida de gas disuelto.

Lavas AA o escoriaceas

Tienen superficies muy ásperas, formadas por un espeso manto de fragmentos escoriaceos como clinker, que se desarrolla autoclásticamente por rotura y soldado de la capa externa solidificada durante el movimiento. Las coladas de bloques son una variante de coladas "aa", tienen un manto denso, bloques angulares pobres en vesículas, con el desarrollo de hasta algunos centímetros de clinker escoriaceo. Internamente la mayoría de las coladas "aa" y "bloques" tienen juntas columnares bien desarrolladas, formadas por contracción durante el enfriamiento, del interior semisólido masivo de la colada (Fig. 4-5).

Fig. 4-4. Lavas cordadas o Pahoehoe.

Fig. 4-5. Lava escoriacea (AA)

Lavas Pillow o almohadilladas

Se forman cuando el magma basáltico caliente se pone en contacto con agua o sedimentos saturados en agua, en intrusiones someras. Consisten en lóbulos o almohadillas redondeadas interconectadas entre sí (Fig. 4-6). Algunas pillow recuerdan a las pahoehoe en sección, con menos vesículas y fracturas radiales. Moore (1975) ha observado la formación actual de pillows, costa afuera de Hawai, que resultan de la protrusión de lóbulos delgados elongados, como pasta dentífrica que es expulsada fuera del tubo. Las pillows típicas del fondo oceánico están zonadas concentricamente en razón del drástico descenso de temperatura de la zona externa, que se vitrifica.

Fig. 4-6. Lava pillow o almohadillada.

Durante este enfriamiento del magma caliente por el agua fría, se generan tensiones internas que producen contracción de los cuerpos vítreos, causando astillamiento y fragmentación, dando lugar a las hialoclastitas o tobas acuáticas. El material hialoclástico ha menudo alterado a palagonita, carbonatos y zeolitas, ocurre como matriz entre pillows y los fragmentos de las brechas de pillows. La mayoría de estas lavas son basálticas o espilíticas, pero se conocen algunas andesíticas y traquíticas.

Lavas submarinas

Muchas de las erupciones volcánicas, tienen lugar sobre el fondo oceánico y su volumen probablemente excede la cantidad de lava sub-aérea. Las lavas submarinas difieren de las sub-aéreas, en el flujo y la vesicularidad. Las forma de flujo característica de las erupciones sub-acueas, son las lavas pillow (Fig. 4-6). La vesicularidad de las lavas submarinas está gobernado por la presión de la columna de agua, que inhibe que los gases disueltos escapen; mientras que las lavas extruidas en aguas someras son vesiculares como las de tierra, mientras que con la profundidad las vesículas se vuelven más pequeñas y raras. A profundidades de 4000 m las vesículas son muy raras y pequeñas (<0,1 mm de diámetro).

Un cambio importante en las propiedades del agua de mar tiene lugar a aproximadamente 2200 m. La presión a esta profundidad es igual a la presión crítica del agua, ya que por encima de esta presión no hay fenómeno de ebullición. El flujo de lava no convierte al agua en vapor, haciendo más efectivo el enfriamiento. Otros volátiles como CO_2, que pueden escapar en las erupciones sub-aéreas o en aguas someras, se convierten en poderosos agentes metasomatizantes.

Fig. 4-7. Flujo piroclástico histórico y tapón solidificado de lava en el Monte Peleé (La Martinica).

Domos de Lava

Las lavas más viscosas no fluyen fácilmente aunque ellas sean altamente vesiculares, sino que crecen como domos. La mayoría de ellos son de composición intermedia a félsica. Las lavas viscosas no fluyen por influencia de la gravedad, sino que sólo pueden moverse por la presión ascendente dentro del conducto volcánico y son forzadas hacia arriba a través del conducto de salida que con el tiempo es obstruida por un tapón de la misma composición y la erupción se produce por escape de los gases entre el tapón y la pared del conducto volcánico, como fue el ejemplo clásico de la erupción del Monte Pelée.

El término "domo" no es sólo usado para describir los cuerpos de lava que han crecido por adición de magma ascendente "domos endógenos", tales como el de Monte Pelée. Otros se apilan después de la emisión desde la salida en el tope "domos exógenos". Los llamados domos de lava son normalmente domos exógenos, como los del área volcánica de La Carolina (San Luis), entre los que se destaca el Cerro La Silla (Fig. 4-8), constituido por latitas anhidras de alta temperatura (~800°C), que se desarrollaron sobre la peniplanicie circundante. Además de la extrusión sobre el cráter, el magma viscoso puede crecer, por debajo de la superficie como domos o lacolitos (Fig. 4-16A). Los domos suelen tener composiciones félsicas, de riolitas, dacitas, andesitas y traquitas.

Fig. 4-8. Domo volcánico erosionado La Silla (6 Ma), Sierra de San Luis. Se aprecia el flujo de una lava muy viscosa.

La velocidad de crecimiento de los domos de lava es muy lenta, en comparación con la velocidad de los flujos basálticos. La gran columna de lava del Monte Pelée creció a una velocidad de 10 m por día alcanzando 310 m de altura después de 6 meses.

Rocas piroclásticas

Los magmas basálticos tienen relativamente baja viscosidad y bajo contenido de gas, lo que en los volcanes basálticos tales como el Kilauea, la efusión de lava es tranquila y la cantidad de material piroclástico liberado durante el proceso es muy pequeño. Hay dos excepciones a esta regla que son: que las nuevas erupciones pueden iniciarse con una fase explosiva en que el magma y los gases fuerzan la salida hacia la superficie, y otro caso es que si el material volcánico caliente se pone en contacto con agua subterránea, agua de mar o hielo, se genera actividad freática o freato-magmática explosiva.

Las características de los flujos piroclásticos son altamente variados a consecuencia de las diferentes condiciones bajo las cuales se producen los transportes y la deposición de los materiales erupcionados.

En relación a la influencia que el agua ejerce sobre la actividad volcánica, se reconocen explosiones hidromagmáticas o freatomagmáticas y las magmáticas. Los magmas con alta viscosidad y alto contenido de gases disueltos tienen estilos de erupción menos tranquilos y uniformes que los basálticos. El escape de gas disuelto desde el magma es espasmódico y la eyección de bombas y la formación de conos adventicios, que son pequeños conos, formados generalmente por material basáltico, desarrollados sobre pequeñas fisuras o escapes.

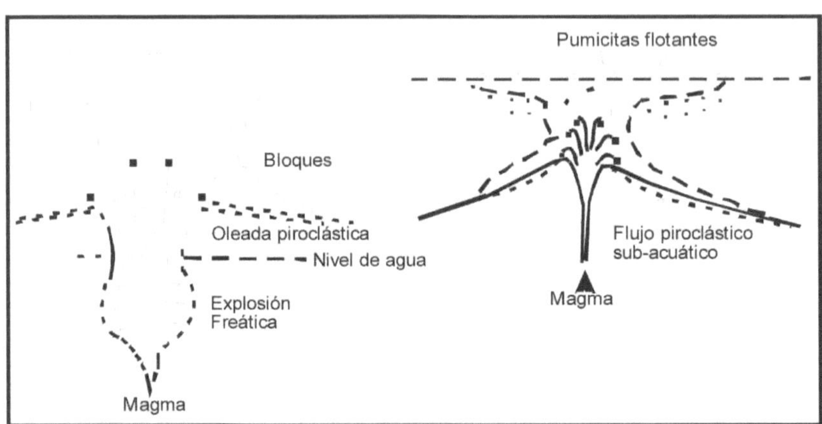

Fig. 4-9. Representación de explosión freatomagmática y sub-acuática.

Los magmas félsicos tales como las riolitas tienen mayor viscosidad y contenido de gases disueltos. Con el descenso de presión cuando el magma se aproxima a la superficie el gas escapa con aumento de volumen y vesiculación del magma, en consecuencia la mayoría de los magmas con estas características erupcionan en forma explosiva. La vesiculación del magma produce el rápido ascenso a la superficie produciendo erupciones que alcanzan gran altura y la extrusión de flujos piroclásticos así como nubes formadas por gotas de magma y gas. Con el avance de estas erupciones se puede producir el colapso de la caldera.

Fig. 4-10. Brechas de material piroclástico de Farallón Negro.

El material piroclástico erupcionado desde un volcán puede ser emitido, tanto en forma fragmentada, produciendo conos de escoria y depósitos de caída de cenizas; o bien mas coherentemente, produciendo depósitos de flujo de cenizas. El material fragmentado es clasificado sobre la base del tamaño de grano en:

>32 mm – bombas (eyecciones líquidas) o bloques (eyecciones sólidas).

32 – 4 mm – lapilli

<4 mm – ceniza

Obviamente a menudo se produce mezcla de los diferentes tamaños de grano, como en el caso de las rocas sedimentarias.

Eventos piroclásticos pequeños

Los eventos eruptivos limitados no son comparables con las grandes provincias ígneas. Algunas de estas formas se ilustran en las figuras 4-11, e incluyen conos piroclásticos, tales como los conos de escoria y los conos de ceniza (Fig. 4-11A), que son el resultado de la acumulación de ceniza, lapilli y bloques que caen alrededor de un orificio de salida y que asocian con actividad explosiva débil. Ellos en general tienen menos de 200 a 300 m de alto y hasta 2 km de diámetro y la actividad dura entre pocos días a decenas de años y están constituidos dominantemente por material basáltico, con pendientes empinadas de aproximadamente 33° en el ángulo de reposo y se alojan a lo largo de fisuras. Un ejemplo de un gran cono de escoria lo constituye la fase inicial del Paricutin, que alcanzó 400 m de altura en el primer año de actividad.

Un Maar (Fig. 4-11B) es típicamente mas bajo que un cono de escoria y tiene un cráter central mucho mayor, en relación al anillo de escombros. Los Maars resultan de la interacción explosiva del magma caliente con el nivel freático, que produce ráfagas de vapor y son llamadas erupciones hidromagmáticas o freáticas (Fig. 4-9). Notar que la fuerza de la explosión es aportada por el agua subterránea y no por el agua contenida en el magma fundido. Los geólogos comúnmente usan los términos "agua meteórica" y "agua juvenil"; la primera se refiere al agua superficial o subterránea de origen meteórico y la segunda se utiliza para el agua contenida en el magma. Un Maar tiene como característica primaria una topografía negativa, ya que la erupción excava el cráter dentro del substrato original. Los anillos de toba y conos de toba son el resultado de las interacciones entre magma y agua.

Los anillos de toba (Fig. 4-11C) se forman cuando magma basáltico asciende hasta niveles más próximos a la superficie, que en el caso de los Maars, antes de interactuar explosivamente con aguas someras o agua superficial. Esto involucra también una mayor relación de magma a agua que en el caso de los Maars, formando un anillo bajo de escoria y ceniza, con material piroclástico bandeado, que inclina hacia adentro y hacia fuera con aproximadamente el mismo ángulo.

Los conos de toba (Fig. 4-11D), son más pequeños que los anillos de toba, con lados empinados y cráteres centrales pequeños. Ellos se forman cuando el magma interactúa con niveles superficiales de agua, siendo generalmente menos violentos y de mayor duración que los maars y anillos de toba. Están formados por escoria y tienen bandeado que buza tanto hacia adentro del cráter, como hacia fuera.

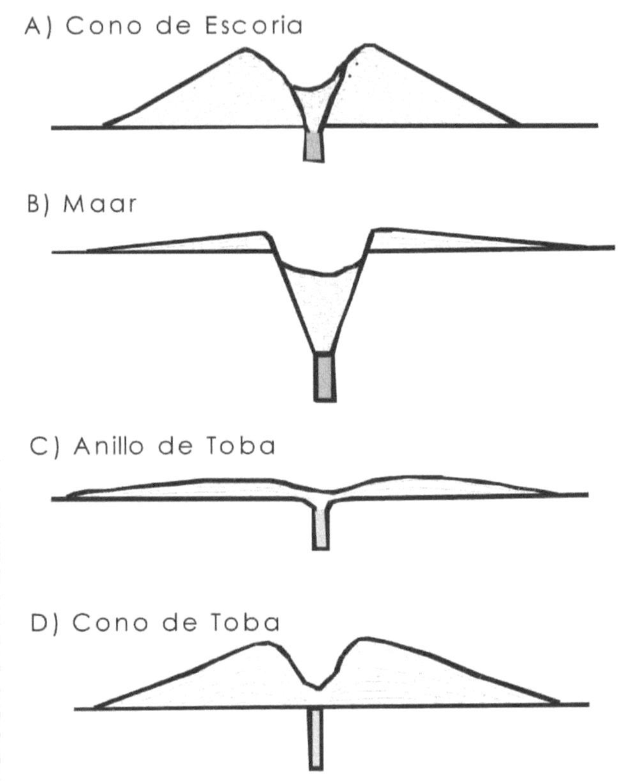

Figura 4-11. Estructuras y morfologías de formas volcánicas explosivas pequeñas.

Caídas de cenizas

Los productos de grano fino de una erupción explosiva en el aire, caen sobre el terreno formando capas de ceniza. La extensión de la caída depende principalmente de la altura a que la ceniza es proyectada en el aire. En la mayoría de los casos, el material que forma las nubes de ceniza cae a menos de un kilómetro sobre el volcán, ayudando a construir el cono. En erupciones muy poderosas la columna de cenizas puede alcanzar los 10 km y alturas mayores solo se alcanzan raramente. Las cenizas de estas erupciones caen sobre amplias áreas. Walker (1973) sugirió que la naturaleza de los depósitos de ceniza debería ser usado para distinguir entre los tipos de erupción Estromboliana (construcción del cono) y Pliniana (formación de capas). Muchos depósitos caen en aguas continentales y otros sobre el terreno desde donde son rápidamente arrastrados y redepositados en agua (Fig. 4-12). Todas las cenizas volcánicas son muy susceptibles a la intemperización y alteración diagenética, especialmente las de composición básica, formando zeolitas, clorita y arcillas del grupo de la montmorillonita.

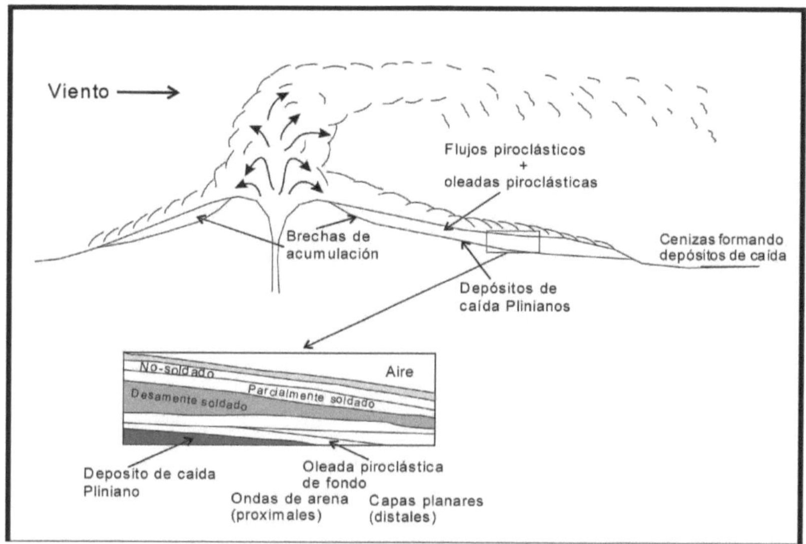

Fig. 4-12. Esquema de flujos, oleadas y depósitos piroclásticos.

Flujos de cenizas

Este grupo de depósitos volcánicos son los que mas dificultades presentan en su identificación e interpretación y generan las mayores controversias. Ellos constituyen acumulaciones aplanadas de composición dacítica o riolítica de origen piroclástico. Las verdaderas lavas dáciticas y riolíticas solo son erupcionados como domos y están confinadas al área volcánica de salida, mientras que flujos extensos de lavas ácidas se reconocen en muy pocas localidades.

La erupción del Monte Pelée en 1902 (Fig. 4-7) tuvo gran influencia sobre los geólogos porque llamó la atención sobre el fenómeno de las nubes ardientes y su observación mostró que ellas invariablemente están asociadas con depósitos de material piroclástico sobre la superficie del terreno. Estos flujos tienen dos posibles orígenes: a) colapso de una nube eruptiva densa o una avalancha de ceniza caliente inestable, ya depositada sobre una superficie alta; y b) flujo de magma sometido a vesiculación extrema que produce una espuma. La viscosidad de un magma ácido es tal que sólo puede fluir cuando se produce la vesiculación por escape de gas, que produce la expansión de la lava y la convierte en una espuma o en gotas líquidas. Cuando la acumulación alcanza cierto espesor el material sufre compresión por su propio peso y la espuma colapsa y las partículas de vidrio se sueldan. Los cuerpos laminares de rocas volcánicas ácidas muestran comúnmente gradación desde ceniza a tobas soldadas, y gradación desde tobas a lava.

Los productos finales de un flujo piroclástico no revelan necesariamente su medio de transporte. Wilson (1985) calculó para la gran ignimbrita de la erupción del Taupo, ésta constituye una unidad de flujo de 30 km3 que fue erupcionada en menos de 10 minutos, fluyendo en todas direcciones, con una velocidad inicial estimada en 250 - 300 m.s-1.

Lahars

Los lahars (volcanic debris flow) son flujos de barro compuestos principalmente de materiales piroclásticos suspendidos en un barro de cenizas saturado de agua, que actúa de matriz y le imparte movilidad al cuerpo, deslizándose por el flanco de un volcán de material piroclástico. El material arrastrado en el flujo incluye piroclastos, bloques y flujos de lava primarios y material epiclástico, que carece totalmente de selección.

Ellos se pueden formar por varias formas: puede ocurrir cuando la superficie es inclinada y hay disponibilidad de agua, que puede ser diferentes orígenes. En áreas tropicales con fuertes lluvias, los depósitos de cenizas se saturan en agua y pierden su estabilidad, dando lugar a flujos de barro.

En otras regiones con erupciones violentas de tipo Pliniano, las cenizas que suben a la atmósfera sirven como núcleos para las gotas de agua o de hielo, produciendo fuertes torrentes sobre las superficies impermeables.

En los altos volcanes de los Andes, los lahars son causados por fusión de nieve o hielo alrededor del cráter del volcán, o bien por la presencia de un lago en el cráter volcánico, que se forma durante el período de tranquilidad volcánica y que es expelida durante la erupción, produciéndose tremendas avalanchas, como el Cotopaxi (Ecuador), o el Villarrica (Chile), o El Pinatubo (Filipinas).

Hialoclastitas

Las hialoclastitas son rocas fragmentales formadas por la caída de vidrio volcánico en agua fría. Las típicas hialoclastitas están formadas por fragmentos desde un milímetro a pocos centímetros, compuesto de material pardo-amarillento llamado palagonita. En pocos casos se mantiene el vidrio negro o marrón sin alterar. No posee vesículas ni las formas curvadas características de las partículas de cenizas vítreas normales. La mayoría de las hialoclastitas son de composición basáltica y muestra severa alteración química. Las hialoclastitas, que en su mayoría son de origen submarino, se originan del enfriamiento del vidrio y se asocian con las lavas almohadilladas.

Fig. 4-13. Afloramientos de ignimbritas en los alrededores de Antofagasta de la Sierra (Catamarca).

Depósitos piroclásticos laminares

Algunas provincias volcánicas de la tierra están formadas por depósitos piroclásticos. El grueso del material volcánico consiste de grandes capas de ignimbritas riolíticas, junto a cenizas de caída y menor desarrollo de lavas. Las ignimbritas pueden llegar a cubrir miles de kilómetros cuadrados y tener más de mil metros de espesor (Fig. 4-13).

El parque de Yellowstone es uno de los grandes plateaus ignimbríticos del mundo, con un volumen erupcionado de flujos riolíticos y tobas soldadas, en los últimos dos millones de años, de mas de 6000 km3. Las rocas pumíceas, representan diversos grados de vesiculación desde lava coherente a flujos piroclásticos. Pequeñas coladas de basalto se intercalan en la secuencia riolítica, además de domos riolíticos y conos de cenizas basálticas. La actividad magmática expresada mediante geiseres, como en la zona del Tatio (Chile) indica la presencia de magma en profundidad (Fig. 4-14).

Fig. 4-14. Geiseres del Tatio (Chile).

Crateres y calderas

En el centro de muchos volcanes se han formado depresiones; las que tienen menos de un kilómetro de diámetro y se las denomina cráteres, mientras que a las mayores de varios kilómetros de diámetro se las llama calderas (Fig. 4-15). La mayoría de los cráteres ubicados en el ápice de los conos volcánicos, son abiertos por la actividad explosiva que las abre. Mientras que las de tamaño mayor, que constituyen las calderas, se forman por la subsidencia de la cámara magmática que se encuentra por debajo y es parcialmente vaciada.

Fig. 4-15. Cráter volcánico y caldera volcánica respectivamente.

Supervolcanes y super-erupciones explosivas

SUPERVOLCÁN

Es un volcán que ha producido al menos una super-erupción explosiva, las cuales son mucho mayores que cualquiera de las observadas durante el registro de la historia humana. Evidencias de tales erupciones fueron primero descriptas por van Bemmelen (1949), quien reconoció el origen volcánico de espesos depósitos alrededor del Lago Toba en Sumatra (Indonesia) y a la que Rampino y Self (1992) denominaron "super-erupción".

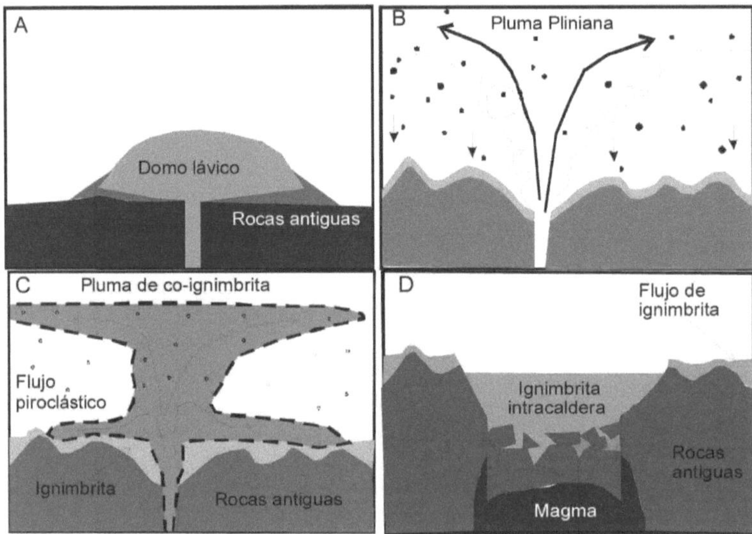

Fig. 4-16. Tipos de erupciones ácidas. A: domo lávico. B: Pluna Pliniana. C: Pluma y flujo piroclástico. D: Colapso de caldera con depósito de ignimbrita. (Modificado de Wilson 2008).

SUPER-ERUPCIÓN

Se considera a los eyectos magma (roca fundida total o parcialmente) con una masa >1015 kg, que equivale a un volumen >450 km3 (Sparks et al. 2005; Self, 2006). Además se aplica, a eventos explosivos que ocurren en tiempos cortos. Las erupciones de estas magnitudes tienen índice de explosividad (VEI) de 8 o mayor y producen depósitos de tefra de al menos 1000 km3.

La distinción por el tamaño, entre supervolcanes y volcanes, es arbitraria en 1000 km3 de tefra, como línea divisoria. La apariencia de una caldera, después de la erupción es distintiva: ya que no conforman la imagen común de un volcán de estructura cónica, sino que constituye una depresión subcircular, topográficamente negativa. Como los supervolcanes emiten material rápidamente durante la erupción, la estructura superficial existente antes de la erupción colapsa, por evacuación de la cámara magmática, tomando la forma de caldera que se correlaciona con el tamaño de la erupción (Smith, 1979). Las calderas, tienen alrededor de 100 km de diámetro. Las super-erupciones requieren de gran volumen de magma con fuerte potencial explosivo, resultante del alto contenido de volátiles (agua), que forma burbujas de gas, que en combinación con la alta viscosidad del magma (riqueza en sílice de los magmas dacíticos y andesíticos) inhiben el escape de las burbujas y conduce al estallido de las mismas, con el descenso de la presión confinante. Asimismo, el magma eruptible que se acumula en la parte somera de la cámara, es un componente menor de los grandes reservorios, ya que en niveles más profundos, los magmas andesíticos y basálticos, que raramente se encuentran en las erupciones, proveen la energía térmica, que contribuye a la erupción de los magmas silícicos.

La acumulación de grandes volúmenes de magmas ácidos se debe a que estos, se alojan en corteza continental de baja densidad, que impide el ascenso boyante de magmas básicos densos, haciendo crecer el reservorio y facilitando su diferenciación. Las erupciones, pueden ser activadas por cualquier tipo de perturbación que fracture las rocas de caja y genere conductos hacia la superficie. La expansión del magma, por el crecimiento de las burbujas o por la adición de nuevo magma, incrementa la presión que lo inyecta por las fracturas, pudiendo alcanzar la superficie y erupcionar.

Las posibles causas para una erupción explosiva incluyen:

Saturación en gas del magma que cristaliza, que se separa del líquido.

Aporte de nuevos pulsos de magma en la base de la cámara magmática.

Escapes de gas desde magma profundo y almacenamiento en el magma de menor densidad más superficial.

Movimientos sísmicos, que fracturan las paredes de la cámara y desestabilizan el magma estancado.

La erupción explosiva de un magma rico en gas, produce piroclastos finos, compuestos por vidrio y cristales. Copiosas cantidades de gas conteniendo piroclástos en suspensión forman columnas de erupción de tipo Pliniano. Las mezclas de gas y piroclastos, que salen del volcán y entran en la atmósfera, a temperaturas casi magmáticas, calientan el aire en forma inmediata, produciendo corrientes ascendentes que pueden alcanzar alturas mayores a los 30 km y que se expanden lateralmente como una sombrilla gigante de nubes de ceniza en la estratosfera (Fig. 4-16B y C). Los fragmentos volcánicos, caen a tierra como si fuera una nevada desde la columna de erupción, dando lugar a la formación de depósitos de caída. También forman flujos piroclásticos muy calientes, que pueden moverse sobre la superficie del terreno a velocidades de cientos de kilómetros por hora, con efectos devastadores, cubriendo miles de km2 con depósitos de cenizas.

Las super-erupciones son extremadamente infrecuentes (desde la perspectiva humana), con un promedio de 1 por cada 100.000 años. La super-erupción documentada más joven, corresponde a Oruanui, en la zona del Taupo (Nueva Zelandia), ocurrida hace 26.000 años, que fue precedida por otra 50.000 años antes y otras menos conocidas, de al menos 100.000 años.

Según Mason et al. (2004) se habrían registrado 47 super-erupciones, entre los 26.000 años (Oruanui) y hasta de edad ordovícica, que habrían ocurrido en corteza continental engrosada de zonas de subducción y relacionadas a áreas locales de extensión, por ingreso de calor proveniente de magma basáltico en la corteza más silícea, como Japón, Indonesia, Nueva Zelandia y los Andes. También se habráin originado en ambiente de intraplaca, en puntos calientes como Yellowstone y en zonas de extensión como el Long Valley (California).

Reservorios magmáticos que alimentan a las super-erupciones

Los reservorios magmáticos someros deben alcanzar grandes volúmenes para generar erupciones volcánicas importantes, cuyos volúmenes y duración pueden tener consecuencias globales, o bien solidifican lentamente en los 10-15 km superiores de la corteza, formando plutones con períodos de enfriamiento de 105 a 106 años.

En base de las observaciones realizadas en reservorios magmáticos, se deduce:

1. Cuando las condiciones lo permiten los reservorios de magma se hacen muy grandes (de hasta 5000 km3, que corresponde a la mayor erupción conocida), en respuesta a la adición de magma, durante largos períodos.

Las cámaras se presentan como lentes, cuyas relaciones (espesor/longitud) van de 1/5 a 1/10 (Fig.4-17). Esta información geométrica se infiere, por las imágenes geofísicas de provincias magmáticas activas, por los plutones expuestos y por las dimensiones de las calderas generadas por vaciamiento de las cámaras magmáticas. Con estas evidencias se estima el espesor del volumen erupcionado de la cámara magmática, conociendo el volumen de los productos erupcionados. Las mayores calderas cubren áreas entre 1000 y 3000 km2 y volúmenes de 1000 a 5000 km3 y las cámaras de magma erupcionado tienen espesores de 1-2 km.

Los reservorios de magma se forman a diferentes profundidades, con preferencia en la base de la corteza y en las discontinuidades litológicas. Generalmente las erupciones, son alimentadas desde cámaras de 4 – 10 km de profundidad.

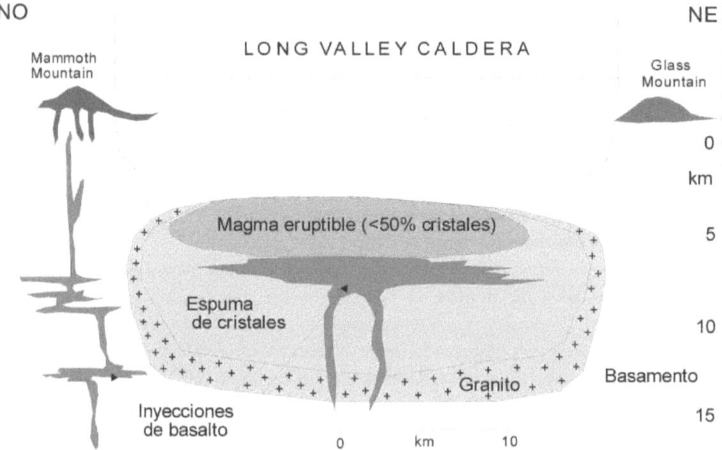

Fig. 4-17. Esquema de la Caldera Long Valley, mostrando el volumen de material eruptible. (Modificado de Bachmann y Bergantz 2008).

La mayoría de las super-erupciones son de magma riolítico (SiO_2>72% en peso) rico en H_2O. Ambos componentes contribuyen al carácter explosivo del magma. Durante la descompresión el agua produce burbujas, que tienden a expandirse en forma violenta y el líquido viscoso que las contiene, que es alto en sílice, atrapa las burbujas, produciendo una mezcla espumosa extremadamente flotante. El emplazamiento somero de grandes volúmenes de magma, con fuerte fraccionamiento cristal-líquido, que en esencia es un proceso de destilación, concentra a la sílice y agua, en la porción líquida del magma. Debido a la más baja densidad del líquido, este se separa por gravitación de los cristales más densos y menos ricos en sílice y forman la parte superior de la corteza.

La separación líquido-cristal se produce por: 1) en un sistema dominantemente sólido (>50% de cristales) el líquido intersticial es expulsado de la masa de cristales, por compactación. 2) en sistemas dominados por líquidos (<50% de cristales) las partículas sólidas densas, se asientan en el piso de la cámara magmática. Ambos mecanismos son muy lentos en los magmas ricos en sílice, debido al bajo contraste de densidad entre cristales y líquido, ya que los cristales no superan los 5 mm y el líquido silicático es muy viscoso (cien mil veces la viscosidad del agua a temperatura ambiente). Por ejemplo usando la ley de Stokes, un cristal de 1 mm3, tardaría 10 años en hundirse 1 m, en un líquido riolítico con una viscosidad de 105Pa*s.

Calderas

Una caldera se define "como una gran depresión volcánica de colapso, más o menos circular o con forma de circo, cuyo diámetro es muchas veces mayor que cualquier cráter o cráteres juntos incluidos en ella". Un cráter puede recordar a una caldera en su forma, pero es mucho más pequeño y difiere genéticamente ya que es una forma de construcción, mas que un producto de destrucción. P.ej. el Cerro Galán en la Puna de Catamarca tiene aproximadamente 40 km de diámetro.

Las calderas o valles caldera (Fig. 4-18), se habrían formado siguiendo una serie de pasos que comienzan con, a) la intrusión de magma en niveles someros de la corteza continental, con desarrollo de domamiento del techo y formación de un sistema de fracturas en anillo, b) erupción de material piroclástico riolítico desde las fracturas en anillos y parcial evacuación de la cámara magmática, c) colapso del techo de la caldera, a lo largo de las fracturas en anillo del techo y relleno parcial de la caldera por deslizamiento de paredes inestables, erosión, depositación de sedimentos lacustres y depósitos piroclásticos post-caldera y lavas. El bloque se hunde intacto a aproximadamente 1 Km, como si fuera un pistón, d) Levantamiento resurgente, domamiento y fracturación del bloque central debido a la renovación de la actividad magmática, con extrusión de lava riolítica viscosa, en forma de domos, desde fracturas en anillo periféricas al bloque central, formando domos resurgentes. Aquí se

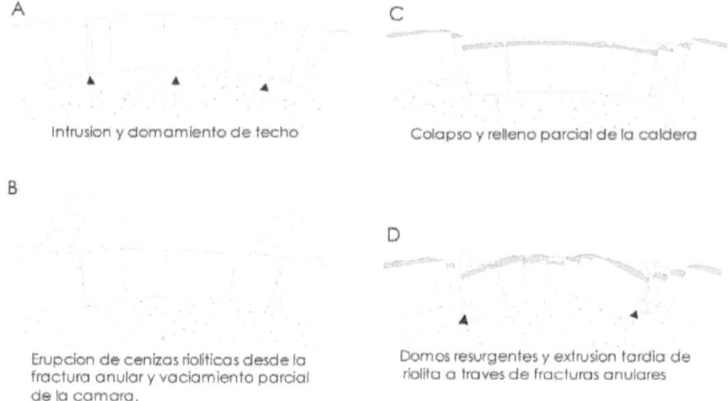

Fig. 4-18. Evolución esquemática de un valle caldera (modificado de Best 1982).

presume que la actividad magmática ha muerto, pero persiste la actividad geotérmica en forma de geiseres.

En algunas provincias volcánicas grandes áreas están cubiertas por depósitos piroclásticos como en la zona volcánica Cuaternaria del Taupo, en Nueva Zelandia. El material volcánico consiste de grandes capas de ignimbritas riolíticas, junto con depósitos de cenizas y erupciones lávicas menores. Las ignimbritas cubren un área de 20.000 km2. Hay por lo menos cuatro grandes calderas, que proveyeron el material piroclástico y aún persisten fuentes de agua caliente.

Nombre	Localidad	Diámetro (km)
Aso	Japón	20
Crater Lake	Oregón	10
Katmai	Alaska	5
Kauai	Hawai	18
Kilauea	Hawai	4
Krakatoa	Indonesia	8
La Garita (Mts. San Juan)	Colorado	45
Santorini	Grecia	14
Soma (Vesuvio)	Italia	3
Valles	Nuevo Méjico	21
Cerro Galán	Argentina	40

Tabla 4-2. Diámetros de algunas calderas. (McDonald 1972).

Las calderas son parte integral de los supervolcanes y sus erupciones. El colapso de la caldera durante una erupción es importante, porque causa el cambio de una salida simple (que favorece la generación de caídas plinianas) a múltiples salidas en la fractura anular (favoreciendo la generación de flujos piroclásticos). Asimismo, la depresión generada por colapso provee una trampa para los productos erupcionados, que allí se acumulan y pueden alcanzar gran espesor (Fig. 4-14D).

Muy pocas super-erupciones se conocen con suficiente detalle para reconstruir la dinámica y el origen de la cámara magmática. Para ello se debe establecer; a) como se han iniciado y finalizado las erupciones; b) distribución y volúmenes de los depósitos piroclásticos y lávicos; c) duración de la erupción de tales volúmenes de magma y gas.

Tres casos estudiados, sugieren la amplia variabilidad y diversidad en los tiempos y estilos de las super-erupciones.

La erupción del Oruanui (Nueva Zelandia) hace 26,5 ka de aprox. 530 km3 de magma, evidencia intervalos de erosión y/o retrabajamiento de horizontes, con actividad espasmódica, incluyendo hiatus de semanas. La erupción estuvo compuesta por erupciones sucesivas a gran escala con incremento de vigor, constituyendo un evento geológico único. En contraste, la erupción del Tuff Bishop, en Long Valley (California) hace 0,76 Ma de aprox. 600 km3, muestra evidencias de una sola interrupción y el mayor volumen de erupción fue en sólo 6 días. La erupción Tuff Huckleberry de Yellowstone, hace 2,06 Ma, de aprox. 2500 km3, muestra varias erupciones,con interrupciones de meses o más. En la base de los depósitos de caída, la presencia de horizontes de material retrabajado, sugiere relación con vientos, corrientes de agua y granizo, que los afectaron.

Grandes provincicas ígneas (lips)

Los plateau basálticos corresponden a cabezas de plumas, que forman las Grandes Provincias Ígneas (LIPs – large igneous provinces). El término, fue propuesto por Coffin y Eldholm (1991, 1994), Bryan y Ernst (2008), Sheth (2007) para caracterizar provincias ígneas máficas con extensiones areales >0,1 Mkm^2 que muestra "emplazamiento cortical masivo de rocas intrusivas y extrusivas predominantemente máficas, que se habrían originado por procesos diferentes a los normales de la expansión oceánica".

Estos fenómenos episódicos, erupcionan gran volumen de magma basáltico en períodos geológicos relativamente cortos, formando las grandes provincias ígneas, que incluyen a, los flujos basálticos continentales, las dorsales submarinas y asísmicas, montes submarinos y los gigantescos plateau oceánicos. Estas fluctuaciones en la dinámica de la Tierra son poco entendidas y se asignan a plumas de manto, impactos de meteoritos o procesos esporádicos que controlan la litósfera (Anderson 2005; Campbell 2005; Jones 2005; Saunders 2005).

El término LIPs, estuvo originalmente relacionada a las provincias basálticas continentales del Mesozoico y Cenozoico, correspondientes a márgenes pasivos y al volcanismo oceánico conocido, extendiéndose después al registro Paleozoico, Proterozoico y Arqueano (Tabla 4-3).

Las LIPs están caracterizados, además de su extensión >0,1 Mkm^2, por: 1) Edades del Arqueano al Fanerozoico; 2) Volumen; 3) Ambiente cortical (continental y oceánico); 4) Ambiente tectónico; 5) Tiempo de emplazamiento del magma (máximo de ~50 Ma y con pulsos de ~1-5 Ma); 6) Primariamente intrusivo o extrusivo; 7) Composición (máfica y silícica).

Adicionalmente para que sea considerada una LIPs, la erupción debe desarrollarse en un ambiente tectónico de intraplaca, con tal afinidad geoquímica. Bryan y Ernst (2008) enfatizan que las LIPs son provincias principalmente máficas, que tienen componentes ultramáficos y silícicos subordinados, y sólo unas pocas LIPs son silícicas. Las LIPs (Mahoney y Coffin 1997) han ocurrido como plateau basálticos oceánicos, o como plateau basálticos continentales (Fig. 4-19).

El volumen de las LIPs es un atributo que responde a eventos anómalos de emplazamiento de tremendos volúmenes de magma que alcanzan la superficie de la Tierra. A veces la erosión no permite cuantificar el volumen de magma extruido y en esos casos se definen por las rocas intrusivas, tales como los enjambres de diques o por las rocas máficas-ultramáficas intrusivas, como las que se encuentran en el Mesoproterozoico superior de Mackenzie o de Warakurna.

Plateau basálticos oceánicos

Los plateau basálticos oceánicos son amplias prominencias topográficas que se alzan centenares de metros por encima del fondo marino que los rodea. Poco se conoce de estos focos sumergidos, porque ellos son inaccesibles y se estima cubren el 3% del fondo marino. La obtención de testigos por perforaciones y dragado del fondo oceánico, así como por el muestreo de las cuestionables exposiciones en los márgenes continentales, revelan que ellos constituyen espesas secuencias de lavas basálticas. Algunos, alcanzan hasta 40 km de espesor por debajo corteza, que significa casi cinco veces el espesor normal de la corteza oceánica.

La producción de magma en los grandes plateau oceánicos, como Ontong-Java en el Pacífico occidental, es comparable con los sistemas de dorsales oceánicas y cadenas de islas oceánicas. Ontong-Java tiene una superficie de 1.540.000 km², con 30 a 43 km de espesor y un volumen de aproximadamente 6x107 km³, que fue producido en aproximadamente 6 Ma, lo que indica 10 km³/año, en comparación con los 21 km3/año que producen las dorsales del mundo.

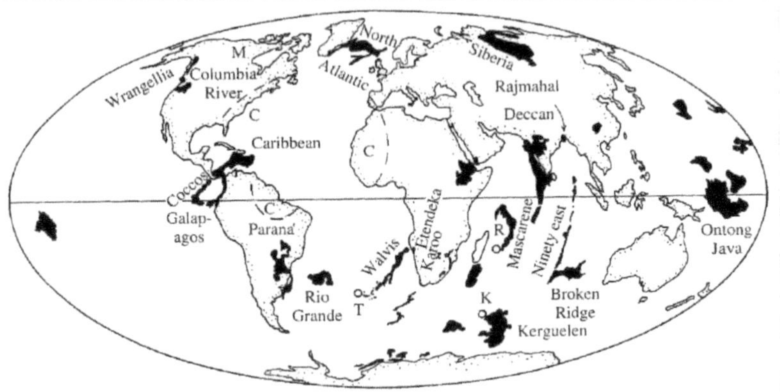

Fig. 4-19. Grandes provincias ígneas, especialmente basálticas (LIPs).

Una forma de producir en forma localizada tal volumen de basalto toleítico es por descompresión con fusión a gran escala en la cabeza de una pluma caliente de manto, que comenzarían su ascenso en el límite manto - núcleo. Los modelos experimentales indican que la pluma al ascender, tiene gran diámetro en la cabeza y diámetro pequeño en la cola. Gran cantidad de la roca viscosa del manto, es calentada y arrastrada ya que la cabeza tendría temperaturas de 1350 – 1400°C y en la cola alcanzaría los 1550°C. Cuando la cabeza de la pluma alcanza la litosfera más rígida es aplanada y podría alcanzar los 2500 km de diámetro, en comparación con el pequeño diámetro de la cola, que sigue presionando a la cabeza y aumentando su extensión. En razón de su espesor y flotabilidad relativa con respecto al manto, los plateau oceánicos cabalgan sobre las placas convergentes de arcos de islas o márgenes continentales y no pueden ser totalmente subductados.

Plateau de basaltos continentales

Los plateau basálticos mejor conocidos son del Mesozoico y Cenozoico y solo algunos del Proterozoico (Fig. 4-17, tabla 4-2 y 4-3). Enjambres de filones capa y diques se asocian con los flujos de lava y son, particularmente visibles en los plateau más antiguos, que están más erosionados. Los plateau basálticos, se forman por coladas de lava superpuestas y diques alimentadores, en grandes volúmenes (generalmente ~106 km3), con corta duración del pico de actividad (~1 Ma), lo que es compatible con la copiosa generación de magma en la cabeza de una pluma. Los plateau son de basaltos toleíticos, como los de Karoo, Etiopía, y Paraná. Las picritas son poco comunes excepto en el Karoo y Deccan. Los basaltos son afíricos y a veces porfíricos con fenocristales de plagioclasa. La pasta contiene plagioclasa, clinopiroxenos ricos y pobres en Ca, óxidos de Fe y Ti, vidrio y raramente olivino. El tipo de roca dominante está ligeramente saturada en sílice, representada por toleitas cuarzosas más evolucionadas que el MORB, en que las concentraciones de Fe, Ti, P y K son mayores, y el MgO es bajo (5-8% peso), Ni (<100 ppm), Mg/(Mg + Fe$_2$ (<0,65% peso).

Origen de los magmas

Los atributos geoquímicos indican fraccionamiento cristalino a baja presión de fundidos parciales de manto primitivo. Cox (1993) arguye que los magmas del manto primitivo picrítico, sufren remoción polibárica del olivino durante su ascenso, reduciendo la concentración de los elementos compatibles y el MgO a ~7% peso. Posteriormente estos magmas fraccionados sufren remoción de olivino, clinopiroxeno y plagioclasas, en cámaras estacionarias próximas al Moho, donde habrían quedado bloqueados en su ascenso. Estos gabros fraccionados tienen aproximadamente el mismo contenido de elementos mayores que el magma generador. La existencia de fraccionamiento intenso, en algunas provincias, se evidencia por el volumen de lavas silícicas, que requiere de grandes cámaras, o fuentes de calor para producir fusión parcial de la roca de campo.

PROVINCIA	EDAD (Ma)	ESPESOR MAXIMO (m)	AREA ACTUAL (Km2)
Keweenawan (lago Superior)	Precámbrico sup. 1100-200	12.000	>1.000.000
Plataforma Siberiana	Permo-Trias 248-216	3.500	>1.500.000
Karro (S. Africa)	Jurásico 206-166	9.000	140.000
Basaltos Kirkpatrick, doleritas Ferrar (Antartica)	Jurásico 179±7	900	7.800
Paraná – Etendeka (Sud América-Africa)	Jurásico sup-Cretácico inf. 140-110	1.800	1.200.000
Provincia ignea nord-Atlántica			
Deccan (India)	Cretácico sup - Eoceno 65-50	2.000	1.000.000
Río Columbia (USA)	Cretácico-límite Terciario	>2.000	> 500.000
	Mioceno 17 – 6	>1.500	200.000

Tabla 4-3. Edades y dimensiones de las mayores flujos basálticos continentales.

Los patrones de normalización de los elementos trazas para los basaltos continentales son similares a las toleitas de las islas oceánicas y MORB-E, implicando una fuente de pluma similar. La contaminación se produce durante la cristalización fraccionada en cámaras magmáticas corticales, que generan lavas riolíticas, como en los plateau de Karoo y Paraná. Algunos flujos basálticos continentales tienen anomalías negativas de Nb-Ta, que es típica de magmas de arco y de corteza continental. Muchos flujos basálticos tienen elevada relación ^{87}Sr/^{86}Sr y están deprimidos en ^{143}Nd/^{144}Nd, que es consistente con contaminación por corteza continental antigua.

Ruptura continental

El ascenso de una pluma, produce una expansión térmica, que genera el domamiento de la litósfera y las fuerzas extensionales inducidas en la placa rígida producen su abovedamiento, que permiten la intrusión de enjambres de diques radiales en grandes extensiones y que están expuestos en provincias donde la cubierta de lava ha sido erosionada.

En algunos casos la actividad de la pluma ha causado la ruptura de placas continentales, dejando salir diques y filones, que dan lugar a un margen continental pasivo adyacente a la apertura de un océano, otros flujos volcánicos relacionados a plumas astenosféricas, como los de Siberia y de Columbia River, no han producido ruptura continental.

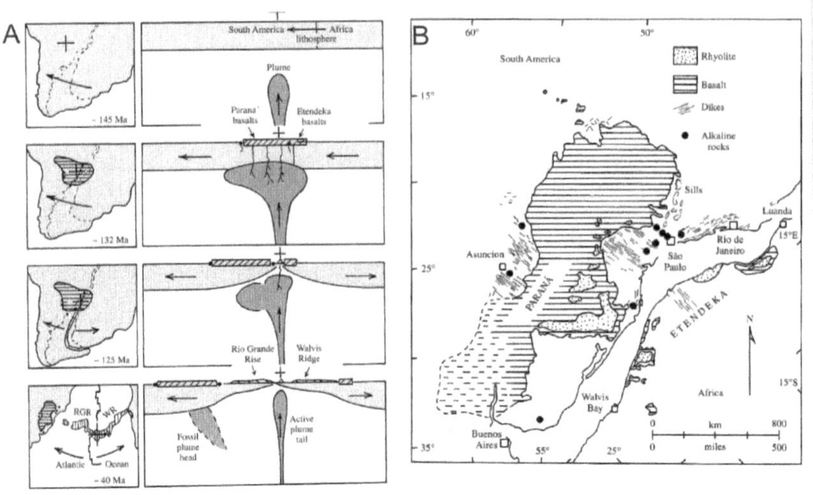

Fig. 4-20. A: Actividad de una pluma de manto y ruptura de Sud-América y Africa. B: Esquema geológico de las provincias de basalto-riolita de Paraná y Ethendeka, a aprox. 138 Ma. (Modificado de Peate 1997).

La ruptura de Gondwana comenzó en el Atlántico sur en el Cretácico (Fig. 4-20). La mayor parte de los ~1,5 x 106 km³ de volumen de lava que constituyen los plateau basálticos de Paraná y Ethendeka, bordean al Océano Atlántico en el este de Sudamérica y por el sudoeste de Africa, respectivamente y fueron extruidos entre 134 y 129 Ma. Estos flujos basálticos son bimodales. La mayoría son tolvitas alteradas que tienen 63-72% SiO_2, y muy pocas no lo están y tienen 59-63% SiO_2. Asimismo, las rocas silícicas tienen fuentes diferentes. Las riolitas porfiríticas altas en Ti, serían derivadas por fusión parcial de basaltos tempranos alojados en la corteza inferior, inducida por los basaltos que les sucedieron. Las riolitas afíricas bajas en Ti tienen elementos trazas y relaciones isotópicas que indican derivación por asimilación de la corteza en magmas basálticos fraccionados. Los flujos de riolitas afíricas ocurren en unidades con notable homogeneidad individual, con ausencia de zoneamiento a pesar de su gran volumen (>1000 km³). Algunas han fluido a distancias de >300 km y han podido ser correlacionadas en ambos lados del Océano Atlántico. La relación espesor-largo, tan baja como 1/2000, es inusual en los flujos lávicos, lo que sugiere su emplazamiento como ignimbritas, aunque la fábrica piroclástica se ha perdido, posiblemente obliterada por reomorfismo. El magmatismo alcalino contemporáneo con el volcanismo de Paraná incluye pequeños cuerpos de gabros alcalinos, sienitas, fonolitas y carbonatitas.

LIPs	**Continental**	**Provincias Continentales basálticas** *Ejemplos:* Liberia, Karroo, Paraná-Ethendeka, Deccan, Afro-Arábica, Columbia River. **Enjambres gigantes de diques continentales, filones y provincias intrusivas máficas-ultramáficas.** *Ejemplos:* Mackensie, Warakuma, Bushveld. **Cinturones Verdes Arqueanos (Asociaciones toleíticas y komatiíticas).** *Ejemplos:* Superior, Yilgam, Bulawayan, Rae. **Márgenes volcánicos de rift.** *Ejemplos:* India-Oeste de Australia, Atlántico norte. **LIPs silícicos.** *Ejemplos:* Whitsunday, Chon Aike, Sierra Madre occidental.
	Oceánico	**Plateaus oceánicos.** *Ejemplos:* Ontong-Java-Manihiki-Hikurangi, Kerguelen, Caribe-Colombia, Levantamiento Magallánico. **Flujos basálticos de cuencas oceánicas.** *Ejemplos:* Cuenca Nauru, Marianas orientales, Pigafetta.

Tabla 4-4. Grandes Provincias Ígneas (LIPs).

Lecturas seleccionadas

Anderson, D.L. 2005. Large Igneous Provinces, and Delamination, and Fertil Mantle. Elements. 1: 271-275.

Best, M. G., 1982. Igneous and Metamorphic Petrology. W.H. Freeman and Co.

Bryan, S.E., y Ernst, R.E. 2008. Revised definition of Large Igneous Provinces (LIPs). Earth-Science Reviews 86: 175-202.

Campbell, I.H. 2005. Large Igneous Provinces and the Mantle Plume Hypothesis. Elements. 1: 265-269.

Coffin, M.F., y Eldholm, O. (eds.) 1991. Large igneous provinces: JOI/USSAC Workshop Report. The University of Texas at Austin Institute for Geophisics Technical Report 114, 79 pp.

Coffin, M.F., y Eldholm, O. 1994. Large igneous provinces. Crustal structure, dimensions, and external consequences. Review Geophysics 32: 1-36.

Cox, K.G. 1993. Continental magmatic underplating. Philosophical Trans. Royal Soc. of London A342: 155-166.

Fisher, R.V. 1966. Rocks composed of volcanic fragments and their classification. Earth Sci. Reviews 1: 287-298.

Jones, A.P. 2005. Meteorite Impacts as Triggers to Large Igneous Provinces. Elements. 1: 277-281.

Llambías, E. J. 2008. Geología de los cuerpos ígneos. Asociación Geológica Argentina. Serie B – Didáctica y Complementaria N° 29. 222 pp.

Mahoney, J.J., y Coffin, M.F. (eds.). 1997. Large Igneous Provinces. Continental, oceanic, and planetary flood volcanism. Union Geophisics. Monography 100, 438 pp.

Mason, B.G., Pyle, D.M., y Oppenheimer, C. 2004. The size and frequency of the largest explosive eruptions on Earth. Bulletin of Volcanology 66: 735-748.

Mazzoni, M., 1986. Procesos y depósitos piroclásticos. Asoc. Geol. Arg. Serie B. N° 14.

Moore, J.G. 1975. Mechanism of formation of pillow lava. American Science 63: 269-277.

Newhall, C.G., y Self, S. 1982. The volcanic explosive index (VEI): An estimate of explosive magnitude for historial volcanism. Journal of Geophysical Research 87: 1231-1238.

Rampino, M.R., y Self, S. 1992. Volcanic Winter and accelerated glaciation following the Toba super-eruption. Nature 359: 50-53.

Saunders, A.D. 2005. Large Igneous Provinces: Origin and Environmental Consequences. Elements 1: 259-263.

Self, S. 2006. The effects and consequences of very large explosive volcanic eruptions. Philosophical Transactions of the Royal Society A364: 2073-2097.

Sheth, H.C. 2007. "Large Igneous Provinces (LIPs)": Definition, recommended terminology, and a hierarchical classification. Earth-Science Reviews 85: 117-124.

Smith, R.L. 1979. Ash-flow magmatism. Geological Society of America Special Paper 180: 5-25.

Smith, R.L., y Bailey, R.A. 1968. Resurgent cauldrons. Geological Society American Memoir I16: 623-662.

Sparks, R.S.J., Self, S., Oppenheimer, C., Pyle, D.M., Rymer, H. 2005. Super-eruptions: global effects and future threats. Report of a Geological Society of London Working Group. The Geological Society, London, 24 pp.

Teruggi, M., Mazzoni, M., Spalletti, L. y Andreis, R., 1978. Rocas Piroclásticas. Interpretación y Sistemática. Asoc. Geol. Arg. Serie B. N° 5.

Van Bemmelen, R.W. 1949. Geology of Indonesia. Volume 1A. General Geology of Indonesia and Adjacent Archipelagos. Government Printing Office, The Hague, Netherlands, 732 pp.

Walker, G.P.L. 1982.The Taupo Pumice: product of the most powerful known (ultraplinian) eruption? Journal of Volcanology and Geothermal Research 8: 69-94.

Williams, H., y McBirney, A.R. 1979.Volcanology. San Francisco. Freeman, Cooper and Co. 397 pp.

Capitulo 5
Cuerpos intrusivos o plutónicos

Introducción

El término plutón es el nombre genérico para los cuerpos intrusivos y las rocas que los envuelven, se denominan rocas de campo o rocas de caja. El tamaño y forma de los plutones es generalmente especulativo, porque la erosión expone sólo una pequeña parte del cuerpo, aunque se ha logrado considerable información de cuerpos profundamente erosionados, mediante observaciones de campo, estudios geofísicos y trabajos mineros. Estos han permitido, según su forma específica, agrupar a los cuerpos plutónicos en laminares y globosos (Llambías 2008). En las clasificaciones también se tienen en cuenta las relaciones con la roca de campo, ya sea que corten a la estructura, o que se adapten a ella se los llama discordantes o concordantes, respectivamente.

Cuerpos laminares

Entre los cuerpos laminares, se incluyen: lacolitos, facolitos y lopolitos (Fig. 5-1).

Lacolitos: son cuerpos concordantes con un piso plano y un techo arqueado. Las rocas que los constituyen son viscosas (silícicas) lo que limitan el flujo magmático a lo largo de la superficie horizontal y son suficientemente someros como para que puedan levantar las rocas del techo.

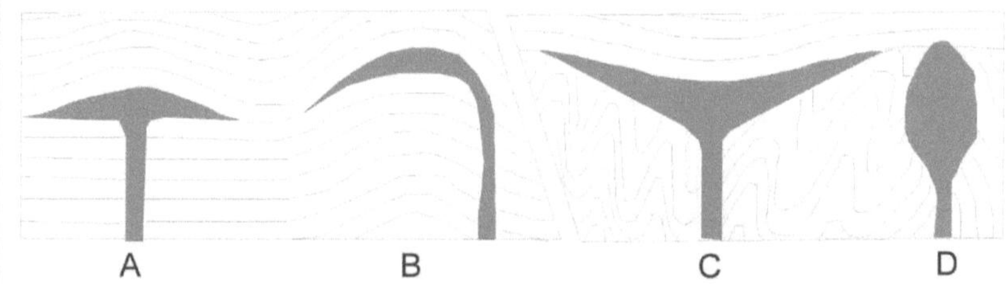

Figura 5-1. Formas de cuerpos plutónicos. A- Lacolito. B- Facolito. C- Lopolito. D- Stock (redibujado de Wimenauer, 1985).

Lopolitos: son cuerpos concordantes intruidos en una cuenca estructural. Son de gran extensión, con forma de "plato" y característicamente están formados por rocas básicas de baja viscosidad.

Facolitos: son cuerpos de pequeñas dimensiones que se ubican en las charnelas de los pliegues y se adelgazan paulatinamente en los flancos hasta desaparecer. Los tamaños varían desde pocos centímetros a algunos kilómetros. Los ejemplos más característicos se observan en las rocas metamórficas inyectadas.

Los cuerpos laminares se caracterizan por tener una relación longitud/espesor >>>1 y sus lados son superficies con tendencias planas y subparalelas. Poseen alta relación superficie/volumen, que permite la perdida rápida del calor y por ende su enfriamiento. Esto permite la formación de texturas características para las rocas de estos cuerpos. Entre los cuerpos laminares, vamos a tratar: diques, diques anulares, diques cónicos, filones capa y chimeneas volcánicas, que junto a los plateau basálticos, coladas y depósitos piroclásticos, ya tratados constituyen los cuerpos laminares.

Fig. 5-2. Filones capa (sills) de pegmatitas. Observar la concordancia con la estructura metamórfica, así como las deformaciones plásticas sufridas. Sierra de Copabana, Catamarca.

Un cuerpo tabular intrusivo es simplemente magma que ha rellenado una fractura. Si el cuerpo es concordante con la estructura, se lo denomina filón capa (Fig. 5-2) y si es discordante, dique (Fig. 5-3). Un filón capa se desarrolla cuando el magma aprovecha los planos de debilidad de sedimentos, u otras foliaciones y se inyecta en las mismas. Un dique es un relleno de fractura que corta al bandeado o a las estructuras de las rocas preexistentes. Las fracturas son conductos ideales para el magma porque le permiten penetrar fácilmente, es especial en áreas afectadas por extensión o en la parte superior de un diapiro magmático. Estos cuerpos tabulares se presentan donde las rocas son suficientemente frágiles para fracturarse.

Fig. 5-3. Dique de pegmatita cortando la estructura de un granito equigranular.

Aunque la mayoría de los diques y filones capa se emplazan durante un único evento, algunos presentan inyecciones múltiples, que puede tener lugar porque las rocas al enfriarse se contraen y desarrollan zonas de debilidad que permiten el ingreso de un nuevo pulso de magma. Un cuerpo se describe como múltiple, si las fases de inyección son todas de la misma composición y compuesto si más de un tipo de roca está presente.

Los diques y filones capa, puede presentarse como cuerpos solitarios, pero los diques en especial, típicamente se presentan en series, que reflejan los esfuerzos regionales que desarrollan fracturas en las cuales se inyecta el magma y se los denomina enjambre de diques, los que suelen tener desarrollo subparalelo. Los diques, también suelen desarrollarse como enjambres radiales en los alrededores de las chimeneas volcánicas, que en su ascenso producen fracturas radiales, por las que puede ascender el magma.

Otra forma de presentarse es con formas concéntricas, que se desarrollan por encima de los plutones. Los cuales se manifiestan como diques anulares y diques cónicos. Los diques anulares se producen cuando la presión ejercida por el magma es menor que la presión de material sobreyacente. En este caso fracturas circulares se forman como en la Fig. 5-4. En este caso como la roca de caja tiene una densidad algo mayor que la del magma tiende a hundirse en él, por lo que se producen espacios por las que penetra el magma. Cuando estas fracturas alcanzan la superficie y el magma escapa por las mismas, se produce un evento volcánico, como sería una caldera de colapso.

Los diques cónicos, se forman cuando la presión del magma es mayor que la presión confinante de las rocas sobrepuestas. En este caso los diques se inclinan hacia el interior y toman la forma de la Fig. 5-4. Los diques anulares y los diques cónicos pueden ocurrir conjuntamente y serían el resultado de diferentes fases de una intrusión.

Los diques y filones capas pueden tener espesores desde pocos milímetros a mas de un kilómetros, aunque comúnmente los observamos en el rango de las decenas de metros.

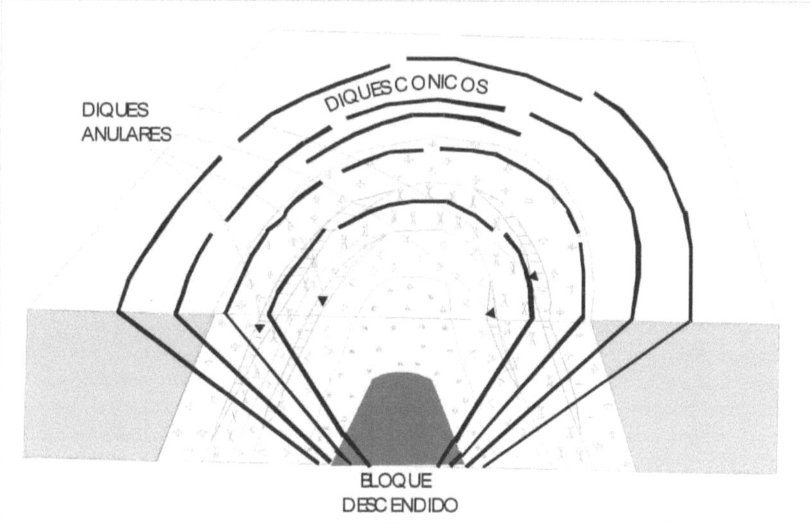

Fig. 5-4. Esquema de desarrollo de diques anulares en un cuerpo plutónico diferenciado.

Los cuerpos tabulares se emplazan generalmente por inyección asociada con dilatación de las paredes del dique y la posición es en forma general aproximadamente vertical. Los diques y filones capa se enfrían progresivamente desde las paredes hacia el centro y en algunos casos llegan a desarrollan estructuras columnares. Así en los diques subverticales el desarrollo de las columnas es casi horizontal, lo que ayuda a diferenciar los diques de coladas de composición similar, que tienen desarrollo subhorizonal y las columnas son casi verticales.

El término vena, se refiere a un cuerpo tabular pequeño, no interesa si es concordante o discordante y se usa preferentemente en relación a cuerpos mineralizados. El término no es recomendado para su uso con cuerpos ígneos.

Cuerpos globosos

Los cuerpos globosos, tienden a desarrollar formas groseramente equidimensionales, poseen en general baja relación superficie/volumen, por lo que la irradiación de calor tiende a ser baja, permitiendo un enfriamiento lento y de larga duración. Entre los cuerpos globosos vamos a tratar: plutones, stocks y batolitos.

Plutones: este término fue usado por Pitcher (1993) para cualquier cuerpo grande, no tabular, y restringe el término batolito para agrupación de múltiples plutones que se desarrollan en zonas orogénicas.

Stocks: son plutones con forma cilíndrica, que ocupan un área de menos de 100 km2. Estos conductos plutónicos cilíndricos en Europa son denominados plugs. Y la parte expuesta de un plug, después de la erosión del material volcánico superior se denomina neck-volcánico.

Batolitos: son cuerpos plutónicos con superficies de exposición superiores a 100 km2. Cuando la parte superior de un batolito comienza a ser erosionado, aparecen afloramientos restringidos de granito, separados entre si por roca de caja, que se denominan cúpulas, cuando la evidencias geofísicas o el mapeo sugieren que un gran intrusivo se encuentra por debajo. Los batolitos constituyen los mayores cuerpos intrusivos y su composición corresponde a rocas silícicas. Los batolitos se forman por la actividad magmática relativamente continua en espacio y tiempo, con pulsos de variada magnitud que se suceden en forma intermitente, por lo que no constituyen un tipo de intrusión. El desarrollo de los batolitos está estrechamente ligado a los procesos geológicos regionales de tectónica de placas, ya sean procesos de subducción o de distensión.

Según la relación con los procesos tectónicos podemos clasificar a los batolitos en: orogénicos, post-orogénicos y anorogénicos (Llambias 2008).

Batolitos orogénicos: son los que se desarrollan en los arcos magmáticos desarrollados en zonas de subducción. Como por ejemplo los batolitos andinos de Chile y Perú. Composicionalmente se caracterizan por granodioritas y tonalitas, metaluminosas y calco-alcalinas. Con carácter subordinado también se encuentran granitos, dioritas y gabros.

Batolitos post-orogénicos: son los que se emplazaron con posterioridad a la orogénesis y su consolidación es post-deformación. Con posterioridad a un período orogénico se produce la relajación mecánica, pasando de la compresión a la extensión, lo que produce el colapso orogénico, en el que la actividad magmática puede ser intensa. Es en este período en el que se producen los batolitos post-orogénicos y los plateau riolíticos. La composición es monzogranítica y granodiorítica. Los plutones intruyen aprovechando fracturas y los más tardíos son de sección circular.

Fig. 5-5. Vista afloramiento Batolito de Capillitas, Sierras Pampeanas, Catamarca.

Batolitos anorogénicos: tienen lugar en el interior de las placas y su emplazamiento tiene lugar en corteza rígida, con bajo gradiente geotérmico. Se asocian con estructuras de rift, típicas de ambiente extensional. Constituyen complejos intrusivos centrados con notables diques anulares. Son generalmente de dimensiones menores que las otras dos categorías citadas. Las composiciones intermedias a silícicas tienen tendencias alcalinas y peralcalinas, constituyendo a menudo asociaciones bimodales, con participación de rocas básicas y ácidas. También constituyen complejos alcalinos máficos, que incluyen carbonatitas y sienitas. Los plutones son generalmente de secciones circulares y muestran abundantes diques anulares.

Relaciones de contacto de los plutones

El emplazamiento de un plutón involucra la yuxtaposición de un líquido caliente en movimiento, viscoso, comúnmente saturado en fluidos, contra un material frío, estacionario, sólido y generalmente de composición muy diferente. Tales contrastes en las propiedades producen interacciones mecánicas y químicas, que imparten a la zona de contacto estructuras y texturas diagnósticas. La zona de contacto puede ser neta, entre la roca ígnea y la roca de campo relativamente inalterada, o puede tener un cambio gradual en la zona de borde.

La zona de borde puede ser estrictamente mecánica (inyectada) o bien una amplia zona que exhibe gradaciones desde la roca de campo sin perturbaciones, a través de un sector con diques y venas, que provienen desde el plutón. Esto puede dar lugar a una zona de agmatitas (una roca con alta concentración de fragmentos de la roca de campo – xenolitos – en una matriz ígnea), o xenolitos espaciados de la roca de campo, que flotan en el material ígneo, hasta que estos se vuelven raros y desaparecen.

En razón de que muchos plutones silícicos están saturados en fluidos y son químicamente distintos a la roca de campo, los fluidos que emanan del plutón pueden pernear la roca que los rodea, produciendo alteración o incluso fusión parcial y cristalizando minerales magmáticos típicos en la roca externa. El resultado es una zona de borde que pasa desde el plutón a la roca de campo sin un límite distintivo.

Una tercera posibilidad de borde gradacional sería el resultado de la combinación de dos procesos de inyección y de permeación. La inyección y fusión se asocian íntimamente dando como resultado una roca híbrida de carácter mixto.

En los contactos netos de los niveles someros, un intrusivo puede afectar termal y químicamente a la roca de campo. Una zona gradacional puede resultar desde un proceso estrictamente térmico, si la intrusión está muy caliente y es seca. En tales casos, la roca de campo no metamorfizada es calentada y recristalizada por el plutón en una estrecha zona de contacto. El tamaño de grano y de recristalización decrece rápidamente desde el contacto hacia fuera y el contacto real debería ser aún visible. Los efectos térmicos, están comúnmente combinados con un gradiente químico, establecido por los fluidos saturados en sílice que salen del plutón. Esto da como resultado una aureola de metamorfismo de contacto.

Fig. 5-6. Granito bandeado en zona de borde del Granito Capillitas. Mostrando la asimilación parcial de esquistos de caja, que da lugar a rocas híbridas, controlado por el flujo laminar.

La dinámica de la zona de contacto con las rocas de caja, imparten al plutón caracteres tales como la adición de xenolitos o zonas de enfriamiento. Una zona de enfriamiento es de grano fino resultante del rápido enfriamiento y solidificación del plutón como resultado del contacto con una pared fría. Como el material ígneo es intruido en movimiento contra una roca de caja inmóvil, ello produce una zona de cizalla en el magma y en los magmas mas viscosos la cizalla es más pronunciada. El resultado de este fenómeno es el desarrollo de una importante lineación o foliación paralelamente al contacto en las partes marginales del plutón, que se puede hacer más evidente en algunos minerales alargados o aplanados, tales como anfíboles, piroxenas y micas. Hay también desarrollo y acumulación de minerales como biotita que se acumulan en masas alargadas denominadas schlieren (Fig. 5-6). Si el magma es suficientemente viscoso y la roca de caja es suficientemente calentada, la zona de cizalla también la puede afectar, rotando la foliación fuera del plutón y volviendo los contactos, lo cual hace que los contactos discordantes se vuelvan concordantes.

La sobreimposición de estos procesos de deformación, hace que se pierda la claridad de los contactos y la perdida de isotropía de las texturas ígneas. Las rocas ígneas toman el aspecto de gneises y los contactos con las rocas de caja se vuelven difíciles de identificar.

Tiempo de intrusión

La mayoría de los batolitos están emplazados en cinturones montañosos como parte de los procesos orogénicos de subducción y juegan un importante papel en la evolución de esos cinturones. Cualquier intento para relacionar la deformación con el emplazamiento debe demostrar que la deformación y el metamorfismo están estrechamente relacionados con la intrusión, tanto espacial como temporalmente. Las texturas de las rocas de los plutones y de la roca de campo reflejan el tiempo de emplazamiento con respecto a la actividad tectónica. Una clasificación de este tipo fue desarrollada por González Bonorino (1950) en sus estudios de las Sierras Pampeanas.

Plutones post-tectónicos: están emplazados después del episodio orogénico-metamórfico y las rocas ígneas carecen de texturas de deformación, tales como foliaciones (como no sean las relacionadas con la intrusión). Las fábricas regionales de deformación y las estructuras de las rocas de campo, son cortadas discordantemente por el plutón o se curvan paralelamente a los contactos.

Plutones sin-tectónicos: se emplazan durante el episodio orogénico. Cualquier foliación regional se continuará con las del plutón relacionadas con la intrusión. El plutón también se verá afectado por cualquier reactivación tardía de la orogénesis.

Plutones pre-tectónicos: son los plutones emplazados antes del episodio orogénico. Tanto los plutones pre- como los sin-tectónicos sufren los procesos de deformación y metamorfismo asociados con la orogenia. Ellos tienen deformaciones internas que se continúan paralelamente con la roca de campo. La foliación regional puede curvarse alrededor de plutones no-foliados, por el contraste de ductilidad entre ambos. Los plutones sin-tectónicos son normalmente más dúctiles al tiempo de la deformación y por lo tanto son más elongados en la dirección de la foliación y con contactos concordantes. Los plutones pre-tectónicos por su parte, están fríos y son más resistentes a la deformación, que generalmente se concentra en las márgenes del cuerpo. Como el plutonismo y la orogenia están relacionados en la mayoría de los cinturones orogénicos, los plutones puramente pre-tectónicos son raros y los que pueden ser caracterizados como tales están comúnmente asociados con una orogenia anterior de un cinturón, con múltiples ciclos de deformación.

Profundidad de los intrusivos

Juntamente con el tiempo, la profundidad de emplazamiento afecta las características estructurales y texturales de los plutones. Algunas de estas características fueron sintetizadas por Buddington (1959) sobre la base de los niveles de emplazamiento en relación a "zonas de profundidad" que fueron propuestas originalmente por Grubenmann (1904). Estas zonas son: epizona, mesozona y catazona y se basan en las características de las rocas de campo y los limites de profundidad propuestos son solo aproximados, por cuanto varían según las diferencias del gradiente geotérmico de cada zona de los cinturones orogénicos.

La Epizona, está caracterizada por ser relativamente fría (<300° C), con rocas de campo de baja ductilidad y profundidades menores a los 10 km. Muchos plutones intruyen su propio caparazón volcánico que ha ascendido previamente hasta la superficie. Los plutones epizonales son generalmente post-tectónicos y tienen contactos netos y discordantes. Las rocas de pared están típicamente brechadas y están cortadas por numerosos diques que salen del cuerpo ígneo. El tope del plutón generalmente penetra en las rocas de techo de manera irregular. Un vástago (offshoot) es un término general para designar un lóbulo aislado del cuerpo principal que intruye en la roca de campo (Fig. 5-7). Una cúpula es un vástago no tabular, aislado del cuerpo principal, como se observa en la Fig. 5-7. Un septo es una proyección como península en la roca de campo dentro del plutón que separa dos lóbulos de rocas ígneas. Un pendiente de techo (roof-pendant) es una proyección de las rocas del techo dentro del plutón, que ha quedado aislado por efecto de la erosión. Las estructuras de pendiente de techo, son paralelas a las de la roca de campo regional, significando que ha formado parte de ella y que no ha sido rotado. Si estas rocas han sido rotadas reciben el nombre de balsa.

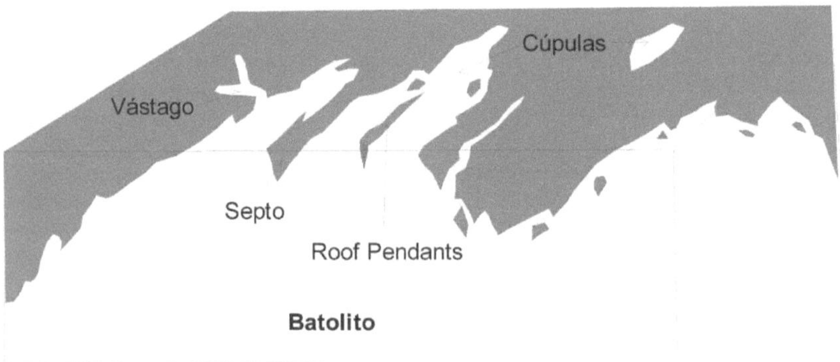

Fig. 5-7. Esquema idealizado del desarrollo de un batolito.

En general los batolitos epizonales no son muy grandes y muchos constituyen cúpulas de cuerpos mayores que están profundidad. El emplazamiento de un cuerpo intrusivo puede fracturar la roca de campo lo que le permite ascender hacia la superficie, por lo que la alteración hidrotermal y mineralización metalífera son comunes y se concentran a lo largo de tales fracturas. Asimismo se suelen establecer sistemas hidrotermales encima del plutón, produciendo intensa alteración. El metamorfismo de contacto suele ser importante, especialmente si la roca de campo no tiene metamorfismo previo. La principal limitación al tamaño de la aureola es la velocidad de enfriamiento y la pérdida de fluidos a los largo de fracturas.

Los plutones epizonales tienen fábrica típicamente isótropa, con contactos netos y suelen desarrollar cavidades miarolíticas, que representan burbujas de fluidos liberados a baja presión, con minerales euhedros que se proyectan hacia el interior de las mismas. Son típicos de epizona los lacolitos, lopolitos, diques anulares y diques cónicos.

La mesozona, se desarrolla entre los 5 y los 20 km de profundidad. La roca de campo corresponde al bajo grado del metamorfismo regional con temperaturas entre 300 y 500° C. Los plutones de esta zona tienen caracteres transicionales entre los de epizona y de catazona. Ellos pueden ser tanto sin- como post-tectónicos. Los contactos pueden ser netos o gradacionales y concordantes o discordantes, porque la roca de campo es más dúctil que la de epizona. La aureola de metamorfismo de contacto, está generalmente bien desarrollada, porque los plutones son mayores y el enfriamiento es mas lento. Las rocas de la aureola de contacto comúnmente tienen fábrica foliada, porque sufren tanto el metamorfismo regional como el de contacto. Pizarras y filitas moteadas son comunes, que se desarrollan durante o después de la foliación regional. La fábrica del plutón puede ser isótropa, pero comúnmente es foliada o desarrolla lineación en las proximidades del contacto.

En zonas más profundas se desarrolla la catazona, con profundidades mayores a los 15 km. La roca de campo está representada por metamorfismo regional de medio a alto grado en el rango de 450 a 600° C. Los plutones son generalmente sin-tectónicos con contactos gradacionales y sin bordes de enfriamiento. El contraste de viscosidad entre las rocas de campo y el magma es relativamente bajo, por lo que los contactos son generalmente concordantes, en el sentido que la foliación se produce en rocas relativamente dúctiles que son deformadas y rotadas paralelizando los contactos. No producen metamorfismo de contacto, por cuanto la roca regional ya está en alto grado de metamorfismo. Los plutones se presentan como domos u hojas, en las que la foliación o lineación interna, pasan directamente a la fábrica de la roca metamórfica regional. Asimismo se produce foliación por flujo, que pudo haber sido impuesta al final, junto con la foliación metamórfica, durante el final de la cristalización ígnea. Todo esto produce similitudes entre las rocas ígneas y las rocas metamórficas de alto grado, con relaciones transicionales entre ambas en la corteza profunda.

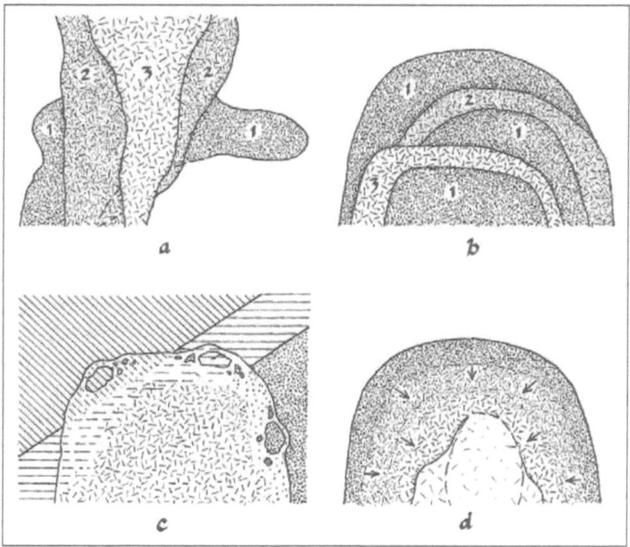

Fig. 5-8. Intrusivos compuestos. A: Secuencia intrusiva múltiple que va de 1 a 3. Los sucesivos pulsos aprovechan la zona más caliente para intruirse, mientras que las zonas de bordes están más frías y rígidas. B: Secuencia intrusiva múltiple que se inicia con un primer pulso (1), seguido por el 2 y finalmente el 3, ocasionados por colapsos progresivos. C: Intrusivo con borde de enfriamiento mostrando asimilación parcial de un dique anterior. D: cristalización centrípeta de un Plutón. (Modificado de Mc Birney 1984).

Inyecciones múltiples y plutones zonados

Como en los centros volcánicos, muchos plutones muestran historias complejas de intrusiones múltiples de magmas que varían en composición. Los grandes cinturones batolíticos están compuestos de numerosos plutones menores y los mismos, cuando se los mapea en forma cuidadosa muestran diferentes unidades composicionales, que pueden presentar variaciones marcadas entre ellas. En general los plutones más antiguos tienen formas alargadas, mientras que los últimos tienden a tener formas circulares. Asimismo cada uno de ellos suelen desarrollar zoneamientos concéntricos producto de la cristalización centrípeta de los mismos, con los bordes más básicos y los núcleos más silícicos. Las tendencias mineralógicas y químicas asociados con las secuencias intrusivas, son generalmente consistentes con la evolución de cámaras magmáticas en profundidad, que sufren procesos de cristalización fraccionada, asimilación de las rocas de caja y mezclas de magmas.

Los procesos de ascenso del magma y emplazamiento y el problema del espacio

Las rocas ígneas intrusivas, son simplemente magmas que no han alcanzado la superficie. El volumen de rocas ígneas que forman los cuerpos plutónicos es considerable y pueden gradar a los sistemas volcánicos. Los magmas se forman en profundidad y se segregan desde un residuo sólido para formar masas discretas de fundido. Estas masas son menos densas que el sólido que las rodea por lo que se vuelven boyantes y tienden a ascender si el material que los rodea es suficientemente dúctil. Un diapíro, que es una masa fundida móvil que perfora las capas que se encuentran por encima, que son rocas dúctiles más densas, que ascienden mientras la viscosidad del magma permita el movimiento y la densidad de las rocas de campo sean menores o similares. En las áreas menos dúctiles del manto superior y de la corteza, el magma no puede ascender por diapirismo.

La forma por la cual un gran cuerpo intrusivo asciende a través de la corteza, creando suficiente espacio para él, no ha sido totalmente aclarada. El problema del espacio ha sido objeto de extensos debates por décadas y aún así sigue siendo un problema (Paterson et al. 1991).

Las fracturas abiertas y vacías están limitadas a niveles muy someros próximos a la superficie y tienen pocas decenas de metros. El magma que viene ascendiendo simplemente rellena tales aberturas. El ascenso del magma puede seguir fracturas preexistentes, desplazando a las rocas que forman las fracturas y siguiendo estos conductos planares. En profundidad, la habilidad de los magmas para forzar a una fractura a abrirse es limitada, por la alta presión que existe. Por supuesto si el área está sometida a extensión regional, las paredes de cualquier fractura no están bajo compresión y el magma puede forzar su separación. El número y espesor de los diques que rellenan los conductos depende de la relación de extensión y tiene relación con la velocidad de las placas tectónicas que es menor a aproximadamente 3 cm/año.

El problema del espacio se vuelve mas complicado para los grandes cuerpos intrusivos que deben mover mucho mayor volumen de roca en su ascenso. La fig. 5-9 resume los mecanismos propuestos por los cuales un plutón hace espacio para ascender. Los batolitos pueden alzar el techo por plegamiento o domamiento, o elevar bloques a lo largo de fallas. La controversia se produce con respecto a la fuerza de elevación que tiene un plutón si

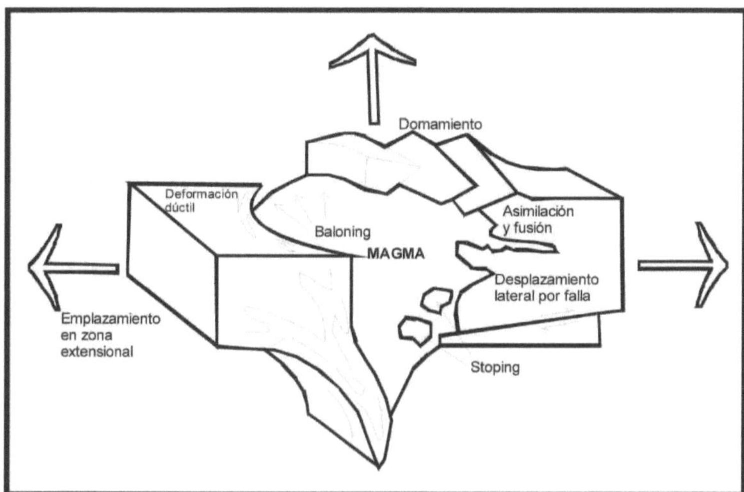

Fig. 5-9. Mecanismos posibles de ascenso de intrusivos (redibujado de Paterson et al. 1991).

se restringe a su capacidad de boyar, que limita su posibilidad de levantar el techo cuando alcanza densidades iguales a las de la roca de campo. El levantamiento puede ser facilitado en tales casos por sobre-presión magmática, que brinda un esfuerzo adicional al ascenso. El domamiento de los techos de los lacolitos está limitado a profundidades de menos de 3 km, donde la presión magmática puede exceder la presión de carga.

Alternativamente el magma puede fundir roca de campo en su ascenso, proceso que se denomina asimilación. La capacidad de un plutón de fundir la roca de caja, está limitado a la cantidad de calor del magma. Así como se vio, que los magmas que intruyen son el resultado de fusión parcial, debería haber un "sobrecalentamiento" apreciable (calentamiento por encima de la temperatura a la que el fundido coexiste con el sólido). Así, si el calor disponible para fundir la roca de campo no existiera, este debería ser aportado por el calor latente de cristalización de algunos minerales del magma, lo que lo hace menos móvil.

Si las rocas de campo son suficientemente frágiles y bloques del techo caen dentro del plutón, se produce un desalojo por caída y el magma asciende ocupando dicho lugar. Este proceso se denomina stoping. Buenas evidencias de stoping se observan en las partes superiores de muchos plutones, donde bloques de roca de campo están suspendidos en la roca ígnea cristalizada, formando balsas y xenolitos. El stoping requiere que la roca de campo sea más densa que el magma y que los bloques deben ser lo suficientemente grandes (decenas de metros) para que se hundan rápidamente en el magma viscoso. El stoping puede ser efectivo sólo en corteza somera cuando las rocas pueden ser fracturadas.

Una combinación de solución stoping o zona de fusión, puede operar a profundidades donde la roca de campo está próxima al punto de fusión. En este proceso los minerales de la roca de techo se funden y una cantidad equivalente de magma cristaliza en el piso, como propone Ahren et al. (1981). Este proceso mitiga la pérdida de calor desde el magma, que es el mayor impedimento para la asimilación. Este proceso puede ser efectivo en el manto o en la corteza inferior, donde el magma puede ascender por diapirismo, pero si la roca de campo está por debajo del punto de fusión, muchos minerales pueden tender a cristalizar desde el fundido y el plutón se solidifica rápidamente.

La deformación dúctil y el retorno por flujo descendente, corresponde a mecanismos asociados con el ascenso de los diapiros desde grandes profundidades y serían eficientes donde la viscosidad de la roca de campo es baja. A cualquier profundidad el balón (balloning) o expansión radial de la cámara magmática, por adición de magma desde profundidad, es posible. El balón de magma puede comprimir físicamente las paredes de las rocas hacia los lados del diapiro, forzando a las paredes a apartarse, produciendo una aureola de deformación. Los estudios teóricos y experimentales sugieren que el diapirismo y balón pueden se efectivos si las viscosidades del plutón y las rocas de caja son similares. La falta de evidencias texturales de rocas de pared ablandadas alrededor de plutones en niveles medios y superiores, son argumentos fuertes contra el diapirismo como mecanismo de emplazamiento en estos niveles.

Lecturas seleccionadas

Ahren, J.L., Turcotte, D.L., y Oxburgh, E.R. 1981. On the upward migration of an intrusión. J.Geol. 89: 421-432.

Best, M. G., 1982. Igneous and Metamorphic Petrology. W.H. Freeman and Co.

Buddington, A.F. 1959. Granite Emplacement with Special Reference to North America. Geological Society American Bulletin 70: 671-747.

González Bonorino, F. 1950. Algunos problemas geológicos de las Sierras Pampeanas. Revista de la Asociación Geológica Argentina 5(3): 81-110.

Grubenmann, U. 1904. Die Kristallinen Schiefer. Borntraeger, Berlin.

Hall, A. 1987. Igneous Petrology. 573 pág. Longman Scientific & Tecnical.

Llambías, E. J. 2008. Geología de los cuerpos ígneos. Asociación Geológica Argentina. Serie B – Didáctica y Complementaria N° 29. 222 pp.

Paterson, S.R., Vernon, R.H., Fowler, T.K. Jr. 1991. Aureole tectonics. In: Kerrick, D.M. (ed.). Contact Metamorphism. Rev. Mineral 26: 673-722.

Smith, R.L., y Bailey, R.A. 1968. Resurgent cauldrons. Geological Society American Memoir I16: 623-662.

Wimenauer, W. 1985. Petrographie der magmatischen und metamorphen Gesteine. 382 pp. Ferdinand Enke Verlag Stuttgart.

Elementos básicos de petrología ígnea   Miscelanea 18: 103-122
                                          Tucumán, 2010 -ISSN 1514 - 4836 - ISSN on-line ISSN 1668 - 3242

Capitulo 6
Regla de las fases y sistemas de uno y dos componentes

Introducción

Aquí se presenta el comportamiento de sistemas químicos sencillos como análogos de los sistemas naturales más complejos. En la fig. 6-1, se muestran secuencias específicas de sólidos que se forman cuando el magma se enfría. El olivino cristaliza primero, seguido por piroxeno, después las plagioclasas y finalmente óxidos de Fe y Ti (ilmenita y titanomagnetita). Cuando se analiza este orden de cristalización del fundido basáltico, se observa que es similar al postulado por la Serie de Reacción de Bowen. Otra característica es que la cantidad de olivino se incrementa con el descenso de temperatura entre 1205 y 1180° C, indicando que luego el olivino comienza a ser consumido por reacción con el fundido, por el progresivo descenso de la temperatura.

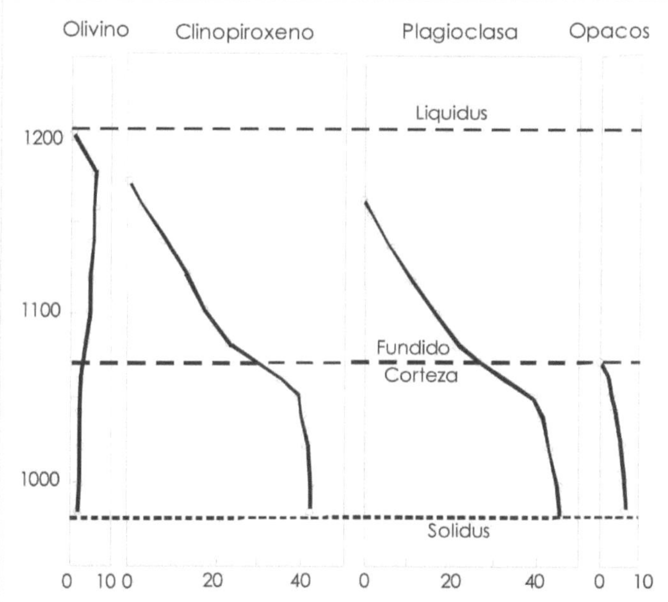

Figura 6-1. Porcentaje en peso de minerales de las lavas en función de la temperatura.

En muy raras instancias se puede observar directamente el comportamiento de la cristalización en sistemas naturales, pero se puede estudiar la cristalización en forma indirecta, utilizando las texturas secuenciales, o produciendo fundidos en el laboratorio, u observando la cristalización de sales desde soluciones sobresaturadas. De los criterios logrados de tales estudios texturales y experimentales, se puede confirmar que los fundidos cristalizan en un rango de temperaturas, dando una secuencia de minerales, que varían en sus composiciones, en dicho rango. Claramente los minerales que forman un granito, no son los mismos que forman un basalto y el rango de temperaturas de unos y otros son diferentes. Los fundidos graníticos cristalizan a temperaturas más bajas que los basaltos y la secuencia de cristalización de un magma granítico puede comenzar con anfíbol o biotita y finalizar con feldespatos o cuarzo y dicha secuencia de cristalización varía con la composición y la presión.

De los datos texturales y experimentales, se hacen observaciones generales sobre el comportamiento de los fundidos naturales que cristalizan (Best 1982):

1. Los fundidos que se enfrían, pasan desde un líquido a un sólido cristalino, en un rango de temperaturas (y presiones).

2. Distintas fases minerales cristalizan en un rango de temperatura y el número de minerales que se forman, tiende a incrementarse con el descenso de la temperatura.

3. Los minerales cristalizan en forma secuencial y con considerable solapamiento.

4. Los minerales que constituyen soluciones sólidas cambian su composición con el enfriamiento progresivo.

5. La composición del fundido cambia durante la cristalización.

6. Los minerales que cristalizan y la secuencia en la que se forman, depende de la temperatura y de la composición del fundido.

7. La presión afecta el rango de temperaturas a la cual los minerales cristalizan.

8. Los componentes volátiles (H_2O, CO_2, F, B, etc.) y la presión a la que están, afectan el rango de temperaturas de cristalización de la secuencia mineral.

Hasta aquí se puede ver que los magmas son demasiado complejos para entenderlos y la aplicación de un modelo de sistema real de roca es imposible y tampoco es efectivo.

Fases en equilibrio y regla de las fases

Para tratar de entender a los sistemas fundidos simplificados, se necesita una base teórica, para poder analizarlos sobre una base dinámica y valorar la contribución de cada componente químico a las variaciones de esa dinámica. Si se entiende, como el agregado de componentes adicionales afectan al sistema, se podrá entender el comportamiento de sistemas naturales más complejos. La Regla de las Fases es un tratamiento teórico simple de esta aproximación.

La mineralogía de las rocas muestreadas en la superficie de la Tierra, reflejan las condiciones de temperatura y presión bajo las cuales fueron formadas y sus composiciones químicas. Los cuerpos rocosos poseen una amplia variedad de propiedades físicas, químicas, espaciales y cronológicas que reflejan los procesos geológicos responsables de su formación. Las propiedades más importantes son la composición química y mineralógica del cuerpo, su fábrica y sus relaciones de campo. Para comprender como y porque estas cuatro propiedades son petrológicamente significativas, debemos considerar algunas relaciones básicas entre energía, materia y estados de equilibrio, gobernados por la temperatura y la presión.

Todos los procesos naturales, involucran transferencia y transformación de diferentes formas de energía y movimiento de materia, estableciendo nuevos estados de equilibrio más estables. Un estado particular de equilibrio mineralógico está gobernado por la presión (P), la temperatura (T) y la composición química (X) del sistema geológico y es reflejado en la composición mineralógica del cuerpo de roca. El campo de estudio de estos conceptos es la termodinámica, que toma su nombre de la energía térmica. La termodinámica se ocupa de las relaciones que rigen los cambios de un sistema.

Se llama **sistema** a una porción del universo de la que se hace abstracción. P.ej. una galaxia, un batolito, una falla, una colada, un volcán, una asociación de cristales, una porción de un cristal. Los petrólogos se refieren por ej. al sistema albita-anortita, en este sentido, significa todos los sistemas termodinámicos posibles, compuestos por mezclas de albita y anortita.

Sistema aislado: se define así al que no cambia energía ni materia con el exterior.

Sistema cerrado: es aquel que cambia energía con el exterior, pero no materia. Por ejemplo, la cristalización de un plutón. Los minerales cristalizan por pérdida de temperatura y/o presión, pero los componentes químicos se mantienen sin cambios..

Sistema abierto: es el que intercambia energía y también materia con el exterior. Por ejemplo, el metasomatismo de contacto entre una caliza y un intrusivo ácido (skarn de contacto); la asimilación de roca de caja por un granito; la alteración hidrotermal, etc.

Las partes del sistema: Un sistema está compuesto por los componentes y las fases.

Se llama **componente** al número más pequeño de elementos químicos en función de los cuales queda representada una **fase.** Generalmente un componente de un sistema petrológico se representa por el porcentaje en óxido, por el número de moles o por la fracción molar de ese componente. Esto depende del sistema que tratamos. Por ejemplo, el Sistema Agua, tiene un sólo componente H_2O, mediante el que se expresa su estado o fases presentes, hielo, agua y vapor. En el sistema Forsterita-sílice, la composición se expresa por sus fracciones molares o por sus porcentajes en peso, para establecer la reacción entre ambos para dar Enstatita.

Fases: son las porciones del sistema, físicamente homogéneas en todas sus propiedades y mecánicamente separable del resto del sistema. En los ejemplos dados, en el sistema agua, pueden existir tres fases: hielo, agua líquida y vapor de agua. En el sistema Forsterita-Sílice, pueden coexistir fases cristalinas y fundido, además los diversos minerales Forsterita, Tridimita y Enstatita, constituyen las fases del sistema.

Las propiedades termodinámicas de un sistema pueden dividias en **variables extensivas** o intensivas.

Las variables **extensivas:** dependen de la cantidad de material del sistema, tales como masa, volumen, número de moles, etc. y valor total es igual a la suma de sus valores en cada una de las partes del sistema. Tales variables no son propiedades intrínsecas de las substancias del sistema.

Las variables **intensivas:** son las que no dependen de la cantidad de materia del sistema y son propiedades de las substancias que lo componen, tales como presión, temperatura, densidad, concentración de componentes en cada fase, etc. Hay un gran número de variables intensivas y muchas son interdependientes. Volviendo a la cuestión de interpretación de las rocas, nosotros debemos especificar como conocer el estado de un sistema. Considerando por ejemplo un pequeño volumen de roca que está bajo cristalización en el interior de la corteza y en el que las propiedades intensivas, T y P son uniformes, se puede asumir que la roca ha alcanzado el equilibrio químico. Para tal sistema, la regla de las fases de Gibbs (1928), se expresa como:

$$V = c + 2 - f \geq 0$$

Donde **V** es el número de grados de libertad o varianza, **c** es el número de componentes independientes necesarios para definir la composición de las fases en el sistema, y **f** es el número de fases.

La varianza del sistema es el máximo número de variables intensivas a las que se les pueden asignar valores arbitrarios, o que pueden ser cambiadas independientemente, sin causar cambios en el número de fases en el sistema en equilibrio. Si se le asignan valores específicos a **V**, el estado del sistema está definido y así las otras variables intensivas del sistema también tienen valores específicos.

El término "independiente" se aplica a los componentes cuya composición no puede ser expresada en términos de otros componentes. La varianza o grados de libertad del sistema, se define como en número mínimo de variables intensivas necesarias para definir completamente el estado de un sistema en equilibrio. La regla de las fases puede ser expresada como:

$$V = c - f + 2 \qquad \text{(regla de las fases de Gibbs)} \qquad 6\text{-}1$$

Pueden darse casos especiales como por ejemplo, en un sistema compuesto por roca sólida y fluidos que rellenan fisuras en equilibrio, si las paredes de las fisuras son mecánicamente fuertes, el sólido y el fluido pueden estar a presiones diferentes, de manera que el sistema total tiene dos presiones diferentes. Esto incrementa el número de variables intensivas en uno (1), la varianza entonces es: $V = c + 3 - f$. En los casos de sistemas que estén expresados en referencia a una presión particular, las variables intensivas quedan restringidas a uno (1).

Notar que la regla de las fases solo se aplica a sistemas que están en equilibrio químico. No se puede aplicar a asociaciones en desequilibrio, tales como en rocas graníticas que se están enfriando, porque el equilibrio cambia constantemente.

Clasificacion de los sistemas

Los sistemas pueden ser clasificados en términos del número de componentes requeridos para describir la composición química de todas las fases que aparecen en ellos. Por ejemplo, si se trabaja con H_2O, las únicas fases que aparecerán sobre un amplio rango de P y T, serán hielo, agua y vapor; cada una de estas fases tiene la composición H_2O, como único parámetro químico. Este sistema se denomina de un componente o unitario.

Si se realizan experimentos a alta temperatura y a 1 atmósfera de presión con mezcla de MgO y SiO_2, producen las fases sólidas periclasa (MgO), forsterita ($Mg2SiO_4$), enstatita ($MgSiO_3$), cristobalita y tridimita. En este sistema tres constituyentes químicos Mg, Si y O, están presentes pero la composición de todas las fases es tal que pueden ser expresadas enteramente en términos de dos óxidos (MgO y SiO_2). Este es un sistema de dos componentes o binario. El sistema Diópsido-Anortita-Forsterita, se toma como un ejemplo de un sistema ternario que es representado por un triángulo, en el que cada componente se ubica en un vértice del mismo.

Sistemas de un solo componente

a) Fusión congruente: augita [$(Ca,Mg,Fe,Ti,Al)_2(Si,Al)_2O_6$], sílice ($SiO_2$).

b) Fusión incongruente:

a) **Fusión congruente:** la temperatura para la cual un sólido está en equilibrio con un líquido de su misma composición, es lo que se conoce en general como punto de fusión, de la sustancia. Si la temperatura aumenta por encima del punto de fusión, el potencial químico del líquido disminuye más rápidamente que el sólido, haciéndose mayor la entropía del líquido. Para las temperaturas superiores al punto de fusión, la fase líquida es la única estable. De la misma forma si aumenta la presión, el potencial químico de cada fase, aumenta en forma proporcional a su volumen molecular y puesto que el volumen del líquido es mayor que el del sólido, el potencial químico del líquido, en la mayoría de los casos, aumenta más rápidamente y el sólido se transforma entonces en fase estable. Si la temperatura y la presión, aumentan simultáneamente, el equilibrio entre el líquido y el sólido, puede mantenerse únicamente, en el caso de que el efecto de la temperatura sea contrarrestada exactamente por el efecto de la presión (ecuación de Clasius Clapeyron).

Tomemos como ejemplos las sustancias mostradas en la Fig. 6-2. El componente A cuando se enfría por debajo de su punto de cristalización, comienza a formar núcleos de cristalización, en número progresivamente mayor con el descenso de temperatura, hasta llegar a un máximo. En este intervalo se forman pocos cristales por unidad de volumen, los cristales que lo hacen tienen espacio para crecer y disponibilidad de material, por lo que la tendencia es a formar relativamente pocos cristales y adquirir tamaños grandes; lo que progresivamente se va invirtiendo. Cuando se supera el pico de la curva la velocidad de formación de núcleos minerales se incrementa rápidamente, por lo que los cristales que se forman son pequeños, por la competencia entre ellos por capturar los componentes y la falta de espacio, que les obliga a interferir entre si.

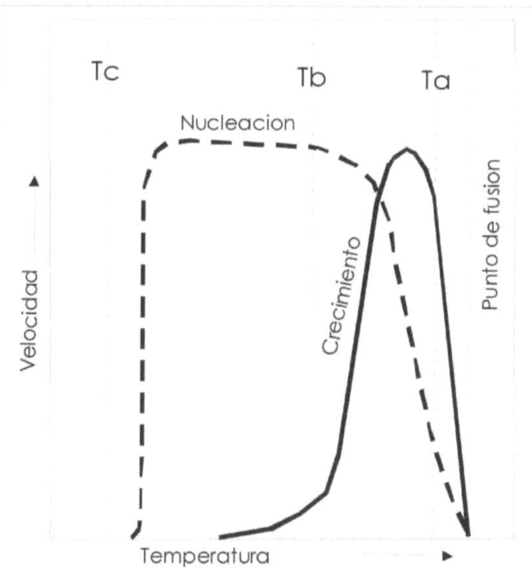

Fig. 6-2. Relación entre velocidad de crecimiento y nucleación, con el enfriamiento.

Por ejemplo, **la cristalización congruente de la augita**, que es medida por el número de cristales iniciados por unidad de volumen, por unidad de tiempo. La región de temperaturas en la cual la generación de cristales es lenta se llama metaestable; aquella en la cual la rapidez de cristalización es alta, es la región lábil. Así surgen diferentes texturas de rocas petrográfica y químicamente equivalentes.

Sistema Sílice (SiO$_2$)

La Fig. 6-3 corresponde al diagrama presión-temperatura del sistema sílice. El límite superior de 10Gpa y 1900° C refleja el límite superior de P y T a las cuales la SiO$_2$ pura podría formarse en la naturaleza (1 Gpa representa aproximadamente la profundidad de 35 km, correspondiente a la base de la corteza continental y los minerales de SiO_2 no son comunes en el manto). En el diagrama quedan expresados polimorfos sólidos de sílice y fase líquida, con sus correspondientes campos de estabilidad. Las fases minerales son: cuarzo-α, cuarzo-β, tridimita, cristobalita, coesita y stishovita.

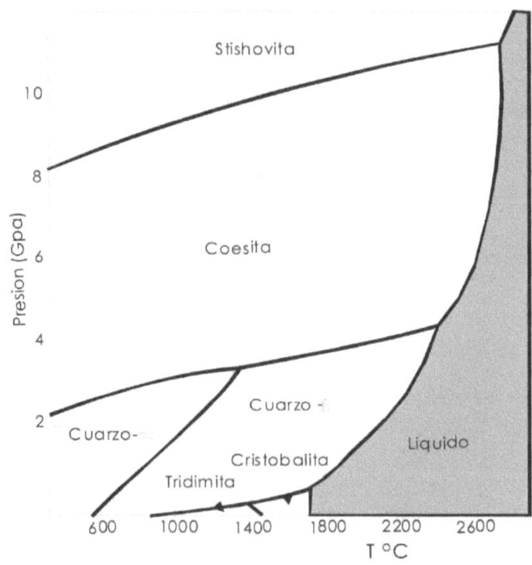

Fig. 6-3. Diagrama de fases P-T para la SiO2 (Swamy y Saxena 1994).

Cuando las condiciones físicas se proyectan dentro de cualquier campo, una fase es estable y en ella: f = 1 y V = 1 – 1 + 2 = 2. Estas áreas son llamadas divariantes (V = 2). Las curvas que separan los campos, representan condiciones bajo las cuales dos fases coexisten en equilibrio; f = 2 y V = 1 – 2 + 2 = 1. Las curvas son llamadas univariantes (V = 1). Hay también puntos donde las líneas univariantes se intersectan y tres fases coexisten. Cuando f = 3 y V = 1 – 3 + 2 = 0, el sistema está completamente determinado y se llama punto invariante (V = 0).

b) Fusión incongruente: existe un cierto número de minerales, que cuando se calientan a una cierta temperatura (punto de fusión incongruente), se descomponen para dar dos fases, una de las cuales es entonces líquida (líquido peritéctico) y otra sólida, de diferentes composición al mineral original. Ejemplos:

Ortosa ($KAlSi_3O_8$) funde incongruentemente a 1150° C para formar leucita ($KAlSi_2O_6$) + líquido con mayor riqueza en sílice que la ortosa. La fusión completa de la leucita así formada se presenta a 1533° C únicamente.

$8KAlSi_3O_8 = 5KAlSi_2O_6 + 3\ KAlSi_3O_8 + 5SiO_2$
Ortosa   Leucita   Mezcla fundida

Mullita: ($Al_6Si_{12}O_{13}$) funde incongruentemente a 1810° C $\rightarrow Al_2O_3$ + líquido
Monticellita: ($CaMgSiO_4$) funde incongruentemente a 1503° C $\rightarrow$ MgO + líquido

Acmita: (Na_2FeSiO_6) funde incongruentemente a $990°\ C \rightarrow Fe_2O_3$ + liquido
*Proto-Enstatita:$(MgSiO_3)$ funde incongruentemente a $1557°\ C \rightarrow Mg_2SiO_4$ + liquido
        (*polimorfo de alta T° de la Enstatita)
Hornblenda pargasítica funde incongruentemente, dando Diópsido + Forsterita + Espinela + liquido

Sistemas de dos componentes

Cuando un segundo componente se agrega al sistema, el mismo puede interactuar con el primero, condicionando diferentes caminos. En los sistemas binarios C = 2 la varianza puede ser tan alta como V = 3 en un sistema con una fase y requiriéndose diagramas tridimensionales para representar adecuadamente al sistema. Pero para simplificarlos utilizaremos el enfriamiento del sistema, dejando fija las presiones, para discutir las variaciones que tienen lugar. Si se restringe la presión la regla de las fases se expresa: V = c − f + 1.
   a) Sistemas de tipo eutéctico
   b) Sistemas de disolución sólida completa
   c) Sistemas de fusión incongruente
   d) Sistemas de desmezcla de disoluciones sólidas

a) Sistemas de tipo eutectico:

El agregado de un segundo componente tiene un profundo efecto sobre un sistema de un componente ya que cambia las relaciones de fusión. Un componente puro tiene un punto de fusión, que cambia con la presencia y contenido de otro componente. Entre los sistemas eutécticos comunes tenemos:
        ortosa:cuarzo   -   72,5 : 27,5 %
        anortita:olivino   -   70 : 30 %
        diópsido:enstatita   -   45 : 55 %
        diópsido:anortita   -   58 − 42 %
        nefelina:albita   -   24 : 76 % (1068° C − en seco)

Sistema Diópsido − Anortita

El sistema diópsido $(CaMgSi_2O_6$, Di) − Anortita $(CaAl_2SiO_8$, An), es interesante porque provee un análogo al sistema basáltico (clinopiroxeno - plagioclasa) y forma parte del tetraedro basáltico. El sistema, temperatura versus composición, está ilustrado en la Fig. 6-4, como isobárico a presión atmosférica. Este tipo de sistema tiene un punto mínimo del liquidus llamado **punto eutéctico**, por lo que se denominan "Sistemas binarios con Punto Eutéctico". Aquí se describe un enfriamiento con cristalización en equilibrio, desde un líquido que tiene una composición global de 70% peso de An, en el punto A. Como el diagrama de temperatura (T) y composición (X) es isobárico, la ecuación es: V = 2 − 1 + 1 = 2. Así que podemos determinar completamente el sistema para una T específica y XliqAn o XliqDi. Por enfriamiento a 1450°C (punto B) comienza a cristalizar el componente An pura (punto c). Aquí V = 2 − 2 + 1 = 1. Fijando una variable, como la T, todas las otras quedan determinadas a la T especificada. Si se continúa enfriando el sistema, la composición del líquido cambia desde B hasta D, cristalizando siempre An pura. Naturalmente si la An cristaliza desde el fundido, la composición del líquido remanente debe desplazarse, desde la An hacia la izquierda del diagrama. La cristalización de la An es una reacción continua, que tiene lugar en un rango de temperatura y que puede ser representada por:

Líquido 1 = Solido + Líquido 2

Aquí se puede aplicar la Regla de Lever para determinar las cantidades relativas de sólido y de líquido, sobre la base del 70% de An.

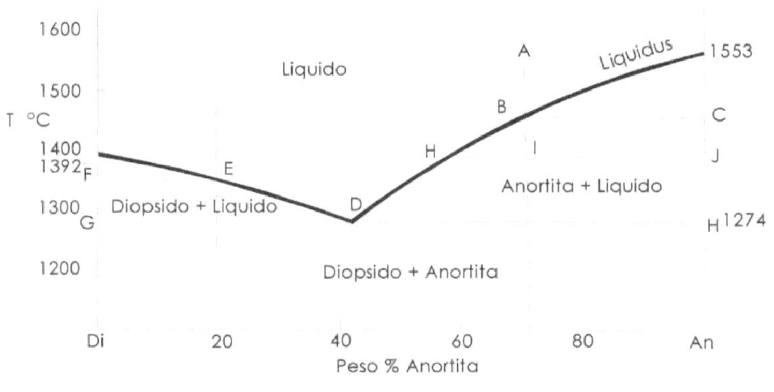

Fig. 6-4. Sistema Diópsido-Anortita, isobárico (0,1 MPa), según Bowen (1951).

A 1274°C se produce una nueva situación, el Di comienza a cristalizar juntamente con la An. Tenemos ahora tres fases en equilibrio que coexisten, dos sólidos y un líquido. La línea horizontal (isotérmica) conecta al Di puro (G) con la An pura (H) y el líquido en (D), punto mínimo eutéctico. F = 3, V = 2 − 3 + 1 = 0. Este es un nuevo tipo de situación invariante, no representada en ningún punto invariante de las fases del diagrama. Como es un punto invariante, la temperatura y las variables composicionales están fijadas (por los puntos G, D y H). Este sistema está completamente determinado y proseguirá la cristalización a esta temperatura hasta que termine la cristalización. La cuantificación de la evolución del sistema puede ser realizada utilizando la Regla de Lever. Por ejemplo para determinar la proporción de cristales y líquido en el punto H, utilizamos la línea AI, que proyecta la composición original (70%) y la línea HJ, paralela al eje x, que corta la proyección de la composición original en I. Con estos valores se puede establecer la relación cristal-líquido, según las relaciones:

HI/HJ x 100 = porcentaje de anortita

IJ/HJ x 100 = porcentaje de líquido

En el caso que estamos viendo, la reacción es:

Líquido = Diópsido + Anortita

Porque el fluido está en el medio. Esta es una **reacción discontinua**, porque tiene lugar a una temperatura fija, hasta que una fase es consumida. Cuando la cristalización se ha completado, por desaparición de una fase (líquido en este caso) resulta en un incremento de la varianza desde cero a uno y así la temperatura puede volver a descender, con las dos fases que coexisten a baja temperatura, diópsido y anortita.

En la Fig. 6-4, tenemos también la posibilidad de iniciar la cristalización en el campo del diópsido, con una composición de 20% en peso (punto E) a 1350°C. El diópsido cristaliza hasta el punto D, a partir del cual, cristaliza simultáneamente con la anortita.

FUSIÓN EN EQUILIBRIO

Es opuesta a la cristalización en equilibrio, cualquier mezcla de diópsido y anortita comienza a fundir a 1274°C, y la cristalización del primer fundido es siempre igual a la cristalización del eutéctico D. Una vez que comienza la fusión, el sistema es invariante y permanecerá sin cambios a 1274°C hasta que uno de los dos sólidos que se están fundiendo se consuma. Cual de los sólidos se consumirá primero, depende de la cristalización global. Si Xt está entre Di y D, la anortita se consumirá primero y la cristalización del líquido, con el incremento de temperatura, se desplazará hacia Di, hasta que el líquido alcance Xt, en la cual los últimos cristales de Di serán disueltos. Si Xt está entre An y D, el diópsido se consumirá primero y el líquido progresará hacia la An.

CRISTALIZACIÓN FRACCIONADA

No se ha efectuado experimentalmente el patrón que sigue el líquido en sistemas sin solución sólida. Contrariamente a los sistemas de la plagioclasa y del olivino, la remoción del sólido de composición constante, no afectará la composición del sólido final ni del líquido. Las composiciones de los sólidos son fijas y los líquidos deben alcanzar la composición eutéctica, donde los sólidos pueden ser removidos o no. Sólo la composición final de la roca es afectada. Si la cristalización en equilibrio continúa, la composición final de la roca es la misma que la composición global Xt. Si la cristalización fraccionada es eficiente, la composición de la roca final es igual al eutéctico, porque los cristales tempranos se pierden y el líquido final es siempre el líquido eutéctico.

FUSIÓN PARCIAL

No afecta el patrón seguido por el líquido. La perfecta fusión fraccionada (cualquier tipo de fundido es removido tan pronto como se forma), no debería ocurrir en la naturaleza. Una cantidad crítica (tal vez del 1-10%) debe formarse antes de que pueda removerse físicamente del sólido. Si un pequeño porcentaje de fundido fuera continuamente removido desde el sólido de Di + An, los primeros fundidos deberían tener la composición eutéctica D (1274°C), hasta que una de las fases fuera consumida por la fusión, entonces el sólido remanente pasaría a ser de un componente; que si fuera el Di, el campo de fusión subiría desde 1274°C hasta 1392°C y si fuera la An subiría hasta 1553°C. Así un fundido parcial originado en el manto, si es deprimido en una fase mineral, requerirá una alta temperatura para crear fundidos. Si sólo hubiera calor suficiente para producir el fundido inicial a temperatura eutéctica, la consumición de un mineral aumentaría el punto de fusión del sólido residual en algunos centenares de grados, cerrando la posibilidad de alimentar áreas volcánicas.

FUSIÓN PARCIAL EN EQUILIBRIO

Suponiendo que se produce fusión parcial en equilibrio, un fundido intermedio se separa desde el sólido como un evento simple en cualquier punto durante el proceso de fusión. Este fundido tiene una composición diferente que el sistema original. Extrayendo dicho fundido y cristalizándolo en una cámara magmática más somera producirá una roca con diferente relación An/Di a la roca original. En otras palabras los fundidos parciales no tienen la misma composición que la fuente y ellos se enriquecen en los componentes de menor punto de fusión (más altos en Fe/Mg, Na/Ca, etc.)

¿Que dice el sistema An-Di simplificado sobre el basalto? Explica como líquidos integrados por más de un componente cristalizan en un amplio rango de temperaturas, aún sin solución sólida. Ilustra sobre la textura oofítica en los basaltos, con la cristalización más temprana de los cristales de anortita euhedral, seguida posteriormente por augita posterior, que envuelve a los primeros. Si la composición global está a la izquierda, los cristales de augita se formarían primero.

b) De disolución solida completa

SISTEMA DE LAS PLAGIOCLASAS

Las curvas líquidus y solidus de las plagioclasas están determinadas por la temperatura y el calor de fusión de los componentes puros albita y anortita, que constituyen una solución sólida completa (Fig. 6-5). Las dos curvas dan las composiciones de las fases líquidas y sólidas, que están en equilibrio mutuo, para las temperaturas dentro del intervalo de fusión.

¿Cuales son las posibles variables composicionales? Se elige la fracción en peso del componente An en la fase líquida:

XliqAn = nAn/(nAn + nAb)

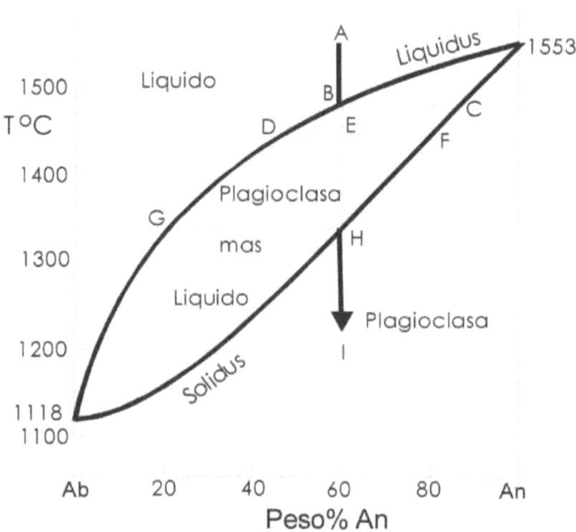

Fig. 6-5. Sistema de solución sólida de las plagioclasas.

Donde n representa en número de gramos de cualquier componente. Si el sistema pesa 100 g, y nAn = 60 g, entonces XliqAn = 60/(60 + 40) = 0,60. La regla de las fases nos dice que si el líquido Ab-An está a una presión fija, a una temperatura determinada la variable composicional está completamente determinada en el sistema. Si tomamos T = 1600° C, y XliqAb = 0,60, la única variable composicional intensiva remanente es XliqAn y como el sistema es binario, se tiene que XliqAb = 1 - XliqAn , que es 0,40.

Con el enfriamiento del sistema hasta el punto B a 1475° C, la plagioclasa comienza a cristalizar y los primeros cristales que se forman tienen una composición C (An87), diferente de la composición del líquido del cual se separan. Mientras que en los sistemas de un componente, una sola curva separa los campos del líquido y sólido; aquí tenemos dos curvas que especifican las composiciones del líquido y del sólido, con respecto a la temperatura. La curva superior es llamada **líquidus** y especifica la composición de cualquier líquido que coexista con un sólido a una temperatura particular. La curva inferior es la del **sólidus** y especifica la composición de cualquier sólido que coexista con un líquido a una temperatura particular. Los puntos B y C representan las composiciones del líquido y del sólido respectivamente. En esta situación la regla de las fases expresa: Para un sistema de dos componentes con dos fases y a una presión fija, la composición de ambas fases (líquida y sólida) dependen sólo de la temperatura.

Al continuar con el enfriamiento la composición de las fases variarán, el líquido se moverá desde B hacia G; mientras que la plagioclasa cambiará desde C hacia H. Este proceso tiene lugar por intercambio y reacción entre los componentes sólido y líquido, constituyendo una reacción continua, que se puede expresar por la reacción:

Líquido 1 + Plagioclasa 1 = Líquido 2 + Plagioclasa 2   (CaAl↔NaSi)

Para la cuantificación de las composiciones del líquido y sólido se pueden usar las relaciones geométricas entre las líneas de unión de las temperaturas específicas, para cuantificar los contenidos de cristales y líquido del sistema, utilizando la Regla de Lever como sigue:

(DE/DF) x 100 = Porcentaje de cristales de anortita

(EF/DF) x 100 = Porcentaje de líquido

En otras palabras la longitud en es proporcional a las cantidades de las fases sólidas y líquidas. Con el enfriamiento de ambas fases (sólida y líquida), se vuelven mas ricas en Ab (componente de menor punto de fusión). Cuando la temperatura se aproxima de 1340° C, la composición de la plagioclasa alcanza H, que es igual a la composición global (An60); obviamente aquí termina la reacción por agotamiento del líquido y quedando una única fase.

Si el enfriamiento del fundido es suficientemente lento, los minerales se mantienen homogéneos, eso significa un equilibrio constante entre cristales y líquido. Pero en muchos casos las plagioclasas están zonadas, esto significa que no se logra el equilibrio entre los cristales y el líquido, desde el cual se separan; al no poder re-equilibrarse todo el volumen del cristal en crecimiento, se van agregando nuevas capas que están en equilibrio con el líquido desde el cual se separan y se denomina zonamiento composicional (Fig. 6-6).

ZONEADO COMPOSICIONAL

Es otro proceso de desequilibrio que puede tener lugar en sistemas de solución sólida. Al no poder reaccionar con el fundido y re-equilibrarse, un mineral puede simplemente agregarse como anillos. La plagioclasa, por ejemplo, añade anillos de crecimiento nuevo, al no poder reaccionar para mantener una composición homogénea. De esto resulta un núcleo más cálcico y que progresivamente se hace más sódico hacia los bordes.

Fig. 6-6. Cristal zoneado de plagioclasa, evidenciando claro desequilibrio en la formación de las zonas en relación con el líquido.

Pero también ocurre lo inverso, que el núcleo es más albítico y los bordes más ricos en An; o que la composición de las capas oscila alternativamente entre capas más y menos ricas en albita. Por esto se supone que durante la cristalización magmática los cristales de plagioclasa dejan con frecuencia de mantener el equilibrio con el fundido desde el cual separan y que están sometidos a temperaturas y presiones oscilantes. La fluctuación de la presión hidrostática puede ser particularmente eficiente en la aparición del zoneado oscilatorio, porque su aumento disminuye la temperatura de cristalización; o la perdida súbita de volátiles por parte del fundido, inversamente, aumentaría la temperatura de cristalización.

O sea que la velocidad de enfriamiento de un fundido, es un factor de crucial importancia que controla el zoneamiento de las plagioclasa ígneas. Si el enfriamiento es muy lento los cristales son homogéneos; cuando el enfriamiento es más rápido, el reajuste entre los cristales y la mezcla fundida es incompleta y los cristales formados son zoneados. Cuando el enfriamiento es muy rápido, como en la pasta de algunas lavas, la mezcla está fuertemente sobreenfriada y da lugar a cristales no zoneados de la misma composición que la mezcla fundida.

La fusión de equilibrio incongruente

Es simplemente el proceso opuesto y el primer líquido que se forma es de composición más rica en Ab y a medida que aumenta la temperatura aumenta el fundido y tanto el líquido como los cristales que se van formando se hacen más ricos en An.

Así tenemos cristalización en equilibrio y fusión en equilibrio, en los cuales la plagioclasa que cristaliza y los fundidos, se mantienen en equilibrio químico. Es también posible que se produzca cristalización fraccionada, que involucra la separación física de los cristales, del fundido desde el cual se forman, esto impide su reacción con el líquido y entonces se van formando cristales progresivamente más ricos en albita.

Fusión fraccionada

Es otro importante proceso geológico, que significa la continua extracción de fundido ha medida que se forma. Si se comienza a fundir An60, el primer fundido tiene composición An20. Si se extrae el fundido, el sólido residual se enriquece progresivamente en componentes fundidos de alta temperatura y cambia constantemente la composición del sólido remanente en el sistema. El sólido final, y el líquido que se deriva de él, se desplazan hacia la anortita.

La mayoría de los magmas naturales, una vez creados, son extraídos desde la roca fuente antes de que se complete la fusión. Esto es llamado fusión parcial, que puede resultar de fusión fraccionada o puede involucrar equilibrio con el fundido, hasta que suficiente líquido se acumula y puede separarse del sistema. La **fusión parcial**, entonces, incrementa la concentración de los componentes de menor punto de fusión en el sistema fundido y concomitantemente, incrementa las concentraciones de los componentes de alto punto de fusión en el residuo sólido, del que se extraen los fundidos.

Sistema Forsterita – Fayalita

Es una serie de disolución sólida, con miscibilidad completa entre los miembros extremos. La sustitución más común en los minerales máficos, es la que ocurre entre Fe y Mg. Esto ocurre en todos los minerales máficos y tiene un efecto en la fusión similar al sistema de las plagioclasas. El sistema olivino, Mg_2SiO_4 (Fo – forsterita) – Fe_2SiO_4 (Fa – fayalita), está ilustrado en la Fig. 6-7. El Mg y el Fe tienen tamaño y valencia similares. El Mg es ligeramente más pequeño y así forma fuertes enlaces en las fases minerales y se enriquece en el sólido en comparación con el líquido en composiciones intermedias. Un fundido de composición a (Fo56), produce un sólido C (Fo84) a aproximadamente 1700° C, y cristaliza completamente a 1480°C cuando el líquido final se consume en el punto D (Fo$_{23}$). En su comportamiento el sistema del olivino es enteramente análogo, al de las plagioclasas.

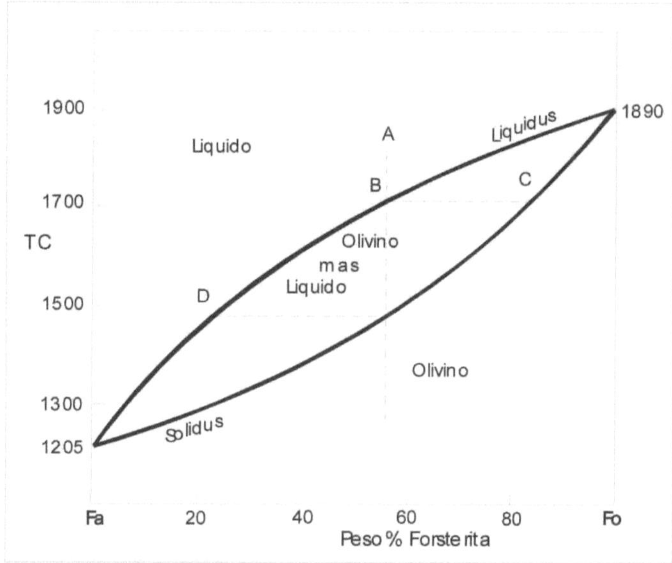

Fig. 6-7. Sistema de solución sólida del olivino.

c) De fusión incongruente:

Sistemas peritécticos binarios

SISTEMA FORSTERITA - SÍLICE

Como ejemplo de sistema peritéctico binario, veremos el sistema forsterita – sílice (Mg_2SiO_4 – SiO_2), que se expresa en la Fig. 6-8, como diagrama isobárico a 0,1 Mpa, de fases T-X. Además del mínimo eutéctico (punto C) hay otro punto de inflexión en el sistema (punto I), llamado punto peritéctico, por lo que se denomina sistema peritéctico. El sistema tiene sólo dos componentes, con una fase intermedia de enstatita (En), que se ubica entre los miembros extremos forsterita (Fo) y el polimorfo de la sílice (S). La fase de la sílice presente varía con la temperatura. El campo de dos líquidos, sobre la derecha de la figura, es otra característica inusual, pero no es esencial en el sistema.

La composición de la En, se proyecta entre la forsterita y la cristobalita. La reacción posible es:

$$Mg_2SiO_4 + SiO_2 = 2 MgSiO_3$$
Fo   cristobalita   En

El olivino rico en Mg y el cuarzo, nunca coexisten en equilibrio en las rocas ígneas, y ellos reaccionan para formar ortopiroxena, hasta que uno de ellos se consume. Solo el miembro extremo del olivino, rico en Fe puede coexistir en equilibrio con el cuarzo en algunos granitos y riolitas alcalinas y rocas ricas en hierro poco comunes.

Suponiendo que en la Fig. 6-7, se inicia el enfriamiento con la composición a, la V = 2 – 1 + 1 = 2, por lo que puede variar la T y X independientemente. El descenso de temperatura intersecta la curva a 1660° C, donde comienza a cristalizar cristobalita (punto B), porque f = 2 y V = 2 – 2 + 1 = 1, la composición del líquido y la temperatura son dependientes y con el enfriamiento continuará cristalizando cristobalita hasta el punto c, con la cristalización del eutéctico cristobalita-enstatita, a 1543° C. Aquí C = 2 y f = 3, V = 2 - 3 + 1 = 0, así que la temperatura debe permanecer constante hasta que el líquido se consuma, por reacción discontinua para formar enstatita y cristobalita, según la reacción:

Líquido > Enstatita + Cristobalita

Una vez que el líquido es consumido, sólo quedan dos fases sólidas (En-Cristobalita) y V = 1, así puede seguir descendiendo la temperatura y a 1470° C se forma una fase de transición en el sistema sílice, donde la cristobalita invierte a tridimita.

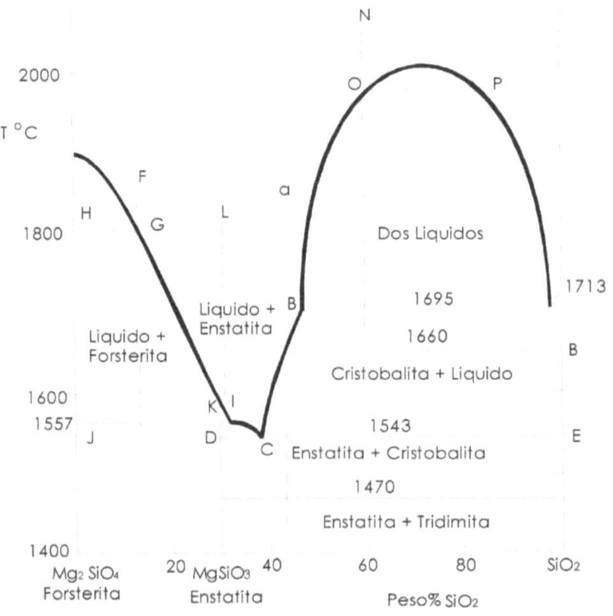

Fig. 6-8. Sistema Forsterita-sílice a 0,1 MPa.

Veamos ahora el lado izquierdo de la Fig. 6-8, con un líquido de composición F. A alta temperatura nosotros comenzamos con el líquido y V = 2. A 1800° C la Fo comienza a cristalizar en el punto H, donde coexisten dos fases, V = 2 – 2 + 1 = 1, así que X depende de la temperatura. Con el descenso de la temperatura, se incrementa la cantidad de Fo y disminuye el contenido de líquido hasta llegar a 1557° C en el punto K de la En, el punto J de la Fo y el punto I del líquido. Porque f = 3 y V = 2 – 3 + 1 = 0. Este peritectico es un nuevo tipo de situación invariante, porque la V = 0, todas las variables intensivas son fijas, incluyendo la T y la X de todas las fases. El eutéctico es Di + An + Liquido, y el sistema debe permanecer a temperatura constante hasta que una fase se agote y entonces la temperatura puede seguir descendiendo. Se debe notar que hay tres fases en un sistema de dos componentes y que las tres fases son colineares, implicando que la reacción debe tener lugar. Notar que la composición de la En (punto K) cae entre las del líquido (punto I) y la Fo (punto J). Esta es una situación eutéctica diferente, donde el líquido cae en el centro. La reacción es:

Forsterita + Líquido = Enstatita

Aquí tenemos a un líquido que reacciona con un sólido para producir otro sólido con el enfriamiento, esta reacción es discontinua ($V = 0$), y por lo tanto tiene lugar a temperatura constante y continuará hasta que uno de los reactantes se agote y el otro coexiste estable con el mineral formado. En la presente situación la composición global (punto F), que cae entre la Fo y la En, por lo que el líquido es el primero en consumirse y la Fo remanente coexiste con la En ($F = 2$ y $V = 1$) con la caída de la temperatura. Observar que los cristales de Fo comienzan a formarse a 1800° C, continúan creciendo durante el enfriamiento y comienzan a consumirse formando con el fundido En. Este fenómeno puede observarse en algunos basaltos, donde los cristales de olivino presentan fenómenos de resorción. La En producida puede presentarse como anillos de reacción o manto sobre el olivino, en la zona en que los dos reactantes se ponen en contacto.

CRISTALIZACIÓN FRACCIONADA

La izquierda del peritéctico de la Fig. 6-8 involucra el aislamiento de los cristales de olivino, lo que desplaza la composición global (que es igual a la composición del líquido). Si la fraccionación del olivino es efectiva, el líquido final siempre alcanzará el eutéctico.

Si volvemos al campo de los dos líquidos de la fig. 6-7 y enfriamos un fundido de composición n, el mismo intersectará la curva del líquido. Esta curva es llamada solvus y representa el proceso de desmezcla (separación de fases mezcladas), esta es una desmezcla de líquidos. El líquido inicial ($f = 1$ y $V = 1$) ocurre a aproximadamente 1980° C y se separan dos líquidos inmiscibles, y se forma un segundo líquido de composición p. Ahora tenemos $f = 2$, $V = 2 - 2 + 1 = 1$, así la composición de los dos líquidos es dependiente de la temperatura y sigue las dos ramas de la curva con el enfriamiento. Uno de los líquidos es más rico en sílice y el otro más rico en Mg. A 1695° C el líquido rico en sílice alcanza un eutéctico y cristaliza cristobalita. El sistema contiene ahora dos líquidos mas un sólido y es invariante ($V = 2 - 3 + 1 = 0$). La temperatura permanece constante como una reacción discontinua que involucra estas tres fases colineares. Como el líquido rico en sílice se proyecta entre el líquido rico en Mg y la cristobalita, la reacción es:

Líquido rico en sílice > Líquido rico en Mg + Cristobalita

Donde la temperatura no seguirá descendiendo hasta que el líquido se consume.

RELACIONES DE FUSIÓN

Comenzando con En pura y fundido, se producirá un líquido de composición I (composición peritéctica) y Fo por la reacción inversa de (Fo + Líq. > En) con incremento de temperatura. Proceso por el cual funde el sólido En, dando un líquido y se forma otro sólido (Fo), ambos con diferentes composiciones que los originales. A este fenómeno se lo denomina **fusión incongruente**. La En es un mineral que funde incongruentemente. Todos los sistemas peritécticos tienen este patrón y el diagrama de fases peritéctico se llama "diagrama de fusión incongruente". Otro proceso que comienza con una mezcla de olivino sólido y enstatita, es si el fundido inicial tiene una composición I, que es más rico en sílice que alguno de los dos sólidos. Si se remueve el fundido de la fusión parcial y el fundido cristaliza, resultará una mezcla de enstatita + cuarzo. Así se comienza con piroxena-olivino y se termina con piroxena-cuarzo.

e) Desmezcla de disoluciones solidas

Sistema de los feldespatos alcalinos

El sistema $NaAlSi_3O_8$ – $KAlSi_3O_8$ (Ab – Or) se denomina sistema de los feldespatos alcalinos. El diagrama de fases T-X se simplifica a la $PH_2O = 0,2$ Gpa, que se ilustra en la Fig. 6-9. El sistema a baja P es como la solución sólida de las plagioclasas y el eutéctico Di-An. La solución sólida completa solo es posible si hay un par de curvas sólido-líquido (como en los sistemas de las plagioclasas y del olivino). Las curvas muestran un mínimo de temperatura y así forman dos curvas, una a cada lado del punto eutéctico mínimo F. Las trayectorias de enfriamiento son similares al sistema de las plagioclasas. El enfriamiento del fundido comienza en A, y desde el líquido cristaliza un feldespato alcalino rico en potasio (ortosa) de composición B a $\sim 1100°$ C. Este feldespato coexiste con un fundido más rico en sodio, punto C. Porque $V = 2 - 2 + 1 = 1$, o sea que ambos fundido y feldespato son dependientes de la temperatura, siguiendo respectivamente las curvas del líquidus y del sólidus. El enfriamiento es seguido por una reacción continua, donde la cantidad relativa del líquido decrece y la del sólido aumenta y puede ser determinada en cualquier punto por la Regla de Lever. Cuando la composición del feldespato alcanza el punto D, la composición del sólido es igual a la composición total y hay sólo una pequeña cantidad de líquido de composición E remanente. La última gota de líquido es usada en este punto y hay un único feldespato a la temperatura mas baja, donde $f = 1$ y $V = 2$, en el campo divariante de un "único feldespato". Con un único feldespato se debe definir T y XfeldAb o XfeldOr, para determinar el sistema.

Con la composición I debería resultar con el enfriamiento la cristalización de un feldespato rico en sodio de composición J, a $\sim 1000°$ C, que coexiste con un fundido más rico en feldespato potásico. Con el enfriamiento, tanto el líquido como los sólidos se vuelven menos sódicos y el líquido final tendrá la composición K, que coexiste con un cristal de composición I.

La cristalización fraccionada, puede afectar a esta solución sólida desplazando la composición del líquido y del sólido hacia el punto eutéctico, indiferentemente de que lado composicional se encuentre la composición total.

Hay también un solvus en el sistema, que involucra la separación de dos fases sólidas desde una solución sólida homogénea. El solvus es causado por la diferencia en el tamaño de los iones K+ (radio iónico = 1,59 Å) y los iones Na+ (radio iónico = 1,24 Å). En los miembros puros, la diferencia de tamaño es acomodada por un ligero aumento de tamaño de la celda unidad de la ortosa que en la de albita. Ambas estructuras son estables, pero cuando alguno de los iones K+ mas grandes son introducidos dentro de la celda unidad más pequeña de la albita, y viceversa, se producen resultados distorsionales. Si la distorsión no es suficientemente grande, cada miembro es capaz de aceptar una cantidad limitada de cationes extraños, antes que la distorsión producida empiece a rechazarlos, impidiendo nuevos agregados. Esto pone un límite a la cantidad de Na+ que la ortosa puede aceptar y a la cantidad de K+ que la albita puede aceptar. A altas temperaturas, la energía vibracional en la estructura cristalina permite a los minerales aceptar más iones extraños. En el caso de los feldespatos alcalinos, un rango total de sustitución es posible (solución sólida completa). Cuando la temperatura desciende, la estructura cristalina pierde energía vibracional y se vuelve

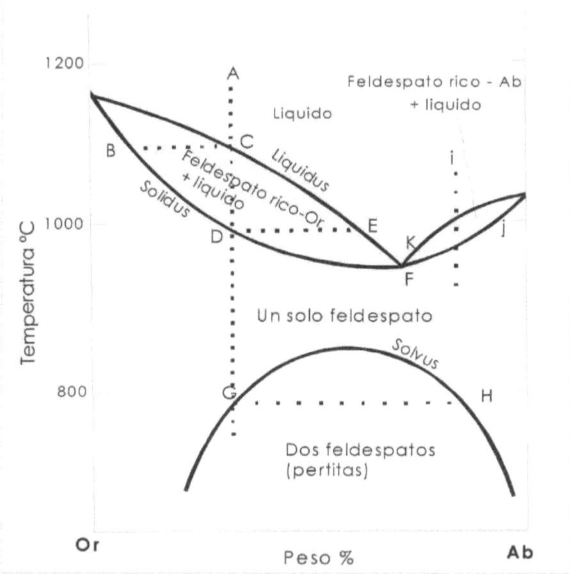

Fig. 6-9. Sistema albita-ortosa. (Bowen 1913).

más rígida y acepta menos iones complementarios. Este proceso es incremental y la cantidad de impurezas que se aceptan, decrece progresivamente con el descenso de temperatura. La curva del solvus es convexa hacia arriba.

Con la composición a, el solvus intersecta a la curva a 780° C y el feldespato homogéneo único, se separa en dos feldespatos: uno más rico en K (composición G) y el otro más rico en Na (composición H).

La movilidad de los iones dentro de la estructura sólida es comúnmente bastante limitada y como resultado, la separación es también limitada para formar cristales separados. Asimismo las fases menos abundantes, comúnmente desarrollan formas irregulares, cristalográficamente orientadas según bandas planas o **lamelas de desmezcla** en el mineral hospedante, que son de feldespato alcalino. Cuando la composición global es rica en K (como en la composición A), lamelas de feldespato rico en Na se forman en el feldespato potásico hospedante, desarrollando la **textura pertítica**. Cuando la composición global es rica en Na (composición I), lamelas de feldespato rico en K se forman en el feldespato sódico hospedante y la textura se denomina **antipertita** (Fig. 6-10).

Cuando dos feldespatos coexisten (f = 2, V =1) significa que la composición de ambos feldespatos es función de la temperatura. Como la temperatura decrece, las composiciones de ambos feldespatos siguen la curva del sólidus, con el feldespato sódico que se vuelve más sódico y el feldespato potásico que se vuelve más potásico. Este es un ejemplo de técnica de "geotermometría", por la que se puede calcular la temperatura de equilibrio, utilizando la composición química de minerales que coexisten.

El sistema de los feldespatos alcalinos nos muestra otro importante ejemplo de los efectos de la presión sobre los sistemas minerales. El incremento de la PH_2O, es mayor sobre el equilibrio sólido-líquido que para el solvus, porque el líquido es más compresible que el

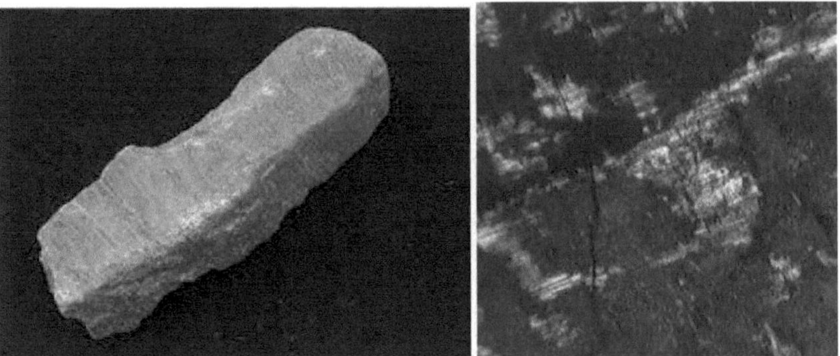

Fig. 6-10. A: Desarrollo de feldespato potásico en plagioclasa (antipertita). B: Desarrollo de albita en microclino (pertita).

sólido y es la única fase que puede aceptar algo de H_2O. La adición de H_2O puede agregarse al líquido estabilizándolo a expensas del sólido. El aumento de la PH_2O, por otra parte baja el punto de fusión y tendrá efecto menor sobre el solvus.

La Fig. 6-11 muestra que, cuando la PH_2O se incrementa, el líquidus y el solidus se desplazan hacia temperaturas mas bajas, mientras que el solvus no es afectado. El liquidus y el solidus eventualmente intersectan al solvus a presiones de agua mayores a 0,5 MPa (Fig. 6-11C y D). Notar que el área de solución sólida de "1 feldespato alcalino", se hace progresivamente menor con el incremento de la presión de agua y por encima de 0,5 MPa el rango de solución sólida no es completo. El sistema de la Fig. 6-11C, es denominado "solución sólida límite".

A aproximadamente 600°C se forma la tercera fase, un feldespato potásico de composición C, juntamente con el líquido y el feldespato sódico. La $V = 0$, por lo que tenemos completamente determinado el sistema y la temperatura no puede descender hasta que una fase sea consumida. Con el enfriamiento la fase que se forma desde el fundido es:

Líquido > Feldespato-Na + Feldespato-K

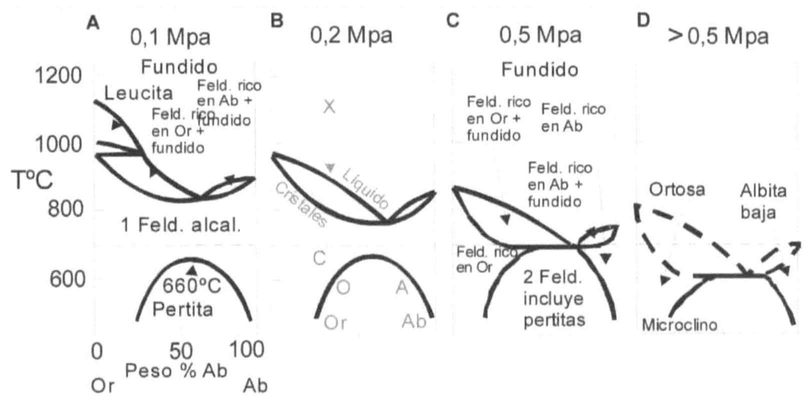

Fig. 6-11 A, B, C, D. Sistema albita-ortosa a diferentes presiones de agua. (Modificado de Sood 1981).

Porque la composición del fundido no se mueve entre los dos sólidos

En el sistema natural Ca-Na-K, se separa un feldespato alcalino rico en K (usualmente ortosa) y plagioclasa rica en Na-Ca. El comportamiento de este sistema es familiar para nosotros, ya que resulta en la coexistencia de dos feldespatos, plagioclasa y ortosa, que se encuentra en las rocas graníticas. En la Fig. 6-11C se llama sistema de los feldespatos subsolvus, porque el solvus es truncado y no pueden formarse feldespatos únicos de rango medio. La adición de Ca expande el solvus, resultando en el comportamiento del subsolvus aún a presiones de agua mas bajas.

Las figuras 6-9 y 6-11 A y B, son llamados sistemas de feldespatos hipersolvus, porque en la cristalización completa desde un fundido, cristaliza solo "un feldespato alcalino" por encima del solvus, seguido por la desmezcla en estado sólido. Las rocas graníticas que se forman en cámaras someras (con baja presión de agua) pueden exhibir feldespatos intermedios (pertitas o antipertitas), más que cristales separados de ortosa y albita (Fig. 6-11 C y D).

Una vez que el fundido está completamente cristalizado, el enfriamiento posterior causa el cambio en la composición en dos sólidos vía reacción continua a lo largo de la curva del solvus, expulsando algunos de los componentes extraños. Las reacciones subsolidus, tales las que ocurren a lo largo del solvus son muy lentas, porque ocurren en estructuras de cristales sólidos a baja temperatura. Si el sistema se enfría más rápidamente, el equilibrio no se alcanza y los sólidos no pueden exsolverse. Los feldespatos volcánicos y de aquellas intrusiones pequeñas y someras, pueden enfriarse rápidamente y suprimen las texturas pertíticas.

Lecturas sugeridas

Best, M. 1982. Igneous and Metamorphic Petrology. 630 pp. W.H.Freeman & Co.

Bowen, N., 1913. The melting phenomena of the Plagioclase Feldspars. American Journal of Sciences. Serie 4, 35: 577-599.

Bowen, N.L. 1951. The crystallization of haplodioritic, and related magmas. Amer. Jour. Sci. 40: 161-185.

Cox, K.G., Bell, J.D., y Pankhurst, R.J. 1979. The Interpretation of Igneous Rocks. 450 pp. London. George Allen & Unwin.

Deer, W.A., Howie, R.A., y Zussman, J. 1962. Rock-forming minerals, 5 volúmenes. London. Longman.

Hyndman. D.W. 1973. Petrology of Igneous and Metamorphic Rocks. 533 pp. International Series in the Earth and Planetary Sciences. McGraw-Hill Book Co.

McBirney, A.R. 1984. Igneous Petrology. 509 pp. Freeman, Cooper & Co.

Morse, S.A. 1968. Feldspars. Carnegie Institut Washington Yearb. 67: 120-126.

Sood, M.K. 1981. Modern Igneous Petrology. 244 pp. John Wiley & Sons.

Swamy, V., y Saxena, S.K. 1994. A thermodynamic assessment of silica phase diagram. J. Geophys. Res. 99: 11787-11794.

Miscelanea 18: 123-142
Tucumán, 2010 -ISSN 1514 - 4836 - ISSN on-line ISSN 1668 - 3242

Capitulo 7
Sistemas de tres componentes (ternarios)

Introducción

Con el agregado de mayor número de componentes se incrementa la dificultad para visualizar las variables del sistema. Idealmente debería haber una dimensión para cada variable, pero estamos limitados a gráficos en dos dimensiones. Para los sistemas de dos componentes usamos diagramas isobáricos T – X, los cuales son secciones isobáricas de diagramas T – P - X tridimensionales. Cuando nos movemos con sistemas de tres componentes, elegimos diagramas T – P – X tridimensionales o debemos explorar otros caminos para poder simplificarlos a dos dimensiones. Aquí se analizarán tres sistemas relativamente simples, que proporcionan una variedad de situaciones, para ilustrar los procesos físicos y las técnicas analíticas. En los sistemas cuaternarios la complejidad aumenta y es dificultoso su expresión en un plano.

Sistemas eutécticos ternarios

Entre los sistemas de tres componentes veremos el sistema eutéctico diópsido (Di), anortita (An) ver (Fig. 6-7), al que se le agregara un tercer componente forsterita (Fo – Mg_2SiO_4). Como el olivino se encuentra en muchos basaltos, el sistema Di-An-Fo se aproxima al modelo de los magmas basálticos. Sabemos que hay solución sólida en los sistemas basálticos naturales, por el intercambio Fe – Mg, que aquí no tendremos en cuenta. El sistema Di-An-Fo es representado por un triángulo, con cada componente en un vértice del mismo, al que se le agregan las temperaturas, quedando el sistema integrado por tres eutécticos binarios, uno sobre cada lado del triángulo (Fig. 7-1). Estos sistemas eutéctios binarios son: Di-An, Di-Fo y An-Fo y no se considera el campo de la espinela. Asimismo forma parte del tetraedro diópsido-forsterita-albita-anortita.

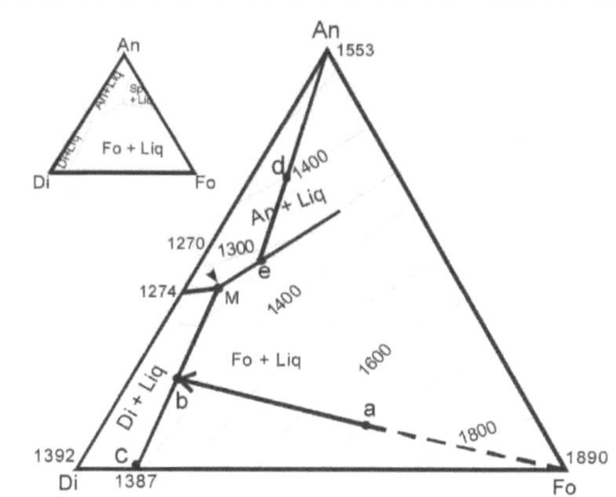

Figura 7-1. Diagrama isobárico (0,1 MPa) con las temperaturas del sistema Diópsido-Anortita-Forsterita (Bowen 1915).

Cualquiera sea el campo donde se origina la cristalización, todos convergen en el punto eutéctico M, que es donde cristalizan las tres fases y corresponde a la temperatura más baja de la superficie del liquidus (Fig. 7-1). Los sistemas binarios se definen mediante las curvas cotecticas y las flechas indican el sentido de su evolución (descenso de T°), en dirección al mínimo eutéctico M.

Las curvas cotecticas separan las superficies de los líquidos en tres áreas, con puntos eutécticos binarios separados y cada sección de liquidus coexiste con diferentes sólidos.

Las 3 áreas nombradas son: Fo + liq.; Di + liq.; An + liq. Usando la regla de las fases se puede analizar el comportamiento de los fundidos del sistema ternario.

Para un líquido de composición a (Fig. 7-1) de Di36An10Fo54 en peso%, que está por encima de 1700°C, solo hay fundido, porque C=3; f=1, la regla isobárica de las fases a 0,1 MPa (presión atmosférica) será V=3 (V=F-C+1). Por enfriamiento desde a el sistema se encuentra con el liquidus de la Fo + liquido y la Fo comienza a cristalizar. Ahora f = 2 y V = 2. Como la temperatura está descendiendo y la Fo continúa cristalizando, el líquido se deprime en dicho componente. Así la composición del líquido cambia en la dirección marcada por la flecha, que se expresa uniendo el vértice de la Fo, con el punto a, y hasta el punto b. Esto involucra una reacción continua del tipo:

$$\text{Líquido 1} = \text{Fo} + \text{Líquido2}$$

Con el enfriamiento el nuevo líquido 2 va incrementado sus contenidos en Ca y Al, por pérdida de Mg_2SiO_4 que forman olivino.

A cualquier temperatura, las cantidades relativas de líquido y Fo, pueden ser calculadas usando la regla de Lever y los 3 puntos alineados representan la composición del líquido.

Cuando el líquido se enfría hasta b (1350°C), comienza a formarse Di, junto a Fo y líquido. Ahora hay 3 fases y V = 1. Los sólidos en este sistema son los que fijan la composición del líquido, que coexiste con los dos sólidos y determina la temperatura de la curva cotectica entre el sistema eutéctico binario Di-Fo y el eutéctico ternario M, por mayor enfriamiento.

Determinar las cantidades relativas de Di, Fo y líquido, a cualquier temperatura, es posible pero más complicado que en los sistemas de dos fases.

Cuando el líquido alcanza el punto M, a 1270°C, cristalizan simultáneamente, desde el líquido, Fo-Di-An. Ahora V = 3 – 4 + 1 = 0, tenemos un punto invariante a una T° y P fija, con la composición de todas las fases y el líquido. La temperatura se mantendrá constante hasta que las tres fases sólidas hayan cristalizado totalmente, o sea que se haya agotado la fase líquida, recién entonces la temperatura podrá seguir descendiendo:

$$\text{Líquido} > \text{Di} + \text{An} + \text{Fo}$$

Por debajo de 1270°C, las 3 fases sólidas coexisten con 1 grado de libertad. El patrón a > b > M, es llamada **curva evolutiva del líquido o curva descendente del líquido.**

El patrón descrito se puede aplicar a la composición de otros líquidos del sistema. Si aplicamos la evolución al punto d, la anortita comenzará a cristalizar a 1400°C. La composición del líquido se moverá siguiendo la trayectoria marcada desde el vértice An con d hasta intersectar la curva en e, donde comienza a cristalizar Fo definiendo la curva cotectica que se continúa hasta M.

Cristalización fraccionada

Como no hay solución sólida el patrón de evolución del líquido en la cristalización fraccionada es similar a la cristalización en equilibrio. La remoción de fases tempranas, afecta la composición final del basalto cristalizado. Si las fases tempranas son removidas por fraccionación (asentamiento o flotación), los líquidos se separarán desde los cristalizados en cualquier punto de evolución de la curva líquida, y la roca se formará por cristalización en equilibrio desde un líquido derivado, que evoluciona desde el punto de separación, con una nueva composición global. La roca final debe tener la composición global del líquido en el punto M (43% plagioclasa, 50% clinopiroxeno y 7% de olivino en peso).

Fusión en equilibrio

Es la inversa de la cristalización equilibrio. La fusión de Di-Fo-An, producirá un primer fundido de composición M. El líquido remanente tendrá una reacción discontinua, en reversa hasta que una fase es consumida, lo que depende de la composición global del sistema y estará determinada por la curva cotectica del líquido que parte desde M. Si la Fo se consume primero, por ejemplo, el líquido seguirá la curva contectica Di-An.

Fusión Parcial

El primer fundido de una mezcla de Di-An-Fo, se producirá en el eutéctico M. Suponiendo que la composición del fundido es producida por reacción univariante, en reversa y extraído en pequeños incrementos (fusión fraccionada), hasta que una fase es consumida. Si comenzamos con la composición global a, la anortita será la primera en consumirse y el sistema binario sólido remanente será Fo + Di, que no alcanzará la fusión hasta que la temperatura alcance los 1270 - 1387°C (T° del eutectico binario Fo-Di). La fusión fraccionada invariante binaria se producirá desde la composición eutectica Fo-Di a temperatura constante de 1387°C, hasta que el diópsido se consuma. El sólido remanente será Fo, que no funde hasta 1890°C. Así la fusión parcial tendrá lugar en tres episodios separados. O también puede ocurrir en un único evento, involucrando fusión en equilibrio hasta que el fundido es removido desde los cristales residuales en algún punto de la evolución continua del líquido. La extracción producirá un fundido, con una composición global igual a la composición del líquido. Así la cristalización fraccionada puede dar magmas derivados que varían según el porcentaje de fusión parcial de la roca fuente.

Sistema Ternario Peritectico

El sistema Forsterita-Anortita-Sílice (Fo-An-SiO_2) de la Fig. 7-2, es combinación del sistema eutéctico binario Di-An (Fig. 6-3), el sistema peritectico binario Fo-SiO_2 y el sistema eutéctico binario An-SiO_2, que tiene un mínimo del liquidus con el 52% peso de An a 1368°C y que en conjunto definen el sistema ternario peritectico.

Dejando de lado la pequeña proporción de mezcla fundida a partir de las cuales cristalizan espinelas, las mezclas de anortita (An), forsterita (Fo) y sílice (SiO_2), se trata como un sistema ternario peritéctico.

La presencia de anortita no afecta a la relación de reacción entre Fo y piroxeno (Px), excepto que la reacción se produce en un intervalo de temperaturas en mezclas fundidas cuyas composiciones varían a lo largo de la curva QR a medida que ocurre la reacción.

Un líquido de composición a original P por enfriamiento del liquidus, produce Fo a la largo de la curva PS, con el descenso de temperatura y considerando al sistema isobárico a 0,1 MPa, la condición de los tres componentes es para: V = 3 − 2 + 1 = 2 y la composición de líquido se mueve directamente desde el vértice Fo, por reacción continua, hasta S en la curva límite entre Fo y En, con V = 3 − 3 + 1 = 1, este líquido sigue ahora la curva peritectica SR de (Fo-SiO$_2$) hasta el punto R, en la que la Fo entra en solución mientras se forma Px desde el fundido debido a la reacción con el líquido (cristalización por reacción) que se expresa por:

Líquido 1 + Fo = Líquido 2 + En

En R, punto invariante, la temperatura y la composición del líquido permanecen constantes mientras la Fo continúa disolviéndose y perdura la separación progresiva de An y Px. La reacción cesa cuando se agota la fase líquida y el producto final es una mezcla cristalina de Fo, An y Px.

A partir de un líquido T, el comportamiento es similar, excepto que la Fo y el líquido se agotan simultáneamente en R, quedando sólo Px y An. En el caso de un líquido original U, el curso es similar hasta S y R. La reacción en R, se termina por solución completa de la Fo, mientras queda algo de líquido, que evoluciona a lo largo de RE, con descenso de la temperatura, mientras cristaliza An y Px. En E aparece la cristalización eutéctica de An-Px-tridimita.

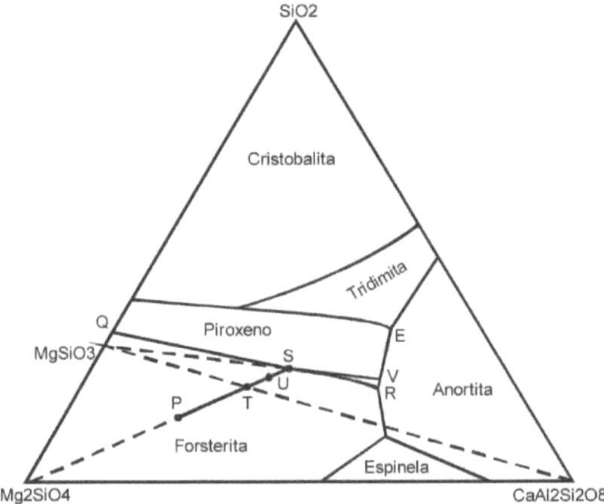

Fig. 7-2. Diagrama isobárico (a 0,1 MPa) del sistema Anortita-Forsterita-Sílice, mostrando las curvas cotéctica y peritéctica (Irvine 1975).

Un líquido original S, sigue un curso distinto, puesto que el Px es ahora la primera fase sólida que se forma. El fundido varía desde S hasta V con cristalización de Px y desde V hasta E con separación de Px y An. Nuevamente aparece en E la cristalización eutéctica (Px-An-SiO$_2$) que continúa hasta que se agota el líquido.

Los líquidos T, U y S son todos derivados de la mezcla fundida P considerada originalmente. De esto se deduce que por cristalización fraccionada apropiada, se separarán cristales de Fo cuando el líquido alcanza las composiciones T, U o S, sucesivamente, que pueden dar lugar a rocas finales diferentes, a partir de una mezcla fundida untrabásica primitiva P. Los productos finales pueden ser: Ol-Px-An (gabro olivínico); Px-An (gabro o norita) y Px-An-SiO$_2$ (gabro cuarcífero), que muestran un amplio grado de fraccionamiento. Asimismo se observa que el efecto de la cristalización fraccionada sobre la diferenciación aumenta, cuando un tercer componente (An) se añade al sistema binario que incluye un componente (Px) de fusión incongruente.

Volviendo a los derivados del fundido inicial P, si separa en S el olivino formado, se puede producir otra serie de mezclas fundidas SV que evolucionan formando Px-An.

Como es la **reacción peritéctica**, para la composición original P que tiene suficiente Fo para que no sea consumida por la reacción con el líquido remanente hasta el punto R en el que la An-Fo-Px y líquido producen un punto invariante $(V = 3 - 4 + 1 = 0)$. En este punto invariante la siguiente reacción discontinua tiene lugar:

Líquido = Fo + Px + An

Este sistema permanece a 1270°C hasta que el líquido es consumido por la reacción y la asociación final será de Fo-Px-An, en las proporciones relativas que se determinan por la regla de Lever.

Cristalización fraccionada

Si algún mecanismo involucra la remoción de cristales de Fo, esto causa el cambio en la composición global y la migración de la composición del líquido fuera del campo de la Fo. Entonces no habrá Fo que participe de la reacción peritéctica y los líquidos siguen la curva QSV, produciendo directamente En hacia las curvas cotecticas de Px-An o Px-SiO$_2$, dependiendo del contenido de An en el líquido.

Sistemas ternarios con solución sólida

El sistema **diópsido-anortita-albita** Di-Ab-An) es un ejemplo de sistema de tres componentes con solución sólida, aplicable a los basaltos. El sistema muestra completa miscibilidad entre dos componentes (Ab-An), mientras que el Di es insoluble en cualquiera de ellos. El sistema a presión atmosférica (0,1 MPa) está ilustrado en la Fig. 7-3, estos eutécticos binarios tienen el mínimo en Ab91Di9 a 1133°C (Schairer y Yoder 1960). La línea cotectica desciende desde el eutéctico binario Di-An (1274°C), reflejando la pendiente el liquidus Ab-An, que no es cuantitativa y sólo define el contorno del diagrama y cuando una solución sólida queda involucrada, se necesita determinar la composición de la plagioclasa que está en equilibrio con un líquido particular, para poder evaluar la evolución de la cristalización del fundido.

El análisis de la evolución cotéctica se inicia en el campo del diópsido. Al enfríar un fundido de composición **a** (1300°C), el Di comienza a cristalizar como primera fase sólida. Cuando coexisten Di y líquido, la V = 2 (V=F-C+1) y Di cristaliza desde el líquido por la reacción continua:

Líquido1 = Di + Líquido2

La composición del líquido se mueve según la trayectoria determinada por la línea que se inicia en el vértice Di y pasa por **a**, hasta alcanzar la cotéctica en **b** a 1230°C, en el que comienza a cristalizar An80, juntamente con el Di. Cuando se usan líneas complementarias, se determina en el diagrama la composición de las plagioclasas, considerando sólo la que coexiste con el Di y el líquido cotéctico.

Ahora con la cristalización continua de Di y Pl, la composición del líquido se mueve hacia c sobre la curva cotectica y la composición de la Pl se desplaza haciéndose más albítica. Con F = 3, C = 3 y V = 1, por la reacción continúa:

Líquido1 + Plagioclasa 1 > Líquido 2 + Di + Plagioclasa2

Como hay solución sólida, el líquido no alcanza el mínimo cotéctico y la cristalización termina, cuando la cristalización agota el líquido, como en el sistema de las plagioclasas. Cuando el líquido alcanza el punto c (1200°C), la composición de la plagioclasa es de An50.

Veamos ahora el comportamiento de un líquido que esté en el campo de las plagioclasas, con composición d, el cual tiene Di15An55Ab30 (la composición final de la plagioclasa = 55/(55+30) = An65). En este caso el líquido se encuentra a 1420°C y la plagioclasa que cristaliza tiene una composición An87. La composición no puede predecirse exactamente, sólo se puede estimar la composición de la plagioclasa, para f = 2 y V = 2, la cristalización sigue una línea de reacción sobre la superficie divariante del líquido:

Líquido1 + Plagioclasa1 = Líquido 2 + Plagioclasa2

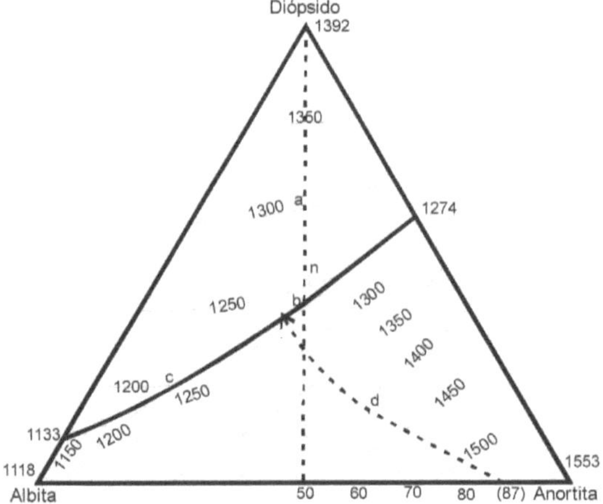

Fig. 7-3. Diagrama isobárico (0,1 MPa) Diópsido-Albita-Anortita, ilustrando la temperatura del liquidus (Morse 1994).

La composición del líquido evoluciona según el sólido que se va formando, pero la plagioclasa también se desplaza hacia la albita con el enfriamiento y crea un patrón curvo, que es ilustrado en la Fig. 7-3, donde varias líneas conectan las composiciones del líquido con las correspondientes plagioclasas que coexisten, todas las cuales pasan a través del punto d. El líquido alcanza el punto e, a 1220°C, con plagioclasa An75 sobre la línea cotectica. En este punto, comienzan a cristalizar juntamente Di-Plag como fases cristalinas. Dado que la relación de la plagioclasa y el líquido es isobáricamente univariante, en un sistema isobárico de 3 componentes, solo una composición de plagioclasa puede coexistir con líquido y diópsido, a una temperatura dada. La cristalización continúa hasta que la composición de la plagioclasa alcanza el punto c en que se agota el líquido que corresponde a la composición original de la plagioclasa.

Como ya se vio la **fusión en equilibrio** es lo opuesto a la cristalización en equilibrio.

En la **cristalización fraccionada**, como involucra a una solución sólida, afecta a la composición del líquido final que cristaliza y permitiría continuar la cristalización a temperaturas más bajas, formado plagioclasa más albítica.

La **fusión parcial**, crea fundidos que difieren de la composición original del sistema ya que va extrayendo líquidos de menor punto de fusión, a lo largo de la evolución de la curva.

Sistemas con más de tres componentes

En los sistemas con más de tres componentes es dificultoso mostrar gráficamente todos los detalles de evolución de los líquidos en una superficie plana. En un sistema de cuatro componentes (cuaternario) es posible representar los cuatro componentes por los vértices de un tetraedro. Cada cara del tetraedro corresponde a un sistema ternario y los límites son proyectados desde las caras, al interior del tetraedro que representan los límites cuaternarios. Mientras los diagramas triangulares son divididos en áreas en las que los minerales individuales son las fases primarias (las primeras que cristalizan desde el líquido), el tetraedro cuaternario es dividido en fases primarias representadas por volúmenes.

La Fig. 7-4 muestra el diagrama correspondiente al sistema albita-anortita-diópsido-forsterita. La importancia de este diagrama, está dada porque las fases cristalinas de este sistema son las que corresponden a gabros y basaltos. El tetraedro está dividido en volúmenes que representan las fases líquidas de los minerales: plagioclasa, diópsido, forsterita y espinela. La presencia de espinela, muestra que este es un sistema pseudo-cuaternario, en el que la composición de la espinela no está dentro del tetraedro, mientras que la mayoría de los líquidos del sistema deberían inicialmente caer dentro del volumen de fase de la plagioclasa, diópsido o forsterita y la cristalización del mineral correspondiente debería migrar desde una de las tres superficies de fase (dos minerales en equilibrio con el líquido) y dos minerales deberían cristalizar juntamente hasta que el líquido alcance la curva de las cuatro fases (tres minerales en equilibrio con el líquido). La curva es mostrada en el diagrama con el descenso desde 1270°C a 1135°C. La composición de líquido debe migrar siguiendo esta curva de cristalización de las plagioclasas cálcicas (+ diópsido + forsterita) a la izquierda del líquido enriquecido en los componentes de las plagioclasas sódicas.

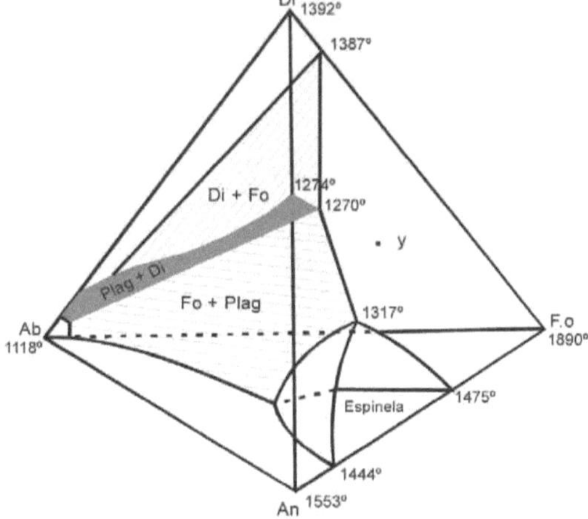

Fig. 7-4. Sistema pseudo-cuaternario Albita-anortita-diópsido-forsterita (Yoder y Tilley 1962).

En un tetraedro las tendencias internas son difíciles de dibujar y en la práctica se hace necesario proyectar los detalles sobre caras particulares, o mostrar cortes del tetraedro. Un corte triangular puede verse como un diagrama ternario ordinario, pero el mismo contendrá componentes cuaternarios, cuya composición no cae sobre el plano de la sección y es así una sección pseudo-ternaria. Una de las cuatro fases de la línea univariante en un sistema cuaternario, corresponde a tres sólidos en equilibrio con un líquido y puede tener la apariencia de un punto invariante ternario, cuando es intersectado por una unión pseudo-ternaria, tal como la intersección llamada "punto de perforación".

Series de Reacción

En los análisis de los sistemas experimentales se observan distintas relaciones entre líquidos y cristales ya formados. La importancia de tales relaciones de reacción, fueron claramente reconocidas por Bowen (1922). El consideró que la cristalización de los magmas es controlada por lo que denominó **principio de reacción**, distinguiendo dos tipos básicos de reacción, que pueden ocurrir bajo condiciones de equilibrio, entre los fundidos y los minerales que se forman a partir de dichos fundidos.

El primer tipo, denominado *"serie de reacción continua"*, involucra reacciones continuas del tipo:

$$\text{Mineral}_{(\text{composición A})} + \text{Fundido}_{(\text{composición x})} = \text{Mineral}_{(\text{composición B})} + \text{Fundido}_{(\text{composición y})}$$

o

$$\text{Fundido}_{(\text{composición x})} = \text{Mineral} + \text{Fundido}_{(\text{composición y})}$$

Cualquiera de estas reacciones puede involucrar a mas de un mineral cuando C > 2. Ejemplos de este tipo son reacciones de solución sólida, en las que la composición del fundido, o del mineral, o de ambas, varían con la temperatura. En tales reacciones la plagioclasa que coexiste con un fundido se vuelve más sódica; y los olivinos y piroxenas, que coexisten con fundidos, se vuelven más ricos en hierro. Tales reacciones son continuas, en el sentido que la composición de algunas fases, si el equilibrio se mantiene, se ajustan continuamente sobre un amplio intervalo de temperaturas del mineral.

El segundo tipo *"serie de reacción discontinua"*, tales como:

Fundido = Mineral 1 + Mineral 2

O reacciones peritécticas

Mineral 1 + Fundido = Mineral 2

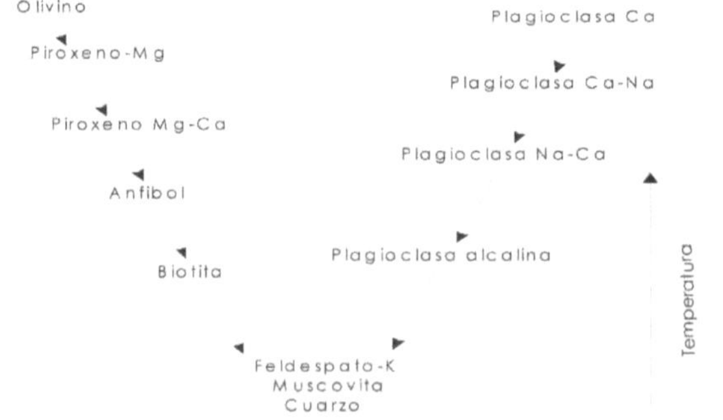

Fig. 7-5. Serie de reacción de Bowen.

Ejemplos de tales reacciones son por ejemplo, Fo + Líquido = En, o el sistema Fo-Di-SiO_2, en el que, la piroxena pobre en Ca reacciona con el líquido para formar clinopiroxeno rico en Ca. Tales tipos de reacciones son comunes en la cristalización de magmas y más de una reacción o serie de reacciones, pueden ocurrir simultáneamente o secuencialmente, en fundidos con multicomponentes, como es la "Serie de reacción de Bowen".

Efectos de la presión sobre el comportamiento de los fundidos

El cambio de entropía y el cambio de volumen asociado con la fusión de casi cualquier sólido, tiene signo positivo y la pendiente de la curva de fusión es positiva, significando que el punto de fusión se incrementa con la presión (P).

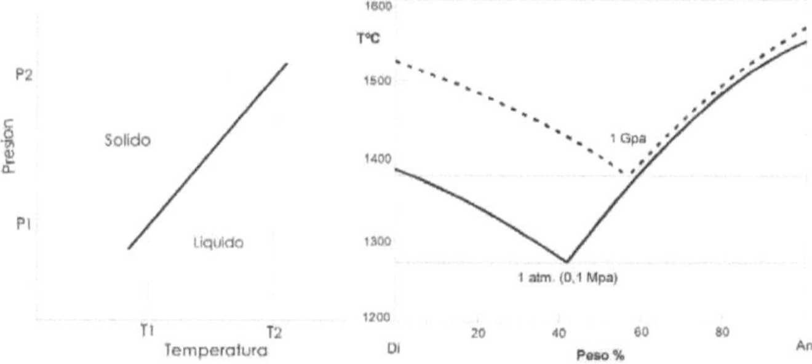

Fig. 7-6. A. Diagrama esquemático ilustrando la elevación de la temperatura de fusión, causada por el incremento de temperatura. B: Efecto de la presión litostática sobre el líquido y la composición eutéctica en el sistema Diópsido-Anortita (Presnall et al. 1978).

La (Fig. 7-6A) ilustra esquemáticamente el incremento de la temperatura de fusión, desde T1 a T2, que corresponde al aumento de P desde P1 a P2. El incremento dependerá de la pendiente de la curva de equilibrio en un diagrama P-T, que depende de los valores relativos Δs y Δv, de la reacción expresada por la ecuación de Clapeyron.

El incremento de la presión litostática aumenta el punto de fusión de la mayoría de las fases de sólidos (excepto el hielo) y de los líquidos en general. Por ejemplo, el aumento desde 1 atmósfera a 1 Gpa (aprox. 35 km), aumenta el Pf del basalto en aprox. 100° C. La magnitud del efecto de aumento de P no afecta a todos los minerales por igual, por lo que la elevación del Pf, es diferente para cada mineral. Si la superficie del líquido en el diagrama T-X, aumenta diferencialmente, el aumento de P cambia la posición del eutéctico (Fig. 7-6B). El incremento de la P puede también causar inestabilidad en algunas fases minerales y ser reemplazadas por otras. Por ejemplo, los feldespatos se vuelven inestables a alta P y son destruidos con formación de piroxeno Al-Na y/o granates con Al-Ca (como ejemplo las piroxenas de alta presión son más aluminosas que las de baja presión).

Efectos de los fluidos con el comportamiento de los fundidos

El volumen de volátiles en solución que son liberados a una fase libre de vapor, marca la solubilidad de las especies volátiles en los fundidos que son susceptibles a las variaciones de presión. El incremento de la presión puede efectivamente forzar a los volátiles a disolverse en los fundidos silicáticos. A bajas presiones es donde el volumen de gas liberado es mayor.

Los fundidos saturados en fluidos son los que contienen las mayores cantidades de especies volátiles disueltas bajo condiciones de P-T-X. Cualquier volátil presente en exceso a una determinada cantidad se separa, coexistiendo como fase fluida. El término **presión de fluidos** (Pf) se usa para describir los efectos combinados de presión y contenido de fluidos en un sistema. Un sistema fundido a una presión específica puede variar desde saturado en fluido ($P_f = P_{total}$) a fluido libre ($P_f = 0$, llamado "seco"), dependiendo de la cantidad de fluidos disponibles. P_f raramente excede a Ptotal, porque el resultado sería la expulsión del exceso de volátiles por medio de una explosión.

Alternativamente se pueden colectar y analizar gases volcánicos que están escapando, en zonas con volcanismo activo. De estos estudios se aprende que los gases componentes de los magmas son predominantemente del sistema C-O-H-S, siendo H_2O y CO_2 dominantes, con cantidades menores de CO, O_2, H_2, S, SO_2, y H_2S. Se encuentran asimismo cantidades menores de: N, B, Cl y F.

Cuando se coleccionan muestras de roca, el contenido de fluidos, su mayoría se ha perdido y ocasionalmente se observan inclusiones fluidas que son muy pequeñas y que pueden formarse también en estadios post-magmáticos (Fig. 7-7).

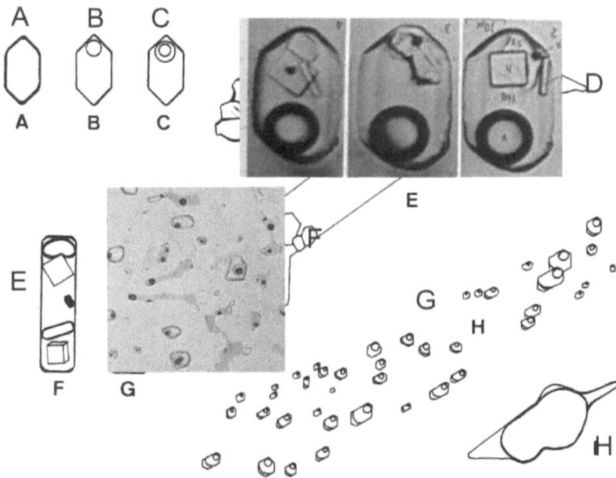

Fig. 7-7. Distintos tipos de Inclusiones fluidas. A: Cristal negativo relleno por una sola fase gaseosa. B: Dos fases, gas y líquido. C: Tres fases, agua y vapor, además de CO2. C: Tres ejemplos de cristales negativos conteniendo además de fases de líquido y vapor, desarrollan cristales de NaCl. E: Inclusión en apatita de carbonatita, con cristales de NaCl y KCl, una fase de sulfato y una fase de gas. F y G: inclusiones fluidas típicas en cristales de cuarzo, con formas redondeadas o de cristales negativos, que contienen una fase líquida y otra gaseosa. H: Inclusión en cuarzo conteniendo metano con una solución salina.

Inclusiones Fluidas

En general los procesos magmáticos tienen lugar en presencia de una o más fases fluidas. La presencia más obvia de la presencia de fluidos en los fundidos silicáticos se observa en las erupciones volcánicas. Mientras que las evidencias de tal presencia en las rocas plutónicas es menos evidente, ya que solo es posible su identificación en las pequeñas inclusiones entrampadas de los volátiles. Debe tenerse cuidado en identificar si tales inclusiones son primarias (formadas durante la cristalización del mineral que las contiene) o secundarias (si se han formado por procesos posteriores como deformación o metamorfismo). Asimismo, las inclusiones primarias, pueden haber sufrido pérdidas durante procesos posteriores a su formación.

La presencia en fundidos silicáticos de gases o soluciones acuosas, ha sido preservada como pequeñas inclusiones entrampadas dentro de cristales de diferentes minerales. Estas inclusiones son pequeñas <1 mm y >100um de diámetro y como generalmente permanecen sin cambios después de su formación, proveen información sobre la presión, temperatura y composición de los fluidos entrampados y que estuvieron presentes durante la cristalización de la roca, que cubre temperaturas entre los 700° y 1200°C.

Las determinaciones se realizan mediante una platina de calentamiento/enfriamiento que se adosa al microscopio petrográfico y que permite elevar la temperatura hasta que se rellena la cavidad por el fluido, que también conlleva a la disolución de los cristales formados, que indicaría la temperatura de formación y luego bajar la temperatura hasta congelar al fluido, que permite establecer por ejemplo que la inclusión es de H_2O pura, o que contiene por ejemplo NaCl, si se forman cristales cúbicos de dicho mineral, durante el proceso de enfriamiento (Fig. 7-7).

Los efectos del agua

Al agregar agua a un sistema anhidro se producen diferentes cambios, ya que la mayoría de los minerales no aceptan mucha H_2O y los únicos minerales comunes de las rocas ígneas que la contienen son las micas y los anfíboles, que normalmente están subordinados. En los minerales anhidros, con un componente de fusión de reacción:

Sólido = Líquido

Con el agregado de H_2O, se vuelve:

Sólido + H_2O = Líquido (acuoso)

Acuoso significa una fase que contiene agua y que debe estar en ambos lados de la última reacción, ya que se encuentra como fase fluida separada a la izquierda y disuelta a la derecha. El porque las fases de alta temperatura en equilibrio, acomodan mejor el H_2O que las de baja temperatura, está dada por el Principio de Le Chatelier, que dice que cuando se agrega agua esta causa un nuevo equilibrio en un sistema originalmente anhidro y lo hace más estable con respecto al sólido. El resultado de agregar H_2O a un sistema anhidro, es bajar el punto de fusión para una presión dada. En razón que más H_2O puede ser forzada a entrar en solución por aumento de P, el punto de fusión se deprime más con el incremento de P.

La Fig. 7-8, ilustra las curvas del solidus para tres rocas ígneas comunes, con composiciones desde ultramáficas a silícicas. En todos los casos, se observa que el agua, disminuye marcadamente el punto de fusión de las rocas. Esto demuestra el importante rol que juega el agua en la generación de fundidos, particularmente en la corteza, donde es más abundante. En presencia de pequeñas cantidades de agua, el punto de fusión de las rocas graníticas en la corteza inferior es de aproximadamente 600°C, temperatura que es alcanzada durante el metamorfismo.

El principal mecanismo por el cual el H_2O se disuelve en los fundidos silicáticos es un proceso por el cual las moléculas de H_2O se involucran en una reacción de hidrólisis mediante la cual se conectan con el oxígeno adyacente de los tetraedros SiO4 (polimerización). Por esta reacción de hidrólisis, el H_2O se disocia en H+ y OH- e interactúa con la cadena –Si-O-Si-, para formar –Si-OH y HO-Si-. Los iones H+ satisfacen la carga negativa con la posición tetraédrica del oxígeno y la despolimerización reduce la viscosidad de los fundidos altamente polimerizados. La extensión en la que estos procesos tienen lugar depende de la estructura del fundido (que determina el desarrollo de la polimerización).

Un modelo propuesto para las estructuras de los fundidos aluminosilicáticos, sostiene que su estructura es similar a sus equivalentes mineralógicos, teniendo menor orden de los enlaces silicáticos y ausencia de ordenamiento bajo difracción de rayos-X. Un fundido de olivino, no está polimerizado, mientras que un fundido de cuarzo o feldespato, está extensamente polimerizado. Los basaltos son los menos polimerizados y las riolitas las más polimerizadas. Estos establecen una correlación entre la viscosidad y el contenido de sílice y se relaciona con la explosividad de las erupciones volcánicas.

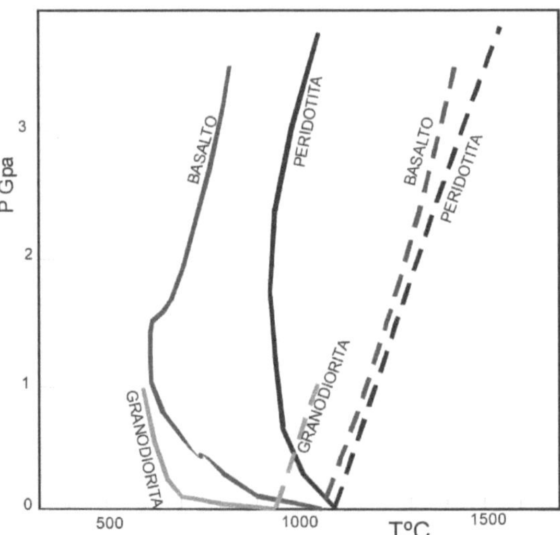

Fig. 7-8. Curvas de comienzo de fusión. Líneas continuas (saturadas en H2O) y líneas de guiones (anhídras), para granodiorita (Robertson y Wyllie 1971); basalto (Lambert y Wyllie 1972) y peridotita seca (Ito y Kennedy 1967), peridotita saturada (Kushiro et al. 1968).

Rol del agua en el comportamiento magmático

El agua disuelta en los fundidos silicáticos tiene profunda influencia en su comportamiento. Específicamente el H_2O disuelta produce:

1.- Despolimerización del fundido. El H_2O disuelta en los fundidos silicáticos rompe los polímeros por reemplazo de los puentes de oxígeno, por dos hidroxilos que rompen la estructura del polímero, como sugiere la reacción:

$$H_2O + O^{2-} = 2(OH)^-$$

Disuelto en   Disuelto en
el fundido   el fundido

O sea que el H_2O no permanece en solución como moléculas de agua neutrales, sino que se combina con el oxígeno para formar iones hidroxilos, que rompen las cadenas Si – O reduciendo la polimerización.

2. Reduce la viscosidad del fundido, porque despolimeriza el fundido. Los fundidos silícicos ricos en agua pueden ser tan fluidos como los fundidos basálticos. Un pequeño porcentaje en peso de agua disuelta puede ser efectivo reduciendo la viscosidad, pero el agua tiene peso molecular mucho más bajo que los fundidos silicáticos, así que el porcentaje molecular de agua disuelta tiene un valor significativamente grande. En las estructuras abiertas a alta temperatura, tienen gran movimiento los átomos que pueden moverse fácilmente desde posiciones vecinas, permitiendo que la viscosidad disminuya.

3. Incrementa las relaciones de difusión. La difusión gobierna los cambios de estado del sistema, tales como crecimiento de cristales, o reacciones químicas entre diferentes fases.

4. Deprime las temperaturas de cristalización.

5. Se separa y expande en cuerpos someros de magma, produciendo erupciones explosivas. Si un fundido silicático se sobresatura con respecto a algunos constituyentes minerales disueltos, estos se nuclearán y crecerán. Si a alta temperatura el fundido se vuelve sobresaturado en agua y otros volátiles, o sea que la concentración excede la solubilidad, los volátiles se separan del fundido, formando burbujas. Este proceso se denomina vesiculación y ebullición. La ebullición de los magmas crea las fábricas vesiculares, pero en ciertos magmas, la exsolución del gas, produce erupciones explosivas. En general los magmas silícicos e intermedios (riolitas, dacitas, andesitas) y a veces algunos magmas alcalinos máficos, con muy baja SiO_2 (tales cono nefelinitas) son muy explosivos; mientras que los magmas basálticos erupcionan con relativa tranquilidad.

Un fundido inicialmente subsaturado en gas puede volverse sobresaturado y hervir, a temperatura constante, o condiciones isotérmicas, si la presión confinante es reducida, lo que ocasiona que la concentración exceda a la solubilidad. La ebullición tiene lugar cuando la presión de vapor del volátil iguala la presión confinante. La ebullición también puede ser causada a presión constante, o condiciones isobáricas, por descenso de temperatura. Esto puede parecer contradictorio, porque a temperatura más baja aumenta la solubilidad, pero con el descenso de temperatura, aumenta la cristalización de minerales anhidros, tales como olivino, feldespatos, piroxenas, etc., y así aumenta la concentración de agua en el fundido residual, lo que contrarresta la mayor solubilidad. Por ejemplo si un magma granítico inicialmente fundido totalmente a P = 0,1 Gpa, T = 900° C y contenido de H_2O = 3% peso y se produce la cristalización como sistema isobárico con un descenso de T = 200° C y cristalizan un 50% de feldespatos y cuarzo, el fundido residual tendrá el 6% de H_2O, pero se producirá la ebullición antes de llegar a esa concentración, porque el fundido sólo acepta entre el 4 y 5%. Este tipo de ebullición que produce la cristalización se denomina ebullición retrógrada y produce la fábrica vesicular, típica de intrusiones someras y de flujos lávicos en superficie. En los magmas con sólo pocos cristales en suspensión, las vesículas, si no se mueven, tienden a tener forma esférica o elipsoidal, por la tensión superficial del fundido que las rodea. En los magmas ricos en cristales la forma de las cavidades creadas por el gas, están controladas por las caras de los cristales, tomando formas angulares.

6. El agua estabiliza las fases cristalinas hidratadas, tales como micas y anfíboles.

7. La liberación de agua de volcanes y cuerpos intrusivos someros, causa destrucción de los minerales que contienen agua, tales como micas y anfíboles.

8. El agua en sistemas subsolidus promueve la alteración y reemplazo de minerales inestables de alta temperatura, tales como los feldespatos, que pasan a micas y arcillas.

9. Produce la ebullición retrógrada con separación de soluciones acuosas en sistemas plutónicos confinados, produciendo pegmatitas y venas de cuarzo con sulfuros.

Controles sobre las erupciones volcánicas explosivas

La importancia de la ebullición en los magmas va más allá de la creación de estructuras vesiculares. En algunos sistemas, la desmezcla del gas desde el magma provee la fuerza explosiva de las erupciones volcánicas., que depende de varios factores.

Generalmente en los magmas intermedios a silícicos (andesitas, dacitas, riolitas) y también en magmas máficos alcalinos, con bajo contenido en SiO_2 (nefelinitas), son mas explosivos que los magmas máficos que erupcionan como lavas relativamente tranquilas. El contenido en SiO_2 que controla la viscosidad no es el único factor que gobierna la explosividad. El contenido inicial de volátiles, en depósitos riolíticos piroclásticos, indican bajo contenido de agua, los fenocristales máficos son de piroxeno, más que de hornblenda y biotita y no muestran contenidos apreciables de CO_2. Por lo que el contenido inicial de volátiles y la viscosidad están involucrados en el desarrollo de la expansión del gas durante la vesiculación. Este factor es el que determina, si la energía es liberada lentamente o explosivamente.

Considerando dos columnas verticales de magma que ascienden, con contenidos similares de volátiles y que comienzan a hervir a la misma profundidad. En la primera, por su viscosidad más baja o una relación de ascenso más lenta libera el gas en burbujas que se expanden considerablemente al tiempo que la columna se acerca a la superficie, esta expansión acelera la velocidad de ascenso, pero como queda poca presión residual del gas cuando alcanza la salida hay poca tendencia explosiva. En el segundo caso, la columna de magma, tiene poca expansión de gas durante el ascenso, por una más alta viscosidad que retarda la formación de burbujas. En este sistema hay considerable energía y cuando alcanza la salida el magma se desintegra violentamente en una explosión que eyecta al magma en forma fragmentada sobre amplias áreas.

La formación y expansión de las burbujas de gas, es análoga al nucleamiento y crecimiento de cristales. Los experimentos muestran que el crecimiento de las burbujas es rápido, aún en fundidos silícicos altamente viscosos. Aunque la difusión del agua como iones (OH-), en los fundidos es lenta, especialmente en los silícicos, muchas burbujas pequeñas se forman anticipadamente. La expansión del gas en las burbujas está gobernada por la presión confinante sobre el magma y la viscosidad de las paredes de las burbujas. La desmezcla del agua desde el fundido incrementa su viscosidad, reduciendo la velocidad de difusión para que la burbuja crezca, haciendo dificultosa su deformación y expansión. Esto produce una sobrepresión dentro de la burbuja que produce su explosión, desintegrando al fundido en las proximidades de la salida e impulsando los fragmentos hacia el exterior a gran velocidad.

Ebullición retrógrada: Estadios tardíos de sistemas magmáticos confinados

En estadios cerrados de sistemas magmáticos hidratados, la fábrica y la composición mineral de las rocas, pueden ser cambiadas. Diversos estudios de intrusiones magmáticas graníticas, revelan no solo alteración, sino también la formación de cuerpos de pegmatita, de aplitas, de venas de cuarzo y sulfuros, tanto dentro, como en la periferia de los plutones. Las relaciones de fábrica y de campo indican que todos ellos se formaron tardíamente en la evolución de los sistemas magmáticos, aparentemente desde diferentes tipos de soluciones.

El origen y diversidad en la composición de estas soluciones son consecuencia de la ebullición retrógrada y del camino durante el cual los constituyentes químicos son particionados entre fases de cristales, fundidos y volátiles, durante el enfriamiento del magma. La cristalización tiende a enriquecer los fundidos residuales en Na, K y Fe, relativamente al Ca y Mg. La razón está dada por el tamaño iónico, carga y otros factores de enlace, elementos adicionales son la concentración de elementos menores y trazas que no son incorporados y precipitan como cristales, y otros que son altamente concentrados en los líquidos residuales. La lista de los elementos residuales incluye: Li, Be, B, C, P, F, S, Cl, Cu, Zn, Mo, Ag, Sn, W, Au y Pb.

La precipitación de fases anhidras (cuarzo y feldespatos) desde un magma que se enfría, puede incrementar la concentración de agua en el fundido residual, en los estadios tardíos y si el sistema tiene una capa de roca impermeable, la PH_2O se vuelve igual a la P confinante y el fundido experimenta ebullición retrógrada. Como la fase rica en vapor de agua bulle estrepitosamente, tendrá una densidad que depende tanto de la presión confinante y su nomenclatura es complicada: vapor, gas, fluido acuoso, solución hidrotermal, son todos estados posibles. Asimismo, una fase rica en agua contiene concentraciones importantes de Na, K y Si disueltos, además de los elementos volátiles: C, P, F, S, Cl, más otros elementos residuales.

Los átomos pueden difundirse mucho más rápidamente en una fase rica en agua, que en un fundido silicático condensado, por lo que la relación de crecimiento cristalino se intensifica, por lo que es importante en el comportamiento y el origen de los cristales gigantes que se encuentran en las pegmatitas y en sistemas plutónicos desarrollados en profundidad.

El sistema fundido residual en el sistema magmático, de los cuerpos pegmatíticos, que cristalizan después de largo tiempo, actúa activamente promoviendo el reemplazo metasomático, que altera a los minerales de alta temperatura en las paredes de las rocas a lo largo de los canales de migración. El fenómeno de ebullición y la expansión volumétrica de sistemas tardíos magmático-hidrotermal en nivel epizonal, puede causar la fracturación de las paredes de roca y debido a la rápida perdida de volátiles, agotan cualquier fundido remanente del magma, producido por intrusivos porfídicos someros. Las soluciones hidrotermales migran por las fracturas de las paredes y las rocas porfíricas pueden precipitar, cantidades económicamente importantes, de sulfuros y óxidos de Mo, Cu, Ag, Au, Zn, Pb y U, junto con grandes cantidades de cuarzo.

Sistemas hidrotermales

Las rocas sedimentarias y volcánicas fracturadas y permeables, que están por encima de muchas intrusiones someras, constituyen lugares ideales para el desarrollo de extensos sistemas hidrotermales. Un sistema hidrotermal típico se asocia con terrenos volcánicos silícicos. Los isótopos estables muestran que el agua meteórica predomina sobre la juvenil o magmática en la mayoría de los sistemas hidrotermales, pero la relación es variable según los sitios. El calor de una cámara magmática somera está típicamente asociada con volcanismo reciente y el agua subterránea calentada, mas el componente de agua juvenil agregada, que se expande y asciende a través del material permeable que está por encima, formando fumarolas y geiseres. El agua que se enfría se desplaza lateralmente y desciende, dando lugar a que más agua caliente ascienda, formando un sistema convectivo por encima del magma solidificado (Fig. 7-9).

Los sistemas hidrotermales, por encima de batolitos someros, puede afectar a volúmenes importantes de roca y el flujo está controlado por la permeabilidad de las rocas sobreyacentes. Importantes sistemas de fracturas se desarrollan encima de las intrusiones, que actúan como conductos efectivos de circulación de los fluidos. Perforaciones en algunos sistemas han llegado a más de 3 km y han encontrado aguas salinas con pH casi neutro y con temperaturas de más de 350°C. Si la ebullición tiene lugar en la parte superficial del sistema, CO_2 y SH_2 típicamente se concentran en los vapores, los cuales pueden alcanzar la superficie como fumarolas, o condensarse y oxidarse como sulfatos ácidos o soluciones bicarbonatadas, que son comunes en los campos geotermales.

Los fluidos hidrotermales evolucionan tanto químicamente, como isotópicamente por intercambio con los fundidos silicáticos y/o la parte solidificada del plutón, donde el agua puede ser juvenil o no. Así estos fluidos se enriquecen en los constituyentes que disuelven, los cuales interactúan con las rocas que los rodean, causando cambios químicos, mineralógicos y texturales, que dependen de la temperatura, la permeabilidad, la composición química y la naturaleza de los fluidos y de las rocas. La gran variación de la naturaleza física y química de los sistemas hidrotermales, genera diferentes productos de alteración, que incluyen: cuarzo, feldespatos, clorita, arcillas, calcita, epidota, sulfuros y óxidos, junto a zeolitas, biotita, actinolita, diópsido y granate. Los minerales máficos y vidrio de las volcanitas, son particularmente sensibles a la alteración. La mineralogía de menas y su alteración producen estructuras zoneadas y reflejan gradientes de temperatura y químicos. Tales zonaciones pueden ocurrir a escala pequeña, como en una fractura, o a gran escala como zonas concéntricas por encima del plutón. Importantes yacimientos de interés económico se forman en estos sistemas hidrotermales, siendo fuentes de oro, plata, cobre, plomo, cinc, molibdeno, etc.

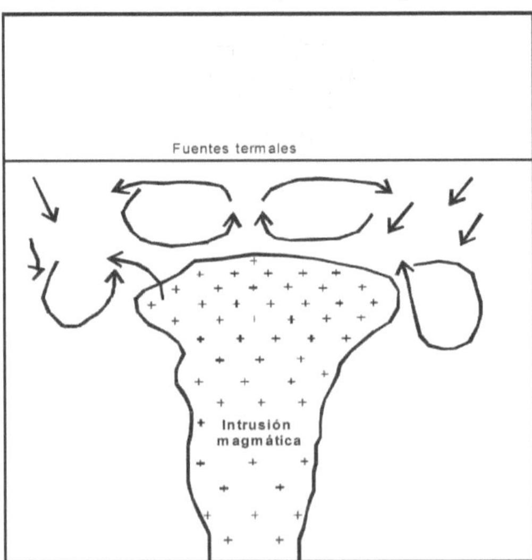

Fig. 7-9. Esquemática de circulación convectiva de agua meteórica, por calentamiento desde una intrusión.

Sistemas análogos han sido reconocidos debajo del fondo oceánico, en las dorsales de distensión se producen centros en los cuales el agua juvenil y el agua oceánica circulan en sistemas convectivos, tales como los humos negros, que son centros de depositación activa de sulfuros metalíferos y que asimismo, soportan una nueva y única comunidad biológica.

Isótopos y los sistemas convectivos de agua meteórica

Taylor (1978) ha demostrado que en los sistemas plutónicos investigados, particularmente los granitos epizonales, tienen relaciones isotópicas de oxígeno e hidrógeno, enriquecidas en isótopos livianos. Este enriquecimiento produce patrones concéntricos con valores $\delta16O$ más altos alrededor del cuerpo magmático. Las rocas graníticas frescas tienen valores $\delta16O$ de +7 a +10, mientras que las aguas meteóricas subterráneas están enriquecidas en 16O, en aproximadamente valores -10. Si la intrusión magmática puede controlar la circulación del agua subterránea en un período importante de tiempo, el calentamiento producirá enriquecimiento en O16 en las rocas intrusivas y sedimentarias más ricas en O18 (δ = +10 a +20). La naturaleza de la convección se muestra en la Fig. 7-9.

El descubrimiento de sistemas de convección gigantes, involucran aguas subterráneas que se extienden decenas de kilómetros dentro de la roca de campo, las cuales tienen implicancias para la generación de depósitos minerales hidrotermales, asociados con las intrusiones magmáticas y su enfriamiento. Modelos puramente conductivos se limitan a los casos en que la roca de campo es impermeable.

Efectos del anhídrido carbónico

La solubilidad del CO_2 en los fundidos silicáticos, contrasta significativamente con el H_2O. El CO_2 no disocia ni ataca las ligaduras de los oxígenos, porque el ión C4+ es muy diferente al ión H+. El ión C4+ es más pequeño y de alta carga y no puede establecer cadenas estables con los oxígenos adyacentes al catión Si4+. Consecuentemente el CO_2, no se disuelve en forma apreciable en los fundidos, particularmente en los silícicos altamente polimerizados. Las investigaciones han encontrado que la adición de CO_2 en los sistemas, muestra poca solución y no cambia, el punto de fusión. Otros investigadores lo han tratado como componente inerte de la fase fluida y tendría un rol de diluyente del H_2O, reduciendo la actividad (aH_2O) en el fluido. Mientras que el H_2O reduce el punto de fusión de la albita, la adición de CO_2 parece mitigar dichos efectos y reducen su capacidad para disolverse en el fundido.

El CO_2 se disuelve algo en los fundidos silicáticos, especialmente a P>1GPa. Eggler (1973) encuentra que el CO_2 se disuelve hasta el 4 – 5 % en fundidos de diópsido, enstatita y albita a altas presiones. Estableciendo que la solubilidad del CO_2 depende fuertemente de la composición del fundido, disolviéndose más en los fundidos máficos menos polimerizados (en marcado contraste con el comportamiento del H_2O). También encontró que el H_2O incrementa marcadamente la solubilidad del CO_2 hasta un 35% en diópsido a 2 GPa y al 18% en enstatita, pero sólo en un 5 – 6% en fundidos de albita.

Mysen y Virgo (1980) sugieren que el CO_2 se disuelve para formar complejos carbonáticos (CO_3^{2-}), particularmente con el Ca para formar complejos de $CaCO_3$.

La disolución de CO_2, produce un descenso del punto de fusión de los silicatos, aunque menos que el H_2O. El CO_2 tiende a hacer más polimerizado los fundidos, donde el H_2O rompe las ligaduras. El CO_2 tiende a disolverse más en los fundidos máficos, menos polimerizados y aumenta la viscosidad de los fundidos. Esto también explica porque el CO_2 se disuelve más si el H_2O está presente, porque el agua crea fundidos menos polimerizados que atraen al CO_2. La adición de CO_2 desplaza, al eutectico diópsido-anortita a temperaturas más bajas.

Dado que la solución de CO_2 tiene lugar a altas presiones y en composiciones máficas, los efectos deben ser mayores en el manto. El CO_2 debería influir en el descenso del punto de fusión en rocas del manto sólido, causando fusión incipiente de basaltos alcalinos y por supuesto el volumen de fusión dependerá tanto de la temperatura como de la cantidad de CO_2 disponible. También tiene influencia el CO_2 en la fusión de peridotitas y en la formación de carbonatitas.

Componentes volátiles

Todos los magmas naturales contienen disueltos agua, anhídrido carbónico y otros componentes volátiles que pueden ser absorbidos o expulsados de los complejos ha medida que el magma se separa de la fuente y que va cristalizando en profundidades someras. La dificultad radica en conocer que proporciones de estos gases estuvieron presentes en la fuente. Estudios de volcanes continentales indican que el CO_2 puede ser el gas dominante en profundidad y que la mayor parte del agua expulsada durante las erupciones, es tomada de la corteza. La mayoría de los componentes volátiles conocidos derivados del manto, provienen de las lavas vítreas dragadas del fondo oceánico, donde las presiones son tan altas que pocos escapes tienen lugar antes que la lava se enfríe. CO_2, H_2O y cantidades menores de gases sulfurosos, constituyen los volátiles más importantes, además de cloro y flúor que están en muy pequeñas cantidades.

La solubilidad de los gases en los magmas varía con la presión, la temperatura y la composición, tanto del gas como del líquido (Fig. 7-10). La simple experiencia de destapar una botella de cerveza o de champagne, permite observar la formación de numerosas burbujas que escapan del líquido, lo que ilustra claramente, que la solubilidad de un gas decrece con la presión confinante, o bien cuando la temperatura aumenta. Este efecto produce disminución de volumen en el magma, porque un líquido con gases disueltos ocupa mayor volumen, que uno sin gases. Por estas razones, el contenido de gas en una columna de magma, es mayor en la parte superior que en profundidad.

La mayoría de los magmas ricos en sílice, puede retener más agua que los magmas máficos y el efecto se incrementa por tener temperaturas de formación más bajas. Si otro gas está presente, como el CO_2, este reduce la solubilidad del agua. Aunque los constituyentes volátiles solo son una pequeña fracción en peso de los magmas y su peso molecular es bajo, su correspondiente fracción molecular es mucho mayor y tienen gran influencia sobre las propiedades físicas, como la viscosidad y determina el orden de cristalización de los minerales. Muchos volátiles se pierden de las rocas volcánicas, antes de que comience su cristalización, mientras que en las rocas plutónicas, estos son retenidos e incorporados en algunos minerales estables. El agua por ejemplo, entra en los minerales hidratados, anfíboles y micas, y los sulfuros se combinan con hierro o cobre para formar sulfuros. Pocas rocas ígneas contienen carbonatos u otros minerales con CO_2, pero en algunos casos forman las carbonatitas. Los halógenos son constituyentes esenciales de apatita, turmalina, topacio y algunos anfíboles.

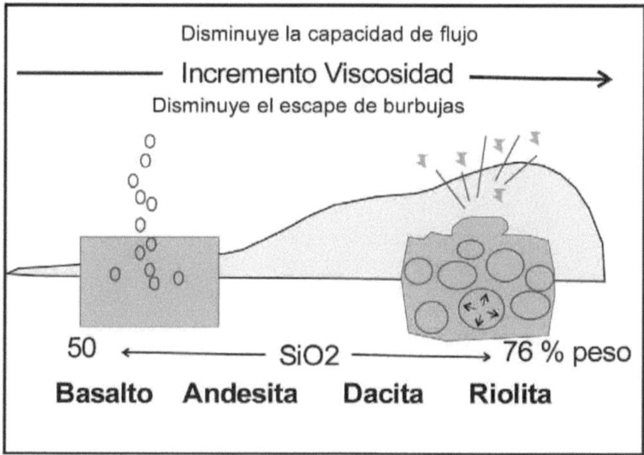

Fig. 7-10: Clasificación de los magmas volcánicos, según el contenido de SiO2 y de volátiles, que controlan su viscosidad, condicionan su capacidad de fluir y su potencial explosividad. (Modificado de Millery Wark 2008).

Lecturas seleccionadas

Bowen, N.L. 1915. Crystallization-differentiation in silicate liquids. Amer. J. Sci. 39: 175-191.

Bowen, N.L. 1922. The reaction principle in petrogenesis. J. Geol. 30: 177-198.

Eggler, D.H. 1973. Role of CO2 in melting processes in the mantle. Carnegie Inst. Washington Yearb. 73: 215-224.

Irvine, T.N. 1975. Olivine-pyroxene-plagioclase relations in the system Mg2SiO4-CaAl2Si2O8-KAlSi3O8-SiO2 and their bearing on the differentiation of stratiform intrusions. Carnegie Inst. Washington Yearb. 74: 492-500.

Ito, K., y Kennedy, G.C. 1967. Melting and phase relations in a natural peridotite to 40 kilobars. Amer. Jour. Sci. 265: 519-538.

Kushiro, I., Yoder jr., H.S., y Nishikawa, M. 1968. Effect of water on the melting of enstatite. Geol. Soc. Am. Bull. 79: 1685-1692.

Lambert, I.B., y Wyllie, P.J. 1972. Melting of gabbro (quartz eclogite) with excess water to 35 kilobars, with geological applications. J.Geol. 80: 693-708.

Morse, S.A. 1994. Basalts and Phase Diagrams. An introduction to the Quantitative Use of Phase Diagrams in Igneous Petrology. Krieger, Malaber, FL.

Mysen, B.O., y Virgo, D. 1980. Solubility mechanisms of carbón dioxide in silicate melts. A Raman spectroscopic study. Amer. Mineral. 65: 885-899.

Presnall, D.C., Dixon, S.A., Dixon, J.R., O´Donnell, T.H., Brenner, N.L., Schrock, R.L., Dycus, D.W. 1978. Liquidus phase relations on the join dioside-forsterite-anorthite from 1 atm to 20 kbar: Their bearing on the generation and crystallization of basaltic magma. Contrib. Mineral. Petrol. 66: 203-220.

Robertson, J.K., y Willey, P.J. 1971. Experimental studies on rocks from the Deboullie Stock, northern Maine, including melting relations in the water deficient environment. J.Geol. 79: 549-571.

Schairer, J.F., y Yoder jr, H.S. 1960. The nature of residual liquids from crystallization, with data on the system nepheline-diopside-silica. Am. J. Sci. 258A: 273-283.

Yoder, H.S., y Tilley, C.E. 1962. Origin of basalt magmas: An experimental study of natural and synthetic rock systems. J. Petrol. 3: 342-532.

Miscelanea 18: 143-164
Tucumán, 2010 -ISSN 1514 - 4836 - ISSN on-line ISSN 1668 - 3242

Capitulo 8
Petrología química: elementos mayores y menores

Introducción

La petrología tiene un amplio apoyo en la química, donde la aplicación de la geoquímica es de capital importancia como llave para la resolución de problemas petrológicos.

Por conveniencia los elementos son separados en mayores, menores y trazas. Los límites entre los grupos son arbitrarios, pero los más aceptados son:

Elementos mayores   >1,0% peso

Elementos menores   0,1 – 1,0% peso

Elementos trazas   <0,1% peso

Se denominan elementos mayores porque están presentes en altas concentraciones y controlan en gran medida la cristalización de los minerales petrogenéticos en las rocas a partir de fundidos. Ellos también controlan propiedades tales como viscosidad, densidad, difusividad, etc., en magmas y rocas. Los elementos menores comúnmente sustituyen a algunos elementos en los minerales principales (Mn por ejemplo, sustituye al Fe o al Mg en los minerales máficos). Si llegan a estar en concentraciones suficientemente altas pueden llegar a formar minerales independientes, que se denominan minerales accesorios. Por ejemplo, si hay suficiente Zr se forma circón o si hay suficiente P se forma apatito y Ti puede formar rutilo o titanita, o si hubiera suficientes óxidos de Fe y Ti se puede formar ilmenita. Los elementos trazas, están demasiado diluidos como para formar fases separadas, ellos actúan estrictamente sustituyendo a elementos mayores y trazas en las estructuras minerales. La concentración y distribución de los elementos trazas pueden ser utilizados para estudiar la evolución de los magmas, actuando como trazadores efectivos para establecer el origen de los magmas y para discriminar procesos magmáticos.

En base a compilaciones de análisis de rocas publicados y estimaciones de las proporciones relativas de las rocas representadas en la corteza continental, se establecen los datos expresados en la Tabla 8-1 de los promedios de los elementos mayores (Poldevaart 1955; Ronnov y Yaroshevsky 1976).

Elemento	ÓxidoPeso %	Porcentaje atómico
O	------	60,8
Si	59,3	21,2
Al	15,3	6,4
Fe	7,5	2,2
Ca	6,9	2,6
Mg	4,5	2,4
Na	2,8	1,9
K	2,2	1,0
Total	98,5	98.5

Tabla 8-1. Abundancias relativas estimadas de elementos mayores de la corteza continental.

Observar que estos 8 elementos constituyen el 99% del total de la corteza y que son los elementos mayores que forman la mayoría de las rocas y minerales. El O y Si son los dominantes.

En la tabla 8-2 se expresan los análisis químicos de algunas rocas representativas, realizada en base a más de 26.000 análisis, el promedio es tomado de Le Maitre (1976).

Observar que los 7 óxidos mayores de la Tabla 8-1, están presentes en todas las rocas listadas, aún las del manto como las peridotitas. TiO_2, H_2O, MnO y P_2O_5, son óxidos que se presentan comúnmente en bajas concentraciones, constituyendo los elementos menores de las rocas ígneas. El Cr_2O_3, puede ser otro óxido común, especialmente en las rocas ultramáficas, pero es típicamente un elemento traza en la mayoría de las rocas comunes. El Fe es el único elemento mayor o menor común, que se presenta con dos estados de valencia. La relación Fe^{3+}/Fe^{2+}, se incrementa con la fugacidad del oxígeno de los fundidos en equilibrio. Observar que MgO y FeO-Fe_2O_3, decrecen desde la peridotita a la riolita, mientras que los álcalis aumentan. Esto es lo común en las series evolutivas desde rocas básicas a ácidas.

Óxidos	Peridotita	Basalto	Andesita	Riolita	Fonolita
SiO_2	44,80	49,20	57,90	72,80	56,20
TiO_2	0,19	1,84	0,87	0,28	0,62
Al_2O_3	4,16	15,70	17,00	13,30	19,00
Fe_2O_3	1,36	3,79	3,27	1,48	2,79
FeO	6,85	7,13	4,04	1,11	2,03
MnO	0,11	0,20	0,14	0,06	0,17
MgO	39,20	6,73	3,33	0,39	1,07
CaO	2,42	9,47	6,79	1,14	2,72
Na_2O	0,22	2,91	3,48	3,55	7,79
K_2O	0,05	1,10	1,62	4,30	5,24
H_2O^+	0,0	0,95	0,83	1,10	1,57
Total	99,36	99,02	99,27	99,51	99,20

Tabla 8-2. Tabla de valores químicos de rocas ígneas representativas.

La composición química de las rocas ígneas (Tabla 8-2) también permite su comparación con sus equivalentes metamórficos, aunque la mineralogía puede variar, por los cambios en P y T, la composición química generalmente permanece inalterada. Esto también se aplica para establecer las rocas precursoras y para correlacionar provincias ígneas antiguas, con modernas. En muchos casos también es posible documentar los cambios químicos que se producen por los procesos metamórficos o de alteración.

Minerales normativos

Como muchas rocas volcánicas tienen grano demasiado fino para ser reconocidos sus componentes minerales, aún bajo el microscopio, y que también pueden tener vidrio en cantidades significativas, diversas metodologías fueron desarrolladas para calcular una mineralogía idealizada de dichas rocas de manera que pudieran ser comparadas con las de grano grueso. La mineralogía de las rocas faneríticas puede variar con la presión y la temperatura, lo que hace incierta una comparación directa con las rocas afaníticas. La norma busca reconciliar o atemperar estas diferencias, limitando los minerales que se calculan y que reflejan variables que permiten la comparación directa de un amplio espectro textural y composicional de rocas. La norma también puede ser usada para calcular la mineralogía aproximada de rocas, cuando ella se desconoce. En razón que la norma se calcula sobre una base anhidra, permite comparar rocas con diferentes contenidos de agua. Como las rocas difieren en sus composiciones químicas, esto permite al cálculo normativo ser usado en diferentes esquemas de clasificación.

La norma fue primeramente desarrollada por tres petrólogos (Cross, Iddings, y Pirsson) y un geoquímico (Washington), a comienzos del siglo XX y fue denominada "norma CIPW". Ella se basa en minerales normativos, que son los esperados se formen desde un fundido anhidro a baja presión. Con posterioridad, diversas variaciones y alternativas a la norma han sido propuestas, algunas para circunstancias especiales, tales como la alta presión. La Norma CIPW original, es todavía de uso corriente en Estados Unidos, mientras que en Europa es más utilizada la "Norma Catiónica" o "Norma Barth-Niggli".

La norma no debe ser confundida con el modo. El modo, es la composición mineral real y actual de una roca y se expresa en volumen % de una roca. La norma, es la mineralogía idealizada, calculada a partir de la composición química de una roca. Como la composición química es expresada en porcentaje en peso de los óxidos, la norma CIPW se expresa en peso % de los minerales normativos. El modo y la norma pueden diferir por varias razones, pero las proporciones del volumen versus el peso %, constituyen diferencias consistentes. La norma por ejemplo, exagera los minerales densos en comparación con el modo, al convertir los porcentajes de peso a volumen, usando las densidades de los minerales.

Por su parte la Norma Cationica o Norma Barth-Niggli, expresa los minerales normativos sobre una base atómica.

La norma CIPW se calcula siguiendo una serie de reglas rígidas que asignan a los óxidos a una serie de minerales que constituyen los extremos de soluciones sólidas, que son acompañados por procesos de cálculos estequiométricos. *La técnica es descrita en el Anexo I y es de fácil cálculo por medio de programas de computación específicos.* La fugacidad del oxígeno y el estado de oxidación del Fe, generalmente no es determinado y su estimación se realiza en base a los contenidos de minerales máficos normativos. Irvine y Baragar (1971) presentan un método para estimar la relación Fe^{+3}/Fe^{+2}, para usar en la norma que es: $\%Fe_2O_3 = \% TiO_2 + 1,5$, si el valor del análisis es menor no se introducen cambios, si es mayor el exceso en convertido en FeO.

La norma simplifica y organiza la composición química de las rocas, ya que enfatiza ciertas características particulares, como la "saturación en sílice". Las rocas sobresaturadas en sílice, son rocas que contienen cuarzo o sus polimorfos en el modo, como fases estables. Las rocas subsaturadas en sílice, contienen minerales que son incompatibles con el cuarzo, tales como olivino o feldespatoides. Una roca que esté justamente saturada en sílice puede contener trazas de cuarzo, pero no minerales subsaturados. Si se observan los análisis de la Tabla 8-2, el grado de saturación en sílice se correlaciona con el contenido de sílice en los análisis, pero su simple concentración no determina la saturación, sino que también se relaciona con los otros elementos que compiten por la sílice para formar una amplia variedad de silicatos. Por ejemplo, una roca con 100% de SiO_2 (o sea cuarzo puro) a la que se agrega 20% de MgO, se combinan para dar enstatita. Se puede determinar por cálculo si podría permanecer cuarzo libre, calculando cuanta sílice es necesaria para formar la molécula de enstatita (MgSiO3). Si la roca contiene sólo MgO y SiO_2, quedará junto a la enstatita un cantidad de cuarzo. Pero si se agrega Na_2O y Al_2O_3, ellos se combinan con la sílice libre para formar albita (cada átomo de Na consume tres átomos de Si y uno de Al) para formar NaAlSi3O8. Ahora la relación entre la concentración de sílice y la saturación se complica ya que depende de las relaciones entre Si:Mg:Na:Al. Durante el cálculo de la norma la sílice es secuencialmente aportada a diferentes minerales y el último mineral que se determina es el cuarzo, que representa el exceso de sílice del sistema, después de combinarse con los diferentes elementos presentes. Así cuando el cuarzo aparece en la norma, la roca es sobresaturada.

Diagramas de variación

Suponiendo un proyecto de investigación que involucre el mapeo e interpretación de una secuencia de rocas volcánicas, que está formada por pequeñas erupciones, conos y flujos volcánicos y de los cuales se sospecha están genéticamente relacionados a un proceso volcánico local de duración limitada. Para confirmar esta hipótesis se deberá realizar el mapeo cuidadoso de los flujos individuales y coleccionar las rocas (con muestras de cada flujo o cono volcánico). Con ellos es posible generar datos químicos cuantitativos (o mineralógicos) y generar una tabla como la 8-2. Cuando una serie de rocas volcánicas o plutónicas cogenéticas son analizadas, ellas muestran diferencias químicas, que son críticas para reconocer las tendencias de variación, junto con su descripción. No hay una forma única de interpretar los datos o de la forma de hacerlo, lo importante es encontrar parámetros que muestren variaciones sistemáticas, que permitan investigar las causas que las originaron. Diagramas de este tipo son denominados "diagramas de variación".

Hay dos formatos comunes para los diagramas de variación química en petrología. El primero es el diagrama Cartesiano, en los que dos parámetros son utilizados, un eje vertical (llamada ordenada o eje-y) y otro eje horizontal (llamada abscisa o eje-x). Otro formato de representación es mediante el diagrama triangular, en el que se representan tres parámetros, uno por cada vértice, pero que muestran sólo proporciones relativas, no cantidades absolutas, porque los tres parámetros deben ser normalizados de tal manera que la suma de 100%, para que se proyecten en un punto único.

En cada tipo de diagrama, cualquier correlación o tendencia muestra un patrón de los puntos proyectados. Otros valores, como las temperaturas, pueden ser representadas por contornos de puntos, en los diagramas triangulares. Datos químicos adicionales pueden ser representados por combinación de constituyentes químicos que muestran comportamiento similar (por ejemplo $FeO + MgO + MnO$, pueden ser representados como un componente único), aunque esto puede oscurecer el efecto de los componentes individuales.

Los diagramas de variación no sólo ayudan a reconocer las tendencias de los datos geoquímicos, sino que ayudan a interpretar y evaluar los procesos responsables de los mismos.

Proyecciones bivariantes

Cualquier componente químico, ya sea elemento mayor, menor o traza, o aún combinaciones de elementos o relaciones entre elementos, pueden ser comparados en los diagramas bivariantes. El diagrama mas aplicado en petrología química es el "Diagrama de Harker". Este simple diagrama x-y, generalmente permite proyectar la SiO_2 sobre la abscisa contra los restantes óxidos en la ordenada. La Fig. 8-2 es un ejemplo de diagrama de Harker aplicado a las rocas volcánicas de Crater Lake/Monte Mazama. Lo primero que se nota es el amplio rango de variación, desde basaltos hasta riolitas y que los diferentes óxidos muestran una suave variación en sus tendencias, lo que indicaría que las lavas están genéticamente relacionadas de alguna manera y que procederían tal vez de una misma cámara magmática somera, que produce esa variación continuada. Los magmas primarios son aquellos que derivan directamente por fusión parcial de una misma fuente y que no muestran caracteres que reflejen efectos de diferenciación posterior. Los magmas que han experimentado algún tipo de diferenciación química a lo largo de las tendencias evolutivas, se los denomina como magmas evolucionados o magmas derivados, como los de la Fig. 8-2. Los magmas que no

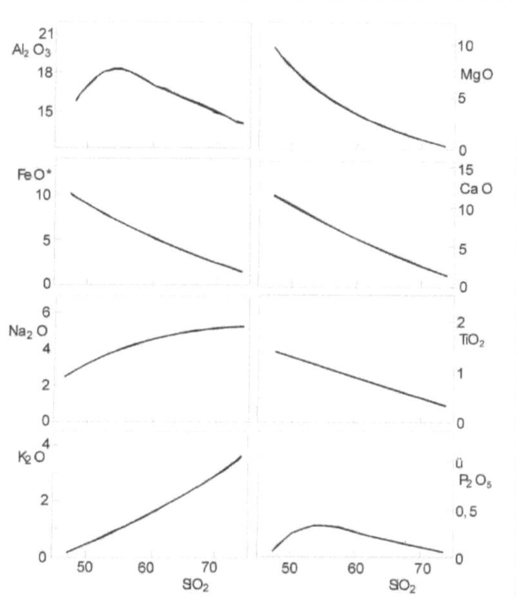

Fig. 8-2. Diagramas de variación de Harker de rocas volcánicas de Crater Lake. (Mte. Mazama).

han evolucionado se los denomina magmas primitivos. El magma madre (parental), es el más primitivo que se encuentra en un área y se supone que de él derivan los demás.

Harker (1909) propuso que la SiO_2 se incrementa con la evolución magmática y así utilizó la abscisa para indicar la intensidad de la evolución. El magma con menor contenido de sílice de la Fig. 8-2, se acepta como el magma madre, aunque es comúnmente casi imposible, demostrar en forma concluyente que es el verdadero magma primario, porque el pudo también haber evolucionado durante su ascenso. Este diagrama es aplicable solo a los magmas sub-alcalinos.

Aunque no podemos observar directamente la dinámica de una cámara magmática, si podemos estudiar las características químicas de los diferentes productos de los sistemas ígneos naturales, para probar la consistencia de las tendencias químicas o mineralógicas, con procesos tales como hundimiento de cristales, mezcla de magmas, asimilación de roca de caja, etc.

Cuando los cristales son removidos desde un fundido, el proceso se denomina cristalización fraccionada (o fraccionamiento cristalino) y la composición del líquido remanente en el sistema sigue líneas de descenso, usualmente a lo largo de las curvas cotecticas hacia el mínimo de temperatura del líquido, de composición eutéctica. Debido a la gran influencia de Bowen, se ha considerado a la cristalización fraccionada como el mecanismo dominante en la naturaleza y se aplica a los magmas que se diferencian, o cambian de composición. Este proceso se aplicó a las rocas de Crater Lake, correspondiente a una cámara magmática situada a cierta profundidad, en la que se formaron los minerales que se separan del magma, por hundimiento y que el líquido mas evolucionado escapa periódicamente a la superficie, formando conos, flujos y depósitos piroclásticos.

Asumiendo por un momento que la cristalización fraccionada es la responsable de la tendencia que se observa en la Fig. 8-2. ¿Puede ser relacionada la tendencia con una secuencia de extracción de minerales? El decrecimiento en MgO, FeO* y CaO con el incremento de la SiO_2, sería consistente con la remoción temprana de plagioclasa, olivino y/o piroxeno desde el líquido que se enfría. El MgO y el FeO* son incorporados en los minerales máficos de formación temprana; mientras que el CaO es incorporado a la plagioclasa cálcica y/o al piroxeno. El incremento de Na_2O y K_2O, se debe a que no son incorporados a los minerales que cristalizan y se conservan o concentran en el líquido residual.

La curva de Al_2O_3, muestra una tendencia particular, primero se incrementa y luego decrece, mientras que el CaO decrece continuamente, esto puede ser interpretado especulando que el clinopiroxeno se separó tempranamente removiendo Ca, pero no Al y la plagioclasa comenzó a cristalizar posteriormente tomando tanto Ca como Al.

Muchos geólogos piensan que los diagramas de Harker demuestran ampliamente los procesos de cristalización fraccionada. Cuando se hacen interpretaciones de rocas ígneas basadas en los diagramas de variación, se debe distinguir entre observaciones e interpretaciones. Las interpretaciones se relacionan a tendencias o a procesos de cristalización fraccionada y se asume que los análisis representan lavas consanguíneas con un ancestro común, erupcionadas desde una cámara debajo de un volcán, que muestra varios estadios de evolución progresiva. Esta suposición es apoyada, pero no probada, por la estrecha relación espacial y temporal de la asociación de rocas. La interpretación asume que el contenido de sílice está relacionado con el proceso de evolución, de manera tal que el % SiO_2, se incrementa con la evolución del magma y que la cristalización fraccionada es el único proceso involucrado. Con el reconocimiento de estas suposiciones, se debe retornar a los análisis químicos, a la petrografía y al campo, para evaluar las observaciones y las interpretaciones.

Por ejemplo, si un proceso de cristalización fraccionada es verdaderamente el responsable de una tendencia, se debe tener en cuenta las rocas porfíricas y de grano grueso, porque dichas rocas incluyen minerales que han sido removidos por el fraccionamiento. Algunas rocas porfíricas son acumulaciones de fenocristales en niveles altos, por lo que no son verdaderos líquidos que han evolucionado dentro del sistema y deben ser excluidos.

Las tendencias de los diagramas de variación deben ser consistentes con los resultados experimentales de descenso de las líneas coteticas y las rocas mas evolucionadas deben ser más jóvenes que las menos evolucionadas y esto debe ser comprobado en el campo. Las tendencias deben estar basadas en simulaciones cuantitativas por la extracción de proporciones específicas de minerales que están en la naturaleza y deben ser compatibles experimental y teóricamente con el tipo de magma presente.

En muchos sistemas, incluyendo las intrusiones máficas estratificadas (donde se documenta muy bien el proceso de fraccionamiento) y en distintas series volcánicas, el contenido de sílice no se incrementa durante la mayor parte del proceso de diferenciación. En tales casos, índices diferentes deben ser usados, que sean sensitivos a procesos particulares.

La Tabla 8-3 presenta una lista de parámetros químicos que han sido utilizados para identificar procesos de diferenciación de algunas provincias ígneas. Algunos de los índices de la tabla pueden ser usados como abscisa en los diagramas bivariantes si el objeto es documentar la evolución magmática en una serie ígnea. Como los diferentes sistemas evolucionan por caminos diferentes, no se debe esperar que un único parámetro, tal como la SiO_2, pueda actuar igualmente bien para todos. Algunos son mejores que otros para resolver diferentes problemas de algunas áreas o pueden ser más sensibles que otros. Por ejemplo, los índices basados en la relación Mg/Fe son mas efectivos en la evolución temprana de los

Nombre	Fórmula
Indice félsico	$100(Na_2O+K_2O)/(Na_2O+K_2O+CaO)$
Indice de Larsen	$1/3SiO_2+K_2O-(FeO+CaO+MgO)$
Indice de Nockolds	$1/3SiO_2+K-(Mg+Ca)$
Indice máfico (IM)	$(Fe_2O_3+FeO)/(Fe_2O_3+FeO+MgO)$
MgO	MgO % peso
"M (o Mg#, Mg´, Mg*)	$100Mg/(Mg+Fe^{+2})$ (o ser fracción % Or)
Indice de solidificación	$100Mg/(MgO+Fe_2O_3+FeO+Na_2O+K_2O)$
% Plagioclasa Normativa	Pl normativa
Indice de diferenciación	q+or+ab+ne+ks+lc normativos
Indice félsico normativo	$100(ab+or)/(ab+or+an)$ normativos
Elementos Traza conservados	Zr, Th, Ce

Tabla 8-3. Indices de diferenciación utilizados.

sistemas máficos (donde la SiO_2 varía poco), mientras que los parámetros mas alcalinos, trabajan mejor en los estadios tardíos de evolución de las rocas.

En vista que la sílice no siempre es adecuada como índice en los diagramas de Harker, se utilizan otros parámetros y como los procesos de fraccionamiento cristal-líquido están fuertemente relacionados con la evolución del magma, los parámetros deben ser seleccionados enfatizando el contraste de las composiciones entre los cristales tempranamente formados, versus los líquidos residuales tardíos. Así el índice félsico $(Na_2O + K_2O)/(Na_2O + K_2O + CaO)$, tiene valores bajos en las acumulaciones tempranamente cristalizadas de plagioclasa cálcica y augita, como en las rocas gábricas; mientras que da valores altos en las rocas graníticas con abundante feldespato alcalino y biotita. El índice máfico $(Fe_2O_3 + FeO)/(Fe_2O_3 + FeO + MgO)$, permite distinguir entre acumulaciones de alta temperatura formadas por olivinos ricos en magnesio y piroxenas, de los fundidos residuales solidificados enriquecidos en hierro. Estos dos índices son graficados en diagramas de variación cartesianos. O también pueden ser igualmente mostrados en el diagrama triángular AFM (ver Fig. 8-5).

Otros índices de evolución magmática son el Índice de Solidificación (IS) y el Índice de Diferenciación (ID). El IS fue propuesto por Kuno y se expresa:

$$IS = 100 \ MgO/(MgO + FeO + Fe_2O_3 + Na_2O + K_2O) \quad \text{que es la}$$

expresión numérica del diagrama AFM.

Indice de diferenciación (ID) (Thornton y Tuttle, 1960)

Los estudios experimentales han corroborado la evidencia ya expresada por Bowen, que la cristalización fraccionada de un magma produce líquidos que se mueven hacia el sistema petrogenético residual "sílice-albita-ortosa" $(SiO_2\text{-}NaAlSiO_4\text{-}KAlSiO_4)$. En una serie de rocas volcánicas la distancia que un magma ha evolucionado hacia dicho sistema residual, puede ser cuantificado por cálculo de la norma y sumando el sistema petrogenético residual. Este valor es llamado índice de diferenciación (Fig. 8-3). Este ID, es la suma de los porcentajes normativos de cuarzo, ortosa, albita, nefelina, leucita y kalsilita (ID = Q + Or + Ab + Ne + Ks + Lc) y refleja la tendencia de la diferenciación magmática, con el enriquecimiento de los líquidos residuales en estos minerales félsicos.

El ID, puede ser usado tanto para rocas alcalinas o ácidas y nos da una medida de la saturación en sílice. La representación gráfica es, sobre la ordenada se proyectan los distintos óxidos y sobre la abcisa el ID, desde 100 a 0 (de izquierda a derecha), (cuando mayor es el número mayor es la diferenciación).

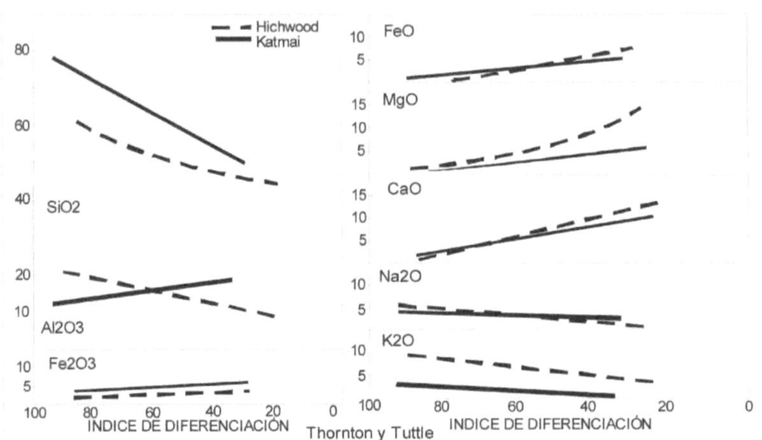

Fig. 8-3. Índice de diferenciación.

Índice de cristalización (IC) (Poldevaart y Parker, 1964).

El IC, se expresa en un diagrama binario (Fig. 8-4) y es una expresión de las fases del primitivo sistema anortita-diópsido-forsterita. El IC es definido como la suma (porcentaje en peso) de los minerales normativos: anortita, diópsido, forsterita, más enstatita normativa convertida a forsterita y espinelo magnesiano calculado del corindón normativo en las rocas ultramáficas.

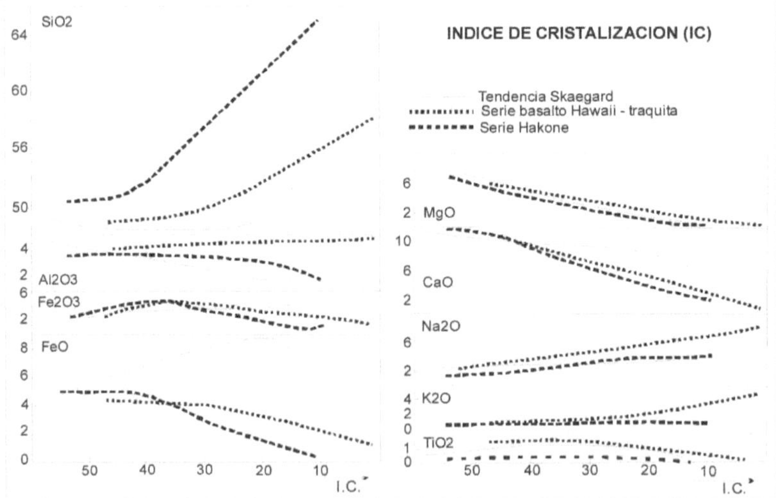

Fig. 8-4. Índice de cristalización.

O sea el I.C. está expresado por el % en peso de:

I.C. = suma (An + Di' + Fo' + Sp'), en la cual

    An = anortita normativa

    Di'= diópsido magnesiano, calculado del diópsido normativo.

    Fo'= forsterita normativa más enstatita normativa, convertida a forsterita.

    Sp'= espinela magnesiana, $Mg_2Al_2O_4$, calculado del corindón normativo en rocas ultramáficas.

El IC es computado después que la norma es recalculada a 100% anhidra. Los siguientes factores de conversión pueden ser usados para calcular el Di' y la Fo'.

    Di' = 2,157003 x En(Di) (Enstatita del Diópsido normativo)

    Fo' = Fo + 0,700837 En (Hy) (Enstatita de la Hiperstena normativa).

Para la representación, se vuelcan sobre la ordenada los distintos óxidos expresados en peso %, versus la abscisa con el IC. A un mayor IC corresponde un valor numéricamente más pequeño, (desde 100 a 0 hacia la derecha).

Comentarios

Los diagramas de variación son útiles, tanto descriptivamente como para las interpretaciones, pero deben ser usados sólo como primer paso hacia una interpretación mas rigurosa, ya que la cristalización fraccionada no es el único mecanismo que actúa en la diferenciación de los magmas, habiendo un amplio espectro de procesos que actúan, tales como: mezcla de magmas máficos (fundidos matélicos) y magmas silícicos (fundidos corticales) que se relacionan durante la subducción.

Adicionalmente, los procesos de diferenciación pueden no estar restringidos a la cámara magmática, la cual es sólo un lugar de residencia temporal en su camino hacia la superficie. Nuevos pulsos de magma máfico parental desde fuentes profundas puede alterar o aún revertir algunas de las tendencias. Por lo que los diagramas de variación trabajan muy bien cuando se los usa cuidadosamente para comprobar una hipótesis específica. Ya que distintos procesos pueden contribuir a la evolución de las series de magmas, por lo que distintos tipos de diagramas de variación deben ser empleados para analizar los mismos datos.

La observación de los diagramas de variación puede permitir ajustar los detalles de los datos. Por ejemplo, el pico observado para la curva de la Al_2O_3 (Fig. 8-2) puede ser sólo el resultado de un ajuste matemático a la curva de datos que están muy dispersos para las rocas con bajo contenido de SiO_2. El salto entre el 62 al 66% de SiO_2, también es provocativo. ¿Es sólo un accidente de muestreo? O ¿Es real? Y en este caso ¿Por qué? Fue que hubo un período de tranquilidad en la evolución de la cámara magmática, resultando en la no erupción de lavas o hay alguna razón mineralógica por la que no hay rocas en este intervalo.

Por otra parte, las rocas volcánicas con contenidos de SiO_2 entre 48 y 58% son menos comunes que los basaltos (<48%) y que las traquitas y riolitas (>58%). Este salto en la composición de las series volcánicas es llamado "Salto de Daly", el cual es mas aparente que real y estaría reflejando la dinámica de la cristalización fraccionada y las fases involucradas. La súbita aparición de un óxido mineral, puede causar una línea descendente del líquido, en términos del contenido de SiO_2, con sólo menor cantidad de fraccionamiento. Y cuando se utiliza otro índice que no sea la SiO_2, el salto es menos notable. Si la mezcla homogénea de magmas es la responsable de las tendencias en el extremo mas evolucionado del espectro de la serie magmática, el salto de Daly es explicado por el concepto, que en dos magmas que se mezclan, los miembros extremos son mas comunes que las mezclas intermedias.

El diagrama triángular AFM

El diagrama triángular de variación AFM es el mas usado en petrología ígnea (Fig. 8-5), en el que se proyectan, sobre el vértice **A** (álcalis: Na_2O+K_2O), **F** ($FeO+Fe_2O_3$), y **M** (MgO). Generalmente los valores se expresan en peso %, pero también se puede utilizar la base catiónica.

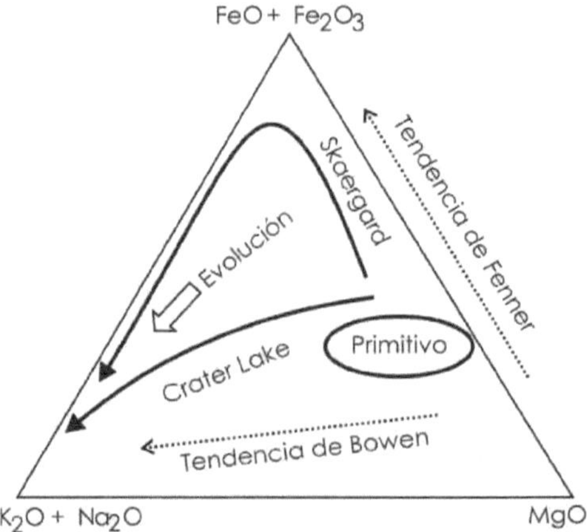

Fig. 8-5. Diagrama AFM, con rocas volcánicas de Crater Lake y de Skaergard (Groenlandia).

En la Fig. 8-5, se expresan las tendencias de Crater Lake y Skaergard, que son claramente diferentes. Debemos recordar por el diagrama de fases que el sistema del olivino, que para la mayoría de los minerales máficos la relación Mg/Fe es mas alta en la fase sólida que en el fundido con el cual coexiste. La remoción del sólido por cristalización fraccionada, deprime el contenido de MgO en el fundido y se enriquece en FeO, como se muestra en la tendencia de Skaergard. Los álcalis típicamente se enriquecen en el líquido y solo entran en la fase sólida durante los estadios finales de cristalización, como se puede observar en la evolución de las curvas del diagrama. Los magmas parentales, si están presentes, se acercan mucho al vértice del MgO y los más evolucionados al vértice de los álcalis. Observar que, aunque la tendencia de Skaegard muestra un pronunciado enriquecimiento en hierro en los estadios intermedios de evolución magmática (tendencia toleítica), mientras que los de Crater Lake, no lo tienen (tendencia calco-alcalina).

Diagramas de variación para modelar la evolución magmática

Hasta ahora la interpretación de los diagramas de variación ha sido inferido y cualitativo. Se ha buscado minerales capaces de extraer ciertos componentes y producir incrementos o descensos en las tendencias de evolución de los diagramas de variación. Una evaluación mas satisfactoria se logra cuantificando los procesos evolutivos y testeando los minerales propuestos para ver si realmente producen los patrones observados. Dos métodos son comúnmente empleados: uno llamado relaciones de elementos de Pearce, usa las pendientes de las tendencias de variación y se basa en la estequiometría de los minerales que fraccionan. El otro método que es mas riguroso, se basa en un modelo de balance de masas que puede ser hecho tanto por medios gráficos como matemáticos.

Relación entre elementos de Pearce

Este método es netamente empírico y usa las relaciones de elementos para testear hipótesis de fraccionamiento mineral en un juego de análisis cogenéticos. La técnica involucra proyectar en diagramas cartesianos, las relaciones de ciertos elementos usados para testear la cristalización fraccionada de uno o varios minerales. El denominador usado para la relación es el mismo para ambos ejes y con la particularidad de que no es uno de los minerales que fraccionan y por lo tanto se conserva en el fundido remanente. Los numeradores son combinaciones lineares de elementos que reflejan la estequiometría de los minerales que fraccionan.

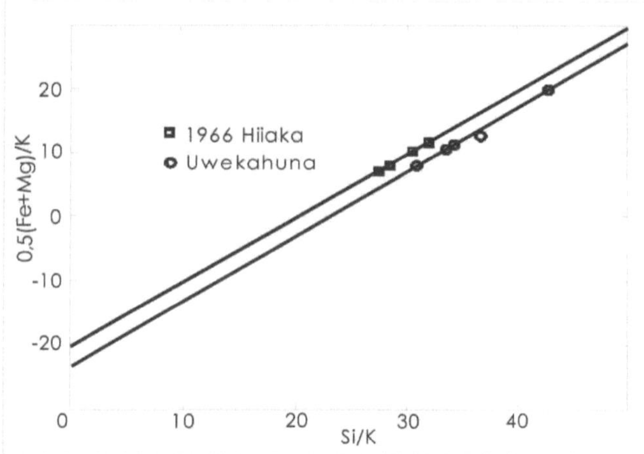

Fig. 8-6. Diagrama de elementos de Pearce, para dos suites magmáticas de Hawai.

En razón que la mayoría de los minerales tienen estequiometría simple, la separación de un mineral específico tomará ciertos componentes desde el fundido remanente, en la proporción que ellos estén contenidos en el mineral, por lo que la estequiometría de la composición química del fundido remanente comprenderá a la totalidad de la suite de rocas. Las tendencias en el diagrama de Pearce dan inmediatamente una indicación cuantitativa del mineral o minerales que pueden haber fraccionado y que por lo tanto controlan la variación química del conjunto de rocas.

Por ejemplo, el olivino $(Fe,Mg)_2SiO_4$, contiene $(Fe+Mg)/Si$ en relación atómica de 2/1, así que el olivino remueve en esta proporción $(Fe+Mg)/Si$, desde el fundido remanente, definiendo una tendencia de $+2$ de los líquidos derivados sobre una proyección de

(Fe+Mg)/K como ordenada vs. Si/K sobre la abscisa (en base atómica). En el diagrama de Pearce pueden ser usados, elementos, óxidos, o proporciones moleculares, pero no los porcentajes en peso. La Fig. 8-6 es una proyección de 0,5(Fe+Mg)/K vs. Si/K, para dos series de magmas basálticos de Hawai. La razón por la cual los componentes máficos son reducidos a la mitad en la figura 8-6, para obtener una pendiente de 1,0 y no de 2,0, que está de acuerdo con el fraccionamiento del olivino. Observar que las dos series tienen distintas relaciones originales de (Fe+Mg)/Si, por lo que se proyectan como dos líneas separadas, cada una con una pendiente de 1,0, avalando el fraccionamiento de olivino en cada serie.

Las relaciones de elementos de Pearce, no muestra minerales particulares en el fraccionamiento sólo indica si la composición química de una suite de lavas es consistente con tal proceso. Cuando el patrón de puntos no forma una pendiente, la cristalización de un mineral particular, evidencia que la evolución de la suite magmática, no es el resultado del fraccionamiento de dicho mineral.

Modelos gráficos y matemáticos de evolución magmática

Los diagramas cartesianos proveen una excelente base para establecer las tendencias evolutivas de los magmas y mas cuando se le pueden agregar medios para modelar en forma cuantitativa dicha evolución.

Comenzando con el método gráfico, como se observa en la Fig. 8-7, se ilustrarán cinco diferentes diagramas de variación tipo Harker, usando componentes hipotéticos X e Y (expresados tanto en peso como en porcentaje molecular). En todos los diagramas, P representa la muestra parental y D el derivado. S representa la composición global del sólido removido desde el parental para producir un líquido derivado. A, B y C, representan las composiciones individuales del los minerales que pueden ser extraídos.

En la Fig. 8-7 A, se forma un mineral S que es removido desde el magma parental P. La composición del fundido, después de la perdida de S, debe moverse en sentido contrario, desde S-P-D, definiendo una línea recta. Un fundido derivado de composición D puede formarse cuando suficiente S ha sido extraído desde P. La relación D/S es fácilmente calculada por la Regla de Lever:

$$D/S = SP/PD \qquad (8\text{-}1)$$

Donde SP y PD son las longitudes de las líneas. Asimismo los porcentajes de D y S son derivados por:

$$\%D = 100\ SO/SD \qquad (8\text{-}2)$$

Y

$$\%S = PD/SD = 100 - \%D$$

La línea S-P-D es llamada línea de control para el mineral S.

En la Fig. 8-7 B, dos minerales (A y B) son removidos de P para crear D. La composición de los minerales extraídos S, debe caer sobre la línea que conecta a los dos minerales. S puede ser determinado por extrapolación de la línea D-P en su intersección con la línea A-B. Se puede determinar la relación de S a D usando la ecuación 8-1 y 8-2. También se puede determinar la relación A/B en S usando:

$$A/B = BS/AS \qquad (8\text{-}3)$$

Una ecuación similar a (8-2) puede ser usada para recalcular las relaciones como porcentajes. Las ecuaciones 8-1 y 8-3 (o sus contrapartes en %) pueden ser usadas conjuntamente para determinar las cantidades relativas de las tres fases, D, A y B.

En la Fig. 8-7 C, tres minerales (A, B y C) son extraídos. La composición global de los minerales extraídos S, en este caso no puede ser inequívocamente determinada, porque la extrapolación de la línea D-P intercepta al triángulo y no a una línea. Por lo que no se puede determinar la relación A:B:C, ni la relación S/D, si no contamos con información adicional.

En la Fig. 8-7 D, representa una secuencia de dos minerales que son extraídos de P, en una situación análoga a un eutéctico binario. Primero la composición global del mineral extraído S1 (mineral B) cristaliza y es removido, conduciendo al líquido parental desde el punto P1, directamente desde B hacia P2. En P2 el mineral A se une a B, en que la extracción tiene una relación A/B igual a S2. Ahora el fundido en este momento (P2) se mueve desde S2-P2 para dar el fundido derivado D. La resultante línea del líquido muestra un quiebre en P2 y no es sólo una línea recta como en los casos anteriores. En cualquier punto a lo largo del patrón evolutivo, las proporciones relativas de las fases que coexisten pueden ser determinadas usando las ecuaciones de 8-1 a 8-3.

En la Fig. 8-7 E, se ilustran los efectos de extracción de una solución sólida de dos minerales en los cuales la relación varía continuamente (tal como ocurriría sobre una línea cotectica). En este caso, la composición global del mineral extraído se mueve derivando desde los puntos de extracción cambiantes, resultando líneas de descenso del líquido curvas, similares a aquellas para Al_2O_3, MgO y Na_2O (Fig. 8-7).

Estos ejemplos gráficos son la base para soluciones numéricas más rigurosas, que pueden ser modeladas matemáticamente.

Analizaremos un proceso simple, que se presenta en la Fig. 8-8, tanto por medios gráficos como matemáticos y podremos ver que el método matemático es muy superior.

La técnica que se describe puede ser usada igualmente bien para un modelo de acumulación de cristales (caso D de la Fig. 8-7), ya que la única diferencia entre cristalización fraccionada y acumulación de cristales, está dada por las texturas.

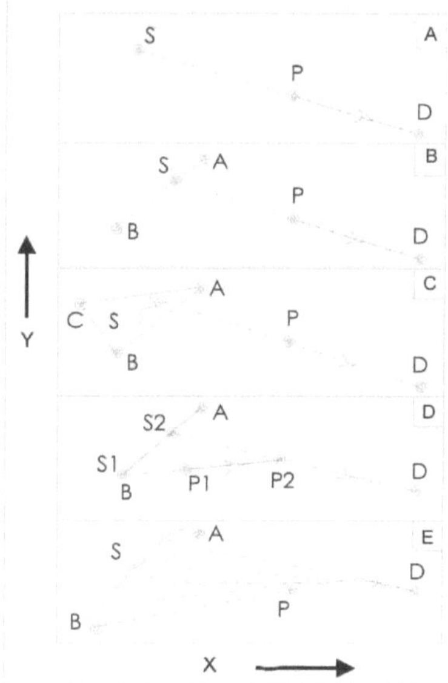

Fig. 8-7. Diagramas X-Y hipotéticos, expresadas en peso%, o moles %. P = parental; D = hijo; S = sólido extraído. A, B, C = fases sólidas posibles extraídas.

En la **fusión fraccionada**, puede ser modelada con P como parental y D como el fundido, y S, A, B, etc., son las fases sólidas extraídas. La **asimilación** de rocas de caja y **mezcla** de magmas, también pueden ser modeladas y también cualquier combinación de procesos. Sofisticados modelos de computación para desarrollar cuantitativamente las tendencias evolutivas, ya sea en procesos simples o combinados.

Un ejemplo de tratamiento gráfico de cristalización fraccionada fue desarrollado por Ragland (1989). El ejemplo reúne una suite de rocas cogenéticas que varían desde basalto a riolita, correspondiente a un volcán de una zona de subducción. Los análisis (muestras seleccionadas con <5% de fenocristales) se presentan en la Tabla 8-5 y se proyectan en el diagrama de Harker de la Fig. 8-8. Las curvas suaves muestran las tendencias de cada óxido. Notar que tres curvas son lineares, tres son curvas y dos muestran un máximo. Cuando se realiza el análisis de estas rocas, se asumen tres premisas:

1. Las rocas de la Fig. 8-8 se relacionan entre sí, por procesos de cristalización fraccionada.

2. Las tendencias observadas representan líneas de líquidos descendentes.

3. El basalto es el magma parental del cual los otros son derivados.

Hay dos métodos para evaluar si la hipótesis de la cristalización fraccionada es responsable de las tendencias. Ambos involucran el análisis de cada tipo de roca hasta la más evolucionada. Esto evita las complejidades involucradas en las líneas curvas descendentes del líquido, por extracción continua de los componentes requeridos para su formación. De manera que cada curva es tratada como una serie de segmentos rectos que conectan cada análisis. Así se analizará sólo el incremento entre la composición B (basalto) y BA (andesita basáltica), que será suficiente para ilustrar el procedimiento.

Oxidos	B	BA	A	D	RD	R
SiO_2	50.2	54.3	60,1	64,9	66,2	71,5
TiO_2	1,1	0,8	0,7	0,6	0,5	0,3
Al_2O_3	14,9	15,7	16,1	16,4	15,3	14,1
$Fe_2O_3^*$	10,4	9,2	6,9	5,1	5,1	2,8
MgO	7,4	3,7	2,8	1,7	0,9	0,5
CaO	10,0	8,2	5,9	3,6	3,5	1,1
Na_2O	2,6	3,2	3,8	3,6	3,9	3,4
K_2O	1,0	2,1	2,5	2,5	3,1	4,1
LOI	1,9	2,0	1,8	1,6	1,2	1,4
Total	99,5	99,2	100,6	100,0	99,7	99,2

Tabla 8-5. Análisis químicos (peso%) de rocas volcánicas cogenéticas.

El primer método es el mas general, se asume que el punto B representa al magma parental y se une por una línea recta con BA (fundido derivado) y S (composición global del mineral extraído), como fue mostrado en la Fig. 8-7. Si se quiere determinar S, entonces se debe trazar una línea por extrapolación hasta el contenido mas bajo en SiO_2, desde BA-B. De todos los análisis de la Fig. 8-8, tres tienen correlaciones positivas con la SiO_2 en el rango B-BA: Al_2O_3, Na_2O y K_2O.

Si se extrapolan líneas desde BA a través de B, hasta las composiciones más primitivas, eventualmente se extenderán hasta cero. Pero el K_2O nos da el valor limitante, ya que al extrapolar sus valores, este se hace cero para 46,5% de SiO_2, ya que a valores más bajos no puede haber valores negativos de K_2O.

Asimismo asumimos que no hubo potasio en los minerales extraídos (que es razonable para la composición de los basaltos), por lo que el valor de 46,5% de SiO_2, es adecuado para

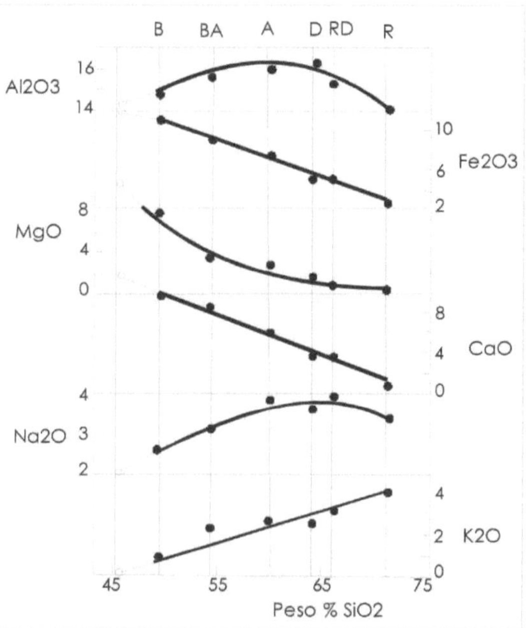

Fig. 8-8. Diagrama de Harker que grafica la serie volcánica calco-alcalina de la Tabla 8-5.

nuestros propósitos. Usando la línea vertical de la Fig. 8-8 para el 46,5% de SiO_2, podemos determinar gráficamente las concentraciones de los otros óxidos en la composición mineral extraída, por intersección con las curvas de los diferentes óxidos.

Una mayor aproximación podemos lograr usando el método matemático, con los datos de la Tabla 8-5, aplicando una ecuación linear a las variables químicas X e Y y las rocas 0, 1 y 2:

$$(X2 - X1)/(Y2 - Y1) = (X1 - X0)/(Y1 - Y0) \qquad (8-4)$$

Si hacemos 1 = B, 2 = BA y 0 =composición minerales extraídos (en el cual el peso % de K_2O = 0) y sustituyendo SiO_2 por X y K_2O por Y, podemos calcular X0 y el valor de SiO_2 cuando K_2O = Y0 = 0, De la Tabla 8-5, resulta:

$$(54,3 - 50,2)/(2,1 - 1,0) = (50,2 - X0)/(1,0 - 0)$$

Para la cual X0 = 46,5 SiO2 % peso,

Si se toma este valor de X0 que se uso en la ecuación (8-4), para MgO:

$$(54,3 - 50,2)/(3,7 - 7,4) = (50,2 - 46,5)/(7,4 - Y0)$$

Resulta que Y0 = 10,8% peso de MgO,

Utilizando el mismo método para los restantes óxidos resulta:

Y0 =14,18% peso de Al_2O_3,

Y0 = 11,62% peso de CaO,

Y0 = 1,37% peso de TiO_2,

Y0 = 11,48% peso de Fe_2O_3.

Usando las aproximaciones gráficas o matemáticas para todos los óxidos mayores, se puede obtener la composición química de los minerales que fueron extraídos y que figuran en la Tabla 8-6. Observar que todos los valores son positivos, excepto el K_2O, que es cero. También se puede ver que con dichos valores se puede hacer el cálculo normativo para obtener una mineralogía aproximada (se puede también usar otro esquema de norma, como la de alta presión si se sospecha que los procesos de fraccionamiento ocurrieron en profundidad). Observar que olivino, diópsido y plagioclasa dominan en la asociación mineral extraída. Siendo que la norma es catiónica, la composición de la plagioclasa es igual a 100 an/ (an + ab) = An62, que aunque es un poco baja para un basalto se le aproxima, ya que éstos tienen valores en el rango de An70 a An85. La presencia de hy, no requiere necesariamente que sea ortopiroxeno y pueden ser clinopiroxeno como pigeonita.

Oxido	Peso %	Norma Catiónica	
SiO_2	46,5	Ab	18,3
TiO_2	1,4	An	30,1
Al_2O_3	14,2	Di	23,2
Fe_2O_3*	11,5	Hy	4,7
MgO	10,8	Pl	19,3
CaO	11,6	Mt	1,7
Na_2O	2,1	Il	2,7
K_2O	0,0	---	-----
Total	98,1	---	100,0

Tabla 8-6. Minerales formados en la evolución de B a BA. Datos de Ragland (1989).

Un método mas preciso puede ser utilizado si hay asociaciones de fenocristales con el basalto y si estos se pueden analizar por microsonda, los resultados pueden ser proyectados sobre el mismo diagrama de variación como de B a BA. Las tendencias evolutivas expresadas se consideran reales, sólo si las muestras de basaltos tienen pocos fenocristales (<5%).

Series de magmas

Ya se ha visto como la composición química puede ser usada para clasificar y nombrar rocas ígneas individuales, método que es especialmente útil para las rocas volcánicas que contienen pocos minerales identificables. Las diferentes tendencias que muestras las rocas implican relaciones genéticas o procesos de evolución, que permite distinguir familias de magmas (y de rocas resultantes). Un grupo de rocas que tiene características químicas y/o mineralógicas comunes y que muestran un patrón consistente en los diagramas de variación y que sugieren un origen relacionado, puede ser nombrado como "series de magmas". Son sinónimos: asociación, linaje, tipos de magma y clan.

El concepto que las rocas ígneas caen en distintos grupos que tiene un patrón evolutivo único para el tipo de magma a través de una serie de tipos derivados más silíceos y evolucionados, fue propuesto por Iddings (1892). Este autor reconoció la naturaleza química de esta distinción y propuso las series: alcalina y subalcalina.

Los basaltos con las altas temperaturas de su líquidus fueron considerados los magmas parentales, desde los cuales derivan los tipos mas evolucionados. Bowen (1928) aportó el soporte experimental para este concepto y el proceso de cristalización fraccionada fue aceptado como dominante en la evolución de las series. Pero también son de gran influencia los procesos de mezcla de magmas y de asimilación.

Aunque algunas series son distinguidas en el campo por sus características mineralógicas,

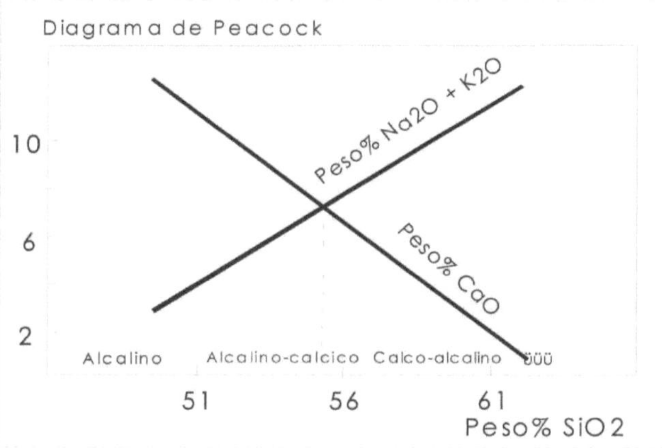

Fig. 8-9. Curvas de regresión de CaO y Na$_2$O+K$_2$O, vs. SiO$_2$. La intersección de las curvas define el "Indice de Peacock".

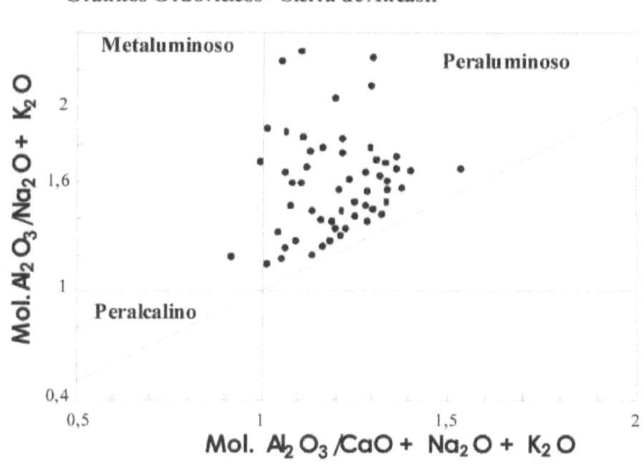

Fig. 8-10. Índice de saturación de alúmina de Shand, según las relaciones de las proporciones moleculares de alúmina a óxidos de sodio y potasio, versus alúmina a óxidos de calcio, sodio y potasio, que definen los campos peralcalino, metaluminoso y peraluminoso.

la caracterización química es fundamental, especialmente con respecto al contenido de sílice y de álcalis. Las rocas alcalinas son ricas en álcalis y comúnmente están subsaturadas en sílice, mientras que las rocas subalcalinas son saturadas o sobresaturadas en sílice. Las series tienen índices que permiten distinguir su patrón de evolución en diagramas de variación. Peacock (1931) proyectó CaO y (Na$_2$O + K$_2$O) vs. SiO$_2$ (Fig. 8-9), para poder distinguir arbitrariamente cuatro clases químicas, que se basa sólo en el parámetro "índice álcali-calcio" (corresponde a un diagrama de Harker en el cual el peso % en SiO$_2$ se incrementa con el aumento de los álcalis y con la disminución del CaO). Peacock denominó a las clases: alcalina (índice álcali-calcio <51); alcalino-cálcica (51 a 56); calco-alcalina (56 a 61); y cálcica (>61).

Shand (1927) agrupó a las rocas ígneas en base al contenido molar total de álcalis versus contenido de alúmina como: peralcalinas [$Al_2O_3 < (Na_2O + K_2O)$]; peraluminosas [$Al_2O_3 > (CaO + Na_2O + K_2O)$]; y metaluminosas [$Al_2O_3 < (CaO + Na_2O + K_2O)$ pero $Al_2O_3 > (Na_2O + K_2O)$]. Esta clasificación se usa esencialmente para rocas félsicas (Fig. 8-10). La relación molar álcali-alúmina: $(Na_2O + K_2O)/Al_2O_3$, es llamado **índice peralcalino**. El término **índice agpaítico**, ha sido usado como sinónimo de peralcalino. Mas recientemente el carácter agpaítico de las rocas alcalinas consideran otros parámetros mineralógicos y químicos, tales como: Ca, Ba, Sr, Rb y Cs, los cuales pueden sustituir a algunos silicatos alcalinos y la IUGS recomienda que las rocas agpaíticas se restrinjan a sienitas nefelínicas peralcalinas caracterizadas por minerales con Zr y Ti.

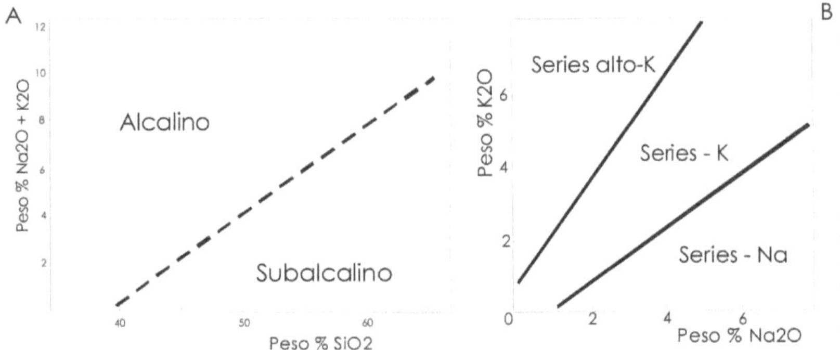

Fig. 8-11. A. Total de álcalis vs. SiO$_2$, separando los campos alcalino y sub-alcalino. B. K$_2$O vs. Na$_2$O, con las subdivisiones se las series alcalinas.

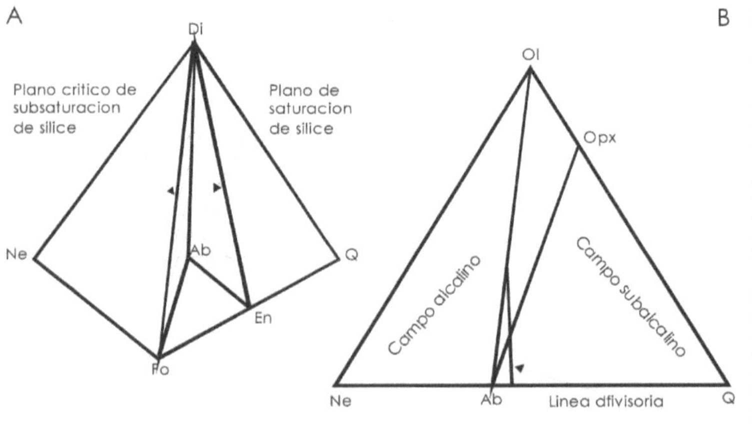

Fig. 8-12. A Tetraedro basáltico (izquierda) según Yoder y Tilley (1962). B. Base del tetraedro basáltico (derecha) usando los minerales normativos cationicos.

Para las dos series originales de Iddings (1892), alcalinas y subalcalinas, se acepta ahora la subdivisión en series toleíticas y calco-alcalinas. Las series alcalinas y subalcalinas se distinguen en un diagrama de "total de álcalis vs. Sílice" (Fig. 8-11), en el cual las rocas alcalinas se proyectan en forma distintiva por encima de las rocas sub-alcalinas y los campos están divididos por una línea elegida por MacDonald (1968) e Irvine y Baragar (1971), los que asimismo dividen a las series alcalinas en sódicas y potásicas y Middlemost (1975) recomienda además agregar altas en potasio (Fig. 8-12 B).

La Fig. 8-12 A, corresponde al tetraedro Ne-Di-Fo-Qtz, llamado **tetraedro basáltico**, porque se usa para caracterizar a dichas rocas. El plano Di-Ab-En es llamado plano de saturación de sílice, porque a su derecha los polimorfos de la sílice son estables (indicando sobresaturación en sílice), mientras que a la izquierda están las fases subsaturadas en sílice, tales como olivino que es estable en ausencia de los polimorfos de la sílice. El plano Di-Ab-Fo es llamado plano crítico de subsaturación en sílice, y a la izquierda de este plano los minerales alcalinos muy subsaturados en sílice son estables, tales como la nefelina. La Fig. 8-12 B, es la base Ne-Ol-Q, del tetraedro (comparar con la Fig. 7-2, en la cual está presente anortita en lugar de albita). Las rocas alcalinas y subalcalinas, cuando se proyectan en los diagramas usan los minerales normativos,"ne, ol y q" y se distinguen por la línea de separación propuesta por Irvine y Baragar (1971). Esta línea corresponde al plano crítico de subsaturación en sílice. Las rocas alcalinas se proyectan a la izquierda de este plano y están subsaturadas. Estas dos series deberían ser distintas, al menos a bajas presiones, porque la división térmica a lo largo de la línea Ab-Ne (Fig. 8-13) impide que los líquidos puedan cruzar con el enfriamiento. Así los líquidos en los flancos de esta división descienden con el enfriamiento, evolucionando tanto hacia eutécticos saturados en sílice como subsaturados en sílice. Las rocas subalcalinas pueden tener olivino o cuarzo, dependiendo del lado del plano de saturación en sílice en que se encuentren. La secuencia de evolución común en las series alcalinas está constituída por:

Basalto olivínico-alcalino >> traquibasaltos >> traquiandesitas >> traquitas >> fonolitas.

Mientras que la secuencia de las series subalcalinas es la familia:

Basalto >> andesita >> dacita >> riolita.

La serie subalcalina fue subdividida por Tilley (1950) en series toleítica y calco-alcalina. Aunque estas subdivisiones no pueden ser distinguidas en los diagramas álcali-sílice ni tampoco, en el ne-ol-q, ellas se proyectan en campos diferentes en el diagrama AFM (Fig. 8-14).

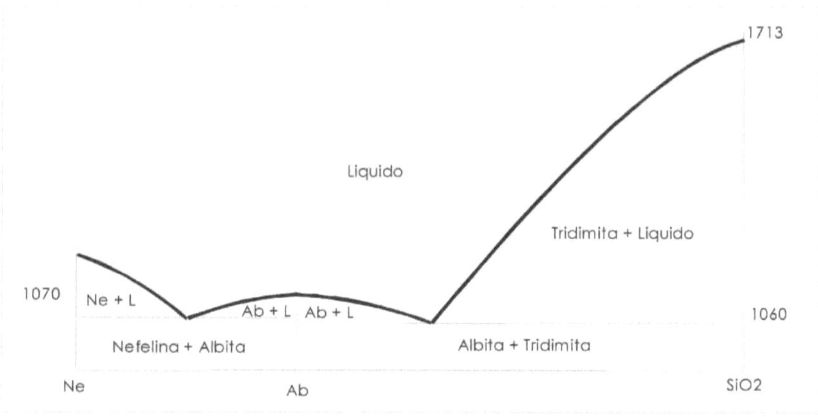

Fig. 8-13. Sistema Nefelina – Cuarzo, con la división térmica para la composición de la albita.

Si se compara la tendencia de la Fig. 8-14 se puede ver que la de Skaergard es claramente toleítica, mientras que la de Crater Lake es calco-alcalina. Ambas series evolucionan de: basalto-andesita-dacita-riolita, pero hay diferencias mineralógicas y químicas entre las dos series, que se hacen mas evidentes en las composiciones intermedias. Irvine y Baragar (1971) encuentran que es imposible distinguir los miembros más silíceos de las dos series, porque ellas convergen desde diferentes patrones evolutivos de enriquecimiento en hierro, que caracteriza a los estadios intermedios (Fig. 8-14).

Otros términos tales como peraluminosos, metaluminosos, etc. Aunque pueden mostrar características distintivas de las series magmáticas, son usados sobre todo como términos descriptivos, para enfatizar sobre rocas ígneas particulares o provincias.

Aunque los magmas de las series alcalina, toleitica y calco-alcalina dominaron la historia ígnea de la Tierra, también se encuentran tipos transicionales. Diagramas como los de las Fig. 8-14 a 8-15, sugieren una clara separación de los tipos de series, pero cuando se agregan datos adicionales, la distinción se vuelve menos clara.

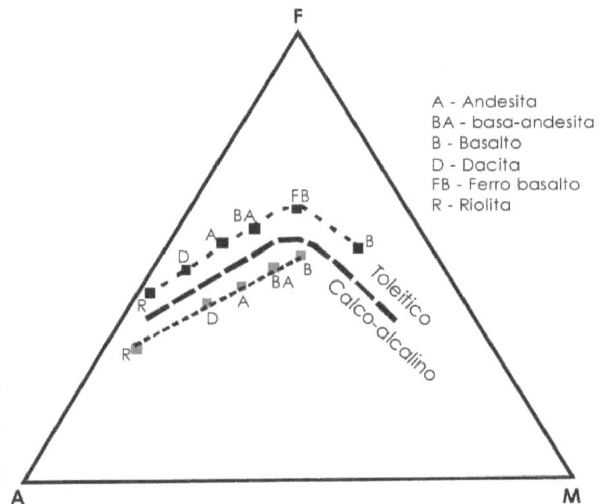

Fig. 8-14. Diagrama AFM, mostrando las tendencias evolutivas en los campos toleítico y calco-alcalino.

La Fig. 8-15, se realizó sobre más de 41.000 análisis de rocas ígneas, usando como base la Fig. 8-9. Además de notarse que las rocas subalcalinas son mas comunes que las alcalinas, se puede ver que no hay ningún salto composicional entre ambas. Asimismo se acepta comúnmente que los magmas están muy estrechamente definidos para acomodar a todas las variedades, o aún las series de magmas y particularmente entre las rocas alcalinas altamente variables del interior de los continentes. Así, aunque la clasificación en series de magmas es útil, dista de ser perfecta. Como por ejemplo los basaltos de Mauna Kea y de Columbia River Plateau, son toleíticos como los basaltos de la dorsal medio-Atlántica, ello no significa que tengan: orígenes, química y patrones de evolución, idénticos. Con estas salvedades se considera que aún es conveniente el uso de los tres principales tipos de magmas (toleíticos, calco-alcalinos y alcalinos).

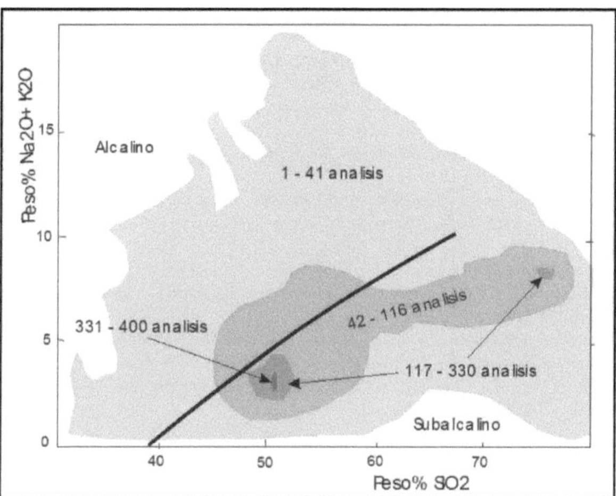

Fig. 8-15. Diagrama sílice – álcalis, con 41000 análisis de rocas ígneas y distribución en los campos alcalino y subalcalino (LeMaitre 1976).

Las investigaciones sobre patrones y correlaciones es una aproximación científica fundamental y los patrones representados son reales, aunque no universales. Estos patrones pueden reflejar algunos procesos básicos de la Tierra y si observamos los ambientes tectónicos de las diferentes series, se pueden hacer otras correlaciones (Tabla 8-7). Primero los magmas calco-alcalinos están esencialmente restringidos a procesos de subducción de placas tectónicas. Esto debe tener significación genética y es ciertamente un factor de modelización de la génesis de magmas en zonas de subducción. El reconocimiento de las composiciones características calco-alcalinas en antiguas rocas volcánicas puede ayudar a determinar su ambiente tectónico y a la interpretación geológica del área. Segundo, los magmas toleíticos son magmas característicos de las zonas de bordes divergentes de placas, aunque algunas rocas alcalinas están presentes, ellas solo tienen un rol subordinado y corresponden a los estadios iniciales del rift continental.

| Series | Margen de Placa | | Intraplaca | |
Características	Convergente	Divergente	Oceánico	Continental
Alcalino	Si	No	Si	Si
Toleitico	Si	Si	Si	Si
Calco-alcalino	Si	No	No	No

Tabla 8-7. Series de magmas y placas tectónicas. Según Wilson (1989)

Las series de magmas son fundamentales para poder entender no sólo la petrogénesis sino los ambientes tectónicos en los cuales tuvieron lugar estos fenómenos.

Lecturas seleccionadas

Harker, A. 1909. The Natural History of Igneous Rocks. Macmillan, New York.

Iddings, J.P. 1892. The origin of igneous rocks. Bull. Phil. Soc. Washington 12: 89-213.

Irvine, T.N., y Baragar, W.R.A. 1971. A guide to the chemical classification of the common volcanic rocks. Can.J.Earth Sci. 8: 523-548.

Le Maitre, R.W. 1976. The chemical variability of some common igneous rocks. J.Petrol. 17: 589-637.

Macdonald, G.A. 1968. Composition and origin of Wawaiian lavas. In: Coats, R.R., Hay, R.L., Anderson, C.A. (eds.). Studies in volcanology: A Memoir in Honor of Howel Williams. Geol. Sci. Am. Memoir, 116.

Middlemost, E.A.K. 1975. The basalt clan. Earth Sci. Rev. 11:337-364.

Poldevaart, A., y Parker, A.B. 1964. The crystallization index as a parameter of igneous differentiation in binary variation diagrams. American Journal of Science 262: 281-289.

Poldevaart, A. 1955. Chemistry of the Earth Crust. In: Poldevaart, A. (ed.). Crust of the Earth . A Symposium. Geol. Soc. Am. Spec. Paper 62: 119-144.

Ragland, P.C. 1989. Basic analytical petrology. Oxford University Press. New York.

Ronov, A.B., y Yaroshevsky, A.A. 1976. A new model for the chemical structure of the Earth´s Crust. Geochem. Int. 13: 89-121.

Shand, S.J. 1927. The Eruptive Rocks. John Wiley. New York.

Thornton, C.P., y Tuttle, O.F. 1960. Chemistry of igneous rocks I. Differentiation Index. American Journal of Science 258: 664-684.

Tilley, C.E. 1950. Some aspects of the magma evolution. Q. J. Geol. Soc. London 81: 37-61.

Wilson, M. 1989. Igneous petrogenesis: A global tectonic approach. Unwin Hyman. London.

Yoder, H.S. jr., y Tilley, C.E. 1962. Origin of basalt magmas: An experimental studies of natural and synthetic rock systems. J. Petrol. 3: 342-532.

Elementos básicos de petrología ígnea

Miscelanea 18: 165-186
Tucumán, 2010 -ISSN 1514 - 4836 - ISSN on-line ISSN 1668 - 3242

Capitulo 9
Petrología química II: elementos trazas e isótopos

Introducción

Los elementos trazas y los isótopos tienen un gran número de usos en las ciencias geológicas. Ya hemos visto que los elementos mayores pueden ser usados para clasificar a las rocas y permiten formular hipótesis sobre el origen y evolución de los sistemas magmáticos. Los elementos trazas son incorporados selectivamente en las diferentes fases y se incorporan o excluyen con gran selectividad, por lo que son muy sensibles a los procesos de fraccionamiento. Como resultado, el origen de los sistemas fundidos y los procesos evolutivos, pueden ser bien definidos utilizando a los elementos trazas, los que son clasificados en base a su comportamiento geoquímico.

Entre los elementos mas utilizados en petrología están los metales de transición (Sc, Ti, V, Cr, Mn, Co, Ni, Cu, Zn). Los lantánidos, denominados elementos de tierras raras (Ce, Pr, Nd, Pm, Sm, Eu, Gd, Tb, Dy, Ho, Er, Tm, Yb, Lu), como así también Rb, Sr, Y, Zr, Nb, Ca, Ba, Hf, Ta, Pb, Th y U.

Aunque los elementos trazas, fraccionan sobre la base de la afinidad química de las diferentes fases, los isótopos de cualquier elementos particular pueden fraccionarse sólo en base a diferencias de masa. La distribución isotópica puede también resultar del decaimiento radiactivo de elementos que químicamente se fraccionan tempranamente y permiten interpretar la historia del sistema rocoso.

Distribución de los Elementos

Los diferentes elementos tienen distintas afinidades por sitios cristalográficos específicos en los minerales u otros ambientes físico-químicos en los cuales residen. Por ejemplo, el K tiende a concentrarse en los fundidos tardíos, mientras que el Mg se concentra en los minerales que se forman tempranamente durante la cristalización de un fundido.

Un clasificación clásica de los elementos los divide en: siderófilos (fases preferentemente en estado metálico nativo), calcófilos (fases preferentemente como sulfuros) y litófilos (preferentemente en las fases silicáticas). Goldschmidt (1937) enunció algunas reglas simples sobre las afinidades de los elementos trazas, basados en el radio ionico y las valencias:

1. Dos iones con el mismo radio y valencia, deben entrar en solución sólida en cantidades proporcionales a sus concentraciones. Usando esta regla, se puede predecir la afinidad general de algunos elementos trazas por analogía con elementos mayores con similar carga y radio. Este tipo de sustitución es llamada camuflaje. Por ejemplo, el Rb puede esperarse se comporte como el K y concentrarse en los feldespatos potásicos, micas y fundidos evolucionados. El Ni, puede comportarse como el Mg y concentrarse en el olivino y otros minerales máficos que se forman tempranamente.

2. Si dos iones tienen radio similar y la misma valencia, el ión más pequeño es preferentemente incorporado en el sólido, antes que en el líquido. Dado que el Mg es más pequeño que el Fe, tiene preferencia por el sólido, más que con el líquido. Esto se demuestra comparando la relación Mg/Fe en el olivino versus el líquido en el sistema Fo-Fa (Fig. 9-1).

3. Si dos iones tienen radio similar pero diferente valencia, el ión con carga mayor es más rápidamente incorporado dentro del sólido en comparación con el líquido. Así el Cr+3 y Ti+4, tienen preferencia por el sólido, más que por el líquido.

Esta aproximación simplista de Goldschmidt, tiene excepciones. La sustitución de un elementos traza por un elemento mayor requiere no sólo radio y valencia similares, sino también electronegatividad, un factor que afecta las características de los enlaces de los iones minerales. La afinidad real de un ión está afectada por la configuración electrónica.

Prácticamente todos los elementos se distribuyen irregularmente entre dos fases. Este efecto es conocido como fraccionamiento químico. Por ejemplo la relación Ca/Na es siempre mayor en las plagioclasas que en el fundido con el cual coexisten y la relación Mg/Fe es siempre mayor en el olivino que en el fundido. Cuando se aplica la termodinámica al equilibrio mineral de manera cuantitativa, se podrá ver que la distribución de un elemento entre dos fases en equilibrio a T y P particulares y en un rango de composición fijado, puede ser expresado usando la "constante de equilibrio" K.

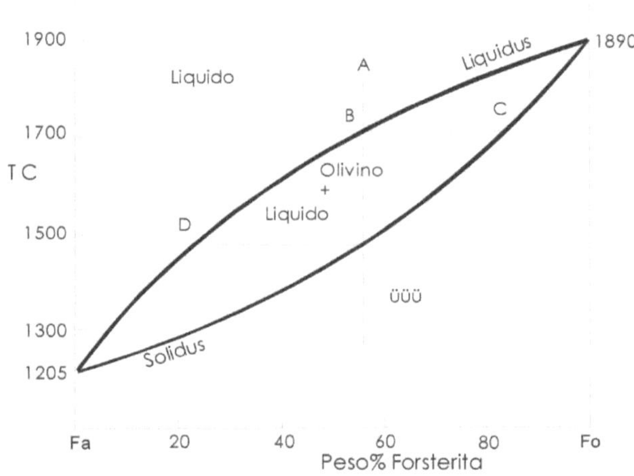

Fig. 9-1. Sistema Forsterita-Fayalita.

Si la reacción es de intercambio de algún componente i, entre dos fases, tales como un sólido y un líquido:

$$i_{(líquido)} = i_{(sólido)}$$

Se puede definir la constante de distribución K_D como:

$$K_D = X_i^{sólido} / X_i^{líquido} \qquad (9\text{-}2)$$

Donde X_i es la fracción molar del componente i en la fase sólida o líquida. Cuando las concentraciones de los componentes están relativamente diluidas,

$$K_D = C_S / C_L \qquad (9\text{-}3)$$

Donde C_S y C_L son las concentraciones de los elementos trazas en el sólido y en el líquido respectivamente (en ppm o en peso %). K_D aunque es determinado empíricamente y las ecuaciones (9-2 y 9-3) simplemente establecen las tendencias de los componentes que se distribuyen entre las fases que coexisten en equilibrio.

Cuando nos referimos a elementos trazas, el coeficiente de distribución o **coeficiente de**

partición se lo suele denominar **D** en lugar de K_D. Los coeficientes de la Tabla 9-1, deben ser considerados como aproximaciones, porque varían con la temperatura, con la presión (menos) y la composición del fundido (considerablemente desde los fundidos basálticos a los riolíticos).

Los elementos trazas incompatibles se concentran más en el fundido que en el sólido. Elementos trazas compatibles se concentran en el sólido, que por supuesto depende de los minerales involucrados, pero que comúnmente se estandarizan a los minerales del manto (olivino, piroxenas y granate). A los elementos mayores Fe y Mg se los considera compatibles, mientras que K y Na serían incompatibles. Los elementos incompatibles son subdivididos en dos subgrupos según la relación valencia a radio iónico. Los más pequeños y con mayor carga "high field strenght" (HFS), incluyen a las tierras raras, Th, U, Ce, Pb^{4+}, Zr, Hf, Ti, Nb y Ta. Los de baja carga "large ion lithophile" (LIL) que incluye a: K, Rb, Cs, Ba, Pb^{2+}, Sr, Eu^{2+}, son considerados más móviles, particularmente en presencia de fases fluidas.

Los elementos pequeños de baja valencia, son generalmente compatibles, incluyendo a los elementos trazas Ni, Cr, Cu, W, Ru, Rh, Pd, Os, Ir, Pt, Au.

Para una roca, se puede determinar los coeficientes de distribución para cualquier elemento i calculando la contribución para cada mineral que integra a la misma. El resultado es denominado "coeficiente de distribución global" (Di) y es definido por la ecuación:

$$Di = \Sigma\ W_A D^A i \qquad (9\text{-}4)$$

Donde W_A es la fracción en peso del mineral A en la roca, y D^A_i es el coeficiente de distribución del elemento i en el mineral A. Por ejemplo si tomamos una lherzolita granatífera, con 60% de olivino, 25% de ortopiroxeno, 10% clinopiroxena y 5% de granate (en peso), el coeficiente de distribución global para el Erbio (Er), usando los datos de la tabla 9-1, es:

$$D_{Er} = (0,6*0,026) + (0,25 * 0,23) + (0,10*0,583) + (0,05*4,7) = 0,366$$

Otros ejemplos para la peridotita son: $D_{Rb} = 0,016$; $D_{Sr} = 0,025$; $D_{Ba} = 0,008$, mientras que las tierras raras son elementos incompatibles para los minerales del manto y se concentran en los fundidos, mientras que $D_{Ni} = 10,4$ y $D_{Cr} = 6,39$, son compatibles y permanecen en el residuo sólido de la peridotita.

	Olivino	Opx	Cpx	Granate	Plag	Anfíb	Magnetita
Rb	0,010	0,022	0,031	0,042	0,071	0,29	
Sr	0,014	0,040	0,060	0,012	1,830	0,46	
Ba	0,010	0,013	0,026	0,023	0,23	0,42	
Ni	14	5	7	0,955	0,01	6,8	29
Cr	0,70	10	34	1,345	0,01	2,00	7,4
La	0,007	0,03	0,056	0,001	0,148	0,544	2
Ce	0,006	0,02	0,092	0,007	0,082	0,843	2
Nd	0,006	0,03	0,230	0,026	0,055	1,340	2
Sm	0,007	0,05	0,445	0,102	0,039	1,804	1
Eu	0,007	0,05	0,474	0,243	0,1/1,5*	1,557	1
Dy	0,013	0,15	0,582	1,940	0,023	2,024	1
Er	0,026	0,23	0,583	4,700	0,020	1,740	1,5
Yb	0,049	0,34	0,542	6,167	0,023	1,642	1,4
Lu	0,045	0,42	0,506	6,950	0,019	1,563	

Tabla 9-1. Coeficientes de partición (CS/CL) de elementos trazas de rocas basálticas y andesíticas.

La cristalización fraccionada de magmas basálticos incrementa el enriquecimiento de Rb, Ba y otros elementos incompatibles en los líquidos tardíos, mientras que el Ni, Cr y otros elementos compatibles son selectivamente removidos por los cristales de olivino y piroxenos, formados tempranamente.

Modelos de procesos solido-fundido

BAÑO DE FUSIÓN

Corresponde al modelo más simple y el fundido permanece en equilibrio con el sólido, hasta algún punto que alcance una cantidad crítica y comienza a moverse hacia arriba como sistema independiente. Shaw (1970) derivó la siguiente ecuación:

$$C_L/C_0 = 1/Di(1-F) + F \qquad \text{Baño de fusión} \qquad (9\text{-}5)$$

Donde C0 es la concentración del elemento traza en la asociación original antes del comienzo de la fusión, CL es la concentración en líquido y F es la "fracción en peso del fundido producido" [=fundido/(fundido+roca)]. La Fig. 9-2 muestra la variación de C_L/C_0 con F para distintos valores de Di, usando la ecuación 9-5. Muchos petrólogos consideran que valores de F >0,4 son distintos en el manto, porque grandes cantidades de fundido se separarían antes de que esos valores puedan ser alcanzados.

Cuando Di = 1, por definición no hay fraccionamiento y la concentración de los elementos trazas en cuestión son iguales en el líquido y en la fuente (ver línea horizontal en Fig. 9-2). La concentración de los elementos trazas en el líquido varía más con Di se desvía progresivamente desde 1. Esto es particularmente cierto para pequeños valores de F (bajo grado de fusión parcial) y para elementos altamente incompatibles (Di << 1). Tales elementos incompatibles se vuelven altamente concentrados en la pequeña fracción inicial de fundido que se produce por fusión parcial y posteriormente se van diluyendo con el incremento de F. Naturalmente cuando F se aproxima a 1, la concentración de cada elemento traza en el líquido debe ser idéntico al de la roca fuente, porque toda la roca fuente se ha fundido. Esto puede verse en la ecuación (9-5), por aproximación de F a 1, dicha ecuación se vuelve:

$$C_L/C_0 = 1 \qquad \text{para F} >>> \quad 1 \qquad (9\text{-}6\ A)$$

Por otra parte, como F se aproxima a cero, la ecuación se reduce a:

$$C_L/C_0 = 1/Di \qquad \text{para F} >>> \quad 0 \qquad (9\text{-}6\ B)$$

Así si se conoce la concentración de un elemento traza en el magma (C_L) derivado de un pequeño desarrollo de baño de fusión y si se conoce Di, se puede usar la ecuación (9-6B) para estimar la concentración del elemento en la región fuente (C_0). Esto provee información valiosa para caracterizar la región fuente de los magmas naturales. Notar en la Fig. 9-2 el amplio rango de concentraciones de elementos trazas altamente incompatibles. La ecuación (9-6) muestra que ese rango no podría exceder 1/Di.

Para elementos muy incompatibles, como cuando el coeficiente de distribución (Di) se aproxima a cero, la ecuación (9-5) se reduce a:

$$C_L/C_0 = 1/F \qquad \text{para Di} \quad 0 \qquad (9\text{-}7)$$

Esto implica que si se conoce la concentración de un elemento muy incompatible en el magma y en la roca fuente, se puede determinar la fracción de fusión parcial que se ha producido. Esta es una razón por las que los elementos trazas son usados para evaluar los procesos de fusión.

La experiencia con sistemas experimentales ternarios habla de una relación poco realista entre los minerales en el residuo sólido que permanece constante a través de los procesos de fusión. Más bien se debería esperar que las relaciones cambien con el progreso de la fusión y de la secuencia de minerales que se forman y que son consumidos, hasta que la fusión es completa. Aplicando la ecuación (9-5) la distribución con el fundido con el incremento de F, para cada incremento con diferente mineralogía o relación mineral, da un valor Di diferente, que se denomina incremento del baño de fusión. Si los incrementos son pequeños, se pueden calcular rápidamente, pero si los incrementos son continuos, se hace necesario el uso de

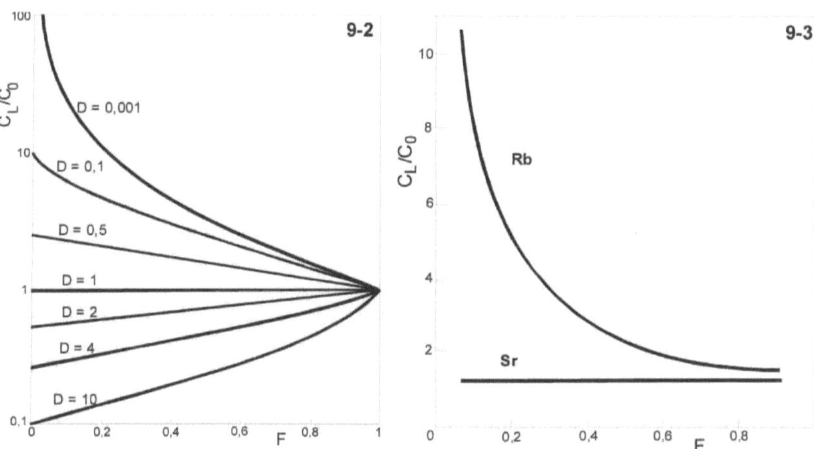

Fig. 9-2. Variación de la concentración relativa de un elemento traza en un líquido, versus la roca fuente en función de D y de la fracción de fundido, usando la ecuación (9-5) de equilibrio para un baño de fusión. Fig. 9-3. Cambios en las concentraciones de Rb y Sr en un fundido derivado de un baño de fusión progresivo de una roca basáltica constituida por plagioclasa, augita y olivino.

programas de computación. Las Figs. 9-2 y 9-3 muestran que el modelo es más sensible para Di para bajos valores de F, así que se hace muy importante trabajar con pequeños incrementos en esta área. Encima de F = 0,4, el incremento necesita ser finamente ajustado, ya que el baño de fusión tiene menor rango de variación.

Fraccionamiento Rayleigh

Este es un segundo modelo para el fraccionamiento cristalino, si todos los minerales que se forman permanecen en equilibrio con el fundido, la ecuación (9-5) es aplicable, porque los procesos en equilibrio son reversibles. La única diferencia sería que F debería ser proporcional al líquido remanente después de la extracción y no sólo la cantidad de fundido formado. Tal cristalización en equilibrio puede no ser probable, excepto tal vez en fundidos silícicos altamente viscosos donde es impedido el asentamiento de los cristales. En el otro extremo estaría la separación de cada cristal que se forma. Este modelo para una cristalización fraccionada continua en una cámara magmática, es llamada Fraccionamiento Rayleigh, en honor a Rayleigh que desarrolló la ecuación que se aplica a este modelo. En esta situación los cristales se forman y acumulan, presumiblemente en el piso de la cámara y son removidos y aislados del líquido, por lo que no pueden reaccionar con él. Usando este modelo, la concentración de algún elemento en el líquido residual, CL, es:

$$C_L/C_0 = F^{(Di-1)} \qquad \text{Fraccionamiento cristalino Rayleigh} \qquad (9-8)$$

Donde C0 es ahora la concentración del elemento en el magma original y F es la fracción del fundido remanente después de la remoción de los cristales que se forman.

La ecuación Rayleigh, también se aplica a procesos de fusión. Un modelo de fusión fraccionada perfecta o fusión fraccionada Rayleigh, es:

$$C_L/C_0 = 1/Di \, (1 - F)^{(1/Di-1)} \qquad \text{Fusión fraccionada Rayleigh} \qquad (9-9)$$

Donde F es la fracción de fundido producido. La remoción de cada pequeño incremento, no es considerada como proceso probable, porque sería muy dificultoso extraer pequeñas cantidades de fundido desde la fuente. Los fundidos iniciales ocupan los espacios intergranulos en una roca y son adsorbidos en la superficie de los granos. Una cantidad crítica de fundido es necesaria antes de que el fundido pueda ser extraído.

Las tierras raras: un grupo especial de elementos trazas

Los elementos de las tierras raras (ETR), constituyen una serie desde el lantano al lutecio (números atómicos 57 - 71) y constituyen el Grupo IIIA de la tabla periódica. Todos ellos tienen propiedades físicas y químicas similares, lo que los hace comportar como una serie coherente (serie de los lantánidos). Ellos tienen estado de oxidación +3 y como regla sus radios iónicos decrecen continuamente con el incremento del número atómico (llamada contracción lantánida). El decrecimiento del radio atómico causa que las tierras raras pesadas estén preferentemente en los sólidos que coexisten con los líquidos (regla 2 de Goldschmidt). Hay dos excepciones a la valencia +3 de las tierras raras, para valores bajos de fugacidad de oxígeno (f_{O2}), el Eu puede tener valencia +2 ($Eu^{2+}>Eu^{3+}$) para el rango común de f_{O2} de los sistemas ígneos. El Eu^{2+} sustituye al Ca en las plagioclasas (pero es demasiado grande para hacerlo en los clinopiroxenos, o en otras fases que contienen Ca). Así el D_{Eu}^{+2} para la plagioclasa es notablemente alto para la serie de los ETR. El Ce, por su parte, bajo condiciones oxidantes también puede tener valencia +4.

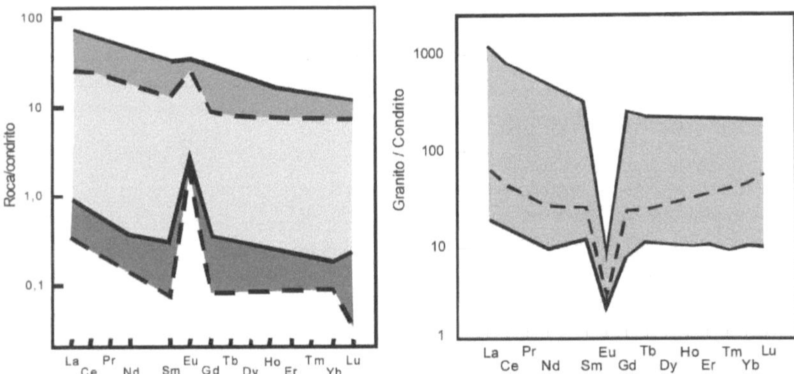

Fig. 9-4. A. Normalización anortosita y plagioclasas a condrito, con rango de contenidos de ETR en anortositas (líneas continuas) y de plagioclasas, separadas de las anortositas (líneas de puntos). B: Normalización de granitos a condrito, con rango de variación del contenidos de ETR, con moderada a fuerte anomalía negativa de Eu. La curva con patrón cóncavo hacia arriba (línea de puntos) ilustra la variabilidad en el contenido de ETR, en estas rocas.

Las tierras raras son tratadas como un grupo y en los diagramas se proyectan las concentraciones sobre el eje y, contra el incremento en el número atómico (eje x), que da el grado de incremento de compatibilidad de izquierda a derecha (Fig. 9-4).

Para su utilización generalmente se las normaliza a Manto Primordial o a Condrito. Los condritos son considerados las muestras menos evolucionadas que derivan de la nebulosa solar primordial y se aproximan así, a la composición temprana de la tierra.

Los diagramas de tierra raras son comúnmente utilizados para analizar la petrogénesis de rocas ígneas. La pendiente del diagrama de tierras raras puede ser relacionado matemáticamente, utilizando la concentración normalizada de un elemento del lado izquierdo, tal como el La o Ce, dividido por uno del lado derecho, tal como el Yb o el Lu. Este valor se incrementa con la pendiente. Para la relación $(La/Lu)_N$, el valor 1,0 es una línea horizontal y una relación por debajo de 1,0 indica pendiente positiva. Similarmente pueden usarse las relaciones (La/Sm) N o $(La/Eu)_N$, para medir el enriquecimiento de tierras raras livianas, mientras que la relación $(Tb/Yb)_N$ se usa para las tierras raras pesadas.

El procedimiento descrito puede ser usado para modelar cualquier proceso de fusión o de cristalización.

Una variación que se puede hacer con una hoja de cálculo, es incluir a la plagioclasa en la roca fuente. Los coeficientes de distribución para el Eu en las plagioclasas son para alto contenido de Eu^{+2}. Si se asigna 20% de plagioclasa a la roca fuente, se producirá una fuerte pendiente en el patrón de tierras raras para el Eu, que se conoce como anomalía del europio, y que refleja la sustitución de Ca por Eu. La anomalía puede ser tanto negativa como positiva, dependiendo si la plagioclasa fue removida o acumulada, respectivamente. La magnitud de la anomalía de Eu se expresa, **Eu/Eu***, donde Eu* es el valor hipotético de Eu si Eu^{+2} no fue capturado por la plagioclasa. La anomalía negativa de Eu es un buen indicador que el líquido estuvo en equilibrio con las plagioclasas, ahora ausentes. Pero no es fácil determinar las razones del comportamiento de la plagioclasa en el área fuente o de la remoción posterior de fenocristales de plagioclasa, desde el fundido.

La interpretación del comportamiento de las tierras raras se vuelve más complicada en las rocas silícicas, tales como los granitos, donde un número de minerales accesorios, tales como, apatito, circón, monacita y allanita, tienen muy altos coeficientes de distribución de tierras raras y que se concentran en ellos, produciendo una influencia desproporcionada en los patrones de tierras raras.

Diagramas spider o multielementos

El uso de la normalización a condrito de los ETR, ha permitido la expansión de la técnica a un amplio espectro de elementos trazas, llamados diagramas de multi-elementos o diagramas spider. En los diagramas spider, un amplio rango de elementos trazas incompatibles son normalizados o estimada su abundancia a un reservorio primitivo, tal como la tierra primordial. La abundancia absoluta de estos elementos en la Tierra se aproxima al valor de los condritos, que deben haber sido más abundantes en el manto primordial, por los efectos de la formación temprana del núcleo, desde el cual fueron expulsados.

En los diagramas spider el orden de los elementos en la abscisa se basa en el incremento de incompatibilidad de derecha a izquierda, típica para el manto que ha sufrido fusión parcial. Los elementos seleccionados son casi siempre incompatibles durante la fusión parcial de rocas máficas a intermedias y en procesos de cristalización fraccionada. Las principales excepciones son el Sr, que puede ser compatible si hay plagioclasa involucrada; Y e Yb con el granate, y Ti con los óxidos de Fe y Ti.

En general los elementos más incompatibles se sitúan sobre el lado izquierdo del spider diagrama y deben enriquecerse en el fundido durante la fusión parcial, particularmente para baja fusión, resultando una pendiente negativa. Cualquier cristalización fraccionada posterior a la segregación del magma, incrementará aún más la pendiente. Las pendientes en los diagramas spider pueden también ser estimados por la relación entre dos elementos de compatibilidad contrastada, tales como $(Rb/Y)_N$, etc.

Los diagramas spider son muy flexibles y una amplia variedad de elementos y normalizaciones han sido usadas. La Fig. 9-5, ilustra un diagrama spider utilizado por Taylor y McLennan (1985) que normaliza granito a corteza continental. Los elementos LIL se encuentran del lado izquierdo y los HFS del lado derecho. Ambos están ordenados según el incremento de incompatibilidad, así los elementos más incompatibles se encuentran a la izquierda del centro del diagrama.

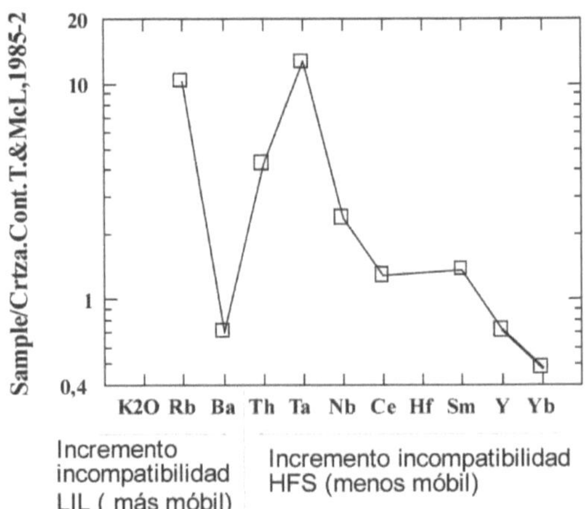

Fig. 9-5. Granito normalizado a corteza continental de Taylor y McLennan (1985), mostrando la incompatibilidad inversa de los elementos LIL y HFS.

Por supuesto los diagramas spider tienen un ordenamiento mucho más heterogéneo de los elementos trazas, que el diagrama de las tierras raras y muestran mayor número de picos que reflejan el diferente comportamiento de los elementos involucrados. Los elementos LIL particularmente, son los más móviles, en las fases fluidas ricas en agua, mientras que el comportamiento de los elementos HFS, están mucho más controlados por la composición de la región fuente y por los procesos de fraccionamiento mineral/fundido, durante la evolución magmática. Altos contenidos de Rb y Ba (los elementos más móviles) puede sugerir metasomatismo o contaminación por componentes corticales, porque los componentes LIL pueden ser fácilmente extraídos del manto y concentrados en la corteza continental. Algunos elementos pueden tener fuerte influencia sobre minerales particulares, tales como Zr sobre circón, P en el apatito, Sr en la plagioclasa, Ti, Nb y Ta en la ilmenita, rutilo y titanita. Si rocas de una provincia petrogenética particular exhiben patrones similares de picos y depresiones, esto sugiere que hay parentescos, procesos, o contaminantes, comunes.

Aplicación de los elementos trazas a sistemas ígneos

El uso más simple de los elementos trazas es en los diagramas de variación, en la misma forma que se hace con los elementos mayores. Como ya se mencionó los altos coeficientes de distribución de muchos elementos trazas resultan en gran variación durante la fusión parcial o en la cristalización fraccionada. Esto permite su utilización para determinar los procesos que habrían actuado y su intensidad.

Un uso común de los elementos trazas es la identificación de la roca fuente o de la participación de un mineral particular en los procesos de fusión parcial o cristalización fraccionada. Por ejemplo, las tierras raras son utilizadas para distinguir entre fuentes de alta y baja presión, o si los fundidos son derivados del manto. En la corteza continental profunda, y a profundidades de 70 km en el manto, el granate y piroxeno son fases importantes y durante la generación de fundidos parciales de 15 – 20%, permanecen como residuos sólidos. Como resultado y debido a la presencia de granate, la distribución de los coeficientes de distribución global serán más altos para los ETRP (elementos tierras raras pesadas) y cuando el fundido parcial es de 10% estarán deprimidas las ETRP (con fuerte pendiente negativa en el diagrama de ETR). La razón de la pendiente en el diagrama de ETR es también función de F (fracción de fundido generado) que está en concordancia con las diferencias de depresión de las ETRP para el granate y el enriquecimiento en ETRL (elementos de tierras raras livianas), debido a la baja fusión parcial. La extracción por el granate, típicamente imparte una pendiente negativa a las ETRP, mientras, que el enriquecimiento en LREE se da para bajas fracciones de fundido F, que dan pequeñas variaciones de las ETRP. A profundidades someras, menores a 40 km, la plagioclasa es una fase importante que puede ser detectada por la anomalía de Eu en el fundido. Así las formas de los patrones de ETR de algunos basaltos derivados del manto, pueden dar importante información sobre la profundidad de origen.

La concentración de un elemento mayor en una fase (mineral o fundido) normalmente está bufereado por el sistema, de manera que pequeñas variaciones en una fase, tiene las mismas variaciones en el sistema. Por ejemplo, en el sistema olivino (Fo-Fa), se puede decir que dos fases, olivino y líquido, coexisten a 1445°C. Si la relación Mg/Fe del sistema se incrementa del 20 al 50%, esto no afectará la composición de cada fase, porque la composición de ellas está fijada por la temperatura, como lo predice la regla de las fases. Sólo la relación sólido a líquido cambiará. En marcado contraste el comportamiento de las concentraciones de los elementos trazas, por la ley de Henry, dice que la actividad varía directamente con la concentración en el sistema. Así la concentración de Ni en todas las fases del sistema será doble, si el contenido en Ni es el doble. Esto no significa que el contenido en Ni sea igual en todas las fases, porque los elementos trazas fraccionan y la concentración en cada fase variará en proporción a la concentración que se encuentre en el sistema. Si por ejemplo la concentración de Ni en el olivino es de 200 ppm, y 70 ppm en la orto-piroxena, doblando la cantidad en el sistema, resultarán en 400 y 140 ppm, respectivamente.

La razón de esta proporcionalidad, es que la relación de los elementos trazas son comúnmente superiores a la concentración de un elemento en la identificación del rol de un mineral específico. Por ejemplo en el caso del granate, la relación entre Yb de las ETRP dividido por el La de las ETRL, debería ser un buen indicador de la pendiente del diagrama. Los valores absolutos, tanto de Yb como de La, deberían variar por efecto del granate, pero también varían sobretodo por la concentración de ETR en la fuente y es imposible distinguir entre estos dos efectos en una muestra de roca sobre la base de determinar sólo las concentraciones de La e Yb. Los bajos valores de Yb en las rocas volcánicas puede resultar tanto del contenido de granate en la fuente que provee el Yb, o simplemente la fuente tuvo bajo contenido de ETR. Porque el La e Yb deberían tener comportamientos similares, excepto con respecto al granate, en que la baja relación La/Yb refleja mejor la influencia del granate. Asimismo la relación del Eu con el Sm adyacente debería indicar la anomalía de Eu y así la participación de la plagioclasa.

Como ejemplo práctico, la relación K/Rb ha sido usada para indicar la importancia del anfíbol en una roca fuente ultramáfica, tal como una peridotita hornbléndica. En las asociaciones máficas la asociación K y Rb se comportan de manera similar y su relación debería ser casi constante. Olivino y piroxeno contienen muy poco de estos elementos, así que su contribución a los coeficientes de distribución global es insignificante. Casi todo el K y Rb debe entonces residir en los anfíboles, el cual tiene un D de 1,0 para el K, y de 0,3 para el Rb. En razón que en el anfíbol el D_{Rb} es menor que el D_K, la fusión de una asociación que contiene hornblenda, resulta en el decrecimiento de la relación K/Rb en el fundido, en relación a la roca original. Otros factores juegan igualmente, como el magma producido por fusión parcial de una fuente que contiene anfíbol podría tener más baja relación K/Rb, que el de un magma derivado desde una fuente sin anfíbol. Naturalmente altos contenidos absolutos de K o Rb también indican una fuente conteniendo anfíbol, pero también pueden influir otras causas, tales como flogopita o fluidos enriquecidos en álcalis. La relación es más indicativa del anfíbol porque de los diferentes valores para D, estos son particulares de este mineral. De la cristalización fraccionada desde un anfíbol, podría resultar la baja relación K/Rb en el líquido evolucionado.

Otro ejemplo involucra al par incompatible Sr y Ba. Estos elementos incompatibles tienden a ser enriquecidos en los primeros productos de fusión parcial o en los líquidos residuales que siguen a la cristalización fraccionada. El efecto es selectivo, de acuerdo a las fases minerales involucradas en el sistema. El Sr es excluido de la mayoría de los minerales comunes, excepto de las plagioclasas y el Ba es también excluido de todos excepto del feldespato alcalino. La relación Ba/Sr tiende así a incrementarse con la cristalización de la plagioclasa o puede decrecer cuando la ortosa comienza a cristalizar.

Otro ejemplo del uso de relaciones de elementos compatibles, es el Ni, que se fracciona fuertemente con el olivino, y es menor en el piroxeno. Cr y Sc, por otra parte, entran poco en el olivino, pero se fraccionan fuertemente en las piroxenas. Las relaciones de Ni a Cr o Sc, proveen un camino para distinguir los efectos del olivino y de la augita en la fusión parcial o en una suite de rocas producidas por cristalización fraccionada.

Elemento	Uso como indicador petrogenético
Ni, Co, Cr	Elementos altamente compatibles. El Ni y Co, se concentran en el olivino, el Cr en la espinela y clinopiroxenos. Altas concentraciones indican fuente mantélica, fraccionamiento limitado o acumulación de cristales.
V, Ti	Ambos muestran fuerte fraccionamiento en los óxidos de Fe – Ti. Si ellos se comportan en forma diferente, el Ti fracciona en una fase accesoria, tal como titanita o rutilo.
Zr, Hf	Elementos muy incompatibles que no sustituyen fases en los silicatos mayores (aunque pueden reemplazar Ti en la titanita o rutilo). Altas concentraciones implican un enriquecimiento en la fuente o una vasta evolución líquida.
Ba, Rb	Elementos incompatibles que sustituyen al K en las micas, feld-K u hornblenda. El Rb sustituye menos en la hornblenda, que en las micas y el feld-K, así que la relación K/Ba permite distinguir estas fases.
Sr	Sustituye al Ca en las plagioclasas (pero no en las piroxenas) y en menor extensión al K en los feld-K. Se comporta como elemento compatible a baja presión donde la plagioclasa se forma tempranamente, pero actúa como elemento incompatible a alta presión donde la plagioclasa es poco estable.
REE	Tienen muchos usos para modelar la evolución de un líquido. El granate acomoda más a las HREE que a las LREE, y en ortopiroxenos y hornblenda tienen menos desarrollo. La titanita y plagioclasa acomodan más LREE, Eu^{+2} es fuertemente particionado en la plagioclasa.
Y	Comúnmente incompatible. Fuertemente particionado en granate y anfíbol. Titanita y apatito también lo concentran. Así que su presencia puede ser significativa.

Tabla 9-6. Breve resumen de algunos elementos trazas utilizados en petrología ígnea. Según Green (1980).

En todos los casos que se utilizan estas relaciones, la idea es encontrar un mineral con un par único de elementos para los cuales haya un valor relativamente alto de D para un elemento y un valor relativamente bajo de D para el otro. La relación entre estos elementos es entonces sensitiva al fraccionamiento liquido/cristal asociada con un mineral particular.

Hay una miríada de aplicaciones de elementos trazas a petrología, incluyendo algunos que no son específicos de un mineral. Por ejemplo, la relación de dos elementos trazas altamente incompatibles debería ser igual a través de toda una serie de magmas desarrollados desde un centro volcánico por cristalización fraccionada, porque los minerales que cristalizan los remueven muy poco. Si las rocas volcánicas provienen desde distintos magmas o fuentes, las relaciones esperadas deberían ser más variables.

La Tabla 9-6 es una síntesis de Green (1980) de algunos importantes elementos trazas usado como trazadores petrogenéticos procurando identificar a los minerales involucrados en la diferenciación o en la fusión parcial, siendo conveniente su utilización en diagramas de variación, para una suite de rocas relacionadas, con un rango de composiciones y en un área determinada. El decrecimiento de estos elementos en una serie de rocas implica el fraccionamiento de una fase en la cual se encontraba concentrado. Altas concentraciones de elementos trazas en un magma madre puede reflejar las altas concentraciones del elemento en la roca fuente, que ayuda a restringir la mineralogía de dichas rocas.

Criterios geoquímicos para discriminar entre ambientes tectónicos

Algunos patrones de elementos trazas que se reconocen para las rocas ígneas muestran tendencias o relaciones distintivas que se correlacionan empíricamente con ambientes tectónicos particulares, tales como dorsales medio-oceánicas, islas oceánicas, zonas de subducción, etc. Por supuesto los ejemplos modernos son rápidamente caracterizados en base

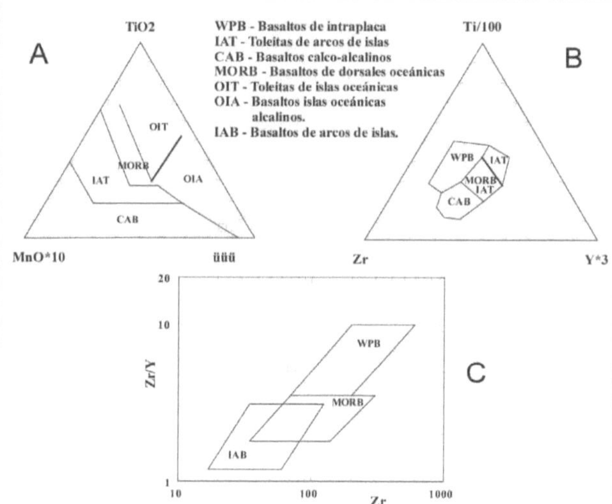

Fig. 9-6. Algunos diagramas utilizados, utilizando distintos parámetros, para inferir vulcanitas de ambientes tectónicos antiguos. A: Mullen (1983). B: Pearce y Cann (1973). C: Pearce y Norry (1979).

a criterios de campo y de localización, pero las características químicas pueden ser aplicadas a rocas ígneas más antiguas, las cuales pueden estar deformadas, falladas, desplazadas y aisladas de su ambiente original.

La Fig. 9-6 muestra algunos ejemplos de uso de las relaciones de algunos elementos trazas y menores para indicar la fuente original de rocas volcánicas máficas que ahora se encuentran en terrenos metamorfizados en facies de esquistos verdes o anfibolitas y que su fuente no es claramente identificable. Si se analizan los terrenos integrados por rocas antiguas deformadas, se pueden proyectar en distintos diagramas para poder inferir su ambiente tectónico original.

Estas técnicas químicas que son estrictamente empíricas, son usadas extensamente como soporte, para interpretar la historia de rocas ígneas antiguas. El uso de los resultados son a veces ambiguos por la gran cantidad de variables involucradas: la roca fuente, la extensión de la fusión parcial, la cristalización fraccionada, la mezcla de magmas, la asimilación de la roca de caja y los efectos del metamorfismo posterior. Aunque los efectos del metamorfismo pueden ser minimizados eligiendo elementos trazas considerados como inmóviles durante el metamorfismo (tales como Ti, Cr, Zr, Hf, Y). Los efectos de la cristalización fraccionada, asimilación y mezcla de magmas pueden ser minimizados en las rocas volcánicas, por la aplicación de dichas técnicas.

Las rocas se pueden proyectar en diferentes campos en diferentes diagramas, dejando a los investigadores decidir la validez de las aproximaciones. Los diferentes ambientes tectónicos, tienen signaturas geoquímicas distintivas, lo cual sugiere que la cuidadosa aplicación de estas técnicas, apoya la información de campo.

Isótopos

Los isótopos se dividen en estables y radiogénicos. Los isótopos estables comprenden al oxígeno, hidrógeno, carbono y azufre, como así también ^{204}Pb, ^{86}Sr, ^{144}Nd, ^{39}K, ^{41}K.

Los isótopos radiogénicos incluyen:^{40}K, ^{87}Rb, ^{147}Sm, ^{232}Th, ^{235}U, ^{238}U, ^{176}Lu, ^{187}Re, ^{143}Nd, ^{87}Sr, ^{206}Pb, ^{207}Pb, ^{208}Pb, ^{40}Ar, ^{40}Ca. Los sistemas geocronológicos tienen distintas temperaturas de cierre, por lo que de acuerdo con las observaciones se aplican en cada caso.

Los isótopos radiactivos de K, Rb, Sm, U y Th son muy importantes para establecer la cronología de los eventos magmáticos. Estos isótopos junto a los estables, son de gran importancia como trazadores petrogenéticos en la evaluación de la evolución de los magmas.

Los isótopos de un elemento, son átomos cuyo núcleo contiene el mismo número de protones pero diferente número de neutrones. Los diferentes isótopos nos dan una visión de: 1) las edades de las rocas o minerales; 2) las temperaturas a las que los minerales cristalizan en equilibrio; 3) la fuente de la roca magmática o metamórfica, y 4) procesos que actúan en el cuerpo de roca durante su historia.

En petrología, los isótopos de oxígeno, rubidio, estroncio, plomo, uranio, torio, samario y neodimio, entre otros usos tienen significado especial en petrología. Los isótopos de oxígeno son de gran valor como geotermómetros; y los isótopos de oxígeno, estroncio, plomo y neodimio son trazadores isotópicos o indican las fuentes del material que constituyen un cuerpo de roca.

Isótopos de Oxígeno

El oxígeno tiene tres isótopos estables, no sujetos a decaimiento radiactivo, cuya abundancia en el agua de mar es:

^{16}O	99,756%
^{17}O	0,039
^{18}O	0,205

Variaciones importantes en abundancia de estos isótopos tienen lugar en aguas naturales, rocas y minerales. La manera convencional de expresar la composición isotópica es refiriéndola a la relación 18O/16O del estándar del agua oceánica promedio, $^{18}O/^{16}O$ SMOW

$$\delta^{18}O/^{16}O = [(^{18}O/^{16}O)/(^{18}O/^{16}OSMOW)- 1] *1000 \qquad (9\text{-}1)$$

El valor δ está expresado en partes por mil. El agua meteórica está enriquecida en 16O en relación al 18O y así tiene valores negativos ($^{18}O/^{16}O$ del agua > $^{18}O/^{16}O_{SMOW}$). Las rocas generalmente tienen valores δ positivos.

Las variaciones en las abundancias en isótopos de oxígeno están causadas por mecanismos de fraccionamiento, donde un isótopo es preferencialmente incorporado en un mineral con respecto a otro. Como la presión de vapor, o la tendencia a escapar de un isótopo es inversamente proporcional a su masa, durante la evaporación del agua de mar a la atmósfera, esta agua se enriquece en el isótopo más liviano ^{16}O. El fraccionamiento de isótopos livianos tales como el oxígeno, depende de la temperatura, pero es insensible a la presión. En un sistema en equilibrio, la composición isotópica de dos fases que coexisten, tales como calcita-agua, cuarzo-agua o cuarzo-feldespato, es función de la temperatura. Un par de minerales que se forman en equilibrio en la naturaleza, pueden ser usados como geotermómetros.

Isótopos de Potasio y Argón

El potasio tiene tres isótopos K^{39}, K^{40} y K^{41}, de los cuales sólo el K^{40} es radiactivo con una vida media de 1250 millones de años, dando lugar a dos isótopos hijos: Ar^{40} (por captura de electrones) y Ca^{40} por decaimiento β. El método de datación se utiliza esencialmente para minerales ricos en potasio como biotita y moscovita, más que para roca total y da buenos resultados en rocas volcánicas.

Isótopos de Rubidio y Estroncio

El Rb se presenta en la naturaleza con los isótopos ^{86}Rb y ^{87}Rb, este último es radiactivo y decae a ^{87}Sr por emisión-β, con una vida media de 50 Ga. La abundancia relativa presente de los isótopos de rubidio es – 72,17 % de ^{86}Rb y 27,83 % de ^{87}Rb – que es igual en todas las rocas y minerales, indiferente de la edad, indicando que estos isótopos pesados estaban mezclados en el origen de la tierra y no han experimentado fraccionamiento durante los procesos geológicos que actuaron sobre ellos.

La carga iónica y electronegatividad de los iones Rb y K, es la misma. El Rb sustituye al K en las micas y en los feldespatos potásicos. Las rocas y minerales que tienen alto contenido en K, también tienen alto contenido en Rb, aunque la relación K/Rb no es uniforme en todas las rocas.

La cristalo-química del Sr es más complicada que la del Rb, pero en forma similar al Ca, hace que el Sr se concentre en las plagioclasas cálcicas y en el apatito. Los sitios ocupados por el Ca^{+2} en los piroxenos, pueden ser reemplazados por Sr^{+2}.

El estroncio tiene cuatro isótopos estables, ^{88}Sr, ^{87}Sr, ^{86}Sr y ^{84}Sr, cuyas abundancias relativas son, 10: 0,7: 1: 0,07, respectivamente. Pero como el ^{87}Sr es producido por el decaimiento radiactivo del ^{87}Rb, su abundancia actual en las rocas no sólo depende de la cantidad de ^{87}Sr presente cuando el material se formó, sino también de la concentración de Rb y de la edad. Los materiales ricos en Rb, tales como las micas y feldespatos alcalinos, tendrán contenidos importantes de ^{87}Sr, especialmente si ellos son viejos. Como la relaciones isotópicas pueden ser medidas con precisión mediante el espectrómetro de masas y la abundancia de ^{87}Sr se expresa por la relación ^{87}Sr/^{86}Sr, donde la abundancia del ^{86}Sr es constante. Las relaciones entre la relación actual entre ^{87}Sr/^{86}Sr y la relación inicial $(^{87}$Sr/^{86}Sr$)_0$, cuando la roca o el mineral se formó, el contenido de Rb para una edad de t años y para una constante de decaimiento λ se expresa por la ecuación:

$$^{87}\text{Sr}/^{86}\text{Sr} = (^{87}\text{Sr}/^{86}\text{Sr})_0 + (^{87}\text{Rb}/^{86}\text{Sr})\,(e^{\lambda t} - 1) \qquad (9\text{-}2)$$

donde λ es de 1,42*10-11 * a^{-1}, para el decaimiento de Rb a Sr. Para valores de λt menores que 0,1, $e\lambda t - 1 \sim = \lambda t$. Así la ecuación, para edades menores a 70 Ga (que cubren la mayoría de las rocas terrestres) se reduce a:

$$^{87}\text{Sr}/^{86}\text{Sr} = (^{87}\text{Sr}/^{86}\text{Sr})0 + (^{87}\text{Rb}/^{86}\text{Sr})\,\lambda t \qquad (9\text{-}3)$$

Esta es una ecuación linear de la forma y = a + xb, donde se proyecta ^{87}Rb/^{86}Sr vs. ^{87}Sr/^{86}Sr como ilustra la Fig. 9-7. En esta figura, tres líneas rectas (isócronas) representan tres edades diferentes: t_0, t_1 y t_2. Consideremos primero la línea horizontal t_0. Los tres puntos, a, b y c, representan los análisis de ^{87}Sr/^{86}Sr y ^{87}Rb/^{86}Sr de tres minerales de una misma roca, o tres rocas cogenéticas con diferentes concentraciones de Rb y Sr. Como los isótopos de Sr no se fraccionan, los valores de las tres muestras deben ser similares en el momento de separación desde el manto y su cristalización, por lo que la línea une a los tres puntos indica el comienzo de la cristalización de los minerales o rocas, independientemente del sistema isotópico.

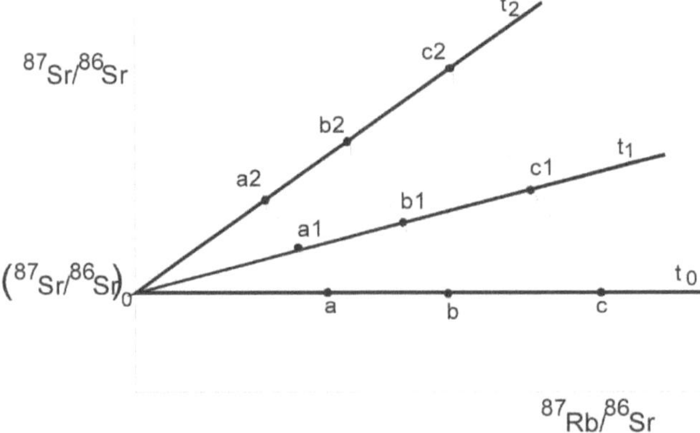

Fig. 9-7. Diagrama de isócrona Rb/Sr mostrando la evolución isotópica en un período de tiempo, de tres rocas o minerales (a, b y c), con diferentes relaciones Rb/Sr después de su derivación desde una fuente homogénea para un tiempo t_0.

Continuando t_0, el ^{87}Rb de cada muestra continuamente está transformándose en ^{87}Sr, así el ^{87}Rb va decreciendo al mismo tiempo que el ^{87}Sr va aumentando, así cada punto va evolucionando como indican las flechas, hasta los puntos a_1, b_1 y c_1, al tiempo t_1. Como la relación de decaimiento radiactivo es similar para todos, los tres puntos continúan siendo colineares, definiendo una nueva línea o isócrona, con pendiente positiva. Tal isócrona nos da dos informaciones; la primera (ecuación 9-3) nos dice que la pendiente es igual a λt y para cualquier valor conocido de λ puede ser calculada la edad de la roca para el tiempo t_1 ($t_1 - t_0$). Segundo la línea que une los tres puntos para t1 puede ser extrapolada a cero de ^{87}Rb. Naturalmente, si ^{87}Rb = 0, no se podría haber creado nuevo ^{87}Sr, así que la relación ^{87}Sr/^{86}Sr de las tres rocas se interceptan en el origen o (^{87}Sr/^{86}Sr)0, que indica el tiempo en que se empezó a separar fundido desde una fuente sólida. Lo mismo se deduce para un tiempo t_2.

La relación se mide de los minerales separados de una roca, o sobre un grupo de rocas genéticamente relacionadas, que correspondería a un sistema cerrado para t = 0, la línea que definen los puntos se denomina isócrona. La intercepción de la isócrona con el eje y es la relación inicial (^{87}Sr/^{86}Sr)0, y la pendiente de la línea determina la edad para la constante de decaimiento λt. En razón de la larga vida media del ^{87}Rb, la medición de la relación ^{87}Sr/^{86}Sr presente, por medio del espectrómetro de masas, en muestras de sólo pocos millones años, muestran todas esencialmente la misma relación inicial.

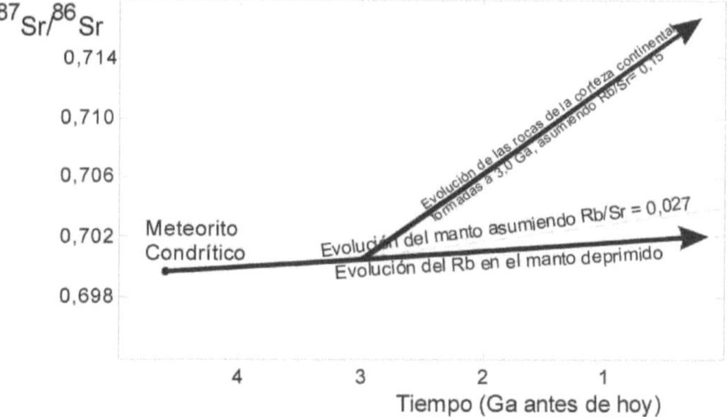

Fig. 9-8. Estimación de la evolución de los isótopos de Rb y Sr en el manto superior de la Tierra, asumiendo un evento de fusión a gran escala que produzca los continentes de tipo granitoide.

La relación inicial (^{87}Sr/^{86}Sr)0 sirve como importante trazador genético. Los magmas derivados por fusión parcial de una roca fuente tienen alta relación Rb/Sr, o materiales contaminados, tales como vieja corteza continental, lo cual lleva en forma inherente una alta relación inicial. Cuando la roca fuente es el manto peridotítico, la relación Rb/Sr es baja y los magmas derivados tendrán baja relación inicial.

En la Fig. 9-8, muestra que después del origen de la tierra, hace 4,6 Ga y asumiendo una composición original correspondiente a un meteorito condrítico, el manto peridotítico superior y la corteza granítica continental han experimentado un incremento en la relación ^{87}Sr/^{86}Sr debido al lento decaimiento del ^{87}Rb. Las relaciones corticales, se han incrementado en forma importante en razón de la relación Rb/Sr. El modelo asume que la corteza granítica ha sido derivada del manto durante la mayor parte de la historia geológica de la tierra y que segmentos de la vieja corteza ahora tienen alta relación ^{87}Sr/^{86}Sr. Los magmas derivados del manto tienen relaciones generalmente <0,706, mientras que los derivados por fusión o asimilación de corteza continental tienen relaciones >0,706.

El manto peridotítico y los basaltos oceánicos derivados por fusión parcial, son muy bajos en K y elementos asociados, por lo que tienen baja relación ^{87}Sr/^{86}Sr de 0,701 a 0,705, que son próximos al valor primitivo de los meteoritos de 0,698, los que no estarían modificados.

Los basaltos jóvenes, muestran baja relación $^{87}Sr/^{86}Sr$, en estrecha relación con los valores del manto. Los basaltos continentales derivados del manto, sufren contaminación y pueden tener relaciones iniciales $^{87}Sr/^{86}Sr$ más altas.

Las rocas graníticas formadas en la corteza continental, tienen la relación $^{87}Sr/^{86}Sr$ del basamento. Estos granitos tienen relaciones bajas de $^{87}Sr/^{86}Sr$ (0,705 - 0,708) y serían derivados del manto, o de la base de la corteza. Por otra parte, los magmas graníticos pueden formarse en la corteza, por fusión parcial de metasedimentos con relaciones $^{87}Sr/^{86}Sr$ de 0,7035 a 0,7103.

Las rocas andesíticas o basálticas ricas en álcalis tienen relaciones intermedias $^{87}Sr/^{86}Sr$, de 0,705 a 0,710 y se habrían formado por contaminación en la corteza, que es alta en K, del magma basáltico bajo en K (y por lo tanto bajo en Rb).

Los gabros alcalinos, sienitas alcalinas y carbonatitas asociadas, tienen baja a moderadas relaciones $^{87}Sr/^{86}Sr$, indicando derivación desde el manto.

Aunque las relaciones $^{87}Sr/^{86}Sr$, son una poderosa herramienta en la interpretación de la historia de las rocas ígneas, más que una interpretación, serán datos isotópicos aptos. En todas las instancias, los datos isotópicos deben ser compatibles con los datos petrológicos y geológicos.

Isótopos de Samario y Neodimio

Hay varios isótopos de estas tierras raras livianas, pero uno de los más relevantes en geocronología y en petrología es el ^{147}Sm, que decae a ^{143}Nd, por emisión alfa, con una vida media de 106 Ga. La abundancia de los productos hijos se relaciona a la relación con el isótopo estable ^{144}Nd, por la relación $^{143}Nd/^{144}Nd$.

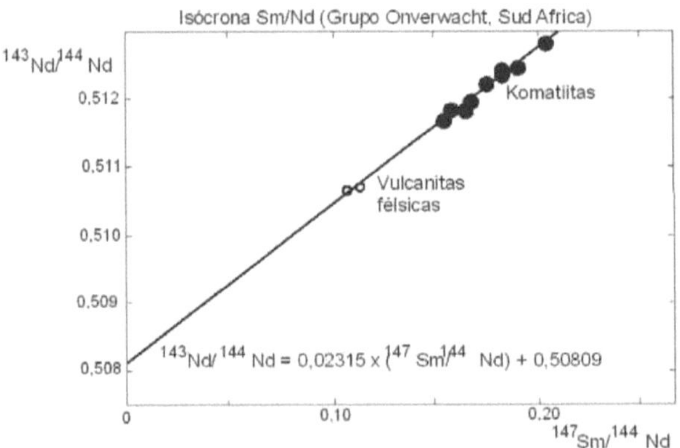

Fig. 9-9. Isócrona Sm/Nd sobre roca total de volcanitas ultramáficas y félsicas del Grupo Onverwacht de Sud Africa. Edad calculada de 3,54 Ga+/- 30 Ma. (Hamilton et al. 1979).

El sistema isotópico Sm/Nd es similar al de Rb/Sr. Ellos son isótopos incompatibles y tienden, de preferencia, a fraccionarse en los fundidos. En razón que el Nd tiene número atómico más bajo y es de mayor tamaño que el Sm, tiende a concentrarse algo más en los líquidos, que el Sm. Como resultado la relación Sm/Nd decrece en los fundidos parciales (en comparación con la fuente), o en los líquidos tardíos se produce una cristalización fraccionada progresiva.

El $^{147}Sm > {}^{143}Nd$ por emisión alfa, por: $\lambda = 6,54 \times 10^{-12}$ a^{-1}. Una isócrona de decaimiento radiactivo, se deriva con referencia al isótopo ^{144}Nd, que no es radiactivo:

$$^{143}Nd/^{144}Nd = (^{143}Nd/^{144}Nd)_0 + (^{147}Sm/^{144}Nd)\,\lambda t \qquad (9\text{-}4)$$

La aproximación de λt para $(e\text{-}\lambda t - 1)$ es buena para edades menores a $1,5 \times 1012$ años. La medición de los isótopos de Sm y Nd, es laboriosa por los pequeños valores que son utilizados, tales como para la relación $^{143}Nd/^{144}Nd$ es de 0,510 a 0,512, lo que hace que en las rocas las relaciones Sm/Nd sean de 0,1 a 2,0 (comparar con las relaciones Rb/Sr que son de 0,005 a 3,0).

La Fig. 9-9 es un ejemplo de isócrona Sm-Nd para análisis sobre roca total. Los datos definen una buena tendencia linear con una pendiente de 0,02135, igual a λt, con una edad de 3,54 Ga. La intersección da una relación inicial de $(^{143}Nd/^{144}Nd)0$ de 0,50809.

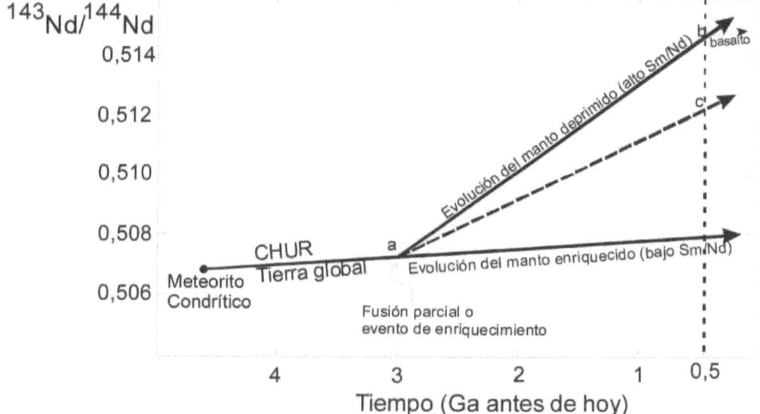

Fig. 9-10. Estimación de la evolución de isótopos de Nd en el manto superior de la Tierra, asumiendo una fusión a gran escala a 3,0 Ga antes del presente (Wilson 1991).

La Fig. 9-10 muestra la evolución $(^{143}Nd/^{144}Nd)0$ del manto superior con el tiempo.

El CHUR (reservorio condrítico uniforme) es una estimación de la composición condrítica promedio estimada por DePaolo y Wasserburg (1976). Desde el modelo condrítico la línea del CHUR y de la Tierra global, muestra una evolución del manto de la relación $^{143}Nd/^{144}Nd$, si fuera un sistema cerrado. En razón que el ^{144}Nd no es un producto radiogénico, es constante en el tiempo. Como el 147Sm decae para dar 143Nd, la relación $^{143}Nd/^{144}Nd$ se incrementa gradualmente. La línea tierra global CHUR se deriva aplicando la ecuación (9-4) para estimar el valor presente de la relación $^{143}Nd/^{144}Nd$ = 0,512638 y la relación $^{147}Sm/^{144}Nd$ = 0,1967 en el condrito. La línea tierra global CHUR es entonces igual a $0,0512628 - 0,1967 \times (e\lambda t - 1)$.

Luego se postula el evento de fusión parcial a 3,0 Ga b.p. (punto a en la Fig. 9-8). Una alternativa para la fusión parcial pudo haber sido un evento en el manto enriquecido, que está presente en algunas localidades debajo de los continentes. Cualitativamente al menos, los fundidos parciales (que eventualmente se incorporan a la corteza), podrían enriquecer al manto de manera similar. El manto deprimido muestra relación $^{143}Nd/^{144}Nd$ que aumenta con el tiempo en el fundido enriquecido. Esto es porque la fusión parcial del manto remueve más Nd que Sm. Esto deprime al manto en los isótopos hijos, al contrario que en el sistema

Rb/Sr, que la roca madre es deprimida. Como resultado de la depresión en el contenido de los isótopos hijos en áreas parcialmente fundidas del manto, la relación Sm/Nd será mas alta con el tiempo, generando relativamente mas ^{143}Nd radiogénico que ^{147}Sm, que la relación original ^{143}Nd/^{144}Nd. Otras áreas del manto pueden enriquecerse (por fundidos residentes remanentes y localmente concentrar Nd, o por fluidos metasomáticos que concentran y depositan Nd). Tales áreas de manto enriquecido o de fundidos derivados del manto, siguen la tendencia de la Fig.9-10, reflejando bajas relaciones Sm/Nd, que generan pequeñas cantidades de ^{143}Nd y que disminuye la gran cantidad inicial de Nd presente en el sistema.

Naturalmente los basaltos derivados del manto tienen la misma relación ^{143}Nd/^{144}Nd que la fuente en el tiempo de la fusión parcial, porque el Nd no se fracciona durante los procesos de fusión o cristalización.

$$\left(^{143}Nd/^{144}Nd\right)_{CHUR,t} = \left(^{143}Nd/^{144}Nd\right)_{CHUR,hoy} - \left(^{147}Sm/^{144}Nd\right)_{CHUR,hoy} \qquad (9\text{-}5)$$

La razón en las diferencias en las relaciones de los isótopos de Nd son pequeñas, DePaolo y Wasserburg (1976) introducen el término ε, que se define como:

$$\varepsilon Nd = [(^{143}Nd/^{144}Nd)inicial/ItCHUR - 1] \times 10.000 \qquad (9\text{-}6)$$

Donde ItCHUR es la relación ^{143}Nd/^{144}Nd para el CHUR en el tiempo (t) de formación de la roca. El valor de εNd positivo significa deprimido (o sea alto en ^{143}Nd) y el εNd negativo, es enriquecido (o sea bajo en ^{143}Nd), ambos con respecto al CHUR estándar (corregido para el tiempo a lo largo de la línea tierra global CHUR (Fig. 9-9). Así un ε_{Nd} positivo implica derivación de una fuente mantélica deprimida y un valor negativo de ε_{Nd}, indica que la roca fue derivada tanto de un manto enriquecido o una fuente cortical enriquecida con el tiempo.

Como ejemplo al considerar el basalto derivado de un manto deprimido en el punto b (Fig. 9-8), equivale a 500 Ma b.p. Este basalto enriquecido evoluciona a lo largo de la línea marcada en el basalto. Si se tienen algunas muestras con un rango de relaciones Sm/Nd se podría derivar una isócrona, y usar la derivada de la edad y (^{143}Nd/^{144}Nd)inicial para este basalto en el punto b. Esto podría ser comparado a ItCHUR al tiempo de formación del basalto (punto c de la evolución de la línea tierra global CHUR). Desde aquí si se usa la ecuación (9-5) para determinar ε_{Nd} = (0,515/0,512 − 1) x 104 = 5,86 que es un valor positivo y que soporta el modelo que la roca fue derivada desde una fuente deprimida. Como ejemplo más cuantitativo, consideramos las rocas volcánicas de la Fig. 9-13 (^{143}Nd/^{144}Nd)$_0$ es la intercepción de la línea de regresión = 0,50809. El ItCHUR a 3,54 Ga puede ser calculado por la ecuación (9-5) sustituyendo t= 3,54 x 109, da 0,508031. Sustituyendo este valor en la ecuación (9-6) queda: ε_{Nd} = [(0,50809/0,508031) -] x 10.000 = 1,16 que sugiere una fuente mantélica suavemente deprimida.

Los isótopos de Sm y Nd muestran significativas ventajas sobre otros sistemas tales como Rb/Sr y U/Pb, porque el Sm y el Nd se encuentran en minerales como piroxenos y plagioclasas y no están sujetos a perturbaciones químicas. Así los procesos geológicos tales como deformación intracristalina y recristalización, que acompañan al metamorfismo y que pueden perturbar en forma importante a los sistemas abiertos Rb-Sr y U-Pb, no afectan al sistema Sm-Nd. La comparación de las relaciones isotópicas del Sr y Nd, permite construir modelos de evolución magmática − fusión parcial del manto, contaminación cortical, interacción entre magmas basálticos oceánicos y agua de mar − que podía hacerse sólo con los isótopos de Sr.

Sistema U-Th-Pb

Este sistema es muy complejo e involucra a los isótopos radiactivos de Uranio (^{234}U,

^{235}U, ^{238}U) y tres isótopos radiogénicos de Plomo (^{206}Pb, ^{207}Pb, ^{208}Pb), sólo el ^{204}Pb no es radiogénico. U, Th y Pb, son todos elementos incompatibles y se concentran en los fundidos tempranos y son incorporados especialmente en la corteza continental. Al contenido de Pb original en las rocas, la composición isotópica del Pb se incrementa en función de tres reacciones de decaimiento radiactivo que involucran la destrucción del U y Th a Pb.

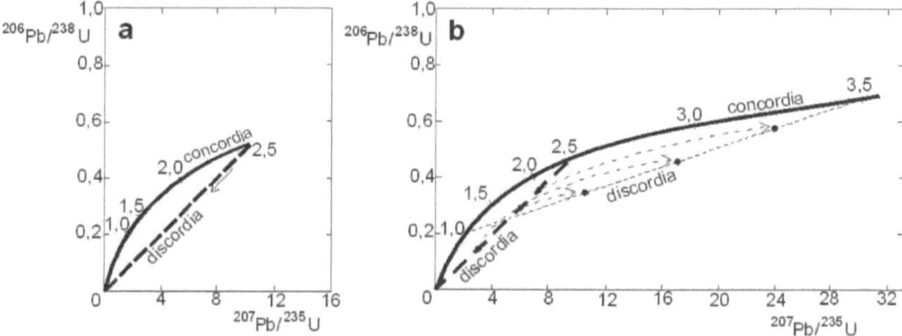

Fig. 9-11. Diagrama concordia que ilustra el desarrollo isotópico de Pb de una roca de 3,5 Ga con un único episodio de pérdida de Pb. A: los isótopos radiogénicos evolucionan simultáneamente sigiendo la curva de concordia por 2,5 Ga, cuando un evento térmico o infiltración de fluidos causa la perdida de Pb. Ambos isótopos de Pb se pierden con el tiempo en la misma proporción que existen en la roca original, de tal manera la composición isotópica se deprime en las rocas siguiendo la tendencia según la discordia, directamente hasta el origen (según la flecha). B: Los círculos llenos representan rocas hipotéticas con diferentes grados de depresión según el evento. La evolución continua del sistema de Pb para 1,0 Ga forma rocas no deprimidas que siguen la concordia por 3,5 Ga de evolución. Las rocas deprimidas siguen curvas de discordias separadas (líneas de puntos), hacia nuevas posiciones. La discordia final intersecta a la curva no deprimida en dos puntos; uno que da la edad total de la roca y el otro da la edad del evento de depresión (Faure 1986).

$$^{238}\text{U} > {}^{234}\text{U} > {}^{206}\text{Pb} \quad (\lambda = 1{,}5512 \times 10^{-10} \text{ a}^{-1}) \qquad (9\text{-}7)$$
$$^{235}\text{U} > {}^{207}\text{Pb} \quad (\lambda = 9{,}8485 \times 10^{-10} \text{ a}^{-1}) \qquad (9\text{-}8)$$
$$^{232}\text{Th} > {}^{208}\text{Pb} \quad (\lambda = 4{,}9475 \times 10^{-11} \text{ a}^{-1}) \qquad (9\text{-}9)$$

Con tres esquemas concomitantes de decaimiento el sistema U-Pb-Th, puede ser bastante complejo. Cada sistema puede ser tratado independientemente usando técnicas isocrónicas estándar. Un tratamiento común, es usar las ecuaciones (9-7) y (9-8) simultáneamente. La Fig. 9-11 ilustra el desarrollo isotópico de ^{206}Pb y ^{207}Pb desde una hipotética roca Precámbrica. La Fig. 9-11 A muestra el desarrollo del sistema Pb para los primeros 2,5 Ga de historia de la roca. Si el ^{206}Pb y el ^{207}Pb radiogénicos, evolucionan simultáneamente según las ecuaciones (9-7) y (9-8), los isótopos (cuando se los estandariza dividiendo por sus concentraciones parentales), siguen la curva mostrada, llamada concordia. Todas las muestras naturales con sistemas U-Pb coherentes, pueden desarrollarse a lo largo de esta curva de concordia. En razón de la pequeña constante de decaimiento, el ^{235}U decae más rápido y así la relación ^{207}Pb/^{235}U es siempre mayor que la relación ^{206}Pb/^{238}U, en cualquier tiempo y la diferencia crece con el paso del tiempo, resultando la característica forma cóncava hacia debajo de la concordia.

Suponiendo que ha 2,5 Ga de evolución el conjunto rocoso es perturbado por algún evento que causa alguna pérdida del Pb, que es móvil. Este fenómeno puede ser un evento de fusión, o de metamorfismo térmico, o infiltración de fluidos que recogen los elementos LIL, incluyendo al Pb. Como los isótopos de Pb no sufren fraccionamiento cuando se deprimen, todos serán deprimidos de acuerdo a su concentración en la roca. Como resultado el sistema de isótopos de Pb se mueve directamente hacia el origen, desde los 2,5 Ga, punto sobre la concordia, siguiendo una línea llamada discordia (Fig. 9-12).

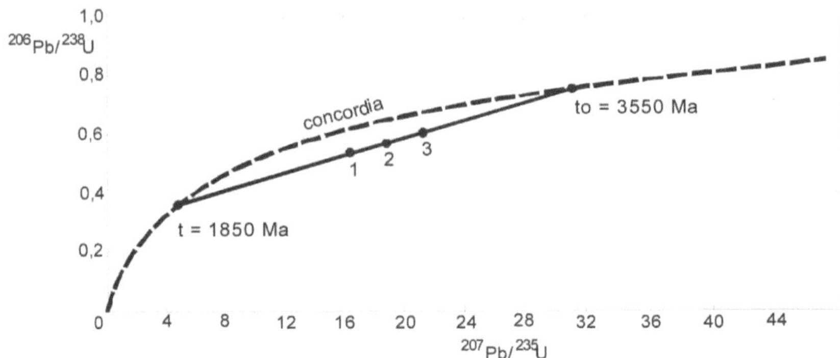

Fig. 9-12. Diagrama concordia para tres circones discordantes de un un gneis Arqueano. La discordia intersecta a la concordia a 3,55 Ga, que da la edad U-Pb del gneis y a 1,85 Ga que indica el evento U-Pb de depresión (Faure 1986).

Asumiendo que tenemos cuatro rocas diferentes o 4 granos de circón conteniendo U-Pb en una roca y que cada uno es deprimido en Pb en diferentes grados. Una roca (o circón) que no sea deprimido, permanecerá sobre la concordia, mientras que los otros se moverán a tres puntos diferentes a lo largo de la discordia, que se representan por los puntos 1, 2 y 3.

Continuando con el evento de agotamiento, el sistema continúa evolucionando por otro 1 Ga (Fig.9-11b). La roca o circón deprimido sigue la evolución de la concordia por un total de 3,5 Ga. Las otras tres muestras siguen sus propias curvas de concordia (puntos) desde su punto de origen a 2,5 Ga de la discordia. Después de 1 Ga, ellos son todavía colineares y definen una nueva discordia. La discordia final intersecta a la concordia en dos puntos. Uno a la derecha intersecta a la concordia en el punto que da el total de años del sistema (3,5 Ga). La intersección sobre la izquierda es a 1,0 Ga, la edad del evento de depresión.

En la Fig. 9-10 se observa un diagrama concordia para tres circones, que definen tres puntos de una buena discordia linear. Cuando la curva de concordia es agregada al diagrama, la discordia intercepta a la concordia a 3,55 Ga (la edad U-Pb del granito) y a 1,85 Ga (la edad del episodio de pérdida de Pb).

Los circones con diferentes edades pueden encontrarse en la misma roca y pueden ser reconocidos por diferencias en el color, morfología o cristalinidad. Agregados de circones similares pueden ser analizados por espectrografía de masa convencional, si se tiene suficiente material. Un nuevo método utilizado es la microsonda iónica, similar a un microsonda electrónica, pero que bombardea la muestra con una emisión concentrada de iones oxígeno, en lugar de electrones. El impacto de los iones forma un delgado cráter en la muestra, enviando iones de la muestra al espectrómetro de masas, el cual analiza el material liberado. La microsonda iónica puede analizar pequeñas áreas de un cristal de circón, lo que permite el estudio de cristales individuales o incluso de las zonas de crecimiento de un circón.

Los errores reportados en una determinación de edad son errores estadísticos de análisis y no reflejan errores sistemáticos impuestos por metamorfismo o alteración. De hecho en los sistemas isotópicos pueden darse resultados lineales y producen lo que se denomina una errorcrona y similarmente errores en la relación inicial.

Sistema Lutecio – Hafnio

El Lutecio 176 (^{176}Lu) decae a Hafnio 176 (^{176}Hf) con una vida de medio de 35.700 Ma.

El esquema de decaimiento ha sido poco usado hasta ahora para dataciones, especialmente debido a la vida media de ^{176}Lu, que recién está siendo calibrada adecuadamente, pero las variaciones $^{176}Hf/^{177}Hf$, se está utilizando para diferenciar las fuentes de los magmas y a establecer la heterogeneidad de la corteza y del manto.

Sistema Renio – Osmio

El decaimiento del Renio 187 (^{187}Re) a Osmio 187 (^{187}Os), no ha sido mayormente utilizado para la determinación de edades, principalmente por la extrema abundancia del Re, con la excepción de algunos sulfuros como la molibdenita. Las variaciones resultantes en la relación $^{187}Os/^{186}Os$ lo hacen un buen trazador isotópico y de especial interés para determinar las relaciones isotópicas padre-hijo del par Re y Os, que tienen fuerte carácter calcófilo y siderófilo.

Hay otros isótopos que también son utilizan, tales como: K - Ca, ^{14}C y otros, que son usados en geocronología y como trazadores petrológicos.

Lecturas seleccionadas

Cox, K.G., Bell, J.D., y Pankhurst, R.J. 1979. The Interpretation of Igneous Rocks. 450 pp. London. George Allen & Unwin.

DePaolo, D.J., y Wasserburg, G.J. 1976. Nd isotopic variations and petrogenetic models. Geophys. Res. Lett. 3: 249-252.

Faure, G. 1986. Principles of Isotope Geology. Wiley. New York.

Goldschmidt, V.M. 1937. The principles of distribution of chemical elements in minerals and rocks. J. Chem. Soc. 655-672.

Green, T.H. 1980.Island arc and continent-building magmatism: A review of petrogenetic models based on experimental petrology and geochemistry. Tectonophysics 63: 367-385.

Hall, A. 1987. Igneous petrology. 573 págs. Longman Scientific & Technical.

Hamilton, P.J., Evensen, N.M., O´Nions, R.K., Smith, H., y Erlank, A.J. 1979. Sm-Nd dating of the Onverwacht Group volcanic, Southern Africa. Nature 279: 298-300.

McBirney, A.R. 1984. Igneous Petrology. 509 páginas. Freeman, Cooper & Co.

Mullen, E.D. 1983. Mn/TiO2/P2O5: A minor element discriminant for basaltic rocks of oceanic environments and its implications for petrogenesis. Earth Planet. Sci. Lett. 62: 53-62.

Pearce, J.A., y Cann, J.R. 1973. Ophiolite origin investigated by discriminant analysis using Ti, Zr, abd Y. Earth Planet. Sci. Lett. 12: 339-349.

Pearce, J.A., y Norry, M.J. 1979. Petrogenetic implications of Ti, Zr, Y, and Nb Variations in Volcanic Rocks. Contrib. Mineral. Petrol.69: 33-47.

Taylor, S.R., y McLennan, S.M. 1985. The continental crust: Its Composition and Evolution. Blackwell, Oxford.

Wilson, M. 1991. Igneous Petrogenesis. Harper Collins Academic, 466 pp.

Elementos básicos de petrología ígnea

Miscelanea 18: 187-212
Tucumán, 2010 -ISSN 1514 - 4836 - ISSN on-line ISSN 1668 - 3242

Capitulo 10

Magmas

Introducción

¿Cómo surge el concepto de magma? La respuesta surge de la observación de los aparatos volcánicos actuales y antiguos, de las coladas de lavas y de los depósitos de rocas piroclásticas; como así también de la existencia de los enormes afloramientos correspondientes a los batolitos graníticos intrusivos y en todos los casos la respuesta al interrogante es la misma, del magma.

El manto y la corteza están constituidos esencialmente por silicatos en estado sólido y los magmas sólo pueden ser generados por significativas perturbaciones en P, T, X; cuya naturaleza es tema de controversias, pero las anomalías se concentran especialmente a lo largo de los límites de placas litosféricas. Asimismo el manto superior de peridotita juega un rol fundamental en la generación de magmas, ya que es la fuente mundial de los magmas basálticos y alcalinos.

El magma se forma como líquido segregado, dejando un residuo cristalino. El fundido tiene una fuerza ascensional por encima de la región de generación, por efecto de la densidad. Los cuerpos de magma menos densos son gravitacionalmente inestables con respecto a la roca sólida que los rodea y tienden a ascender, controlados por el equilibrio hidrostático.

Otros factores que actúan, incluyen: viscosidad, ambiente tectónico, geometría, volumen del cuerpo y la existencia de conductos que condicionan la velocidad de ascenso del magma.

Asimismo en el camino de ascenso, el magma sufre cambios en la composición, por diferenciación, mezcla y contaminación.

De acuerdo a Rittmann (1981) el magma, es una masa total o parcialmente fundida de silicatos con gases disueltos, que ocurre en o debajo de la corteza cristalina de la Tierra y que es capaz de intruirse como tal, en fisuras y erupcionar en la superficie, separándose ella en lava y gases volcánicos. Clásicamente se considera a los magmas como silicáticos, pero los hay también de carbonatos (carbonatitas), de sulfuros y de óxidos férricos (volcán Pico Laco).

Los magmas son inicialmente subsaturados en volátiles, pero con el ascenso a regiones de baja presión en la corteza y el comienzo de la cristalización, se vuelve más saturado en agua y puede entrar en ebullición. La exsolución y subsecuente expansión de los gases en los sistemas magmáticos puede causar erupciones volcánicas explosivas.

A temperaturas suficientemente altas, cualquier material cristalino o mezcla de cristales, funde para formar una solución líquida homogénea o fundido. Algunos sistemas magmáticos poco comunes, consisten en dos fundidos separados distintos, este fenómeno es conocido como inmiscibilidad líquida. En los sistemas geológicos, los fundidos contienen iones de O, Si, Al, Ca, H, Na, etc. Bajo ciertas condiciones, algunos iones pueden residir predominantemente en una fase separada, que puede ser cristalina o gaseosa y que está en equilibrio con el fundido.

Una fase puede ser definida como una parte homogénea, mecánicamente separable de un sistema y que está limitado por interfases de las adyacentes. Una fase puede estar en estado gaseoso, líquido o sólido.

Dependiendo de las condiciones de presión, temperatura y composición química, el magma puede consistir de sólo un fundido libre de cristales con gas disuelto; o de un fundido más cristales, más burbujas de gas. Así sólo en instancias especiales los términos fundido y magma son sinónimos; en la mayoría de las situaciones el fundido es sólo una parte del sistema magmático total.

Los fundidos incluyen polímeros tetraédricos distorsionados interconectados de Si-O, con otros iones mayores tales como Ca, Mg, Fe y Na, que pueden desarrollar débil coordinación con el oxígeno. Los fundidos altos en sílice y pobres en agua están más polimerizados, lo que los hace más viscosos, el flujo es más dificultoso y la nucleación y crecimiento de los cristales es lento. Los fundidos ricos en volátiles y pobres en sílice, se comportan en forma opuesta. Las relaciones de nucleación y crecimiento de cristales se incrementan por debajo de la temperatura de cristalización de los minerales, donde alcanzan un máximo y luego decrecen. El tamaño de grano de las rocas magmáticas se relaciona directamente con el número de núcleos de cristalización que se forman por unidad de volumen, por lo que pocos núcleos permiten grandes cristales y núcleos abundantes producen grano fino. La historia térmica de un cuerpo magmático y las rocas de caja que lo envuelven son factores determinantes en la textura de las rocas y se relacionan directamente con el tamaño y forma del cuerpo y con el contenido de volátiles. Un cuerpo convectivo de magma poco viscoso contrasta con aquellos que están estáticos y sólo irradian calor a las rocas de caja.

Composición de los magmas

Las rocas ígneas son usualmente divididas en dos grandes grupos de acuerdo a sus contenidos en minerales claros y oscuros. Los granitos por ejemplo, son félsicos o leucocráticos, porque están formados casi enteramente por minerales claros (cuarzo y feldespatos), mientras que los gabros, que contienen abundantes minerales ferromagnesianos oscuros, se los denomina máficas o melanocráticas y las rocas que carecen totalmente de minerales claros, se denominan ultramáficas. No hay un límite neto que separe a las rocas máficas de las félsicas, el término es esencialmente cualitativo. Una medición más precisa es el índice de color (IC), el que es simplemente la proporción en volumen de los minerales ferromagnesianos.

Las rocas ígneas, pueden ser tanto intrusivas como extrusivas, dependiendo de su profundidad de emplazamiento y velocidad de solidificación, que permite su división en tres grandes grupos:

Rocas Plutónicas: que se enfrían lentamente a profundidades moderadas o grandes en la corteza o en el manto.

Rocas hipabisales: emplazadas en niveles someros, en condiciones sub-volcánicas.

Rocas volcánicas: las que erupcionan sobre la superficie.

Cada roca plutónica tiene un equivalente volcánico, pero a escalas muy diferentes ya que la proporción de las diferentes composiciones químicas no es la misma. Las suites plutónicas tienden a tener mayores proporciones en las rocas félsicas; mientras que las suites volcánicas tienden a ser más máficas.

Cada componente individual mantiene una proporción característica para cada tipo de roca. Así la sílice es el óxido dominante, aunque acompañada por otros componentes menos abundantes y con rangos de variación más pequeños.

Los óxidos presentes en un análisis convencional son:

SiO$_2$: 35 - 75%, que permite dividir a los magmas en:

       ácidos   : > 66% (63%)

intermedios　:　66 (63%) - 52%

básicos　　　:　52 - 45%

ultrabásicos :　< 45%

Al_2O_3: 12 - 18% y raramente el 20%, en rocas intermedias. Valores más bajos son típicos de rocas volcánicos ricas en olivino y riolitas peralcalinas.

FeO (Fe_2O_3), MgO, CaO: en conjunto hacen del 20 al 30% de las rocas bajas en SiO_2. Todos decrecen con el aumento de SiO_2. En las riolitas p.ej. constituyen <5%.

Na_2O: 2,5 - 4% y se incrementa con el aumento de SiO_2. Valores mayores al 8% sólo se encuentran en rocas alcalinas y con contenido de SiO_2 intermedio.

K_2O: 0.5 a 5% y se incrementa con el contenido de SiO_2. Valores mayores al 6% sólo se encuentran en rocas per-alcalinas y con contenido de SiO_2 intermedio.

Con el advenimiento de nuevos métodos de análisis químicos muy sensibles, se ha obtenido información de los elementos trazas y tierras raras, que se expresan en ppm (partes por millón o gramos por tonelada), o aún en ppb (partes por billón) de los que se derivan relaciones petrogenéticamente significativas como: K/Rb, K/Ba, Rb/Sr, Nb/Ta, Th/U, Cd/Zn, Rb/Zr, etc.

Propiedades físicas de los magmas

Los datos de la composición química y mineralógica de las rocas ígneas, contrasta con la pobreza de información sobre las propiedades de los líquidos desde los cuales ellas cristalizan. Esto es un serio problema para las interpretaciones petrológicas y los estudios recientes se dedican a resolver los aspectos físicos de la evolución de los magmas y a ampliar las observaciones sobre las erupciones volcánicas, combinándolas con mediciones de laboratorio y con estudios teóricos.

Temperaturas

El magma es material rocoso fundido y móvil. Las mediciones de flujos de lava activos junto con la evaluación de los geotermómetros minerales en las rocas magmáticas, indican las temperaturas a las que un magma alcanza la superficie de la Tierra, que están en el rango entre 1200°C a 700°C, con los valores más altos para las rocas básicas y los menores para las silícicas. Las densidades de los cuerpos magmáticos están entre 2,2 y 3,0 g/cm3 y son generalmente algo más bajos que los valores de las rocas sólidas de la corteza.

Medir la temperatura de una lava incandescente que fluye puede ser hecha desde cierta distancia con un pirómetro óptico. Casi todas las lavas contienen cristales suspendidos en cantidad variable, tal que la temperatura de una lava que fluye no corresponde generalmente a la temperatura de su liquidus (aquella temperatura sobre la cual no hay fase sólida estable). Por otra parte, es muy improbable que las lavas fluyan a temperaturas por debajo del solidus (que es la temperatura por debajo de la cual todo el líquido tiende a cristalizar). Así estimaciones de laboratorio de temperaturas de liquidus y solidus de lavas (sin sus componentes volátiles) proveen límites máximos y mínimos de existencia de líquidos silicáticos. Para lavas que erupcionan con pocos cristales suspendidos, la temperatura del líquidus puede estar aproximadamente a la temperatura de erupción. La ausencia de fenocristales, sugiere que la lava está sobrecalentada por encima de la temperatura del líquidus, lo que es raro en el momento de la erupción. Un ejemplo de esta situación es la obsidiana peralcalina del volcán Chabi de Etiopía.

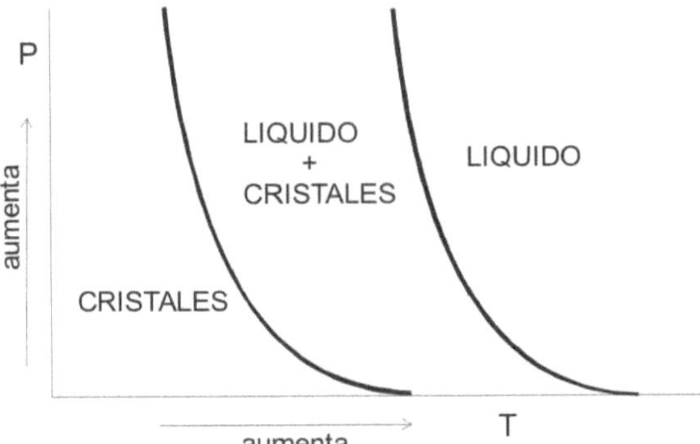

Fig. 10-1. Esquema idealizado de evolución de un magma, en un campo de presión y temperatura, desde el campo totalmente líquido a alta temperatura. El campo de coexistencia de cristales y líquido y finalmente el campo en que el magma está totalmente cristalizado.

Las lavas ácidas de alta viscosidad fluyen lentamente y las erupciones están acompañadas frecuentemente por grandes cantidades de escoria tal que pocas medidas de sus temperaturas se han hecho en el campo. Es también difícil determinar la temperatura del liquidus o del solidus de una lava ácida en el laboratorio a causa de su alta viscosidad. Por lo tanto debemos recurrir a métodos indirectos usando geotermómetros minerales, que sólo se pueden utilizar en la determinación de la temperatura del liquidus. Para las lavas ácidas muy viscosas se mide la temperatura del liquidus, fundiendo las soluciones sólidas de fenocristales de magnetita-ilmenita, el líquido que se obtiene, tiene una temperatura similar al líquido de la lava y la temperatura de extrusión puede ser similar a la lava.

Kilauea, basalto toleítico	1150 - 1225°C	Hawai
Paricutín, andesita basáltica	1020 - 1110°C	Méjico
Nyiragongo, nefelinitas	980°C	Congo
Taupo, riolita piroxénica	860 - 890°C	Nueva Zelandia
Taupo, coladas de pumitas	735 - 780°C	" "
Santiaguito, andesíta hornbléndica	725°C	Guatemala
Monocraters, California, lava riolítica	790-820°C	Estados Unidos
Islandia, obsidiana riodacítica	920-925°C	Islandia
Nueva Inglaterra, andesita pumicea	940-990°C	
Nueva Inglaterra, lava andesítica y pumicea	925°C	
Nueva Inglaterra, riodacita pumicea	880°C	

(Carmichael. Turner y Verhoogen 1974: Hall 1987).

Tabla 10-1. Ejemplos de temperaturas medidas.

Una gran cantidad de datos de temperatura para los magmas básicos de los volcanes Kilauea y Mauna Loa, ha sido resumida por McDonald (1963) estableciendo que estos magmas basálticos erupcionan entre 1050 y 1200°C y aún continúan fluyendo por debajo de los 800°C.

El rango de temperaturas extremas medidas de los magmas oscila entre 1200° y 800° C. Los valores superiores corresponden a los magmas básicos, mientras que los más bajos corresponden a lavas ricas en sílice, parcialmente cristalizadas y que marcarían las condiciones límites para las cuales un magma puede fluir. Los magmas que contienen mas del 40 – 50%

de cristales son demasiado viscosos y raramente erupcionan sobre la superficie. El hecho que las bajas temperaturas son observadas en lavas fuertemente diferenciadas de composiciones félsicas y las erupciones de alta temperatura están restringidas a los basaltos, implica que pocos magmas tienen un rango suficientemente amplio de cristalización para permanecer móviles a temperaturas por debajo al comienzo de la cristalización.

Muy pocas lavas están a mayor temperatura a la que los primeros minerales comienzan a cristalizar. Para los basaltos, por ejemplo, raramente se han observado temperaturas superiores a 1200°C y aún en estos casos no muestran sobrecalentamiento. Esto dice que el enfriamiento tiene lugar en un pequeño intervalo de temperaturas antes que los cristales comiencen a nuclearse y crecer. Esta es una observación significativa, porque nos informa sobre la manera que los magmas alcanzan la superficie.

Considerando que la temperatura de la corteza aumenta con la profundidad a razón de 30°C/km de profundidad, parece que a las profundidades donde los magmas se generan (~50 km), las temperaturas de fusión deben ser por lo menos 150°C más altas que las extrapoladas desde la superficie. El hecho que las lavas que erupcionan están muy próximas a sus temperaturas de cristalización a presión atmosférica, indica que deben haber perdido calor en su ascenso a la superficie y que éstas son menores que las que tuvo el magma en profundidad.

Muchas erupciones de riolitas no muestran sobrecalentamiento y las temperaturas de flujos de obsidiana, habrían estado entre 1-2% por encima de la temperatura de cristalización.

Una de las propiedades térmicas distintivas de los magmas y de las rocas ígneas, es el gran contraste entre su capacidad calórica y el calor de fusión o de cristalización. La Capacidad Calórica (Cp) está definida por la relación:

$$Cp = \Delta H / \Delta T$$

Donde ΔH es la cantidad de calor que debe ser agregado o removido, para aumentar o bajar un grado centígrado a un gramo de sustancia. El término calor específico se refiere a la capacidad calórica de una sustancia en relación al agua, bajo las mismas condiciones. El Calor de Fusión, ΔHF, es el calor que debe ser agregado o removido de un gramo de fundido o de cristalizado, a la temperatura a la cual coexisten el líquido y el sólido. Para la mayoría de las rocas, Cp es de aproximadamente 0,3 cal . g^{-1} . $grado^{-1}$, donde los valores típicos para ΔHF son de alrededor de 65 a 100cal g^{-1}.

Naturaleza físico-química de los líquidos silicáticos

Distintas evidencias muestran que los líquidos silicáticos no son simples soluciones iónicas, sino que tienen cierto grado de ordenamiento que se aproxima al de los minerales. Las pequeñas diferencias de las densidades y de los índices de refracción entre las rocas cristalinas y sus vidrios, indican que el ordenamiento estructural de sus átomos no difiere mayormente entre los dos estados. Por otra parte la pequeña cantidad de calor involucrada en el cambio desde un sólido cristalino al estado líquido es pequeño, comparado con el de vaporización e indican que la estructura cristalina sufre pocos cambios en el paso de sólido a líquido. La diferencia fundamental entre la estructura líquida y la cristalina se expresa principalmente por la unión entre los átomos. Los átomos en los fundidos silicáticos están unidos por fuerzas similares a las que existen entre los átomos de los cristales, pero en menor escala (Fig. 10-2).

La naturaleza del ión silicio es el principal responsable de las propiedades de los magmas, en razón de su alta carga (+4) y su pequeño radio (0,39 Å) y su número de coordinación con el oxígeno (4), sus uniones con el oxígeno son mucho más fuertes que las de otros cationes comunes. El aluminio, aunque no está tan fuertemente ligado al oxígeno como el Si, no obstante es más fuerte que el Ca, Mg y Na y en algunos aspectos tanto el Si como el Al juegan roles similares en los líquidos y en los cristales sólidos.

Los fundidos de sílice pura, desarrollan tetraedros, que enlazan tridimensionalmente a los átomos de oxígeno, la mayoría de los cuales comparten dos o más tetraedros. Otros cationes pueden entrar en el fundido en cantidades limitadas, como iones independientes, que ocupan espacios entre los tetraedros que por otra parte modifican la estructura básica.

En este sentido, Si y Al se consideran como los elementos que "forman la estructura". Y los "modificadores de la estructura", son los iones que ocupan los espacios dentro de la estructura básica y son, Mg, Ca, Fe, Na y la mayoría de los metales. Estos componentes pueden acomodarse en cantidades de hasta aproximadamente el 20% de los cationes, antes que la estructura básica comience a romperse en unidades geométricas más pequeñas. La estructura tetraédrica básica, en la cual el Si está unido a los átomos de oxígeno en relación 1 a 2, es reducida a unidades con relación Si/O más pequeñas y donde otros cationes toman el lugar del Si compartiendo los átomos de oxígeno. Cuando más del 66% de los cationes modifica su estructura, el líquido toma la forma de orto-silicatos en los cuales cada átomo de Si forma tetraedros separados.

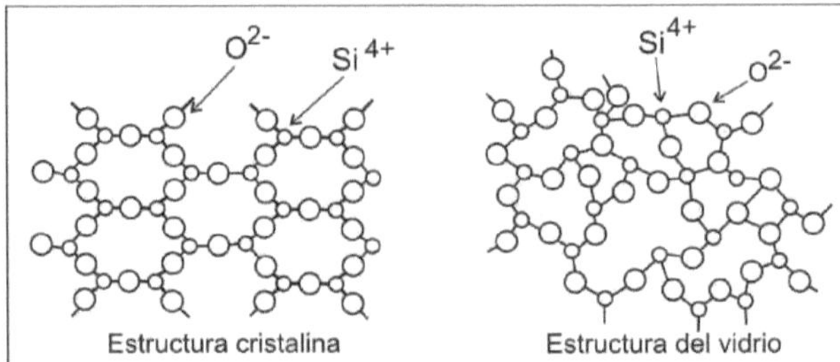

Fig. 10-2. Diferencias de la estructura cristalina entre el estado cristalino y el de un vidrio.

Viscosidad

La viscosidad es la resistencia que tienen los cuerpos fluidos a fluir; en los magmas naturales y en los fundidos silicáticos depende fundamentalmente de la temperatura y composición, teniendo muy poca influencia la presión, ya que los líquidos no son compresibles.

La ecuación que controla la viscosidad es:

$$\sigma\tau = \eta\dot{\varepsilon}$$

Donde $\sigma\tau$ es el esfuerzo tangencial, $\dot{\varepsilon}$ es la velocidad a la cual se deforma o fluye el material y η es el coeficiente de proporcionalidad, denominado viscosidad y que es característica para cada fluido. La viscosidad representa el esfuerzo necesario para producir una cantidad definida de deformación por unidad de tiempo. Cuanto más viscoso es el material, mayor es el esfuerzo necesario para producir mayor cantidad de deformación en el mismo tiempo. La fluidez f es la inversa de la viscosidad (η).

La viscosidad η es definida por la relación entre el esfuerzo aplicado a una capa de espesor z y la deformación permanente que esta sufre en una dirección x paralela a la dirección del esfuerzo y es expresado por la relación general: $\sigma = \sigma_0 + \eta\,(du/dz)^n$

Donde σ es el total del esfuerzo aplicado paralelamente a la dirección de la deformación, σ_0 es el esfuerzo requerido para iniciar el flujo y du/dz es el gradiente de velocidad; dx/dt, sobre una distancia z normal a la dirección de la cizalla, x. El exponente n tiene un valor 1,0 o menos y depende del fluido y del gradiente de velocidad producido por el esfuerzo deformante.

Las tasas de deformación lentas, en que los agregados policristalinos ceden y fluyen, ante esfuerzos mínimos, están entre $10^{-12}.s^{-1}$ y $10^{-18}.s^{-1}$, siendo comunes en la corteza inferior y manto.

Las dimensiones de la viscosidad están dadas por las relaciones esfuerzo/deformación. En el Sistema c.g.s. la unidad es el "poise = 1 dina.s.cm-2"; mientras que en el Sistema Internacional, la unidad es el "Pascal.s = 1 newton.s.m-2". La equivalencia entre Pascal segundo y poise, es de

"1 Pa. s = 10 poises".

Los magmas básicos y los ácidos con altos contenidos en volátiles tienen viscosidades más bajas que los magmas ácidos, con bajo contenido en volátiles. La viscosidad depende del grado de polimerización, que a su vez es función de la proporción de sílice. Experimentos realizados sobre fundidos basálticos, muestran que Si, Al y K, contribuyen a aumentar la viscosidad; mientras que Na, Ca, Fe y Mg, la hacen disminuir (Murase 1962). Así las lavas basálticas de Hawai son relativamente fluidas, habiéndose medido velocidades de hasta 400 m/h, con 2° de pendiente.

Material	Viscosidad	
	Pascal segundo (Pa s)	Poises
Agua	1×10^{-3}	1×10^{-2}
Glaciar	1×10^{13}	
Manto	1×10^{21} y 10^{24}	
Magma basáltico	5×10 y 1×10^{3}	
Magma riolítico	1×10^{6} y 1×10^{13}	
Basalto Hawai		$4,5 \times 10^{4}$
Ekla (Islandia)		1×10^{5} a 10^{7}

Tabla 10-2. Valores de viscosidad de algunos materiales.

Rocas	Viscosidad (Poises)
Basalto fundido a 1200° C	$10^{2} - 10^{3}$
Andesita fundida a 1200° C	$10^{4} - 10^{5}$
Riolita fundida a 1200° C	$10^{6} - 10^{7}$
Lava basáltica en erupción	$10^{3} - 10^{5}$
Lava andesítica en erupción	$10^{5} - 10^{7}$
Lava dacítica en erupción	$\sim 10^{11}$
Granito anhídro a 800°C	$\sim 10^{12}$
Granito con P_{H2O} = 0,5 kb a 800° C	$2,6 \times 10^{6}$
Granito con P_{H2O} = 2,0 kb a 1200° C	$2,6 \times 10^{6}$

Tabla 10-3. Ejemplos de valores de viscosidad obtenidos en laboratorio.

Datos de: Murase y McBirney (1973) de fundidos a 1200° C. Mcdonald (1972) para lavas en erupción. Shaw (1963) para granitos. El coeficiente de viscosidad del agua a 20° C es de 0,01004 g/cm.s.

La viscosidad no es la única propiedad que determina el flujo de los magmas. Los magmas silicáticos, no se comportan como líquidos ideales, durante el flujo. En un fluido Newtoniano ideal, la relación de deformación es proporcional al esfuerzo aplicado, pero en un fluido Bingham, la deformación no toma lugar hasta que el esfuerzo aplicado alcanza un valor crítico. Los magmas líquidos tienen un comportamiento más de tipo Bingham, que de tipo Newtoniano. Ellos tienen un campo de deformación finito el cual debe ser excedido antes que se muevan. Los líquidos pseuplásticos, son aquellos con partículas sólidas en suspensión y no guardan una relación linear entre esfuerzo y deformación.

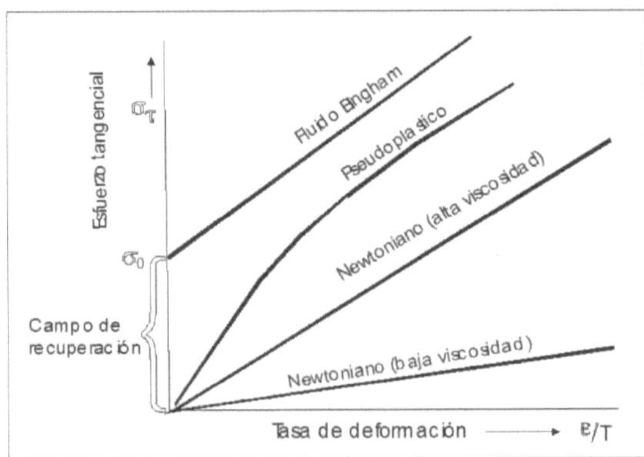

Fig. 10-3. Diversos tipos de viscosidades.

Para los llamados fluidos Newtonianos (Fig. 10-3), n es 1,0 y σ_0 es cero; pero muchos fluidos pseudos-plásticos y líquidos con partículas sólidas suspendidas tienen una relación no linear de la relación esfuerzo – deformación (curva pseudo-plástica de la figura 10-3) para los cuales el valor de n es menor que 1,0. Otras sustancias, como materiales altamente polimerizados, tienen un campo finito de deformación que debe ser superado antes que se alcance la deformación permanente (ver figura, curva Bingham). A esfuerzos por debajo de σ_0 ellos tienen un comportamiento elástico, pero para esfuerzos mayores, ellos se comportan como viscoso-elásticos.

Las ecuaciones de la viscosidad muestran que la viscosidad efectiva se incrementa con el contenido de cristales y cuando estos se aproximan al 50%, la viscosidad efectiva se aproxima a infinito. La viscosidad junto a la densidad, son probablemente las propiedades más importantes que afectan el comportamiento físico y controlan la diferenciación química de los magmas.

Efectos del enfriamiento en la cristalización

Consideremos primero un magma que se enfría y cristaliza sin cambios en la composición global. Con su solidificación, él pasa gradualmente a través de una sucesión de estadios en los cuales la densidad, viscosidad y tensiones internas, se incrementan con el descenso de la temperatura. A altas temperaturas, donde los cristales son escasos, el magma puede ser permanentemente deformado por flujo acuoso, aún bajo esfuerzos débiles. En este estadio se aproxima a un fluido Newtoniano, pero con el descenso de la temperatura, se incrementa

Fig. 10-4. Diques básicos con baja viscosidad, cortando granito con alta viscosidad, mostrando solo reacción limitada entre ambas rocas, evidenciado por los fundidos de cuarzo que los acompañan.

la proporción de cristales y la viscosidad se incrementa abruptamente. Cuando los cristales constituyen hasta la mitad del volumen, el magma puede todavía ser deformado por flujo viscoso, pero los esfuerzos requeridos para producir deformación son muy altos y el campo elástico debe ser superado para producir una deformación permanente (fluido Bingham).

Cuando la proporción de cristales se vuelve aún mayor y alcanza el contacto entre granos, la parte fundida, se comporta como un sólido frágil, cuando está sometida a esfuerzos de corta duración; pero para esfuerzos de mayor duración, la roca se comporta como un sólido elástico.

Los diferentes tipos de rocas ígneas tienen diferentes comportamientos con respecto a la viscosidad y densidad.

En los magmas calco-alcalinos, con el descenso de temperatura aumenta el contenido en sílice, lo que aumenta la viscosidad en todo el rango de rocas, desde basaltos a riolitas. El efecto es aún mayor con la presencia de fenocristales. Por su parte la densidad declina en toda la serie, por decrecimiento de hierro aumento de sílice.

Los magmas toleíticos muestran poco aumento de la viscosidad, hasta la aparición de las riolitas. El efecto del incremento del hierro, como modificador de las estructuras y con el descenso de la temperatura, la viscosidad permanece casi constante en los estadios tempranos y medios, por el contenido de hierro y desciende en los estadios tardíos cuando se incrementa abruptamente el contenido de sílice y álcalis.

En los magmas alcalinos se observa un tipo intermedio de variación, en los que los álcalis juegan un fuerte rol como modificadores de la estructura, especialmente en los líquidos muy pobres en sílice. La densidad aumenta progresivamente con la concentración de sílice y álcalis.

Densidad

La densidad, junto a la viscosidad, es probablemente la propiedad más importante que afecta el comportamiento físico y la diferenciación química de los magmas. Las densidades de la mayoría de los magmas están en el rango entre 2,2 y 3,1 g cm^{-3} y varían con la temperatura, presión y composición.

El efecto de la composición sobre la densidad, es más importante que la temperatura y la presión. En una serie de magmas diferenciados (Fig. 10-5), la densidad puede incrementarse o disminuir, dependiendo si hay un enriquecimiento o no en el líquido de Fe, como es el caso de la evolución de un magma de composición basáltica a riolítica.

Se debe distinguir entre la densidad de un magma, compuesto de fases sólidas junto con un líquido y un gas y la densidad de un líquido que tiene una composición idéntica a la del magma (obtenido por fusión). La mayoría de los datos de densidad han sido obtenidos, sobre líquidos silicáticos encima de su temperatura de cristalización, o sobre líquidos silicáticos enfriados a vidrio. Valores de densidad medidos a temperatura ambiente de vidrios anhidros naturales tienen valores de 2,4g/cm^3 para los ácidos; a 2,9 g/cm^3 para los básicos.

La mayoría de los cristales que cristalizan tempranamente, especialmente olivino (3,2) y piroxenas (2,8 a 3,7), son notablemente más densos, que los fundidos silicáticos de los cuales se separan. Esto permite que los cristales adquieran tamaño y forma, al mismo tiempo que tienden a hundirse por gravedad. Esta acumulación por gravedad es aceptada generalmente como la que produce el bandeado de las intrusiones básicas. Por otra parte el contraste de densidad que tiene la plagioclasa (2,7 g/cm^3) hace que se hunda mucho más lentamente. La leucita, 2,47 g/cm^3 y posiblemente otros feldespatoides, serían los únicos minerales que flotarían.

Según Turner, (1961) la densidad del granito es de 2,62 a 2,67 y la del gabro de 2,7 a 3,3.

<2,5 g/cm^3 :   analcima, sodalita, leucita.
2,5 - 3,0 g/cm^3 :   cuarzo, feldespatos, nefelina, moscovita.
> 3,0 g/cm^3 :   minerales ferromagnesianos, óxidos de Fe, apatito, circón.
3,0 a 3,5:   hornblenda

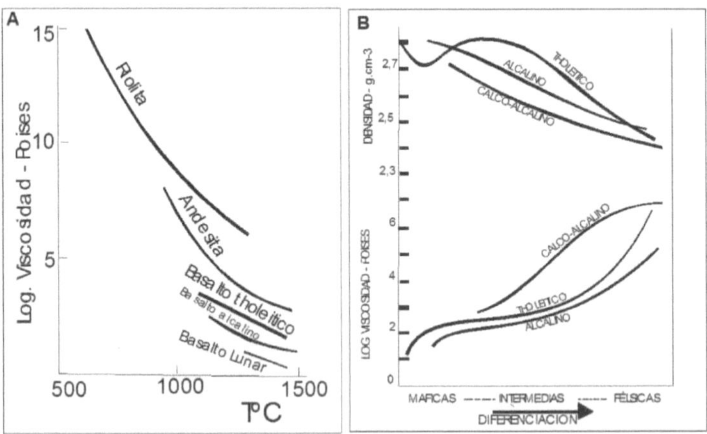

Fig. 10-5. A: viscosidades de distintos tipos de volcanitas. B: contraste entre viscosidad y densidad en distintos tipos de basaltos.

La densidad varía según se trata de magma, lava, minerales y rocas (obsidiana y taquilita) y tiene una estrecha relación con ascenso, emplazamiento y el desarrollo de estructuras internas de los cuerpos ígneos. Generalmente el magma tiene una densidad menor que la roca de caja, por lo cual genera esfuerzos diferenciales que activan su ascenso en la litósfera.

Tiempo requerido para la cristalización

La velocidad de enfriamiento de un cuerpo intrusivo, no solo depende de la profundidad de emplazamiento, sino del tamaño y forma del cuerpo, contenido de agua y del gradiente de temperatura.

Partiendo de la conductividad de calor de las rocas, la velocidad de enfriamiento es proporcional al cuadrado del espesor de una lámina o al radio de un cuerpo cilíndrico de magma.

Jaeger (1968) expuso varios modelos:

1°) Una lámina intrusiva de 200 m de espesor de magma basáltico, inyectada a 1050° C, en una roca de caja fría 25-50° C; cristaliza completamente a 850° C en 700 años.

2°) Una lámina similar de 700 m de espesor, tardaría 9000 años.

3°) Una lámina vertical de magma granítico de 2000 m de espesor, inyectada a 800° C, en roca de campo caliente a 100° C, cristaliza en el centro a 600° C, después de 64.000 años.

Larsen (1948) calculó que el batolito del sur de California, cristalizó a 6 km de profundidad en aproximadamente 1.000.000 años.

Los modelos de enfriamiento de Lovering, Jaeger y Hori (in Turner 1968), sugieren:

- Las temperaturas en los contactos con los plutones graníticos son de 500 a 550°C, mientras que temperaturas de 650 a 700°C solo se dan en los contactos con plutones básicos, bajo una cubierta espesa (en general los contactos no sobrepasan el 50% de la temperatura del intrusivo).

- Los xenolitos de la roca de caja, sumergidos en el magma, pueden alcanzar temperaturas que se aproximan a las del magma al tiempo de su intrusión.

Una diferencia importante entre magmas que se enfrían en profundidad o cerca de la superficie, depende del comportamiento de los volátiles, principalmente agua. La solubilidad del agua en fundidos silicáticos crece con el aumento de presión. Los magmas que alcanzan la superficie, pierden gran parte de sus volátiles: H_2O, Cl, F, B, etc. La pérdida de volátiles tiene el efecto, de elevar la temperatura de cristalización de la fase fundida silicatada, acelerando la misma tanto como si fuera por enfriamiento rápido. Mientras que el mantenimiento de los volátiles, aún en pequeña cantidad, baja el punto de cristalización y por lo tanto alarga el tiempo de cristalización.

Ascenso del magma a través del manto y la corteza

La densidad y la viscosidad también afectan la manera por la cual los magmas ascienden desde su fuente y pasan a través de la litósfera. Los mecanismos de intrusión de un magma particular, depende principalmente de sus propiedades físicas y de las rocas que atraviesa. A niveles profundos, donde las rocas se pueden deformar plásticamente, muchos magmas ascienden como diapiros. La velocidad de ascenso de estas plumas boyantes es establecida por la Ley de Stokes:

$$U = g\Delta\varrho r^2/3\eta_1 \, (\eta_2 + \eta_1/\eta_2 + 3/2\eta_1) \qquad (10\text{-}1)$$

En la que, U es un cuerpo esférico con su radio, R; el contraste de densidad es $\Delta\varrho$; $\eta1$ viscosidad del cuerpo, y $\eta2$ es la viscosidad del material a través del cual se mueve. Así, los ascensos más rápidos de magma deberían ser aquellos de gran tamaño, baja densidad y alto contraste de densidad con las rocas que atraviesa. Notar que los dos casos limitantes, se da para los cuerpos que tienen una viscosidad, $\eta1$, de cero o infinito, en que el factor numérico en la ecuación (10-1) cambia desde 1/3 a 2/9, y así la viscosidad del cuerpo tiene menos efecto sobre su velocidad de ascenso, que la viscosidad del material a través del cual el intrusivo asciende.

En algunos casos, se han detectado hipocentros de terremotos en el manto, desde los cuales los magmas ascienden a velocidades entre 500 y 2000 m por día hasta erupcionar. Esto ha sido interpretado como, que el ascenso de una pluma de magma, fractura y desplaza las rocas a través de las cuales asciende.

La razón por la que cuerpos densos pequeños suben más lentamente que los grandes, se debe a que pierden calor más rápidamente, por lo que tienen pocas posibilidades de alcanzar la superficie y tienden a equilibrarse más efectivamente con las rocas a través de las cuales circulan. Esto probablemente tiene fuerte influencia en los tipos de rocas que observamos en la corteza. Las lavas densas provenientes del manto solo raramente pueden ser observadas en superficie. Esto hace pensar que la litósfera liviana y fría, constituye una barrera que filtra los magmas, que son más densos que la corteza y que se vuelven demasiado viscosos para poder ascender a través de canales estrechos, ya que tienen poco calor para sobrevivir al enfriamiento de los niveles someros.

En los niveles altos de la litósfera frágil, los magmas suben por flujo a través de fracturas y por stoping, que es el mecanismo por el cual el magma asciende generando espacio por fracturamiento del techo de la cámara magmática. Los bloques liberados se hunden en el magma y pueden ser asimilados o incorporados al magma. Esto marca la importancia que tienen la temperatura y la composición, en la evolución de los magmas en la corteza.

El flujo a través de fracturas estaría confinado a los pocos kilómetros superiores de la corteza, donde las rocas pueden soportar canales con paredes rígidas. El promedio de velocidad del flujo U, varía con el gradiente de presión dP/dz, y con el ancho de la fractura W, o el radio R, del conducto cilíndrico, e inversamente con la viscosidad del magma $\eta1$, de acuerdo a las relaciones:

$$U = R^2/12 \, \eta \, (dP/dz) \qquad (10\text{-}2 \text{ A})$$
$$U = W^2/8 \, \eta \, (dP/dz) \qquad (10\text{-}2 \text{ B})$$

La razón por la que los magmas pasan a través de fracturas estrechas en rocas frías sin enfriarse drásticamente, se debe a un balance entre la velocidad de ascenso y la perdida de calor, que determina cuan rápido puede ascender un magma.

El mecanismo más eficiente de fracturamiento de rocas frágiles es por propagación de fisuras planares, en razón de la gran superficie del plano, resulta en una gran presión hidráulica que rompe la roca. Una vez que el magma comienza a fluir por un canal plano, tiende a cambiar la forma de planar a cilíndrico, que es tanto termal como mecánicamente la forma más eficiente para que un fluido fluya, en razón de su baja superficie en relación al volumen, lo que reduce la perdida de calor y la fricción. De esta manera el magma puede permanecer más tiempo caliente y fluir más rápidamente en la parte mas ancha de la fisura, lo que con el tiempo erosiona las paredes y desarrolla conductos cilíndricos. En planos delgados, el flujo pierde eficiencia y calor, con lo que se mueve más lentamente y eventualmente se congela. Por esta razón, los conductos someros tienden a constituir chimeneas volcánicas, que permiten el flujo continuo de magma.

Dependiendo de las propiedades del magma y del ancho del canal, el flujo puede ser tanto laminar como turbulento. En el flujo laminar la corriente del fluido es suave y casi paralela, como se desarrolla por ejemplo en los glaciares. El flujo turbulento está caracterizado por torbellinos, como los que producen los ríos durante las inundaciones. Para la mayoría de los fluidos, la transición a turbulento ocurre cuando el número no-dimensional de Reynolds, alcanza el valor crítico de 2000.

$$Re = \varrho UL/\eta \qquad (10\text{-}3)$$

En esta expresión, ϱ es la densidad, U es la velocidad, L es una dimensión característica, y η es la viscosidad. El número de Reynolds es una medida de la inercia a las fuerzas friccionales o de viscosidad en un fluido en movimiento. En el flujo laminar, la viscosidad domina y en el flujo turbulento la viscosidad es menos importante que las fuerzas de inercia.

La importancia petrológica de esta distinción está que en el flujo turbulento, una mezcla íntima puede tener lugar entre magmas de diferente composición y los procesos que involucran transferencia de calor y masa, son más eficientes. En el flujo laminar, la mayoría de estos procesos son lentos, porque dependen más de la difusión.

Transferencia de masa y energía por difusión

Casi todos los procesos de las rocas ígneas involucran la transferencia de masa o energía para alcanzar un estado de equilibrio en los niveles más bajos de energía. Cuando la lava es eyectada desde el cráter de un volcán y desciende, pierde energía potencial y calienta su entorno. Ambas formas de energía son transferidas en virtud de una diferencia o gradiente de energía, en un caso de altitud y en otro de temperatura y el sentido de la transferencia es siempre desde un nivel de alta energía, a uno de baja energía. Esto es lo que dice la "segunda ley de la termodinámica", la cual establece siempre que el flujo de calor va desde un cuerpo caliente hacia uno frío, o en sentido más general, que la energía es siempre transferida desde un nivel alto hacia un nivel mas bajo. En los procesos magmáticos esto controla los principios que gobiernan la transferencia de calor y masa en los diferentes tipos de rocas ígneas.

En los flujos de lava descendentes, tres tipos de procesos tienen lugar simultáneamente – *transferencia de calor, de masa y de momento* – y las leyes que gobiernan las relaciones entre estos procesos, tienen formas casi idénticas. Así como la relación de pérdida de calor está relacionada al cambio de energía interna, la relación de difusión química entre cristales y líquido se relaciona con el cambio de concentración de los componentes químicos y la aceleración de la velocidad está relacionada a la transferencia del momento dentro de un fluido viscoso. Para la mayoría de los propósitos geológicos, se investigan los cambios que tienen lugar con el tiempo, como por ejemplo cuando un magma se intruye en rocas frías, o bloques de roca de caja que son incorporados dentro de plutones y que se equilibran química y térmicamente con el magma. La figura 10-6, muestra como la distribución de temperatura alrededor de un dique cambia con el tiempo, con la transferencia de calor desde el dique hacia las paredes.

La distancia que los efectos de la difusión se extienden desde el límite, es función del tiempo y de la difusividad y es independiente de la magnitud inicial del contraste de temperaturas.

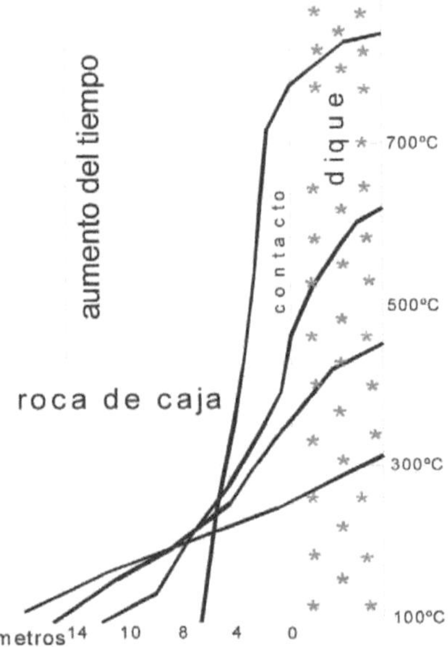

Fig. 10-6. Esquema mostrando la difusión de calor desde un dique hacia la roca de caja, que aumenta la zona de calentamiento con el tiempo.

Convección

La difusión química y térmica juegan importantes roles en los procesos magmáticos, como es la convección. Aunque la convección no ha sido observada directamente en las cámaras magmáticas naturales, distintas evidencias indican que la misma debe ser un proceso mayor que afecta a los magmas durante el enfriamiento, cristalización y diferenciación.

Los márgenes de un intrusivo ceden calor a sus paredes, constituyendo gradientes de difusión térmica, composición y velocidad, desarrollando una capa límite, entre las paredes de rocas y los fluidos de la intrusión. Dentro de esta capa límite, los gradientes térmicos y composicionales resultan de la transferencia de calor, de los componentes químicos y del momento. Con la pérdida de calor hacia las paredes se produce un gradiente térmico dentro del magma e intercambio químico entre el magma y las paredes, que producen gradientes de composición. La capa límite térmica tiende a ser más ancha que la capa límite composicional, porque la difusión térmica es mayor que la difusión química. La capa límite del momento resulta de la velocidad impartida al magma por los cambios de densidad en las capas térmica y composicional. La energía gravitacional que actúa en estas dos zonas en movimiento es transferida por la viscosidad del magma en la forma de momento hacia el interior del cuerpo. La razón por la que el momento es transferido más rápidamente, que el calor o los componentes químicos, se debe a que la capa límite del momento tiende a ser la más ancha de las tres capas. Bajo condiciones de flujo turbulento, la mezcla mecánica y la falta de difusión, controlan las relaciones de transferencia de calor y de los componentes químicos, por lo que los anchos de las capas límites composicionales y de momento, son casi iguales.

Las propias fuerzas de flotación en los márgenes de cualquier cuerpo magmático con gradientes horizontales de temperatura tienden a transmitirse a la capa límite descendente, dependiendo del signo o de los cambios inducidos por el enfriamiento. La magnitud de esta fuerza se relaciona con el número de Grashof, que es no-dimensional, que expresa la relación térmica que induce la flotación a un líquido viscoso.

$$Gr = g\alpha\Delta TL^3/ v^2 \qquad (10\text{-}4)$$

En la cual L es una dimensión característica, normalmente el espesor vertical del cuerpo y v es la viscosidad cinemática (η/ϱ). El término α incluye el efecto del cambio de composición y su valor puede ser tanto positivo como negativo.

Un cuerpo que se enfría desde el tope tiene mayor gradiente de temperatura vertical que horizontal y puede desarrollar corrientes convectivas, si la fuerza de arrastre, como expresa Gr, es suficientemente grande para superar la resistencia de la viscosidad del magma y la relación a la cual el contraste de temperatura es reducido por difusión del calor en los alrededores. El número de Prandtl, Pr, expresa esta última propiedad con las relaciones dimensionales de la viscosidad (V) cinemática a la difusividad térmica (k),

$$Pr = V/k \qquad (10\text{-}5)$$

Así el criterio de determinar si el magma con un gradiente vertical de temperatura conveccionará o no es el producto de estos dos parámetros, sino del Número de Grashof, el Número de Prandtl y además del Número de Rayleigh, que es no-dimensional,

$$Ra = g\alpha\Delta TL^3/vk \qquad (10\text{-}6)$$

La forma de convección depende del tamaño, forma y otras propiedades físicas del cuerpo magmático que pueden controlar tanto los efectos térmicos como composicionales, sobre la densidad, y que pueden tomar una variedad de formas.

Convección térmica: Es la forma más simple y produce simplemente celdas "tipo Bernard", tal como la esquematizada en la Fig. 10-7. Este es probablemente el régimen dominante, formando flujos laminares inmediatamente después de su emplazamiento. La convección puede ser tanto laminar como turbulento, dependiendo del tamaño, forma y propiedades físicas del magma. Ella tiende a ser turbulenta en grandes cuerpos globulares de magma y se volvería laminar en intrusiones más estrechas y aplanadas de magmas más viscosos.

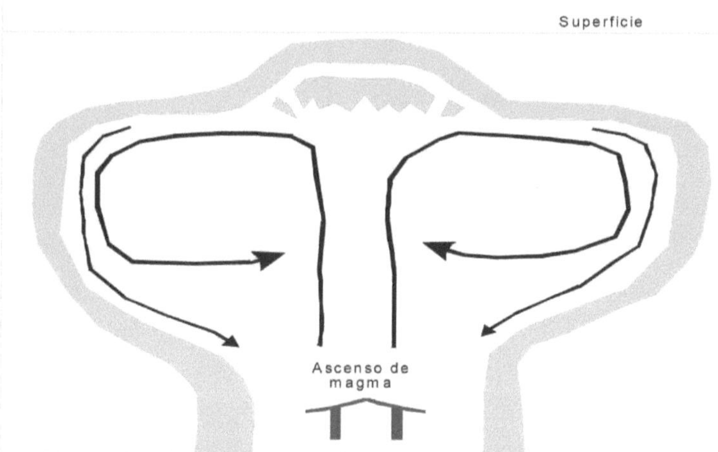

Fig. 10-7. Esquema convectivo, de celdas tipo Bernard, que se desarrollan en una cámara magmática.

Si el enfriamiento y cristalización se produce desde el techo, paredes y piso de la cámara magmática, la diferencia de temperatura entre el tope y la base puede ser tan pequeño que se comporta como una unidad, la capa de enfriamiento puede descender hasta la base y permanecer, formando un cuerpo termalmente estratificado, como en una habitación en que el aire caliente asciende al techo y el aire frío se acumula sobre el piso. El cuerpo no se estabilizará, mientras la capa de borde se enfríe más que el interior del intrusivo y el líquido descendente circulará paralelamente a las paredes. Las intrusiones someras pierden más calor desde el techo, que desde sus paredes y piso. Esta diferencia se debe a la rápida transferencia de calor por aguas subterráneas someras que actúan formando un sistema de circulación hidrotermal sobre el techo.

Diferenciacion magmatica

Los procesos de diferenciación magmática, o procesos de fraccionamiento, pueden ser definidos como la formación de distintas rocas desde un magma madre inicial homogéneo. Los procesos, físicos y químicos, que causan esta diversidad de rocas, responden a procesos de diferenciación que causan variaciones en la composiciones químicas.

Las rocas originalmente sólidas sujetas a fusión parcial, producen líquidos cuya composición varía con el aumento del volumen de fundido. Los fundidos extraídos en estadios tempranos de fusión, son ricos en componentes de baja temperatura, mientras que los productos de fusión más avanzada, producen líquidos con mayor proporción de componentes más refractarios. Tyrrel (1960) definió la diferenciación magmática como "todos los procesos mediante los cuales un magma madre homogéneo (primario) se separa en fracciones distintas, que forman rocas diferentes".

Clasificación de los procesos de diferenciación

En la mayoría de las circunstancias naturales los materiales que constituyen las rocas ígneas pueden existir como sólidos, líquidos o vapor. En circunstancias, donde los procesos involucran fluidos supercríticos, que pueden contener gran cantidad de material disuelto, desaparece la distinción entre líquido y vapor.

Así es posible distinguir, distintos estados en los sistemas geológicos:

Estado de la materia en el sistema	Tipo de proceso geológico
Sólo líquido	ígneo
Líquido + vapor	ígneo
Sólido + líquido	ígneo
Sólido + líquido + vapor	ígneo
Sólo vapor	volcanológico
Sólido + vapor	metasomático
Sólo sólido	metamórfico

Sistemas que involucran sólo líquidos

No hay cuerpos magmáticos que sean completamente independientes de las rocas de caja que los contienen, pero es razonable suponer que la influencia de la roca de caja puede ser minimizada en las partes centrales de los cuerpos de magma, que a su vez pueden ser considerados como sistemas totalmente líquidos. Si no hay material sólido presente, puede ser debido a que éste estuvo presente y fue removido mecánicamente, o porque la temperatura del líquido es demasiado alta para que algún sólido esté en equilibrio.

En este caso, los mecanismos que pueden producir diferenciación magmática son:

a) En un magma líquido se puede desarrollar un gradiente de composición por hundimiento de iones o moléculas más pesadas, por acción de la gravedad, con elevación de los más livianos.

b) El magma líquido homogéneo puede al enfriarse separarse en fracciones líquidas inmiscibles - como aceite y agua. Los tipos de sistemas magmáticos conocidos tienen composiciones para los que líquidos inmiscibles pueden separarse en condiciones geológicas razonables son: 1) Líquidos sulfurosos pueden separarse desde magmas silicáticos máficos, aún con bajas concentraciones de sulfuros. 2) Magmas alcalinos ricos en anhídrido carbónico, pueden separarse en dos fracciones inmiscibles, una rica en álcalis y SiO_2 y otra rica en $CO_3{-}{-}$. 3) Un magma toleítico rico en Fe, puede formar dos líquidos separados, uno félsico rico en SiO_2 y uno máfico rico en hierro.

c) Se pueden desarrollar gradientes de composición dentro del magma líquido por influencia del agua disuelta. El agua se difunde y distribuye en forma que su potencial químico sea el mismo en toda la cámara magmática y se concentra en regiones de menor presión y temperatura.

d) La difusión puede producirse por migración diferencial en respuesta a gradientes térmicos o de presión y esto puede producir variación en los líquidos magmáticos. Esta migración diferencial también podría producirse por reacción con la roca de caja de las paredes.

Sistemas que involucran sólido + líquido

Cuando un magma solidifica, lo hace en un rango de temperatura, y la temperatura a la cual la cristalización comienza es llamada temperatura del liquidus y la temperatura más baja, a la que la cristalización es completa, se denomina temperatura del solidus. Algunos magmas existen a temperaturas, entre solidus y liquidus, constituyendo una mezcla sólido-líquido, con los cristales suspendidos en el líquido.

Los procesos de fraccionamiento que involucran sólidos y líquidos son de importancia extrema porque ellos son capaces de producir importantes cambios en todo tipo de magmas. Las condiciones necesarias para funcionar son particulares en cada magma, p.ej. durante la fusión parcial cuando el magma se forma y migra se pone en contacto con distintas rocas de caja hasta la cristalización final del mismo. En todas estas circunstancias el líquido está en contacto con material sólido y diferentes mecanismos de fraccionamiento son posibles.

La separación de las distintas fases cristalinas que precipitan desde un fundido residual, puede realizarse por diversos mecanismos, como: separación gravitatoria y flotación (Bowen 1915), con a) hundimiento de cristales más pesados (típico de las intrusiones básicas estratificadas, como dunitas, piroxenitas, etc.). b) ascenso de cristales ligeros (anortositas) y ascenso de leucita. Ambos procesos, dan origen a los cumulatos.

Otros mecanismos son: separación de fases cristalinas del líquido por flujo (Bhattacharji y Smith 1964) y filtrado por presión (Emmons 1940). Aquí las partículas sólidas son concentradas hacia el centro de un flujo de líquido, en un conducto estrecho (efecto Bagnold). O bien el líquido incluido en los poros de un magma parcialmente cristalizado, puede ser exprimido por presión (p.ej. como el agua es expulsada de una esponja) o también si una masa sólida se resquebraja por fuerzas tensionales y el líquido residual tiende a llenar las grietas, fenómeno conocido como autointrusión.

Sistemas que involucran líquido + vapor

Los magmas contienen cantidades variables de constituyentes volátiles disueltos de los cuales los más abundantes son H_2O y CO_2. Bajo presión estos permanecen en solución, pero cuando la presión se reduce o se incrementa la concentración en el líquido, una fase volátil libre se presenta y origina burbujas, que al cristalizar dan origen a las vesículas, tan típicas de algunas lavas y a las drusas o cavidades miarolíticas, en algunas rocas plutónicas. En la transferencia gaseosa, las burbujas actuarían como colectores de los iones más livianos, en su ascenso a través del líquido.

Sistemas líquido + sólido + vapor

Algunos sistemas magmáticos sometidos a presión confinante baja, pueden existir y la mayoría de los procesos de fraccionamiento ya vistos pueden operar simultáneamente, p.ej. difusión a través del líquido, inmiscibilidad líquida, fraccionamiento líquido-cristal, transferencia de volátiles.

Los gases que escapan hacia arriba, pueden hacer flotar cristales, en especial en condiciones subvolcánicas, dando lugar al mecanismo que Shand define como flujo gaseoso.

Asimilacion magmatica

Los sistemas de fraccionamiento, que se han considerado hasta ahora son cerrados. Ahora se van a considerar los sistemas abiertos, esencialmente "reacciones con las rocas de caja", "rocas híbridas" y "alteración post-solidificación".

Reacciones con las rocas de caja

Un magma que se ha formado y comienza a migrar hacia la superficie bajo la influencia de la gravedad, puede ponerse en contacto con rocas que son sustancialmente diferentes al material de la fuente de origen y con las cuales no está en equilibrio químico. Si hay suficiente tiempo, se producirán reacciones entre el líquido y el sólido de la roca de caja, que modificará la composición de ambos. Este material que se produce desde fuentes múltiples se dice que

Fig. 10-8. Tabiques de anfibolita incluidos dentro de granito. Granito Cerro Toro, Sierra de Famatina.

es contaminado. En las reacciones, las fuentes contribuyen con ciertos materiales al líquido y retienen otros como residuos refractarios. Cada vez que el magma tiende a reequilibrarse con la roca de caja, este proceso se repite.

Asimilación

Cuando se considera la gran variedad de rocas corticales y las grandes diferencias de composición entre los magmas que les dieron origen y sus variaciones finales, se debe tener en cuenta que la asimilación es un fenómeno común, capaz de producir un amplio rango de composiciones. Evidencias de asimilación la tenemos en la presencia común de xenolitos corticales dentro de las rocas ígneas, con diversos grados de asimilación. Examinemos los principios básicos de los procesos de asimilación y de cómo estos contaminantes afectan la composición de los magmas.

En los mecanismos de asimilación podemos tener varias situaciones. En la Fig. 10-9, se puede ver que un líquido L a una temperatura T1 está saturado con cristales de A y si se agregan cristales de B, los cristales agregados se disolverán, ya que obviamente el líquido no puede estar en equilibrio con ambas fases cristalinas a la temperatura T1. El diagrama muestra que el líquido L no está saturado con cristales de B. El calor requerido para disolver los cristales de B agregados, es obtenido por cristalización de A y el líquido evoluciona siguiendo la línea normal de evolución como si no se hubieran agregado cristales B. La composición global es así desplazada hacia B y en el resultado final se incrementará la proporción de B en las rocas que se forman. Aplicando la Regla de las Fases a un sistema con dos componentes (A y B), y tres fases (líquido, A y B) sólo puede tenerse un grado de libertad (V); C, son los componentes y F las fases:

$$V = C - F + 2 = 2 - 3 + 2 = 1$$

Mientras que la superficie del diagrama, tiene dos grados de libertad (líquido y A). En razón de que el líquido no está aún saturado con B, el líquido reaccionará con los cristales agregados y los disolverá. El calor requerido para ello puede ser derivado por la cristalización de A y el efecto total será una menor temperatura del magma sin cambio del líquido A. Si la cantidad de B que es agregada es muy pequeña para ser absorbida sin la completa recristalización del líquido, el resultado será un líquido, algo más evolucionado pero con una composición poco diferente de la que pudo haber alcanzado si la contaminación no hubiera tenido lugar. La composición total de los cristales, se desplazará en la dirección de B en una cantidad proporcional al componente agregado y que puede ser calculado por la Regla de Lever.

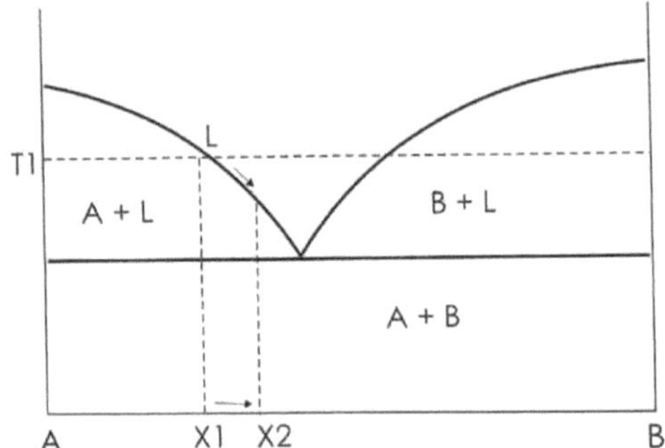

Fig. 10-9. Agregado de un componente no saturado en el magma.

En la Fig. 10-10, puede verse una situación algo diferente, mostrando a un líquido L_1, que está cristalizando un componente intermedio AB, que con el descenso de temperatura se aproxima al eutéctico E_1. Si el líquido es contaminado con cristales B, el líquido mientras no está saturado en B, reaccionará con los cristales agregados y ganará calor debido a la cristalización adicional AB. Los cristales de B combinados con A del líquido, precipitará más AB, la única fase en la cual el líquido está saturado.

Así al mismo tiempo el calor absorbido por los cristales agregados al líquido, desplazan la línea descendente, volviéndose más pobre en B (componente que ha sido agregado). Bajo condiciones de desequilibrio el componente L3 del líquido, puede precipitarse alrededor de los cristales B agregados, mientras que el líquido adyacente a los cristales AB, podrían tener la composición L2, mientras que para el líquido entre estas dos fases, los cristales podrían estar en el rango L2 y L3. Asimismo en el magma, el líquido en equilibrio con AB podría tener composición L1. Así las composiciones locales de los líquidos pueden diferir de la masa principal hasta cierta distancia de la zona de contaminación y si las asociaciones minerales cristalizan antes que se restaure el equilibrio, pueden producir una amplia serie de rocas.

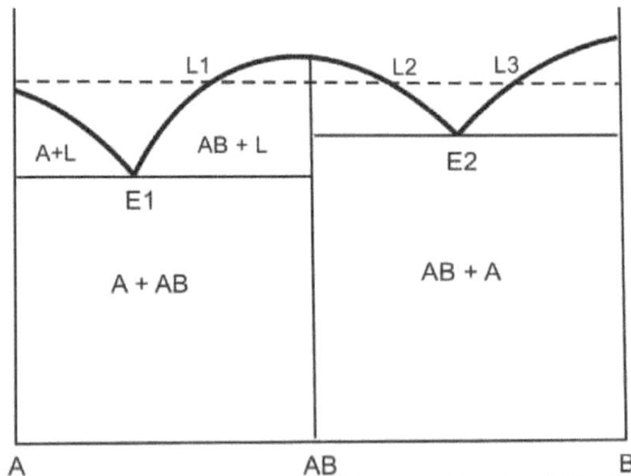

Fig. 10-10. Agregado de un componente, que deprime el contenido total.

El efecto de diferentes contaminantes y los productos extremos de un magma diferenciado puede ser examinado también en una serie de disolución sólida bajo dos condiciones, una de las cuales es el agregado de cristales que tienen una composición que pudo haber sido producida tempranamente en la historia del líquido y otra en la cual la fase sólo cristaliza desde un líquido más evolucionado.

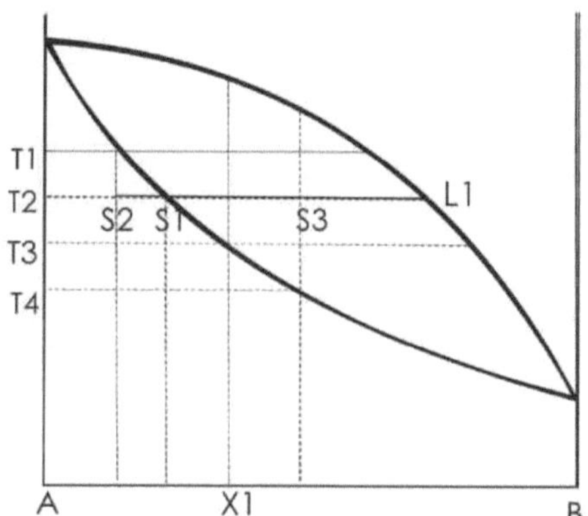

Fig. 10-11. Asimilación de un componente en equilibrio con una fase de mayor temperatura.

En la Fig. 10-11, se observa que desde un líquido L_1, precipitan cristales S_1, a temperatura T_2. Si una cantidad de S_2, es agregada, se puede ver que por su composición debería haber precipitado a temperatura más alta (T_1), en un estadio más temprano de cristalización. Para equilibrar con el líquido presente, el componente no puede disolverse, porque el líquido ya está saturado con esta composición, pero reacciona y agrega su composición al componente que cristaliza a temperatura más baja B, para poder alcanzar la composición de equilibrio con el líquido a la temperatura T_2. Esto reduce la cantidad del componente B en el líquido remanente y al mismo tiempo reduce el rango de cristalización, ya que la composición global del sistema, originalmente en X1, se desplaza suavemente hacia A, así que el resultado final contiene una pequeña proporción del componente de baja temperatura B, en el producto final de la cristalización.

La adición de cristales de composición S_3, más rico en B, tendrá el efecto opuesto, se disolverán y con más B, el líquido, se produce el desplazamiento de la composición global hacia el extremo de baja temperatura de la serie, generando mayor proporción de cristales ricos en B. La composición original, X_1, se desplazará en la dirección de B, y la temperatura final de equilibrio de la cristalización será más baja.

Rocas híbridas

El término híbrido se aplica a rocas que se originan por mezcla de rocas madres: porque el magma original ha incorporado fragmentos de alguna otra roca (asimilación) o porque dos magmas se han mezclado (sintéxis). Las rocas híbridas a menudo son fácilmente reconocibles, particularmente cuando contienen xenolitos, bloques no disueltos de material extraño. Con el tiempo, cuando los xenolitos reaccionan con el magma, estos desaparecen y el magma se homogeiniza, el reconocimiento se complica.

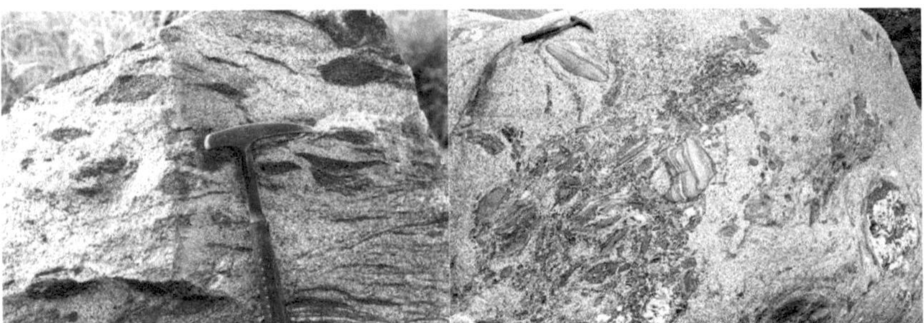

Fig. 10-12. A: Asimilación de esquistos por el granito de Capillitas. B: Esquistos bandeados en Cumbres Calchaquíes, en Cerro Pabellón.

Rocas híbridas, formadas por la mezcla de magmas, pueden ser detectadas por la presencia de dos tipos de fenocristales, que normalmente, no están en equilibrio unos con otros.

Mixing - mezcla homogénea

Junto con las rocas asimiladas otros líquidos pueden mezclarse con los magmas. En algunos aspectos el mixing es opuesto al fraccionamiento, que produce la separación de un magma originalmente homogéneo en rocas o líquidos de diferente composición. Mientras que el mixing combina dos líquidos inicialmente diferentes para originar un producto menos diferenciado. El mixing es más eficiente cuando magmas de propiedades físicas similares son mezclados en forma turbulenta. Las diferencias de densidades de líquidos fuertemente contrastados impiden un mixing extensivo y en su lugar se forma mingling o bien da lugar a una estratificación gravitacional, donde los líquidos más densos tienden a hundirse y los líquidos más livianos tienden a ascender. En razón que la difusión química es demasiado lenta, el mixing requiere un flujo turbulento, para poder asociar líquidos diferentes a escala íntima.

Mingling - mezcla heterogénea

Este tiene lugar cuando dos magmas de composición contrastada son puestos en contacto por efecto de un flujo turbulento. En razón de la marcada diferencia de viscosidad, densidad y temperaturas de cristalización, no puede producirse mixing, pero si un rápido enfriamiento del magma más básico dentro del ácido, en el que se producen flujos turbulentos que fracturan y dispersan al cristalizado básico con muy poca reacción entre ambos (Fig. 10-12A y B).

Alteración post-solidificación

La alteración de la composición de las rocas ígneas, una vez que se han solidificado es

Fig. 10-13. Interacción heterogenea entre diorita cuarcífera y granito, dando lugar a fenómenos de mingling.

un fenómeno común y el resultado de la interacción con agua subterránea, agua de mar o fluidos hidrotermales. Entre los efectos comunes se incluyen, lixiviación o remoción de algunos componentes, oxidación de Fe" a Fe"', así como la introducción de agua y CO_2 para dar minerales hidratados y carbonatos, así como también aporte de álcalis.

Generación de magma en la tierra

Petrogénesis es un término de la petrología que trata sobre la generación de magmas y de los mecanismos de diversificación que se producen para dar los diversos tipos de rocas ígneas.

El término provincia petrogenética (o provincia petrográfica) se utiliza para referirse a regiones geográficas en las que las rocas ígneas están relacionadas en espacio y tiempo y se presume que tienen un origen común.

La mayoría de los magmas se originan por fusión en el manto de la tierra, el cual evidencia incipiente fusión parcial. Las placas tectónicas (Fig. 10-14) juegan un importante rol en la generación de algunos tipos de magmas, que resultan de su interacción a gran profundidad en el manto o zona inferior de la corteza.

La actividad ígnea más voluminosa ocurre en los límites de placas divergentes, comúnmente en las dorsales medio-oceánicas (Fig. 10-14-1). Debajo de las dorsales, el manto somero sufre fusión, dando lugar a la formación de magma basáltico, que al cristalizar produce la corteza oceánica. Si un sistema divergente se inicia debajo de la corteza continental (Fig. 10-14-2), tienen lugar procesos similares. El magmatismo resultante, particularmente en estadios tempranos de rift continental, es de tipo alcalino y típicamente muestra evidencias de contaminación por la gruesa corteza continental. Si el rift continúa su desarrollo, corteza oceánica será eventualmente creada y separará los fragmentos continentales, dando como resultado una nueva cuenca oceánica y actividad similar a las dorsales medio-oceánicas.

Las placas oceánicas creadas en las dorsales medio-oceánicas se mueven lateralmente y eventualmente se subductarán debajo de una placa continental o de otra oceánica. En estas zonas de subducción, se produce fusión, las fuentes de magmas posibles son mayores que en las dorsales y puede incluir varias composiciones del manto, corteza subductada o sedimentos subductados. Los tipos de magmas producidos son correspondientemente más variados que en los bordes divergentes, aunque las andesitas son las rocas más comunes. Si corteza oceánica es subductada por debajo de corteza oceánica (Fig. 10-14-3), se forma un arco de islas. Si la corteza oceánica es subductada debajo de un borde continental, un arco continental se forma a lo largo del borde continental activo (Fig. 10-14-4). Un arco continental es generalmente más rico en sílice que un arco oceánico. Los plutones graníticos son también más comunes en los arcos continentales, tanto porque los fundidos básicos llegan a la superficie menos eficientemente a través de corteza continental ligera, o porque el levantamiento y erosión es mayor en los continentes y deja expuesto material más profundo.

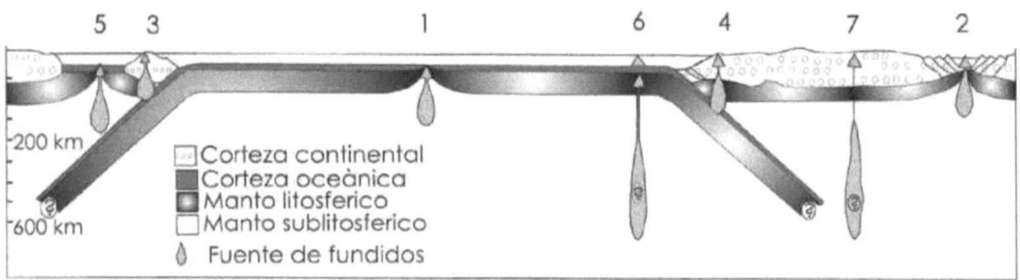

Fig. 10-14. Sección esquemática mostrando la relación entre placas tectónicas y la generación de magmas.

Un tipo de placa divergente diferente y más lenta, típicamente tiene lugar con los arcos volcánicos asociados con la subducción (Fig. 10-14-5). La mayoría de los geólogos cree que una suerte de "retro-arco" extensivo es una consecuencia natural de la subducción, probablemente creado por arrastre friccional asociado con la placa que se subducta. Tal arrastre de material del manto sobre puesto, requiere el completo relleno de la cuenca. El magmatismo de retro-arco es similar al volcanismo de las dorsales medio oceánicas. De hecho, una dorsal se forma aquí, y corteza oceánica es creada con la extensión lateral. La extensión de retro-arco es más lenta, el volcanismo es más irregular y menos voluminoso y la corteza formada en más delgada que la de los océanos. Al mismo tiempo que se forma el rift detrás de un arco continental, la porción separada desde el continente como un mar marginal se forma un retro-arco distensivo. Tal proceso es el que ha separado a Japón del continente Asiático. El resultado puede ser una estructura de graben, o plateau basáltico antes de que cese la actividad.

Aunque el magmatismo está esencialmente concentrado en los límites de las placas, alguna actividad también tiene lugar en el interior de las placas, tanto oceánicas (Fig. 10-14-6), como continentales (Fig. 10-14-7). Las islas oceánicas tales como Hawaii, las Galápagos, las Azores, etc., se han formado por vulcanismo de intraplaca. El magmatismo es generalmente básico, pero comúnmente más alcalino que los basaltos de las dorsales. La razón de este tipo de magmatismo es mucho menos obvia que el de los márgenes de placas, porque nuestro paradigma de placas tectónicas es poco usado en los regímenes de intra-placa. La fuente de los fundidos es también menos clara, pero parece ser de origen profundo, desde la astenosfera. Algunas de las ocurrencias exhiben patrones de actividad ígnea que es progresivamente más joven en una dirección, que se correlaciona con la dirección de movimiento sobre un "punto caliente" o "pluma de manto" estacionario, cuya actividad más reciente tiene lugar directamente sobre la pluma. La actividad de intraplaca dentro de las placas continentales es mucho más variable que en la de los océanos. Son de composiciones muy variables, pero usualmente alcalinos. Esto refleja que la corteza continental es más compleja y heterogénea, así como el manto sub-continental. Algunas de las rocas ígneas más inusuales, tales como carbonatitas y kimberlitas, ocurren en estas provincias continentales. El término asociación ígneo-tectónica se refiere a la amplia ocurrencia de tipos de rocas, tales como en las dorsales medio-oceánicas, arcos de islas, y sistemas alcalinos intra-continentales.

Fusión parcial

Las evidencias geofísicas indican que con excepción de la zona externa del núcleo, la tierra normalmente consiste en material en estado sólido. Así un magma debe originarse por fusión de rocas sólidas preexistentes. La fusión puede ser inducida, por incremento local de temperatura, por descompresión o por influencia de componentes móviles, tales como agua que hacen descender el punto de fusión del sólido. La fusión de una roca, raramente es completa y es probable que en la mayoría de los fundidos estén en contacto material sólido y líquido, que tiende a migrar. Como los fundidos raramente tienen la misma composición química que la roca original, la separación de un fundido ya es un proceso de fraccionamiento.

Hay diferentes tipos de fusión parcial (Wilson 1991). Así tenemos "Fusión en Equilbrio" o "Batch Melting", el fundido parcial que se forma reacciona continuamente y mantiene el equilibrio con el residuo cristalino hasta el momento de la segregación, hasta este momento el sistema permanece constante en su composición.

"Fusión fraccionada o Fusión Raleigh", el fundido parcial es continuamente removido desde el sistema tan pronto como él se forma, así que la reacción con el residuo cristalino, no es posible. Para este tipo de fusión parcial, la composición global del sistema está en continuo cambio.

En el manto ocurre la "Fusión Crítica", definida por Maaloe y Aoki (1977), como un proceso intermedio entre el batch melting (baño de fusión) y los modelos de fraccionamiento. En este caso el manto se volvería permeable para muy bajo desarrollo de baño de fusión parcial (<1%) y el magma es expulsado continuamente desde el residuo y acumulado. Determinaciones experimentales muestran que lherzolitas no deformadas se vuelven permeables con el 2-3% de fusión parcial.

Lecturas seleccionadas

Bowen, N.L. 1915. Crystallization-differentiation in silicate liquids. Amer.J.Sci. 39: 175-191.

Carmichael, I.S.E., Turner, F.J., y Verhoogen, J. 1974. Igneous Petrology. International Series in the Earth and Planetary Sciences. 739 pp.

Cox, K.G., Bell, J.D., y Pankhurst, R.J. 1979. The Interpretation of Igneous Rocks. 450 pp. London. George Allen & Unwin.

Hall, A. 1987. Igneous Petrology. 573 pág. Longman Scientific & Tecnical.

Jaeger, J.C. 1968. Cooling and solidification of Igneous Rocks. In: Hess, H.H. (ed.). Basalts. 2:503-536. Interscience, Wiley.

Maaloe, S., y Aoki, K. 1977. The major element chemistry of the upper mantle estimated from the composition of lherzolites. Contrib. Mineral. Petrol. 63: 161-173.

Macdonald, G.A. 1972. Volcanoes. Prentice-Hall. Inc. Englewood Cliffs, N.J., 1-150.

McBirney, A.R. 1984. Igneous Petrology. Freeman, Cooper & Co. 504 pp.

Murase,T., y McBirney, A.R. 1973. Properties of some common igneous rocks and their melts at high temperaturas. Geol.Soc. Am.Bull. 84: 3563-3592.

Rittmann, A.1981. Vulkane und ihre Tätigkeit. 3 Aufl. Stuttgart, Enke.

Shaw, H.R. 1963. Obsidian-H2O Viscosities at 1000 and 2000 Bars in the Temperature Range 700° to 900°C. J.Geophys.Res 68: 6337-6343.

Turner, G. 1968. The distribution of potassium and argon in chondrites. In: Ahrens, L.H. (ed.). Origin and distribution of the elements. Pergamon Press. London: 387-398.

Tyrrel, G.W. 1960. Principios de Petrología. Co. Editorial Continental S.A. 369 pp.

Wilson, M. 1991. Igneous Petrogenesis. Harper Collins Academic, 466 pp.

Elementos básicos de petrología ígnea

Miscelanea 18: 213-228
Tucumán, 2010 -ISSN 1514 - 4836 - ISSN on-line ISSN 1668 - 3242

Capitulo 11
Rocas plutónicas

Introducción

Las rocas plutónicas son principalmente graníticas y granodioríticas, aunque se incluyen tipos más máficos como tonalitas, dioritas y gabros que ocurren en cantidades menores y en conjunto constituyen el 78% en volumen de la corteza. Fábricas de crecimiento secuencial indican cristalización lenta en profundidad a partir de fundidos. La forma, tamaño y fábrica interna de los plutones varían ampliamente dependiendo de factores tales como composición y volumen de magma, estructura de la roca de campo, profundidad y mecanismos de emplazamiento en relación con los procesos tectónicos.

Las rocas graníticas son volumétricamente insignificantes en las regiones oceánicas del globo, donde la corteza es delgada y de composición basáltica. Las rocas dioríticas y algunos granitos ocurren localmente en áreas antiguas de islas, tales como las Antillas Mayores del Caribe, donde los datos geofísicos indican una corteza gruesa y siálica.

Los mayores volúmenes de rocas graníticas, ocurren a lo largo de los márgenes continentales activos, donde la litosfera oceánica ha sido subductada por debajo de corteza continental. p.ej. Los Andes. Estos cinturones magmáticos forman batolitos que a su vez comprenden a cientos de plutones individuales, cuyo origen estaría relacionado con los procesos que ocurren durante la subducción.

Prueba de la existencia de volúmenes importante de magma granítico en la corteza superior, es evidenciada por la ocurrencia de vastos depósitos piroclásticos (vidrio-cristal), asociados en calderas volcánicas complejas. Estas características indican la existencia de cámaras magmáticas someras de gran volumen. En zonas donde las rocas volcánicas han sido erosionadas, se pasa gradualmente a las rocas plutónicas que constituyen sus raíces. Los complejos anulares epizonales, proveen un eslabón genético entre las calderas de ignimbritas y los plutones graníticos fuertemente erosionados.

Categorías de Granitos

La experiencia muestra que es posible reconocer distintos grupos de rocas graníticas, que pueden ser categorizados según distintos patrones, que permiten su ordenamiento, comparación e integración. Entre ellos se consideran: las clasificaciones modales, las asociaciones de rocas, la fuente según los caracteres geoquímicos y el ambiente tectónico.

Lo más fácilmente observable en las rocas graníticas son las diferencias en la mineralogía y variación de la moda, los que pueden ser relacionados con la naturaleza de los xenolitos y características texturales. Aquí se utiliza la clasificación mineralógica clásica aconsejada por la Subcomisión de Rocas Igneas de la IUGS, de LeMaitre (1989) y que hemos desarrollado en el Capítulo II. Esta permite reconocer un marcado contraste entre la asociación tonalítica, característica de los cinturones móviles mesozoicos del borde Pacífico de Sud-América y la asociación granítica peraluminosa que domina en el Lachland fold belt de Australia y en el Area Batolítica Central de las Sierras Pampeanas Noroccidentales de la Argentina. No sólo el contenido de biotita-hornblenda y magnetita, contrastan con el contenido de dos micas e ilmenita de los últimos, sino también las texturas. Por otra parte, la asociación de granitos calco-alcalinos con skarns de Mo y pórfiros de Cu, contrastan con los granitos peraluminosos con greisens de Sn, turmalinización y caolinización hidrotermal. Ambas asociaciones a su vez, son diferentes a los granitos que contienen anfíboles y piroxenos alcalinos, típicos de los granitos peralcalinos y sienitas, con su riqueza en tierras raras y flúor.

Por otra parte, es a través de un particular sentido de la escuela australiana de investigación en este campo (Chappell y White 1974, 1977; Hine et al. 1978; White 1979) que el amplio rango de parámetros geoquímicos ha servido para definir tipos específicos de granito, en relación con la fuente. Dos son de particular importancia: el tipo-I (ígneo) correspondiente a la asociación tonalitas de biotita-hornblenda y el tipo-S (sedimentario) que corresponde a la asociación de granitos de dos micas. Las particularidades químicas indican diferencias de las fuentes. Los granitoides derivados de un "parent magma" necesariamente contrastan con aquellos derivados de rocas que previamente han pasado a través de un ciclo de alteración el cual cambia las relaciones entre álcalis, Ca y Al y entre Fe''' y Fe''. Por otra parte, de acuerdo a Holliday et al. (1981) el desarrollo de peraluminosidad presenta evidencias isotópicas que apoyan la fusión y asimilación de rocas corticales recicladas.

Dicha clasificación se ha extendido (White 1979) adoptando los prefijos "A" (Loiselle y Wones 1979) para los granitos alcalinos anorogénicos, y "M" para los plagiogranitos calco-alcalinos de los arcos de islas oceánicas, los cuales gradan a tipo-I cordillerano, representados por la asociación de gabros-dioritas cuarzosas y tonalitas de bordes continentales activos. Estas serían diferentes al tipo-I (Caledoniano) el cual está representado por granodioritas y granitos post-orogénicos correspondientes a regímenes de alzamiento. En marcado contraste, el tipo-S refleja a los granitos de asociaciones peraluminosas, intracratónicas y cinturones plegados de colisión continental, y el tipo-A que incluye a los granitos alcalinos, de cinturones plegados estabilizados, los cratones engrosados y los rifts.

Por supuesto "tipo" en este sentido geoquímico sólo identifica rocas fuente, pero puede ser guía para el ambiente geotectónico. Así el tipo-M, puede ser modelado desde un magma parental derivado directamente del manto o desde la corteza oceánica subductada debajo de arcos volcánicos, mientras que el similar tipo-I es más conocido como derivado, de materiales primarios refundidos, bajo las placas de corteza continental en márgenes de placas convergentes océano-continente. El tipo-S caracteriza a zonas de colisión continental e intracratónicas, cinturones dúctiles de cizalla, donde la corteza es suficientemente engrosada tectónicamente, para causar temperaturas suficientemente altas que llegan a producir la fusión parcial cortical. El tipo-A representa tanto magmatismo asociado a rift de áreas de escudo y eventos magmáticos finales en cinturones orogénicos y puede derivar de material fundido de una corteza inferior empobrecida, encima de diapiros de manto.

Hace tiempo que se ha establecido experimentalmente, que las paragénesis minerales de los granitos incluyen cuarzo, feldespato potásico y plagioclasa, que representan al "sistema granítico residual" (Fig. 11-1). Tales magmas residuales son productos posibles de diferentes procesos de diferenciación de cristales, líquidos o gases en fundidos derivados por fusión parcial de sedimentos, rocas ígneas o materiales del manto. Ellos también pueden representar el estadio final de procesos metamórficos que involucran granitización y su movilización. Sin embargo se debe pensar que la roca resultante de cada proceso, debe contener alguna indicación especial de la fuente, en relación al ambiente geotectónico específico de generación. La característica más importante es la propia composición granítica. Hay granitos, estrictamente plagiogranitos, que ocurren en volúmenes pequeños en asociación con basaltos y gabros en áreas de islas oceánicas. Por otra parte, las rocas graníticas en general están genéticamente asociadas con la corteza continental y son características de los cinturones móviles, pero

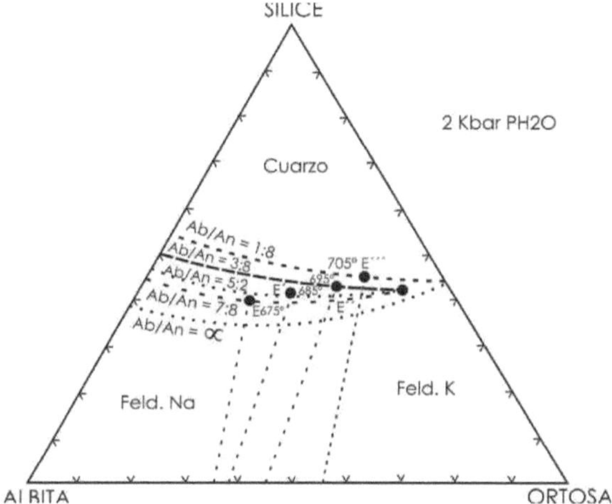

Fig.11-1. Sistema granítico proyectado desde el vértice de la anortita, con los componentes albita-ortosa-cuarzo y con diferentes proporciones de anortita. La composición del eutéctico E deriva con la disminución de la relación ab/an, y la temperatura se incrementa en 30°C (von Platen 1965).

no es fácil decidir, si es una consecuencia directa de la composición especial de su corteza o simplemente de un único régimen de temperatura-profundidad establecida cuando la corteza continental está engrosada en los cinturones orogénicos. Thorpe y Francis (1979) encontraron que el espesor cortical determina esencialmente la variación de la composición de las andesitas andinas. Entonces podría ser, que el espesor sea un factor esencial en relación con sus análogos plutónicos y explicaría porque los arcos de islas maduras, desarrollan un extenso plutonismo.

En la actualidad sigue habiendo discusiones, sobre la interrelación manto-corteza en el origen de los granitoides, solamente oscurecido por la falta de conocimiento de la corteza profunda y del manto superior. Hay consenso de que el manto es el proveedor de la energía térmica, pero estaría raramente involucrado en forma directa. Los granitoides representan fundidos derivados, tanto de una fracción separada tempranamente bajo de la corteza o desde rocas ígneas, metamórficas o sedimentos dentro de la propia corteza.

Por todo esto los granitos pueden ser clasificados, por sus relaciones con el entorno geológico, por sus caracteres propios (químicos, mineralógicos y petrográficos) y por el ambiente tectónico en el cual se han emplazado.

Parámetros geoquímicos

La manera más generalizada para caracterizar a los granitos es en base a parámetros geoquímicos, Chappell y White (1980) han asentado su clasificación de granitos en base al rango total de SiO_2 y la depresión de Na y Ca, como muestra la relación K/(Na+K), a la relación molecular de Al/(Na+K+Ca/2) y al estado de oxidación que se expresa por Fe'''/ (Fe'' + Fe'''). El último es menos específico, porque la fO_2 no es una función del estado de oxidación original de la roca generadora (Beckinsale 1971) y algunos cambios inevitablemente ocurren durante la evolución magmática que también pueden influir en los valores de ð18O.

Muy populares son los diagramas de tierras raras y de multi-elementos, que pueden identificar en forma bastante adecuada las rocas a partir de las cuales se habrían formado. A esto se suma el uso de los isótopos como $^{143}Nd/^{144}Nd$, que se expresa en relación a un reservorio condrítico estándar, en forma de unidades εNd.

Asimismo Ishihara (1977) y Takahashi et al. (1998), proponen una clasificación alternativa de los granitoides en tipo de magnetita y de tipo ilmenita, los cuales serían una consecuencia de diferencias de oxidación y no es totalmente consonante con una división basada fundamentalmente en el desarrollo de diferenciación desde una fuente sedimentaria.

Tipo M	Tipo I (Cordillerano)	Tipo I (Caledónico)	Tipo S	Tipo A
Plagiogranito subordinado y gabro	Tonalita varia de diorita a granito y SiO_2 variable	Granito-granodiorita asoc. a dioritas y gabros	Granito homogéneo con alta SiO_2	Granito biotítico, con granito alcalino y sienita
Hornblenda, biotita y piroxeno	Hornblenda-biotita, magnetita y titanita	Predomina biotita, ilmenita y magnetita	Moscovita, biotita roja, ilmenita, monacita, granate, cordierita	Biotita verde. Anfíbol y piroxeno alcalinos, astrofilita
Feld.K micrográfico intersticial	Feld.K intersticial y xenomórfico	Feld.K intersticial e invasivo, rico en Cz	Megacristales de Feld. K	Pertitas
Xenolitos ígneos básicos	Xenolitos dioríticos, representarían restitas	Poblaciones mixtas de xenolitos	Xenolitos meta-sedimentarios	Xenolitos cogenéticos y magma básico
--------------------	Al/(Na+K+Ca/2)<1,1	Al/(Na+K+ Ca/2)~1	Al/(Na+K+Ca/2)>1,2	Peralcalino con F
$^{87}Sr/^{86}Sr$ - 0,704	<0,706	>0,705 <0,709	~0,708	0,703 – 0,712
Pequeños plutones de cz-diorita y gabro	Batolitos múltiples y lineales con alineación de calderas compuestas	Complejos dispersos y aislados de plutones y filones capa múltiples	Batolitos, plutones y filones capa múltiples comúnmente diapiros	Complejos de caldera centrales, volumen pequeño
Volcanismo de arco de islas	Asociación con andesitas y dacitas	Asociados con basalto-andesita.	Asoc. con lavas cordieríticas	Asoc. lavas alcalinas/ calderas
Plutonismo de corta duración sostenido	Plutonismo episódico de larga duración	Plutonismo de corta duración sostenido, post-cinemático	Plutonismo sostenido duración moderada sin- a post-cinemático	Plutonismo de corta duración
Arcos de islas oceánicas	Arco continental marginal tipo Andino	Alzamiento post-cierre tipo Caledoniano	Colisión continental tipo Hercínico y zonas cizalla dúctil	Zonas post-orogénicas o anorogénicas
Pliegues abiertos, metamorfismo soterramiento	Movimiento vertical, poco acortamiento. Met. soterramiento	Fallas de rumbo e inversas. Met. Retrógrado	Gran acortamiento, Met. de baja P y bajo grado	Domamiento y fallamiento distensivo
Mineralización de pórfiros de Cu y Au	Mineralización de pórfiros de Cu y Mo	Mineralización importante rara	Mineralización W y Sn en greisen	Columbita, casiterita, fluorita

Tabla 11-1. Clasificiación alfabética de los Granitos (Pitcher 1983).

Diferentes orígenes pueden ser detectados utilizando la variable concentración de elementos de tierras raras y las relaciones de isótopos, en especial las relaciones iniciales $^{87}Sr/^{86}Sr$, que han sido modelados con valores >0,706 para rocas derivadas de sedimentos, mientras que para los derivados de rocas mantélicas, los valores son <0,706.

Hay pocas localidades donde, el carácter distintivo de origen sedimentario del tipo-S, ha sido tan bien documentado y demostrado como en el SE de Australia (White y Chappell 1974; Hine et al. 1979). Los granitos de tipo-S de Lachlan Fold Belt, petrográficamente son diferentes de los granitos leucocráticos comunes de dos micas.

Por otra parte los granitos de tipo-I, se clasifican como temprano a sin-colisional, con composición metaluminosa y se forman en una etapa temprana de acortamiento cortical y apilamiento que se corresponde con los granitos Andinos. En contraste los tipo-I, tardío post-colisionales, son calco-alcalinos, ricos en potasio, se forman durante el levantamiento, extensión y fallamiento strike slip y corresponden a los Granitos Caledónicos, del Silúrico de las Islas Británicas. Estos granitos tipo-I Caledonianos, contrastan en composición y contexto con los granitos tipo-I de los Andes, como subtipos separados (Tabla 11-1).

Cinturón batolítico mesozoico andino

El batolito de la Costa de Perú (Pitcher, 1974, 1986), se desarrolló en un período de 80 Ma, mostrando un gradiente composicional desde intrusiones tempranas de diorita-gabro a granitos tardíos. Dentro de esta secuencia, hay variaciones composicionales rítmicas que reflejarían procesos de diversificación próximos al nivel de emplazamiento final. En el norte de Chile McNutt et al. (1975) establecen que los plutones se hacen más jóvenes en dirección al este. Esta migración del plutonismo se correlaciona con la subducción de la litosfera oceánica debajo del continente. La generación de magma comienza próxima a la costa en regiones someras de la placa descendente, produciéndose magmas con relaciones iniciales de Sr bastante uniformes. Los magmas subsecuentes se producen a mayor profundidad, continente adentro, reflejando incremento de fundidos mantélicos junto con sedimentos marinos subductados o corteza siálica inferior, más ricos en componentes radiogénicos.

La tectónica de placas provee una forma aceptada para explicar la generación de los batolitos graníticos, que estarían íntimamente relacionados a procesos de consumición de bordes de placas. Los batolitos circum-Pacíficos muestran las siguientes características:

1) Son cuerpos alargados, desarrollados paralelamente al límite de subducción de las placas.

2) Son compuestos, formados por plutones distintos que se agrupan, p.ej. el batolito de Sierra Nevada, contiene más de 200 plutones separados, al igual que el batolito de la costa del Perú.

3) La composición petrográfica global es intermedia. El batolito del S de California está formado por más de un 84% de granodiorita-tonalita.

4) Los granitoides se asocian con rocas volcánicas, que predatan la actividad plutónica (Grupo Choiyoi; Sistema de Famatina, Fm. Las Planchadas.)

5) El vulcanismo es generalmente menos rico en sílice, que las rocas plutónicas subyacentes.

6) La relación inicial $^{87}Sr/^{86}Sr$, es baja indicando que rocas primitivas están involucradas en su origen y en el ascenso, asimilando importantes volúmenes de rocas sedimentarias de caja.

7) El orden de intrusión es generalmente de gabros a granitos.

Elementos Trazas característicos de los Granitos

Un factor de normalización apropiado para la composición granítica con valores de SiO_2 próximos al 70%, es un "hipotético granito de dorsal oceánica" (ORG), calculado como el producto de la cristalización fraccionada promedio de un MORB-N. El orden de los elementos se establece de acuerdo a su incompatibilidad relativa durante la génesis del MORB (que se incrementa de Yb a Rb y K_2O). Los patrones tienen valores normalizados próximos a uno para la mayoría de los elementos y exhiben fuertes anomalías negativas de

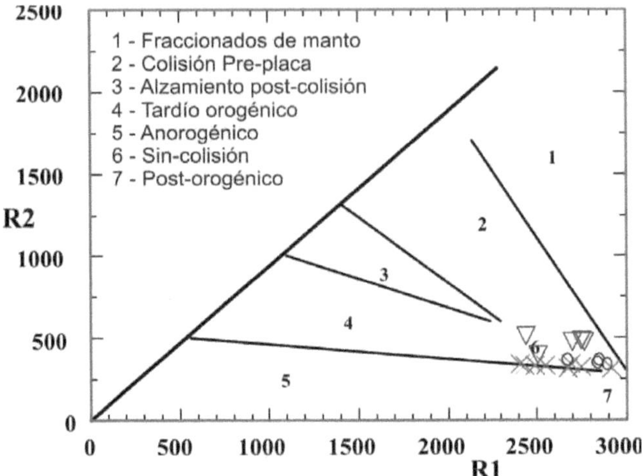

Fig. 11-2. Diagrama petrogenético multicatiónico R1 (4Si-11(Na+K)-2(Fe+Ti) vs. R2 (6Ca+2Mg+Al) de Batchelor y Bowden (1985).

K_2O y Rb, perdidos en una fase volátil o por alteración. Los elementos Rb, Y (Yb) y Nb (Ta) son los más efectivos para la discriminación tectónica de los granitos.

La composición normalizada representa a un granito que pudo haber sido: (1) derivado por convección del manto superior, no afectado por eventos de enriquecimiento del manto; (2) derivado de un basalto por cristalización de plagioclasa-olivino-clinopiroxeno-magnetita; (3) no afectado por fusión cortical, o asimilación, o procesos con volátiles.

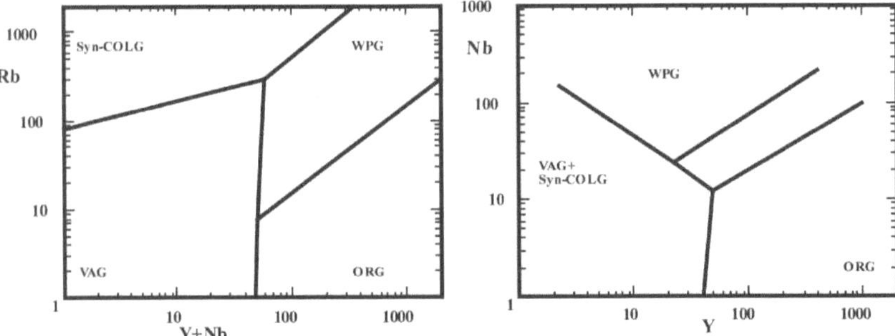

Fig. 11-3. Diagramas Rb vs. Y+Nb y Nb vs. Y, para caracterizar los campos Syn-COLG, WPG, VAG, ORG (Pearce et al. 1984)

La información sobre la aplicabilidad de elementos trazas seleccionados a la discriminación de granitos y sobre su sensibilidad a la cristalización fraccionada, es proporcionada por diagramas de variación de "Elementos trazas – SiO_2", en los que:

i) El Y e Yb son más abundantes en los MORB-N (basaltos de dorsales oceánicas normales) y en WPG (granitos de intraplaca), comparados con los VAG (granitos de arcos volcánicos), para valores de SiO_2 (56 – 80%.)

ii) El Rb es buen discriminante, entre ORG (granitos de dorsales oceánicas) y WPG;

y entre VAG y syn-COLG (granitos de sin-colisión). En este diagrama, los granitos post-orogénicos se sobreponen a los campos de VAG y sin-orogénicos.

iii) El Nb y Ta están más enriquecidos en los WPG que en otros tipos de granitos. Las excepciones son granitos de intraplaca, intruídos en áreas de litosfera continental atenuada, que se sobrepone con otros tipos de granitos.

iv) Los diagramas de Y – Nb, e Yb – Ta, son independientes de la alteración y permiten la separación de los VAG y WPG, que no puede ser lograda solo por Y, Nb, Yb o Ta. La discriminación entre WPG y ORG es oscurecida por una zona de superposición entre los WPG de la litósfera continental atenuada y los ORG de segmentos de dorsales anómalas. La discriminación entre VAG y sin-COLG es buena en el diagrama Yb – Ta y mejora en el diagrama Y – Nb. La inclusión del Rb, separa los VAG de los sin-COLG y los ORG de los WPG. Por otra parte, un eje diagonal en el espacio Nb – Y, es efectivo para separar VAG de WPG. El diagrama equivalente, Rb (Yb + Ta), muestra discriminación similar.

Caracterización según participación del manto y corteza

Los granitoides se forman en la corteza y también con participación del manto. La existencia de plagiogranitos oceánicos y de granitos alcalinos, sugieren que la presencia de corteza continental no es única en la génesis de ciertos tipos de granitoides, donde el manto superior es la única fuente. Otros granitoides no se originan exclusivamente en el manto superior ni en la corteza continental. La mayoría de los granitoides orogénicos se originan en la interfase, e involucra componentes de corteza y manto, todas estas posibilidades quedan expresadas en la clasificación de Barbarin (1999).

La geoquímica de los elementos mayores, reflejan la petrogénesis de tres grupos de granitoides (Tabla 11-2). 1) Los que son de origen orogénico cortical, con caracteres calco-alcalinos y peraluminosos y comprende a los granitos MPG (granitoides peraluminosos con moscovita) y los CPG (granitoides peraluminosos con cordierita). 2) los granitoides orogénicos híbridos, de origen mixto, derivados de manto y corteza. Comprende a los granitos calco-alcalinos y metaluminosos, que involucra a los KCG (granitoides calco-alcalinos ricos en potasio) y a los ACG (granitoides calco-alcalinos con anfíbol). El grupo KCG es de origen mixto en ambientes de régimen transicional; mientras que los ACG responden a un régimen de subducción. 3) A los granitos mantélicos se los denomina ATG (granitoides de arco toleíticos) y se relacionan a subducción. A los granitoides toleíticos derivados del manto en las dorsales medio-oceánicas se los denomina RTG (granitoides toleíticos de dorsal). Mientras que los derivados del manto en áreas continentales de distensión, son alcalinos a peralcalinos, PAG (granitoides alcalinos-peralcalinos).

Tipos de Granitoides		Origen	Ambiente Geodinámico
Granitoide peraluminosos con moscovita	MPG	*CORTICALES*	
Granitoides peraluminosos con cordierita	CPG	Peraluminosos	*COLISION CONTINENTAL*
Granitoides calco-alcalinos ricos en K (alto K y bajo Ca)	KCG	*MIXTOS* (Corteza+Manto) Metaluminosos y calco-alcalinos	*REGIMEN TRANSICIONAL*
Granitoides calco-alcalinos con anfíbol (bajo K y alto Ca)	ACG		*SUBDUCCIÓN*
Granitoides arcos toleíticos	ATG	*MANTELICOS*	
Granitoides de dorsales oceánicas toleíticos	RTG	*MANTELICOS*	*DISTENCION OCEÁNICA*
Granitoides alcalinos peralcalinos	PAG	*MANTELICOS*	*RIFT CONTINENTAL*

Tabla 11-2. Clasificación granitos (Barbarin 1999)

Los granitoides corticales son productos de fusión de material cortical debido a engrosamiento tectónico de la corteza continental en un cinturón orogénico y corresponden a ambientes de colisión continental. El manto superior puede proveer los materiales para los granitoides híbridos y ciertamente el calor necesario para fundir la base de la corteza. Los granitos derivados del manto superior son el resultado de extremo fraccionamiento de magmas básicos derivados del mismo.

Granitos en zonas de colisión continente-continente

Ejemplos de colisión continente-continente antiguos son los orógenos del Hercínico (Paleozoico) del sur de Europa y de Grenville (Proterozoico) en el este de Canadá. En tiempos más recientes (~55 Ma), la convergencia de las placas de Africa y Europa formaron los Alpes y la colisión de las placas de la India y Asia, formaron las montañas del Himalaya y la meseta del Tibet, hacia el norte en la placa asiática. Para esta colisión se estima un acortamiento cortical de 1000-1500 km con una corteza continental de 80 km de espesor, que participaron en la colisión. Un arco volcánico se formó antes de la colisión continente-continente pero fue extinguido por subducción de corteza oceánica, por lo que no hay rocas volcánicas que estén directamente asociadas con la colisión. Asimismo, lavas máficas potásicas y localmente riolitas peraluminosas (<13 Ma) ocurren en el Plateau del Tibet y estarían relacionadas a tectonismo extensional, bajo estas masas gravitacionalmente inestables. En el Mioceno temprano (~20 Ma) el magmatismo en el orógeno del Himalaya está representado por enjambres de diques, cuerpos intrusivos irregulares y plutones graníticos, que forman una cadena de intrusiones de aproximadamente 2000 km a lo largo de los Altos Himalayas. Estas rocas son leuco-granitos de tipo-S, compuestos por asociaciones peraluminosas, con cuarzo (31%), feldespato alcalino (22%), plagioclasa sódica (35%), moscovita (9%) y biotita (2%), más turmalina-moscovita. Granate de Mn-Fe, circón, monacita y apatita son accesorios comunes. Los leucogranitos de dos micas han experimentado deformación metamórfica subsólida, mientras que los granitos de moscovita-turmalina que los cortan, no están foliados. Los leucogranitos son la base de una espesa secuencia altamente deformada de rocas sedimentarias y magmáticas (gneises y migmatitas de cuarzo-feldespato, mica y sillimanita) de edad Precámbrica a Paleozoica inferior, recubierta por espesas secuencias de rocas metasedimentarias.

Los magmas que dieron origen a los leucogranitos peraluminosos estuvieron próximos al mínimo de temperatura (aprox. 700°C) y corresponden a fundidos parciales de rocas meta-sedimentarias micáceas, sin componentes de manto. Los datos son:

1. Las relaciones isotópicas de los granitos ($^{87}Sr/^{86}Sr = 0,73 - 0,83$; $^{143}Nd/^{144}Nd = 0,5121 - 0,5118$; $\delta^{18}O = 9 - 14‰$) corresponden a gneises cuarzo-feldespáticos micáceos.

2. No hay rocas magmáticas asociadas, que tengan componentes del manto.

3. Los fundidos parciales de cuarzo-feldespato-mica, son similares a los obtenidos por experimentos en condiciones sub-saturadas de agua (fusión por deshidratación). Bajo condiciones de saturación en agua, los fundidos parciales disuelven gran volumen de plagioclasa sódica de la roca fuente, que tienen alta relación Na/K, Sr/Rb y Sr/Ba y que corresponden a fundidos trondhjemíticos, distintos a los leucogranitos del Himalaya. No obstante, algunas variaciones en la fugacidad de oxígeno en la fuente es evidenciada por la variable relación entre turmalina/biotita. La turmalina se estabiliza para bajas concentraciones de agua y la biotita para altas concentraciones. Las rocas fuentes del Himalaya son grauvacas

con boro (<16 ppm) y lutitas con boro (~100 ppm), en comparación con los 225 ppm de B de los leucogranitos. Ambas pueden ser fuentes, dependiendo de los coeficientes de distribución y el grado de fusión parcial.

La anatéxis pudo haber sido activada por liberación de fluidos acuosos desde la base caliente de rocas de los Bajos Himalayas, como gneises emplazados sobre la Falla Principal Central, que pudo haber dado origen a fundidos saturados en agua. Por otra parte, si prevaleció la fusión parcial subsaturada en agua (deshidratación), ésta podría haber sido causada por calentamiento a lo largo de la falla de cizalla, o por descompresión de corteza gruesa y caliente.

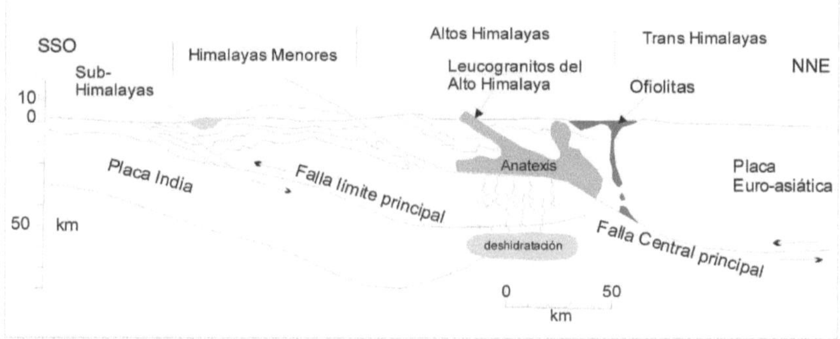

Fig. 11-4. Esquema de formación de granitos en los Himalayas. (Modificado de France - Lanord y Le Fort 1988).

Granitos Tipo A

El ambiente tectónico en los cuales se generan los granitos tipo-A, corresponde a áreas continentales de extensión (rift), de áreas de intraplaca y cratones estables. Algunos granitos de tipo-A ocurren como post-orogénicos o post-colisionales, pero estas categorías se refieren al tiempo de intrusión, más que a un régimen tectónico específico.

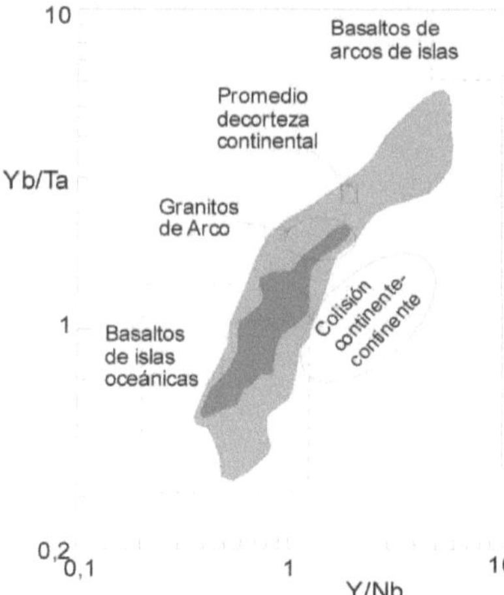

Fig. 11-5. Diagrama Yb/Ta vs.Y/Nb, que separa los diferentes tipos de rocas ígneas.

Los ejemplos de granitos tipo-A son comunes en todo el mundo desde el Proterozoico-medio (1,4 – 1,1 Ga), traquitas Pérmicas per-alcalinas (pórfiros rómbicos) del graben de Oslo en Noruega. Las intrusiones de sieno-granitos Jurásicos de White Mountains de New Hampshire (incluye los anillos complejos de una caldera profundamente erosionada) y muchas rocas volcánicas silícicas Cenozoicas del oeste de Estados Unidos. Este tipo de rocas también están desarrolladas en el Cretácido del norte de Argentina, formando los plutones de Rangel y Tusaquillas, en un ambiente distensivo.

<table>
<tr><td rowspan="2">Bases de clasificación</td><td rowspan="2"></td><td colspan="6">Origen</td></tr>
<tr><td colspan="2">Cortical</td><td colspan="2">Mixto</td><td colspan="2">Manto</td></tr>
<tr><td rowspan="2">Nomenclatura química</td><td>Shand (1943)</td><td colspan="2">Peraluminosos</td><td colspan="2">Metaluminosos</td><td colspan="2">Alcalinos</td></tr>
<tr><td>Lacroix(1933)</td><td colspan="2">Calco-alcalina-peraluminosa</td><td colspan="2">Calco-alcalinas</td><td colspan="2">Alcalinas</td></tr>
<tr><td>Mineralógico QAP</td><td>Lameyre (1980) Lameyre & Bowden (1982)</td><td colspan="2">Leucogranitos (fusión cortical)</td><td colspan="2">Serie calco-alcalina (Alto- medio- bajo-K)</td><td>Serie Toleitica</td><td>Serie peralcalina</td></tr>
<tr><td>Óxidos opacos</td><td>Ishihara (1977)</td><td colspan="2">Serie Ilmenita</td><td colspan="3">Serie Magnetita</td><td></td></tr>
<tr><td>Geoquímica (elementos mayores)</td><td>Chappell & White (1974, 1983). Collins et al. (1982). Whalen et al. (1987)</td><td colspan="2">Tipo-S</td><td colspan="2">Tipo-I</td><td>Tipo-M</td><td>Tipo-A</td></tr>
<tr><td>Geoquímica (elementos trazas)</td><td>Pearce et al. (1984)</td><td colspan="2">Granitos colisión (COLG)
Sintectonico   Tardiotectónico</td><td colspan="2">VAG</td><td>ORG</td><td>WPG</td></tr>
<tr><td>Ambiente tectónico</td><td>Pitcher (1983, 1987)</td><td>Tipo Hercínico</td><td>Caledoniano</td><td colspan="2">Andino</td><td>Pacífico W</td><td>Nigeria</td></tr>
<tr><td colspan="2">Clasificación de Barbarin (1999)</td><td>MPG</td><td>CPG</td><td>KCG</td><td>ACG-ATG</td><td>RTG</td><td>PAG</td></tr>
</table>

Tabla 11-3. Clasificación petrogenética comparativa de los granitos según varios autores.

Las temperaturas de los magmas son elevadas, comúnmente $>900°$ C, en comparación los $\sim800°$ C de los magmas de arco. La baja fugacidad de agua es típica, siendo comunes las pertitas hipersolvus en los feldespatos de los granitos y los minerales máficos anhidros tienen amplio desarrollo. Una serie de reacción discontinua en la cual la cristalización de minerales máficos está limitada a los fundidos residuales próximos al solidus es de olivino fayalítico-hedenbergita (clino-piroxeno)-ferrohastingsita (anfíbol)-annita (biotita-Fe). Otros magmas alcalinos pueden cristalizar riebeckita-arfvedsonita (anfíboles Na-Fe) y aegirina (clino-piroxena-Na-Fe). Aunque el mínimo ternario (Fig. 11-1) de las rocas graníticas de arco y de colisión, los granitoides de tipo-A, incluyen sienitas ricas en feldespatos alcalinos, cuarzo-sienitas y granitos con feldespato alcalino. Estas rocas faneríticas están relacionadas espacial, temporal y genéticamente con rocas extrusivas de composición similar, en especial traquitas y riolitas. Una asociación recurrente de los granitos tipo-A, es con toleitas y rocas maficas alcalinas.

Petrogénesis

Los magmas de tipo-A parecen ser poligenéticos, no hay un único proceso que genera a todos ellos. El fraccionamiento del calcio de plagioclasas ricas en Al, desde un magma madre basáltico ligeramente alcalino, ha sido invocado como productor de magmas residuales peralcalinos. Sin embargo, Rb y Cs no son tan altos como se esperaría en todos los casos y la cristalización de plagioclasas cálcicas debería producirse más en un magma hidratado, que en un típico magma de tipo-A de faja fugacidad de agua. El salto composicional (bimodalidad) entre rocas félsicas y máficas en muchas localidades es difícil de reconciliar con el fraccionamiento, el cual tendería a un campo continuo de magmas derivados de composición intermedia.

Las relaciones Y/Nb y Yb/Ta (Fig. 11-5) indican la presencia de componentes de manto y de corteza continental en las rocas félsicas de tipo-A. Muchas caen en el campo de los basaltos de islas oceánicas y otras lo hacen en la tendencia de corteza continental. Y aún algunas lo hacen entre basaltos de arcos de islas y corteza continental.

Los componentes del manto podrían derivar de basaltos de islas oceánicas, con signatura de pluma que fueron hospedadas en la corteza continental inferior o subplacados debajo de ella. Durante el magmatismo, los basaltos intruidos tempranamente pueden ser parcialmente fundidos por intrusiones posteriores, constituyendo un importante mecanismo en la generación de magmas de tipo-A.

	OROGENICO			TRANSICIONAL	ANOROGENICO
	Arco islas oceánicas	Margen continental activo	Colisión continental	Levantamiento/ colapso post-orogénico	Rift continental. Punto caliente
Geoquímica	Calc-alc > tol. Tipo-M e I-M hídridos Met-Al.	Calc-alc. Tipo-I > Tipo-S Met-Al. a Per-Al	Calc-alc. Tipo-S Per-Al.	Calc-alc. Tipos-I y S (Tipo-A) Met-Al. a Per-Al.	Alcal. Tipo-A Per-alcal.
Tipos de rocas	Cz-diorita en arco maduro	Tonalit- granod > granito- gabro	Leucogranito y migmatitas	Granod. + diorita-gabro. Bimodal	Granito-sienita + diorita-gabro
Minerales	Hbl>bi	Hbl, bi	Bi, mu, hbl, grt, Sil-Al, crd.	Hbl>bi	Hbl, bi, aegir, fayal, rieb, arfved.
Volcanismo	Basalto arco islas a andesit	Andesita y dacita	ausente	Basalto y riolita	Lavas alcalinas y tobas
Ejemplos	Bougainville, islas Solomon	Batolitos Cordillera de los Andes	Manaslu y Lhotse, Nepal	Plutones tardío Caledónicos Inglaterra	Complejos de Nigeria. Pluton Rangel
Origen	Fusión parcial de manto	Fusión parcial de manto con corteza	Fusión parcial de corteza reciclada	Fusión parcial de corteza inf y media+ manto	Fusión parcial de manto y/o corteza inf. anhidra
Mecanismos de fusión	Subducción, transferencia de calor y fluidos hacia arriba que disuelven minerales de la loza.		Engrosamient o tectónico + calor radiogén.	Calor cortical + mantélico (ascen. Astenósfera)	Punto caliente y/o ascenso del manto

Tabla 11-4. Clasificación geotectónica de los granitos. (Modificado de Pitcher 1993).

Por ejemplo Collins et al. (1982) postulan una generación de magma desde una fuente que estuvo sujeta previamente a fusión por deshidratación dejando un residuo que contiene F y Cl en biotitas y anfíboles. Sin embargo otros petrólogos piensan que el residuo cristalino después de la fusión y deshidratación es incapaz de producir fundidos parciales félsicos adicionales. Patiño Douce (1997) expresa que para alta temperatura de anatéxis en la corteza somera (P $\leq$ 4 kbar) las rocas fuentes del arco contienen solo cantidades limitadas de biotita y anfíbol produciendo fundidos con composición de elementos mayores similares a los granitoides de tipo-A, razón por la que el residuo es de plagioclasas cálcicas y orto-piroxeno. Los fundidos parciales contendrían todo el F y Cl desde la fuente que tiene altas relaciones de Ga/Al (el Ga es incompatible en los minerales residuales), Fe/Mg, K/Na, y (Na + K)/ Ca, pero son bajos en elementos compatibles como Ca, Sr y Eu. Bajos en Ni, Cr y Co y el fundido refleja bajas concentraciones en la fuente. Sin embargo, la fusión parcial de rocas de arco debería dar una anomalía negativa de Nb-Ta y la relación Rb/Nb debería ser alta, ninguna de estas características se observa en las rocas félsicas de tipo-A.

Clasificación geotectónica de los granites

Numerosos investigadores sostienen que la clasificación de los granitos según el ambiente tectónico, es más adecuada que la clasificación alfabética. La Tabla 11-4, muestra esta clasificación que ha sido modificada de Pitcher (1983, 1993), Barbarín (1990) y de Winter (2001). Aunque las clasificaciones químicas proveen a los investigadores algunos criterios para poder caracterizar la fuente de los materiales, una clasificación basada en el ambiente tectónico, provee a los estudiosos, las razones y donde estos se han formado. Asimismo pone en evidencia la continuidad entre los procesos geológicos y la generación magmática, rompiendo un poco esa estructura en compartimiento, a lo que somos tan afectos.

La Tabla 11-4 muestra que los granitos ocurren en diferentes ambientes, que pueden ser groseramente agrupados en: orogénicos y anorogénicos. Los Orogénicos: están claramente definidos, como los que resultan de la formación de montañas, resultantes de esfuerzos compresivos asociados con la subducción. Los Anorogénicos: se refieren al magmatismo de intraplaca, o de bordes de placas distensivas. Los Post-orogénicos: son más dificultosos de clasificar, porque sin orogenia ellos no se habrían formado, por lo que intruyen después de un evento orogénico. Por esta razón han sido clasificados como orogénicos por algunos autores y anorogénicos por otros. Aunque algunos autores los llaman Transicionales, por tener ciertos aspectos que pertenecen a ambas categorías. Esto no quiere decir que los granitoides transicionales deben ocurrir entre los eventos magmáticos orogénicos y anorogénico, aunque esto muchas veces tiene lugar.

Pegmatitas

Las pegmatitas se definen como rocas ígneas de grano variable pero generalmente muy grueso, usualmente de composición granítica. La textura pegmatítica se refiere a rocas cuarzo-feldespáticas de grano muy grueso. El tamaño de los grandes cristales indica "baja relación de nucleación" en un ambiente que conduce a la formación de grandes cristales. Este ambiente corresponde a estadios tardíos de magmas graníticos, ricos en agua, durante el cual evolucionan en fracturas dilatadas o en alguna estructura favorable de la cámara magmática. También pueden ser de composiciones granodioríticas, tonalíticas, sieníticas, gábricas y tienden a estar enriquecidos en elementos raros.

La gran diversidad de pegmatitas hace difícil definirlas en términos adecuados y simples. Son siempre de grano grueso (algunas veces extremadamente) y por lo general con tamaño de grano irregular, en comparación con las rocas plutónicas de composición similar. La presencia de intercrecimientos gráficos, por lo general de microclino-cuarzo y el desarrollo local de cavidades recubiertas de cristales, son rasgos típicos. La mayor parte de las pegmatitas son mineralógica y químicamente similares al granito, pues sus componentes principales son cuarzo, microclino y plagioclasa sódica, junto a micas y minerales accesorios, que pueden tener importancia económica como, turmalina, apatito, titanita, monacita, circón, fluorita, etc. Los equivalentes pegmatíticos de los gabros y dioritas, están formados principalmente por hornblenda y plagioclasa, son mucho más raras. Pegmatitas graníticas también se forman en sistemas anatécticos, metasomaticos e hidrotermales.

Los minerales máficos comunes en las pegmatitas son hidratados, micas en las pegmatitas ácidas y anfíboles en las variedades más básicas. La presencia de minerales que contienen P, F, Cl, S, B, etc., en las pegmatitas mineralógicamente complejas indica que las sustancias volátiles han desempeñado un papel esencial en su origen. Otra característica de las pegmatitas de mayor complejidad, es la concentración elevada de elementos como: Li, Be, Mo, W, Th, Zr, Sn, Ta, Nb, etc., que no pertenecen a la categoría de constituyentes volátiles pero que forman cloruros y fluoruros con puntos de ebullición más bajos, que los de las correspondientes sales de Cu, Pb, Zn, etc., que sólo se encuentran en pequeñísimas cantidades en las pegmatitas. Generalmente constituyen enjambres de diques, filones o lentes, de desarrollo tardío, dentro de los plutones granitoides o en sus bordes; o asimismo constituyen complejos migmatíticos de desarrollo regional. En general se presentan en masas de pequeño tamaño. Las masas individuales varían desde pocos centímetros hasta decenas de metros. También son conocidas masas mayores, que en algunos casos llegan a medir kilómetros de longitud y centenares de metros de espesor.

Las pegmatitas con cuarzo libre, se dividen en dos clases: A) Las pegmatitas simples formadas por cuarzo, feldespatos alcalinos, microclino y cantidades variables de plagioclasa sódica y micas. La asociación mineral es simple y los minerales accesorios son escasos o están ausentes (como en los granitos). Las aplitas están caracterizadas por una fábrica de grano fino constituida por minerales generalmente anhedrales a subhedrales, formando típicamente delgados diques de desarrollo tardío, dentro de los plutones graníticos y en su roca de caja. B) Las pegmatitas complejas contienen, además de cuarzo, feldespatos y micas, minerales raros en considerable abundancia y variedad como: lepidolita, espodumeno, turmalina, topacio, casiterita, berilo, tantalita, columbita, zircón, uraninita, torita, apatito, ambligonita, etc.

La estructura zonal muy variable de las grandes masas de pegmatitas, hacen difícil calcular la composición global media de estas rocas. Las pegmatitas relacionadas con sienitas y sienitas nefelínicas, son especialmente ricas en minerales de tierras raras (Ce, La, Y).

Petrogénesis

Las pegmatitas en las migmatitas de desarrollo regional, han sido interpretadas de diversa manera; como productos de inyección magmática (con o sin metasomatismo simultáneo), como materiales expulsados de la roca huésped como resultado de fusión parcial (anatéxis) o como concentraciones de sílice, alúmina y álcalis, formadas por difusión iónica a través de rocas sólidas.

Asimismo como los plutones graníticos se han formado por intrusión de magmas ácidos, las pegmatitas asociadas se forman al final del ciclo ígneo, por lo que muchas cortan al granito predecesor, por lo se las interpreta como productos de la cristalización de magmas graníticos acuosos, en sistemas cerrados, cuyas últimas fracciones enriquecidas progresivamente en agua, son concentradas hacia el interior del cuerpo, de manera que el núcleo representa la etapa final de una cristalización en la que participa una fase acuosa gaseosa.

La concentración en constituyentes volátiles como condición necesaria para el desarrollo de las pegmatitas, es atribuida al desarrollo de una fracción líquida residual, de bajo punto de fusión que se concentra en las etapas finales de la cristalización del magma ácido. Esto sugiere que tanto una fase acuosa gaseosa, como una mezcla fundida saturada en agua participarían en la compleja evolución de las pegmatitas.

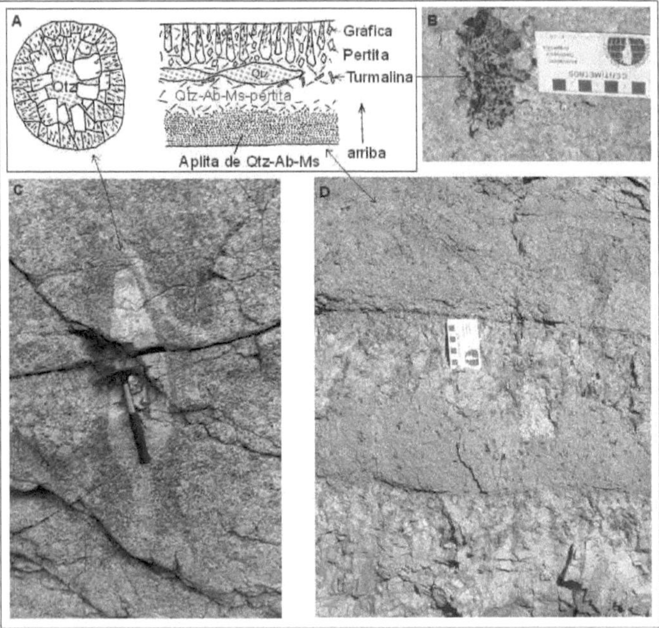

Fig. 11-6. Desarrollo de pegmatitas. A: Esquema de pegmatita de segregación, que se ejemplifica en C (Granito Capillitas). B: Esquema de desarrollo de pegmatita de inyección, con detalle en B de intercrecimiento de turmalina-cuarzo y en D de una secuencia de inyección (Sierra de Mazán).

El importante desarrollo de intercrecimientos gráficos de microclino y cuarzo, las rápidas variaciones en la mineralogía y del tamaño de grano, así como la tendencia de desarrollo fibro-radiado que presentan algunos minerales como la turmalina, evidencian que las pegmatitas no cristalizan directamente de una mezcla fundida de la misma composición. El cuadro de evolución corresponde más bien, a una cristalización magmática seguida de una secuencia de substituciones, como las que ocurren en la formación de filones metalíferos a partir de soluciones acuosas diluidas o de gases acuosos.

Es fácil comprender que un líquido residual pegmatítico tardío, debe ser rico en cuarzo y feldespatos alcalinos en proporciones que se corresponden aproximadamente con el mínimo de fusión del sistema ortosa-albita-sílice. También es de esperar, que en los residuos finales del magma granítico se encuentren concentrados el agua y componentes volátiles como P, F, S, Cl, etc. así como compuestos volátiles como $SnCl_4$, $FeCl_3$, etc. Hay sin embargo otros elementos raros, característicos de las pegmatitas, que no pertenecen a estas categorías, p. ej. Be y Li, que se concentran en razón de que a las temperaturas de cristalización magmática, por tener diferencias notables en radio y carga iónica, no reemplazan a los elementos comunes, como los metales alcalinos, Ca, Mg, Fe, etc. que forman los minerales petrogenéticos comunes de la fase fundida del magma.

Los feldespatos y cuarzo que cristalizan de una mezcla pegmatítica fundida no saturada en agua, producen el aumento del contenido de H_2O, pero dicho efecto puede ser anulado parcial o totalmente por la cristalización de anfíboles y micas contenidos en la mezcla. Es de esperar entonces que en ciertas circunstancias la fase fluida del magma pegmatítico, puede quedar saturado en agua, entonces se separa una segunda fase fluida con un contenido de agua muy elevado y a altas temperaturas, este fluido puede ser gaseoso (en estado supercrítico) desde el momento de la separación. Cuando la temperatura y la presión descienden por debajo de los valores críticos de un fluido acuoso, éste puede separarse a su vez en dos fases fluidas inmiscibles ricas en agua, una solución acuosa y vapor de agua. Por lo tanto, es posible que bajo ciertas condiciones dentro del campo de cristalización de las pegmatitas, pueden coexistir fases cristalinas en equilibrio, con una mezcla silicatada fundida rica en agua, una solución acuosa diluida y una fase vapor rica en agua.

Una vez alcanzada la etapa en la cual coexisten los cristales, la mezcla fundida saturada de agua y el gas acuoso, la cristalización ulterior es relativamente simple, como lo demuestra el sistema Albita-Agua, que implica el intercambio de materiales entre las fases presentes a medida que baja la temperatura. Cuando la permeabilidad de la roca de caja lo permite, la fase gaseosa puede escapar en tanto que las fases líquida y cristalina quedan retenidas en contacto mutuo. En un momento dado, las presiones respectivas sobre el líquido y el gas, pueden ser muy diferentes. La posibilidad de que al descender la temperatura, continúe formándose gas como resultado del fenómeno del "segundo punto de ebullición", para lo que debe aumentar la tensión de vapor del líquido (y equilibrarse con la presión de confinamiento) y al bajar la temperatura, baja la tensión de vapor. Esto indicaría que la formación de cristales gigantes en pegmatitas se produce generalmente en sistemas plutónicos profundos. En los sistemas epizonales el aumento de la presión produce fracturas en las rocas de caja y la pérdida de volátiles, por lo que se genera una rápida cristalización, con formación de texturas aplíticas.

Las pegmatitas pueden estar formadas, principalmente de cuarzo, microclino, mica, plagioclasa sódica que han cristalizado durante las etapas magmáticas y pegmatítica y pueden ser los únicos minerales presentes o estar substituidos parcialmente por sucesivas asociaciones minerales .

La estructura zonal característica de muchas pegmatitas, es atribuida a la cristalización durante la etapa pegmatítica, pero el desarrollo de masas de substitución y relleno de grietas de fractura que cruzan las estructuras zonales pertenecen a las etapas neumatolítica e hidrotermal.

Se supone que cantidades pequeñas de los componentes volátiles modifican de modo sustancial el comportamiento de los baños de fusión de silicatos. Como sus pesos moleculares son bajos en comparación con la mayoría de los silicatos y óxidos, sus fracciones molares pueden ser grandes a pesar de sus bajos porcentajes en peso. Elementos como el Cl, B y F forman fácilmente compuestos químicos mucho más volátiles y solubles en el agua que los óxidos y silicatos. Asimismo la viscosidad de los fundidos de silicatos disminuye notablemente por la adición de agua o flúor, lo que es debido a la rotura de los enlaces Si-O-Si, en presencia de OH y radicales F.

Los recientes trabajos experimentales de London (2005) cuestionan muchos de los conceptos vigentes sobre la interpretación genética de las pegmatitas, con relación a procesos tales como "refinamiento constitucional" y "láminas de fundido limitantes". También se interpreta que las temperaturas, serían mas bajas de lo que se creía, p. ej. La pegmatita de Tanco (USA) que es rica en litio, cristalizó como máximo a 450° C y la Little Three (USA) registra 425° C en los márgenes, y 375° C en la zona del núcleo y los fundidos pueden persistir a temperaturas tan bajas como 260° C. Asimismo se han determinado temperaturas máximas de 700° C en pegmatitas miarolíticas con cuarzo-espodumeno. El fundido granítico fluidificado por "fluxes" (flujos) antes llamados volátiles, está compuesto por F, B, P, H_2O, los cuales bajan las temperaturas de fusión y cristalización; pareciendo suprimir la nucleación del cuarzo y feldespatos y bajando la viscosidad. También se cuestiona el tiempo de cristalización, p. ej. La pegmatita Harding de 20 m de espesor, se habría enfriado totalmente en 3 a 4 meses. La pegmatita de gemas Himalaya-San Diego, alcanzó su solidus en una (1) semana.

Lecturas seleccionadas

Barbarin, B. 1999. A review of the relationships between granitoid types, their origins and their geodynamic environments. Lithos, 46: 605-626.

Batchelor, R.A., y Bowden, P. 1985. Petrogenetic interpretation of granitoid rock series using multicationic parameters. Chemical Geology 48: 43-55.

Best,M. 1982. Igneous and metamorphic petrology. Freeman.

Brown, W.L. 1993. Fractional crystallization and zoning in igneous feldspars:Ideal water-buffered liquid fractionation lines and feldspar zoning paths. Contrib. Mineral. Petrol. 113: 115-125.

Chappell, B.W. , y White, A.J.R. 1974. Two contrasting granite types. Pacific Geology, 8: 173-174.

Collins, W.J., Beams, S.D., White, A.J.R., Chappell, B.W. 1982. Nature and origin of A-type granites with particular reference to southeastern Australia. Contr. Mineral. Petrol. 80: 189-200.

Debon, F., y Le Fort, P. 1983. A chemical-mineralogical classification of common plutonic rocks and associations. Transactions of the Royal Society of Edimburgh: Earth Sciences 73: 135-149.

Floyd, P.A., y Winchester, J.A. 1975. Magma type and tectonic setting discrimination using inmobile elements. Earth Planetary Science. Letters 27: 211-218.

Hine, R.H.., Williams, I.S., Chappell, B.W., White, A.J.R. 1978. Geochemical contrast between I- and S-type granitoids of the Kosciusko Batholith. Geological Society of Australia 25: 219-234.

Ishihara, S. 1977. The Magnetite-series and Ilmenite-series Granitic Rocks. Mining Geology 27: 293-305.

Lameyre, J. 1980. Les magmas granitiques, leurs comportements, leurs associations et leuars sources. Livre Jubilaire Soc. Géol. Fr. Mém. H.S. 10: 51-62.

Lameyre, J., y Bowden, P. 1982. Plutonic rock types series: discrimination of various granitoid series and related rocks. Jour. Volcanol. & Geother. Res. 14: 169-186.

Le Maitre, R.W. 1989. A Classification of igneous rocks and glossary of terms. Oxford. Blackwell Scientific.

London, D. 2005. Pegmatites. The Canadian Mineralogist, Special Publication 10. 347 pp.

McNutt, R.H., Crocket, J.H., Clark, A.H., Caelles, J.C., Farrar, E., Haynes, S.J., Zentili, M. 1975. Initial $^{87}Sr/^{86}Sr$ ratios of plutonic and volcanic rocks of the Central Andes between latitudes 26° and 29° south. Earth and Planetary Science Letters 27: 305-313.

Patiño Douce, A.E. 1997. Generation of metaluminous A-type granites by low-pressure melting of calc-alkaline granitoids. Geology, 25: 743-746.

Pearce, J.A., Harris, N.B.W., y Tindle, A.G. 1984. Trace element discrimination diagrams for the tectonic interpretation of granitic rocks. Journal of Petrology, 25(4): 956-983.

Pitcher, W. 1983. Granite type and tectonic environment. In: Hsu, K. (Ed.) Mountain Building Process. Academic Press, London.

Pitcher, W. S. 1997. The nature and origin of granite. New York. Chapman & Hall.

Pitcher, W.S. 1993. The Nature and Origin of Granite. Blackie Academic & Professional. 321 pp.

Ramberg, H. 1970. Model studies in relation to intrusion of plutonic bodies. In: Newall, G., y Rast, N. (eds.).Mechanism of Igneous Intrusion. Liverpool: Gallery Press, 261-286.

Shand, S.J. 1943. Eruptive Rocks. T. Murby, London. 488 pp.

Takahashi, E.N., Katshji, N., y Wright, T.L. 1998. Origin of the Columbia River basalts: Melting model of a heterogeneous plume head. Earth Planet. Sci. Lett. 162: 63-80.

Von Platten, H. 1965. Experimental anatexis and genesis of migmatites. In: Pitcher, W.S. y Flinn, G.W. (eds.). Controls of Metamorphism. 202-218 pp. Oliver & Boys, Edinbugh, Escocia.

Whalen, J.B., Currie, K.L., Chappell, B.W. 1987. A-type granites: geochemical characteristics, discrimination and petrogenesis. Contrib. Mineral. Petrol. 95: 407-419.

White, A.J.R., y Chappell, B.W. 1977. Ultrametamorphism and Granitoid Genesis. Tectonophysics 43: 7-22.

Winter, J.D. 2001. Igneous and Metamorphic Petrology. Prentice Hall. 697 pp.

Elementos básicos de petrología ígnea

Miscelanea 18: 229-244
Tucumán, 2010 -ISSN 1514 - 4836 - ISSN on-line ISSN 1668 - 3242

Capitulo 12
Dorsales Oceánicas

Introducción

Un mapa de las cuencas oceánicas muestra que los accidentes topográficos más notables corresponden a las Dorsales Medio Oceánicas (DMO), que forman crestas que se elevan de 1.000 a 3.000 m por encima del fondo oceánico que las rodea. Estas dorsales se desarrollan en la parte media de las cuencas oceánicas mayores, con marcadas pendientes en ambos flancos y alcanzan longitudes que en total exceden los 60.000 km (Fig. 12-1). Una particular expresión del sistema de DMO lo constituye Islandia, que forma parte de la dorsal medio-Atlántica. Asimismo, el fondo oceánico es cortado por centenares de fracturas que tienen un patrón casi paralelo entre si y se desarrollan aproximadamente normales al eje de la dorsal y que se denominan fracturas de transformación.

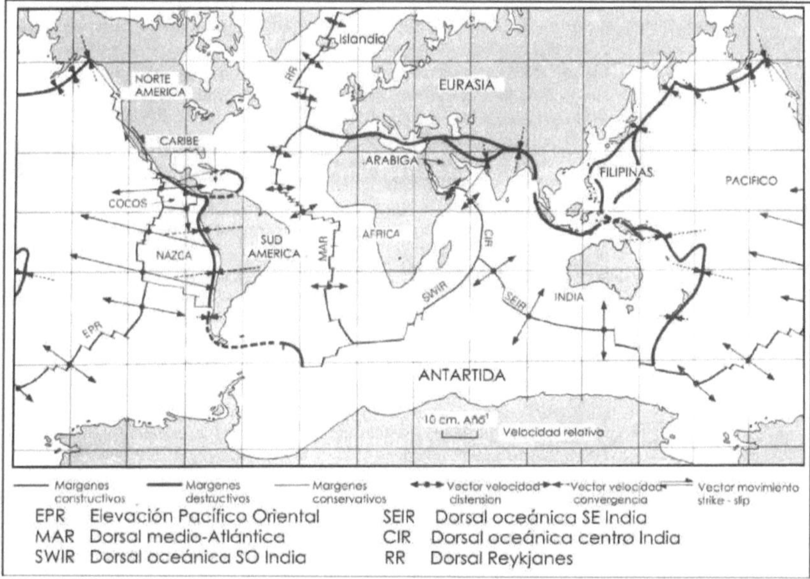

Fig. 12-1. Distribución del sistema de dorsales medio-oceánicas. Las velocidades de distensión y   convergencia es proporcional a la longitud de los vectores (modificado de Wilson 1991).

De acuerdo a la teoría de las placas tectónicas las DMO (o márgenes de placas constructivas o aditivas), constituyen limites entre las placas en los que se genera litósfera oceánica (corteza + manto), en respuesta a la fusión parcial de lherzolita del manto, que tiene lugar por descompresión adiabática en una estrecha zona de ascenso de material caliente astenosférico. La fusión parcial produce magma basáltico, que es intruido a través de fracturas tensionales en zonas de pocos kilómetros de ancho en el eje de la dorsal. Las nuevas rocas generadas pasan a formar parte de la corteza oceánica, siendo entonces transportadas hacia ambos lados de la dorsal por un proceso continuo de expansión del fondo oceánico, que tiene velocidades entre 1-10 cm/año. Como el tamaño de la Tierra es constante, la nueva litósfera sólo es creada en la cantidad que puede ser consumida por las zonas de subducción. A través del tiempo geológico una sucesión de cuencas oceánicas han sido creadas y cerradas. El presente episodio de deriva continental y expansión del fondo oceánico, comenzó hace unos 200 Ma, con la apertura de los océanos Atlántico e Indico, los cuales siguen aumentando su tamaño, con respecto al océano Pacífico que está decreciendo.

Los basaltos de los fondos oceánicos tienen características químicas y petrológicas distintivas y son los componentes mayores de la corteza oceánica. Estos basaltos han sido llamados: basaltos submarinos, basaltos de fondo oceánico, basaltos abisales, basaltos de las dorsales medio oceánicas (MORB). Los basaltos erupcionados a lo largo de segmentos de dorsales topográficamente "normales" tienen diferencias isotópicas y de elementos trazas, con los erupcionados a mayores alturas topográficas por encima de las dorsales como Islandia. Por su parte Las Azores, Las Galápagos, Bouvet y Reunión, tienen afinidades con los basaltos de las islas oceánicas (OIB), pero son casi indistinguibles de los MORB-N (normales) en términos de petrografía, mineralogía y elementos químicos mayores.

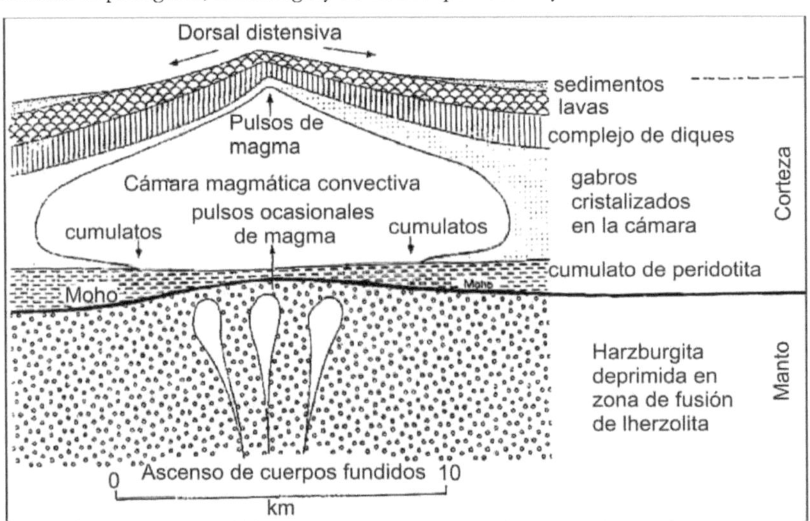

Fig. 12-2. Esquema hipotético de las dorsales medio-oceánicas, mostrando la estructura de la corteza oceánica, de las ofiolitas y los procesos que darían origen al magma basáltico.

Por debajo de una capa de sedimentos que se deposita por fuera del rift oceánico, las siguientes litologías pueden distinguirse hacia la profundidad:

1. Flujos de lava basálticos, comúnmente pillows.

2. Diques de diabasas y basaltos.

3. Gabros masivos que se vuelven bandeados en profundidad gradando a cumulatos ultramáficos bandeados que forma la cámara magmática cortical.

4. Contactos localmente marcados con los cumulatos la peridotita del manto que tiene temperaturas más altas y fábrica de deformación en estado sólido.

La percolación del agua de mar dentro de las rocas basálticas fracturadas, las enfría y produce intensa alteración o metamorfismo del fondo oceánico. Además, la litósfera en su conjunto se enfría por conducción calórica y a medida que se aleja del borde de acreción, se enfría y engrosa.

Naturaleza de la corteza oceánica

Los estudios paleomagnéticos, en la década del 60, revelaron la existencia de bandas magnéticas sobre el fondo oceánico, que permitieron fundamentar la teoría moderna de tectónica de placas y la expansión del fondo oceánico. El campo magnético de la Tierra es altamente variable e invierte su dirección periódicamente, durante el tiempo geológico, así el paleopolo norte se vuelve paleopolo sur y viceversa. El estudio detallado del fondo marino permitió descubrir en el Atlántico norte, una serie de registros reversos regulares alternantes de orientación paleomagnética, simétrica a ambos lados de la dorsal oceánica. Esto permitió proponer un modelo de generación de corteza oceánica, por el que el magma inyectado en el eje de la dorsal oceánica es magnetizado antes de enfriarse, según la dirección del campo magnético terrestre. Este material enfriado es desplazado por el ingreso de nuevos pulsos de magma en el eje de la dorsal, que da lugar a la formación de sucesivas fajas, con la orientación magnética que registra la Tierra en cada momento. El patrón de anomalías magnéticas muestra que la velocidad de distensión no es constante y varía con el tiempo y es particular en cada región.

Zonas de fallas transformantes

El patrón dominante en el fondo oceánico es producido por las lineaciones magnéticas que reflejan la localización temporal de los centros de expansión oceánica. Estas anomalías magnéticas son frecuentemente desplazadas por fallas de transformación, que forman series subparalelas a la dirección de desplazamiento. Las zonas de fractura son notablemente continuas y se extienden a grandes distancias, desde los flancos de la dorsal por el fondo oceánico y en algunos casos alcanzan los márgenes continentales. Estas zonas de fractura están marcando irregularidades en la topografía del fondo oceánico y se asocian con sismos someros generados por desplazamiento lateral de los segmentos adyacentes de la placa. En algunos casos, el volcanismo se asocia con estas fracturas y los basaltos generados son más fraccionados que los MORB.

Dorsales asísmicas

Las dorsales asísmicas son estructuras volcánicas lineales poco conocidas, que se elevan de 2000 a 4000 m por encima del fondo oceánico, con anchos de 100 a 200 km y 700 a 1000 km de largo, estimándose que cubren el 25% del fondo oceánico. Ellas forman cadenas de islas volcánicas o montes submarinos que habrían sufrido subsidencia durante su evolución.

Los ejemplos más conocidos son:

Océano Atlántico: Faeroe, Walvis Ridge, Río Grande Rise.

Océano Pacífico: Cocos, Carnegie.

Océano Indico: Ninety East Ridge.

La mayoría de las dorsales están relacionadas a márgenes continentales y a menudo terminan en islas volcánicas, en las que se continúan las características estructurales de las dorsales. Por ejemplo Walvis Ridge en el Atlántico Sur, se extiende desde la isla de Tristan da Cunha, en el flanco de la dorsal medio-oceánica hasta el margen continental de Africa. Estas dorsales carecen de actividad sísmica aunque muchas están fracturadas perpendicularmente a su eje, de manera similar a las dorsales oceánicas sísmicamente activas. Estas dorsales asísmicas son viejas y muestran caracteres de formación anteriores a las actuales cuencas oceánicas y podrían estar relacionadas con cuencas oceánicas más antiguas.

Flujo Calórico y Sistemas Hidrotermales

La medición del flujo calórico en las dorsales oceánicas es mucho más alta que el promedio del fondo oceánico, ya que las dorsales constituyen el foco de intrusión-extrusión basáltica y de acreción de las placas.

El estudio de la circulación hidrotermal en la corteza oceánica es de gran importancia para entender la alteración de las rocas que la constituyen. El agua calentada circula a través de las fisuras próximas a la dorsal y emerge como fuentes hidrotermales llevando metales en solución. Inicialmente las evidencias de tal actividad se obtuvieron del estudio de las ofiolitas de Troodos y Omán, en las que se observan basaltos cubiertos por sedimentos ricos en metales. La evidencia directa de actividad hidrotermal asociada con las dorsales oceánicas se obtuvo en 1977 durante un estudio de la zona distensiva en las Galápagos y posteriormente en la cresta elevada del Pacífico oriental, donde se encontraron campos hidrotermales con fluidos a 350° C, formando chimeneas teñidas de negro por sulfuros precipitados, de hasta 10 m de altura y que emiten "humos negros".

Metamorfismo del fondo oceánico

Los estudios de la corteza oceánica demuestran que áreas importantes están metamorfizadas. Las muestras dragadas en la vecindad de las escarpas de falla y de las fallas transformantes, permite obtener esquistos verdes, serpentinitas y raras anfibolitas tectonizadas. Estas rocas tienen relaciones más altas de $^{87}Sr/^{86}Sr$ que los MORB normales, indicando que el agua de mar es la responsable del crecimiento de los minerales hidratados, por la circulación hidrotermal.

Basaltos de las dorsales medio-oceánicas (MORB)

La mayoría de la corteza oceánica está formada en su mayoría por basaltos toleíticos subalcalinos, aunque hay también localmente tipos de rocas más evolucionados (Fig. 12-2). Basaltos alcalinos y transicionales son raros y se presentan en montes submarinos, en dorsales asísmicas y zonas de fractura. Los componentes químicos mayores de los MORB son similares a las toleitas de: islas oceánicas, arcos de islas y flujos continentales.

La fábrica de los MORB refleja un rápido enfriamiento del magma próximo al líquido extruido en agua de mar fría, como flujos lávicos, lavas en almohadillas y brechas hidroclásticas asociadas. El tamaño de grano es variable, desde tipos vítreos a porfídicos con 20-30% de fenocristales. Una piel vítrea se produce en la superficie de las almohadillas y la masa es vitroclástica con escasos fenocristales de plagioclasa bitownita, con o sin olivino magnesiano y que contiene pequeñas inclusiones de espinela de Cr-Mg. El vidrio está alterado a palagonita. Los fenocristales de augita son raros y están confinados a las lavas más cristalizadas que contienen olivino y plagioclasa. Localmente se observan desequilibrios, como corrosión en los fenocristales que se encuentran dentro de una mesostásis más evolucionada y de fenocristales que contienen inclusiones fundidas, diferentes al vidrio de la matriz. Estos atributos reflejan, tanto mezcla como fraccionamiento desde magmas más primitivos.

		Toleíticos	Alcalinos
Mesostásis		Grano fino, intergranular	Grano ligeramente más grueso, intergranular a ofítico
		Sin olivino	Olivino común
		Augita pigeonita posible	Augita titanífera (rojiza)
		Hipersteno común	Hipersteno raro (ausente)
		Sin feldespato alcalino	Feldespato alcalino intersticial o feldespatoides (Ne)
		Vidrio intersticial y/o cuarzo, común	Vidrio intersticial raro y sin cuarzo.
Fenocristales		Olivino raro, no zoneado, puede estar parcialmente resorbido o mostrando anillos de reacción de Orpx.	Olivino común y zoneado
		Ortopiroxeno, relativamente común	Ortopiroxeno, ausente
		Plagioclasa temprana común	Plagioclasa poco común y tardía en la secuencia
		Augita, marrón claro.	Augita titanífera

Tabla 12-1. Caracteres de los basaltos toleíticos y alcalinos. Hughes (1982); McBirney (1993).

Las asociaciones de fenocristales más comunes son:
Olivino +/- espinela de Cr-Mg
Plagioclasa + olivino +/- espinela de Cr-Mg
Plagioclasa + olivino + augita

Olivino, espinela y plagioclasa cálcica son los primeros minerales que cristalizan, seguidos de augita y óxidos de Fe-Ti. El desarrollo de olivino es consistente con los modelos MORB, involucrando el fraccionamiento de olivino desde magmas primarios picríticos. Los fenocristales de augita son raros y confinados a rocas con abundante olivino y plagioclasa. El anfíbol es muy raro y se encuentra sólo en basaltos con afinidades alcalinas, en cumulatos de gabros y en estadios tardíos de alteración hidrotermal.

Las rocas gábricas dragadas en el fondo oceánico muestran superposición de composiciones con los basaltos MORB. Mineralógicamente están formadas por plagioclasa, olivino, clinopiroxeno, ortopiroxeno, apatito y titano-magnetita.

Composición química

La composición química de un MORB-N es relativamente uniforme en comparación con otras asociaciones basálticas. Típicamente son toleíticas subalcalinas con cuarzo u olivino, que contienen olivino-hipersteno, o cuarzo-hipersteno normativos. El atributo más distintivo es la baja concentración de elementos incompatibles incluyendo Ti y P y los grandes iones litófilos tales como K, Rb, Ba, Th y U, en comparación con toleitas de las islas oceánicas y de los plateau continentales. Las toleitas Hawaianas (basaltos de islas oceánicas - OIB) tienen menor contenido de Al_2O_3 que los MORB, sugiriendo diferencias en el magma primario.

Los MORB muestran notable uniformidad de los elementos mayores: la SiO_2 = 47 - 51%, no se utiliza como índice de diferenciación por su poca variabilidad, utilizándose en su lugar el contenido de MgO o valor M = 100 Mg/(Mg + Fe^{+2}), con valores que van entre 55 y 65, además de elementos trazas distintivos.

Los altos topográficos y plataformas volcánicas del fondo oceánico, parecen estar asociadas con "puntos calientes" (altos gradientes geotérmicos) y espesores intermedios, entre corteza continental y oceánica. Sobre esta base los MORB han sido clasificados en:

      Normal – Tipo N, deprimidos.

      Pluma – Tipo E, enriquecidos (tipo pluma – P).

      Transicional – Tipo T.

Los basaltos Tipo-N, son dominantes en los océanos Pacífico y Atlántico, al S de los 30°N; mientras que los Tipo-E, dominan en el Atlántico al N de los 30°N y en la zona de las Galápagos.

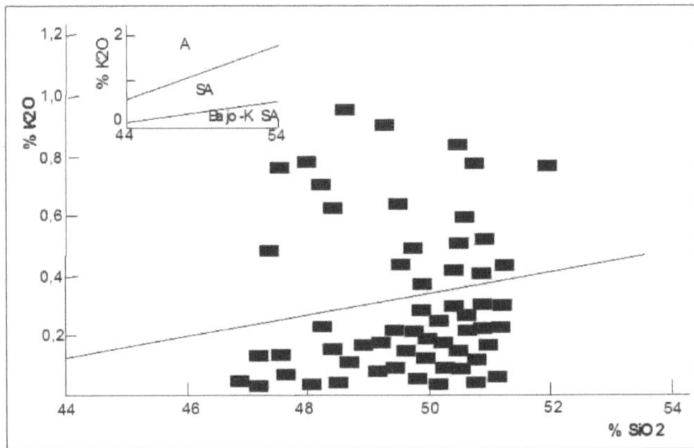

Fig. 12-3. Diagrama de variación K2O vs. SiO2, correspondiente a la dorsal medio-Atlántica. Los campos de los tipos de corresponden a Middlemost (1975). A: alcalinos. SA: subalcalinos.

ELEMENTOS LIL

(Cationes grandes de valencia baja como: Cs, Rb, K, Ba, Pb y Sr) están deprimidos en la mayoría de los MORB, en relación con los de las islas oceánicas y de las toleítas continentales.

	Basaltos Alcalinos	Basaltos toleíticos
	Ne – normativo	Hy - normativo
SiO_2	46-48	48-52
TiO_2	2-3	1-2
Al_2O_3	14-16	14-16
FeO*	4-7	5-7
MgO	5-8	4-6
CaO	8-10	7-10
Na_2O	2-3	1,5-2,5
K_2O	0,3-1,5	0,1-1,0

Tabla 12-2. Características químicas.

ELEMENTOS LHV

(Cationes grandes de valencia alta: Th, U, Zr, Hf, Nb y Ta) llamados "elementos inmóviles", se usan en forma conjunta con otros elementos resistentes a la alteración como: Ti, Y, P y Sr, para discriminar entre basaltos de diferentes ambientes tectónicos. Estos elementos tienden a ser deprimidos en los MORB-N en relación al MORB-E y a las toleitas de las islas oceánicas. La relación Zr/Nb en los MORB-N tienen relaciones >30; mientras que los MORB-E las relaciones son ≈10, similar a las toleitas de las islas oceánicas.

Elementos ferromagnesianos (Cr, V, Sr, Ni y Co): los coeficientes de distribución cristal-líquido indican que Ni y Co particionan con el olivino durante la fusión parcial y la cristalización fraccionada; mientras que Sr, Cr y V, entran en el clinopiroxeno, por lo que son utilizados como indicadores de los procesos petrogenéticos. Los vidrios primitivos contienen >300 ppm de Ni y los basaltos evolucionados contienen 25 ppm y se correlaciona con el contenido de MgO. Los contenidos de Cr disminuyen desde 700 a 100 ppm con el aumento del fraccionamiento.

TIERRAS RARAS

Los MORB tipo-N típicos no muestran fraccionamiento de tierras raras pesadas y tienen una fuerte depresión en las tierras raras livianas. Los basaltos primitivos tienen concentraciones de tierras raras de hasta 10 veces el condrito, mientras que los basaltos muy diferenciados alcanzan >50 veces el condrito.

La cristalización fraccionada involucra, olivino, clinopiroxeno y espinela, incrementando el total de tierras raras de los MORB más evolucionados. En contraste los MORB-P muestran poca depresión de las tierras raras livianas y a veces enriquecimiento. Generalmente los MORB-N tienen la relación La/Sr<1; mientras que los MORB-E la relación (La/Sm) N > 1. Asimismo hay buena correlación entre (La/Sm)N con (Zr/Nb), para los MORB del Atlántico, Pacífico e Indico, sugiriendo mezclas binarias de componentes extremos (Fig. 12-4).

ISÓTOPOS RADIOGÉNICOS

Los MORB muestran un rango significativo de variaciones isotópicas de $^{87}Sr/^{86}Sr$, indicando derivación de fuentes mantélicas heterogéneas. La dispersión de la relación $^{87}Sr/^{86}Sr$ puede ser atribuido a alteración por el agua de mar.

En los MORB-N la relación $^{87}Sr/^{86}Sr = 0,7024 - 0,7030$

En los MORB-E la relación $^{87}Sr/^{86}Sr = 0,7030 - 0,7035$

En los basaltos de islas oceánicas la relación $^{87}Sr/^{86}Sr = 0,7030 - 0,7050$

Origen de los magmas MORB y su fuente mantélica

El MORB-N es usado como composición de referencia para diversos magmas máficos. La mayoría de los MORB no representarían un magma primario formado desde una fuente peridotítica, por dos razones: 1) el MORB tiene sólo el 5-10% peso de MgO y < 300 ppm de Ni y tienen Mg/(Mg+Fe) < 0,7 a 2, y los magmas MORB no muestran saturación en la proximidad de los líquidos con olivino + ortopiroxeno + clinopiroxeno a presiones del manto, como debería ocurrir si estuvieran en equilibrio con la fuente peridotítica. La variación de las composiciones de los vidrios corroboran el control del olivino. Los magmas primarios serían picritas ricas en olivino, que ascienden y descomprimen perdiendo olivino y reduciendo sus contenidos de MgO, Ni y Mg/(Mg + Fe) a los valores observados en los MORB. La fusión parcial ocurriría en el campo de estabilidad de las peridotitas con espinela,

	MORB-tipo normal		MORB-tipo pluma		MORB-tipo transicional	
	28-34°N	49-52°N	Azores	Islandia	34-38°N	61-63°N
SiO_2	48,77	50,55	49,72	47,74	50,30	49,29
Al_2O_3	15,90	16,38	15,81	15,12	15,31	14,69
Fe_2O_3	1,33	1,27	1,66	2,31	1,69	1,84
FeO	8,62	7,76	7,62	9,74	8,23	9,11
MgO	9,67	7,80	7,90	8,99	7,79	9,09
CaO	11,16	11,62	11,84	11,61	12,12	12,17
Na_2O	2,43	2,79	2,35	2,04	2,24	1,93
K_2O	0,08	0,09	0,50	0,19	0,20	0,09
TiO_2	1,15	1,31	1,46	1,59	1,21	1,08
P_2O_5	0,09	0,13	0,22	0,18	0,14	0,12
MnO	0,17	0,16	0,16	0,20	0,17	0,19
H_2O	0,30	0,29	0,42	0,42	0,26	0,31
M(valor)	66,5	64,1	64,9	62,2	62,8	63,9
La	2,10	2,73	13,39	6,55	5,37	2,91
Sm	2,74	3,23	3,93	3,56	3,02	2,36
Eu	1,06	1,12	1,30	1,29	1,07	0,92
Yb	3,20	3,01	2,37	2,31	2,91	2,33
Rb	0,56	0,96	9,57	2,35	3,50	1,02
Cs	0,007	0,012	0,123	0,025	0,042	0,013
Sr	88,7	106,4	243,6	152,5	95,9	86,0
Ba	4,2	10,7	149,6	36,0	39,8	14,3
Sc	40,02	36,47	36,15	39,49	42,59	41,04
V	262	257	250	320	281	309
Cr	528	278	318	330	383	374
Co	49,78	40,97	44,78	57,73	45,70	54,94
Ni	214	132	104	143	94	146
$(La/Sm)_N$	0,50	0,60	2,29	1,28	1,27	0,85
K/Rb	1547	869	475	498	465	560

Tabla 12-3. Elementos mayores y trazas, con promedio de M=60-70 correspondiente a MORB tipos: primitivo, normal, pluma y transicional, de la dorsal medio-Atlántica.

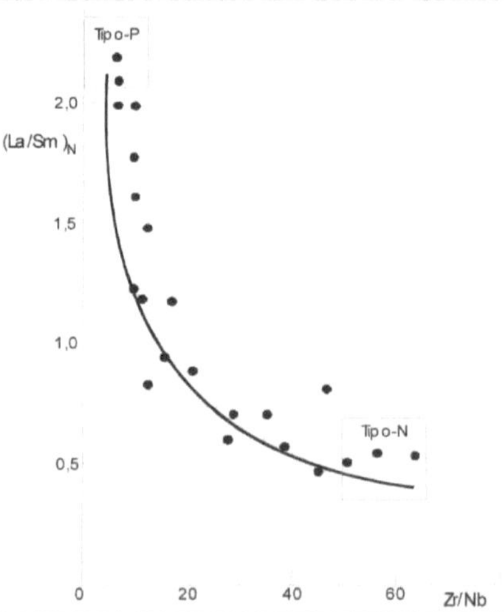

Fig. 12-4. Variación de la relación (La/Sm)N vs. Zr/Nb de los MORB de los océanos Atlántico, Pacífico e Indico, indicando procesos de mezcla binarios en su petrogénesis.

a profundidades de 30-75 km (P = 10-15 kbar), dado que el patrón de elementos trazas de los MORB, indican que ni plagioclasas, ni granate, fueron fases residuales en la fuente, lo que es apoyado por la ausencia de anomalía negativa de Eu y la baja relación Sm/Yb.

Las composiciones del MORB y del manto peridotítico (abisal), muestreadas en las dorsales oceánicas reflejan variados grados de fusión parcial, con extracción de fundidos. Después del fraccionamiento polibárico del olivino durante su ascenso, desde el manto, los magmas MORB se diferencian a baja presión en cámaras corticales por debajo del rift. Asimismo, los basaltos de fondo oceánico siguen una tendencia de fraccionamiento con enriquecimiento extremo de Fe y más limitado en sílice y álcalis.

Reservorios mantélicos

Las imágenes sísmicas de la convección somera del manto debajo de la elevación del Pacífico Oriental y de la pluma ascendente del manto profundo por debajo de Islandia, soportan la existencia de dos tipos distintos de reservorios mantélicos.

Estas regiones de manto son fuentes de fundidos parciales de basaltos que tienen distintos elementos trazas y signaturas isotópicas. Un reservorio que está deprimido en elementos incompatibles y no tiene isótopos radiogénicos de Sr y Nd, son la fuente de los MORB-N. Esta fuente corresponde al manto superior por debajo del sistema global de dorsales oceánicas. Los otros reservorios son más profundos y corresponden al manto relativamente enriquecido próximo a la composición del volumen silicático de la Tierra y constituye las plumas. Muchos basaltos de la dorsal medio-Atlántica al norte de los 30°N parecen ser derivados de una mezcla de dos reservorios magmáticos. Esta fuente mixta de basaltos, están enriquecidos en elementos trazas incompatibles con relación a los MORB-N y son llamados MORB-E. Están enriquecidos en elementos LIL y en tierras raras livianas, con relación a las tierras raras pesadas (p.ej. La/Yb) es mayor en los MORB-E que en los MORB-N.

Un rango amplio de variación ocurre en las relaciones $^{87}Sr/^{86}Sr$ y $^{143}Nd/^{144}Nd$, de los basaltos oceánicos que puede ser producido por mezcla de componentes desde los dos reservorios magmáticos descritos. Por ejemplo las rocas de algunas islas oceánicas como Kerguelen (Océano Índico), tienen relaciones isotópicas que implican derivación desde fuentes con altas relaciones Rb/Sr y más bajas de Sm/Nd.

Pequeña fusión parcial en el manto, genera fundidos con alta relación Rb/Sr y bajos en Sm/Nd, en relación de las diferentes compatibilidades entre estos pares de elementos. Donde los fundidos parciales migran y metasomatizan al manto, especialmente si es antiguo (digamos >1 Ga), $^{87}Sr/^{86}Sr$ es más alto que la composición global de la Tierra y $^{143}Nd/^{144}Nd$ es más bajo.

Modelos petrogenéticos

La generación de magma basáltico en los márgenes acrecionarios de placas debería representar el tipo de magma terrestre más simple. La aparente regularidad de la corteza oceánica sobre millones de kilómetros cuadrados, atestiguan la continuidad del proceso magmático en los últimos 100 Ma, pero en contraste los estudios geoquímicos detallados del MORB, revelan heterogeneidades y diversidad de procesos petrogenéticos (Fig. 12-5).

La composición química de los basaltos generados en las DMO, dependen de una variedad de factores que incluyen:

a. Composición y mineralogía de la fuente mantélica.

b. Grado de fusión parcial de la fuente y mecanismos que actúan.

c. Profundidad de la segregación magmática.

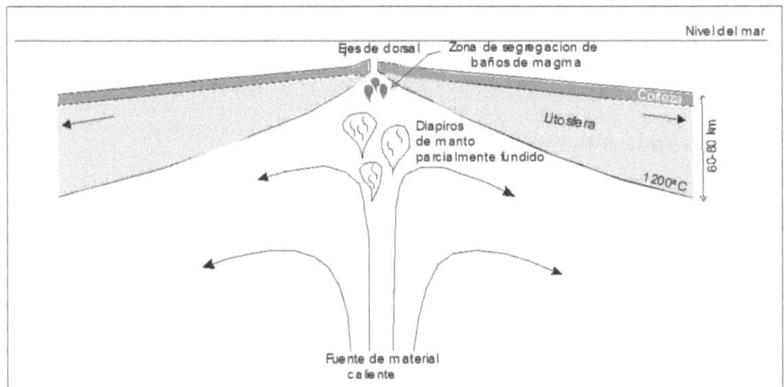

Fig. 12-5. Sección esquemática de la dorsal Medio-Oceánica, con la zona de generación de basaltos.

d. Extensa cristalización fraccionada y procesos de mezcla de magmas durante su permanencia en cámaras magmáticas ubicadas en altos niveles en la zona axial de la dorsal

En un principio se consideró que la composición de los MORB correspondería a un magma primario no-modificado por procesos próximos a la superficie, pero O´Hara (1968) demostró que la mayoría de los MORB, están altamente fraccionados.

En los MORB si se consideran sólo los elementos mayores, representan un magma notablemente uniforme, cuyo origen puede ser modelado mediante procesos simples.

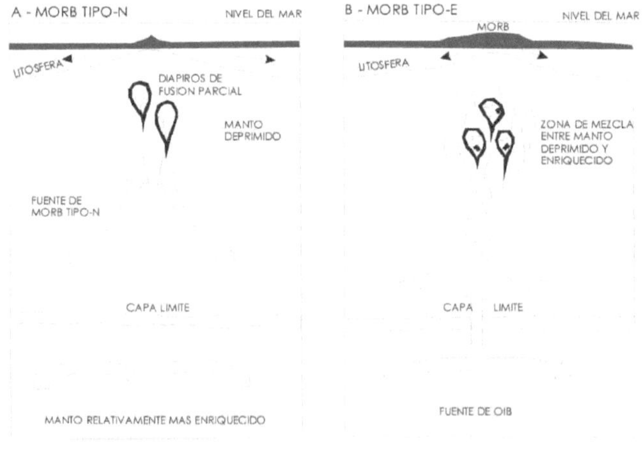

Fig. 12-6. Modelos genéticos. A: MORB-N y B: MORB-E (o de pluma).

Pero los elementos trazas e isótopos de Sr, Nd y Pb, revelan la necesidad de modelos más complejos.

Los MORB más primitivos tienen 10% de MgO (M = 70); Ni = 380 ppm y fenocristales de olivino magnesiano. Estos magmas tienen caracteres químicos primarios de fusión parcial del manto y se formarían por fraccionamiento del olivino en camino hacia la superficie, no siendo necesario magmas primarios picríticos. Los MORB evolucionados atestiguan la importancia del fraccionamiento de "ol + plg + clpx". Además es importante la mezcla de magmas y la cristalización fraccionada, que dan lugar a magmas derivados con diferentes composiciones.

Dos tipos extremos de basaltos son erupcionados en la DMO:

1) Normal Tipo-N: que son deprimidos en tierras raras livianas y en elementos incompatibles. Con alta relación K/Ba y Zr/Nb y son bajos en $^{87}Sr/^{86}Sr$.

2) Pluma Tipo-E: son menos deprimidos que el Tipo-N, en tierras raras livianas y en elementos incompatibles y muestran altas relaciones $^{87}Sr/^{86}Sr$. Asimismo son más bajos en las relaciones K/Ba, K/Rb, La/Ce y Zr/Nb, que los Tipo-N y son comparables con las toleítas de las islas oceánicas.

Un espectro continuado de composiciones, existen entre los dos miembros extremos. Los MORB-N parecen derivados de una fuente astenosférica (manto superior deprimido); mientras que los MORB-E serían derivados desde una pluma más enriquecida o punto caliente.

Los MORB ricos en Mg están saturados con "ol + clpx + orpx". Con P> 8 – 10 kb, que corresponden a profundidades mínimas de 25 – 30 km. De modo que el magma madre de los MORB debería haberse equilibrado en el campo de lherzolita - espinela. Los magmas primarios evolucionan por procesos de fusión parcial polibárica, que comenzaría a más de 60 km.

Los estudios isotópicos de Sr, Nd y Pb, revelan importantes heterogeneidades en la fuente de los MORB, que pueden explicarse mediante procesos de mezcla, por debajo de las dorsales oceánicas, entre material de manto deprimido de astenosfera y material de la pluma que viene de la profundidad. Tales mezclas pueden ser evidenciadas por la correlación negativa entre las relaciones isotópicas de Sr y Pb en los MORB del Atlántico (Figs. 12-5, 12-6).

Ofiolitas

Introducción

Las ofiolitas son definidas como grandes masas máficas a ultramáficas tabulares, que se presume se han formado a partir de antigua corteza oceánica o del manto superior, que han sido falladas y transportadas como lentes en los continentes e incorporadas en los cinturones montañosos. Los pequeños lentes de ofiolitas ultramáficas, ahora desmembradas e incorporadas en los cinturones deformados de montañas, se denominan Peridotitas Alpinas.

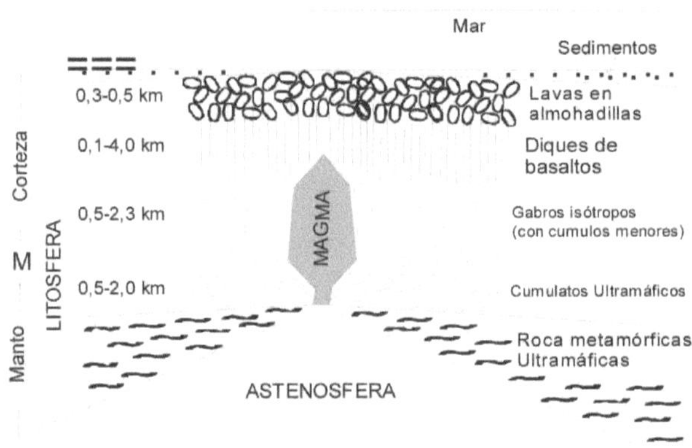

Fig. 12-7. Litósfera oceánica formada por la corteza y manto subyacente.

Los terrenos acrecionados de rocas oceánicas emplazadas a lo largo de los márgenes de los continentes y las placas oceánicas que se obductan, incluyen una secuencia distintiva de rocas llamadas ofiolitas. La mayoría de los centenares de secuencias ofiolíticas reconocidas en el mundo están desmembradas y solo en partes están expuestas. Las secuencias ofiolíticas conocidas más completas se encuentran al norte de la península Arábiga en Omán (Searle y Cox 1999) y en el Complejo de Troodos en la isla de Chipre en el Mediterráneo (Moores 1982).

El metamorfismo térmico sobre la roca de caja es limitado o ausente y generalmente presentan brechas de contacto indicando que el emplazamiento ha sido en estado subsolidus y comúnmente a lo largo de zonas de falla.

Características distintivas

Las ofiolitas constituyen una secuencia distintiva de rocas magmáticas, sedimentarias y metamórficas, formadas en ambiente oceánico y constituida por rocas de corteza oceánica y de la parte superior del manto (Fig. 12-7).

Siempre están variablemente deformadas, recristalizadas e hidratadas y la secuencia completa desde el tope a la base es la siguiente:

1. Rocas sedimentarias marinas: muestran bandeado fino (centímetros), chert rico en

Mn-Fe y lutitas negras son comunes, pero en el océano profundo (pelágico) calizas rojas se suelen encontrar. En muchas ofiolitas, depósitos volcaniclásticos están intercalados en las secuencias turbidíticas , indicando la presencia de volcanismo explosivo y el desarrollo de profundos cañones submarinos contemporáneos con las rocas magmáticas. Tales depósitos son típicos de arcos de islas mas que de la apertura oceánica. Moores (1982) dice que la no convencional inclusión de los componentes sedimentarios en la definición de las ofiolitas provee un criterio geológico para decidir el ambiente oceánico en el cual han sido formadas.

2. Rocas magmáticas extrusivas: son principalmente basaltos, predominando las lavas pillow, pero diques, coladas y brechas son comunes. Los filones capa son comunes así como los diques, que se incrementan con la profundidad.

3. Complejos de diques: son mayormente de basaltos y diabasas de grano ligeramente mayor, que generalmente tienen de 1 a 3 m de espesor. En la ofiolitas de Oman los diques tienen rumbo uniforme y están expuestos en distancias de hasta 400 km. La intrusión de diques dentro de otros, sin otra roca de caja, son prueba concluyente de su formación en un ambiente de corteza distensiva.

4. Gabros masivos (isótropos): por debajo de la profundidad de penetración advectiva del agua, las intrusiones de magma se enfrían más lentamente por conducción y convección, solidificando sobre las paredes y haciendo crecer la corteza oceánica. Rocas anfibolíticas y dioríticas testifican la alta concentración de agua en el tope de la cámara magmática cortical. Diferenciados más félsicos, ocurren como masas irregulares en dioritas y gabros y los diques delgados intruyen como basaltos, constituyendo del 5 al 10% de la parte plutónica de la ofiolita. Los plagiogranitos (granitos de albita, trondhjemitas o granófiros) son diferenciados de agregados granofíricos de cuarzo y oligoclasa-andesina fuertemente zonada, mientras que el feldespato potásico está ausente y los minerales máficos primarios están alterados a clorita y actinolita.

5. Cumulatos bandeados ultramáticos-máficos: estas son acumulaciones de cristales fraccionados sobre el piso de la cámara de magma gábrico. Los cumulatos de olivino y piroxeno (dunitas y peridotitas) se dan hacia la base y son seguidas por cumulatos de : Ol + Cpx + Pl (gabros). Ciclos repetidos de minerales y fases bandeadas son comunes. Hay una falta general de contactos intrusivos dentro de los cumulatos gábricos y ultramáficos y las ofiolitas pueden haber sido creadas por la recarga intermitente de magma, dentro del magma que cristaliza, antes que la completa solidificación ocurra en una corteza oceánica que activamente se está expandiendo.

6. Peridotitas deformadas (tectonizadas): esta roca de manto metamórficamente deformada por debajo de los cumulatos magmáticos, localmente muestra contactos netos con ellos y están variablemente deprimidas en los componentes basálticos. Las peridotitas deformadas varían desde lherzolitas a harzburgitas y dunitas. Este componente de las ofiolitas es el más prominente y en algunas localidades aflora por miles de kilómetros cuadrados. La razón de su ocurrencia en los cinturones orogénicos, tales como los Alpes, ha hecho que se refiera a ellos como peridotitas alpinas. Ellas están variablemente hidratadas o serpentinizadas y están afectadas fuertemente deformadas.

Origen y emplazamiento

La formación inicial de una ofiolita en un ambiente oceánico extensional es incuestionable. Pero en que clase: ¿dorsal oceánica; cuenca distensiva de retro-arco; o un posible episodio extensional temprano en la evolución de un arco de islas? La gran extensión de las dorsales oceánicas en todo el mundo, genera la opinión que este sería el ambiente desde el cual las ofiolitas se han formado. Pero Miyashiro (1975) notó que algunas de las clásicas ofiolitas de Troodos tienen afinidades de arco más que un MORB normal. Las críticas estuvieron dirigidas al intenso metamorfismo sufrido por estas rocas que habría cambiado su composición química y por lo tanto invalidaría algunas conclusiones. Pero vidrios volcánicos frescos encontrados posteriormente en Troodos siguen teniendo atributos de arco, que se repiten en otras ofiolitas con signaturas en los elementos relativamente inmóviles como Th, Nb, Ta y tierras raras. Una proporción menor de las ofiolitas parece tener origen en las dorsales oceánicas. Esto tiene implicancias significativas en la reconstrucción de la evolución de la corteza continental por la acreción de terrenos oceánicos.

La segunda cuestión básica de las ofiolitas está referida al desmembramiento variable en fragmentos de litósfera oceánica densa acrecionada (tectónicamente emplazada) sobre los márgenes de los continentes menos densos y sobre los arcos de islas en zonas de subducción, en lugar de ser subductados. Un posible modelo sería, el manto oceánico litosférico se levanta sobre la loza que se subducta por ser más boyante por la amplia serpentinización producida por el agua que se libera, en comparación con la dorsal de manto oceánico seco (la densidad del olivino es 3,3 g/cm3, y la serpentina es 2,6 g/cm3). Como testigos de la flotabilidad de las rocas ultramáficas hidratadas, se tiene a los diapiros serpentinizados, que han perforado el fondo oceánico, como los montes marinos del ante-arco de las Marianas (O´Hanley 1996). La litósfera puede tener flotabilidad por la juventud de la serpentinización que se produce en los márgenes continentales convergentes, de densidad aproximadamente similar o ligeramente mayor (aprox. 2,7 g/cm3) que la zona de subducción. La litósfera oceánica fría y no hidratada muy localmente puede ser expulsada al exterior (Fig. 12-10).

Los cuerpos ultramáficos Alpinos, comprenden según su composición dos subtipos que gradan uno al otro.

Subtipo Harzburgitico

Principalmente harzburgitas y dunitas con diques menores, de piroxenita, gabro, trondhjemitas y granitos sódicos (aplogranitos). Las harzburgitas tienen indice de color M $\geq$ 90, y la relación cpx/(ol + opx + cpx) < 5. Están compuestas esencialmente de olivino y ortopiroxeno. Se derivan de las lherzolitas por fusión y extracción de los componentes basálticos de menor punto de fusión, que consume a los clinopiroxenos y la composición migra hacia la composición de una dunita.

Subtipo Lherzolítico

Constituido por lherzolitas con cantidades menores de piroxenitas, ambos con clinopiroxenos prominentes; la principal fase aluminosa puede ser tanto granate, espinela o plagioclasa. Estas rocas tienen la capacidad de emisión de líquidos basálticos, propiedad no poseída por el subtipo harzburgítico. Las lherzolitas tienen indice de color M $\geq$ 90 y las relaciones opx/(ol + cpx + opx), y cpx/(ol + cpx + opx) $\geq$ 5. Están compuestas dominantemente de olivino, ortopiroxeno y clinopiroxeno.

Con el aumento de presión (Fig. 12-9), las asociaciones minerales de las lherzolitas son:
-Baja presión: olivino + ortopiroxeno + clinopiroxeno + **plagioclasa**
-Mediana presión: olivino + ortopiroxeno + clinopiroxeno + **espinela**
-Alta presión: olivino + ortopiroxeno + clinopiroxeno + **granate**

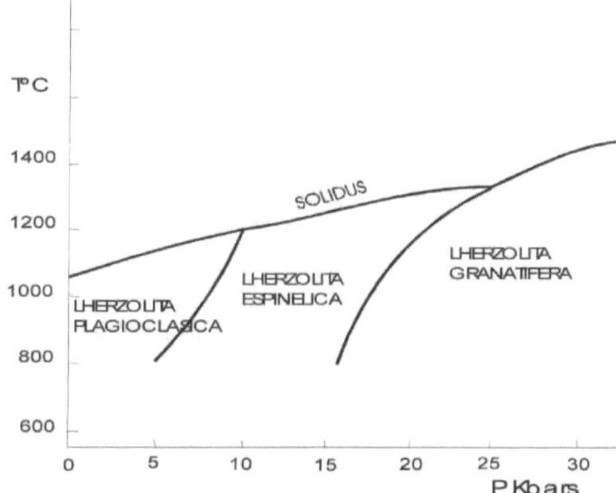

Fig. 12-9. Asociaciones minerales con el incremento de la presión.

La fábrica de las rocas ultramáficas alpinas, es metamórfica y anisotrópica, como resultado de deformación en estado sólido; capas esquistosas y gneisicas, están localmente plegadas. Las fábricas cumulus están borradas por efectos metamórficos.

Una categoría de las Peridotitas Alpinas se las denomina "Diapiros peridotíticos de alta temperatura", que han intruído verticalmente como cuerpos diapíricos y la alta temperatura de la intrusión puede ser reconocida por las aureolas de metamorfismo de contacto. Como ejemplos se citan: la peridotita Lizard de Inglaterra (Green 1964); las peridotitas Ronda (España) y Mt. Albert, Canadá. En estas intrusiones las evidencias petrográficas y de geobarometría de piroxenos, indican que la asociación mineral original de la peridotita estuvo en equilibrio a muy alta temperatura y presión y ha recristalizado como asociaciones de baja presión y temperatura durante el ascenso y emplazamiento final. Con respecto a este mecanismo se han producido cuestionamientos, que expresan que un diapiro de peridotita, no puede intruir la roca de campo que es más liviana, aunque ella esté parcialmente fundida y serpentinizada. Las observaciones se basan en la falta de evidencias de fusión parcial a gran escala, o la falta de serpentinización, o si la serpentinización es de post-emplazamiento.

Donde no habría dudas respecto a una intrusión magmática peridotítica es en Etang de Lherz (Lherz – lherzolita), en los Pirineos, que es un cuerpo de aprox. 1 km2 que intruye en un mármol Cretácico. La roca predominante es una lherzolita con piroxenitas espinélicas y con diques de piroxenita granatífera que cortan al conjunto y con la intrusión final de diques de hornblendita. Este cuerpo no muestra evidencias de emplazamiento tectónico y presenta safirina y cornerupina en la aureola de contacto de alta temperatura en las calizas.

Los estudios estructurales de las peridotitas de tipo Alpino, indican que estas rocas fueron transportadas tectónicamente ha su lugar actual y no han llegado como intrusivos ígneos. Donde la roca de campo muestra metamorfismo de contacto, éste generalmente indica que la peridotita ha intruido como un cuerpo caliente, aunque sólido. Estas conclusiones llevan a dos posibles interpretaciones: a) que la peridotita se ha originado a mucha mayor profundidad que la roca de campo, y b) que los eventos magmáticos principales de cristalización de la peridotita no son demasiado anteriores a su emplazamiento.

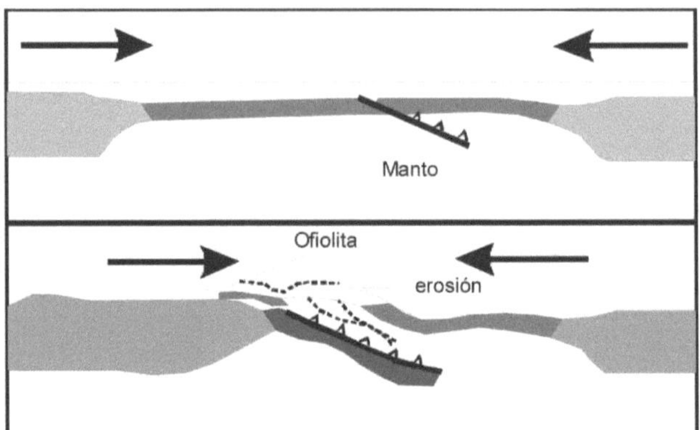

Fig. 12-10. Esquema de obducción de ofiolitas.

Serpentinización

La mayoría de las peridotitas han sufrido intensa serpentinización. La serpentinización es la conversión de los olivinos y piroxenos originales en minerales del grupo de la serpentina. A veces los minerales originales suelen estar pseumorfizados y la textura original pueden ser reconocidos, pero en general está completamente reemplazada. Una textura común en las serpentinitas es que serpentina masiva es cortada por una red de venillas fibrosas.

Hay tres minerales principales de serpentina – crisotilo, lizardita y antigorita, que tienen aproximadamente la misma composición $(Mg_6Si_4O_{10}(OH)_8)$. La serpentinización es un proceso de baja temperatura. A presión >1 Kb, el olivino reacciona con agua para formar serpentina a temperatura <500°C.

Se considera que la antigorita se ha formado como mineral metamórfico en condiciones de facies de esquistos verdes; mientras que la lizardita y crisotilo se producen por actividad hidrotermal a baja temperatura. Las serpentinitas oceánicas tienen más alto δD y $\delta O18$ mas bajo, que las serpentinitas continentales. Estas relaciones sugieren que agua de mar caliente está involucrada en la serpentinización submarina, mientras que la lizardita y el crisotilo de las serpentinitas continentales, serían formadas por agua subterránea calentada.

Lecturas Seleccionadas

Best, M.G., y Christiansen, E.H. 2001. Igneous Petrology. Blackwell Science, 458 pp.

Green, D.H. 1964. The petrogénesis of the high-temperature peridotite inclusions in the Lizard area, Cornwall. J. Petrol. 5: 134-188.

Hughes, C.J. 1982. Igneous Petrology. Elsevier. New York.

Miyashiro, A. 1975. Classification, characteristics, and origin of ophiolites. Journal of Geology, 83: 249-281.

McBirney, A.R. 1993. Igneous Petrology. Jones & Bartlett. Boston.

Moores, E.M. 1982. Origin and emplacement of ophiolites. Rev. Geophys. Space Phys., 20: 735-760.

O´Hanley, D.S. 1996. Serpentinites. New York – Oxford.

O´Hara, M.J. 1968. Are ocean floor basalts primary magmas? Nature 200: 683-686.

Searle, M., y Cox, J. 1999. Tectonic setting, origin, and obduction of the Oman ophilite. Geol. Soc. Am. Bull. 111: 104-122.

Wilson, M. 1991. Igneous Petrogenesis. Harper Collins Academic, 466 pp.

Miscelanea 18: 245-256
Tucumán, 2010 -ISSN 1514 - 4836 - ISSN on-line ISSN 1668 - 3242

Capitulo 13
Magmatismo de intraplaca

Introducción

Este tipo de volcanismo se produce dentro de las placas tectónicas, tanto continentales como oceánicas, lo que hace difícil su relación con la tectónica de placas (Fig. 13-1).

Las islas Hawai proporcionan un ejemplo espectacular de la actividad magmática de intraplaca, que muestra desde islas con volcanes activos, hasta el otro extremo de la cadena con islas volcánicas de actividad ya extinguida y montes volcánicos submarinos en crecimiento, que pueden ser explicados en términos del movimiento de la placa Pacífica que se desplaza sobre un punto caliente estacionario, situado por debajo de la placa.

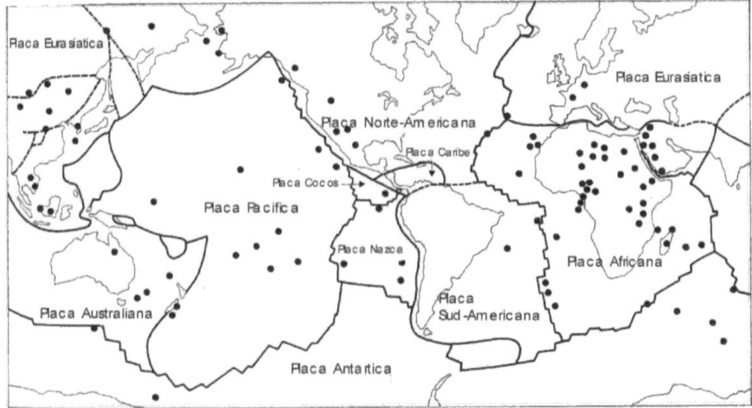

Fig. 13-1. Distribución de puntos calientes en placas oceánicas y continentales. (modificado Wilson 1991).

La fusión parcial de esa pluma de manto ascendente, que se produce por descompresión adiabática, genera magmas que varían desde basaltos toleíticos a alcalinos y nefelinitas, dependiendo de la profundidad de generación y el grado de fusión parcial, así como de la composición y mineralogía de la fuente mantélica.

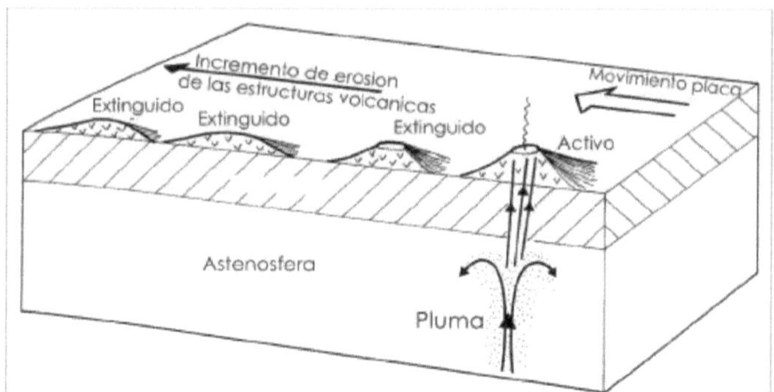

Fig. 13-2. Modelo de punto caliente en la generación en cadenas de islas volcánicas lineales. (modificado Wilson 1963).

Se ha sugerido que los períodos de mayor actividad magmática de las kimberlitas, podría estar asociado con puntos calientes en las placas continentales. La distribución global de puntos calientes en el manto, se interpreta como otro modo de convección mantélica, que no es uniforme y que muestra particular concentración en la placa Africana.

Islas Oceánicas

Dentro de las cuencas oceánicas se encuentran numerosos montes submarinos e islas volcánicas que ocurren lejos de los bordes de placas y que se denominan de intraplaca.

Los montes submarinos (seamounts) son estructuras volcánicas submarinas, morfológicamente similares a los volcanes de escudo sub-aéreos, los cuales, o bien nunca alcanzaron el nivel del mar o bien han sido erosionados, o se han hundido. Aquellos que emergen o están próximos al nivel del mar, generalmente desarrollan arrecifes de coral si están en áreas tropicales, los cuales cuando se hunden reciben el nombre de guyots.

Batiza (1982) sugiere que estas estructuras volcánicas se localizan preferentemente a lo largo de zonas de fracturas, las cuales proveerían los conductos que permitirían el pasaje del magma hacia la superficie. En el Atlántico las islas volcánicas ocurren como estructuras simples o pequeños grupos, asociados a dorsales submarinas no-sísmicas; mientras que en la cuenca oceánica Pacífica, que es de rápida distensión, ellos se presentan en cadenas lineales, como las islas Hawai. El modelo involucra una fuente de magma fijo en el manto, punto caliente o pluma de manto, sobre el que la placa oceánica se desplaza (Fig. 13-2).

Mientras que los puntos calientes como modelo de volcanismo de intraplaca es el modelo más atractivo, otros autores proponen otras explicaciones. Turcotte y Oxburgh (1978), relacionan el origen de las cadenas lineales de cadenas de islas, al desarrollo y propagación de fracturas causadas por tensiones de intraplaca y al movimiento de las placas litosfericas.

Aquí se adopta el modelo de punto caliente de Wilson, para explicar el volcanismo global oceánico de intraplaca, para lo que se debe suponer el ascenso de material de manto caliente, con dimensiones, temperaturas, velocidades de ascenso y caracteres químicos que no son posibles de deducir por observaciones geológicas o geofísicas directas. Estos puntos calientes representan un modo de convección del manto que aún es materia de especulación.

Procesos de fusión parcial

La fusión parcial en el manto, por debajo de las islas oceánicas, se da en respuesta a la descompresión adiabática de la pluma y componentes astenosféricos durante su ascenso. Tales procesos de fusión involucran:

a. La composición química(elementos mayores y trazas e isótopos de Sr, Nd, Pb) de los basaltos primarios de las islas oceánicas, tanto toleíticos como alcalinos.

b. La mineralogía y composición química de la fuente mantélica.

c. El grado de fusión parcial.

d. El mecanismo de fusión parcial.

e. La profundidad del comienzo de la fusión y de segregación de los magmas.

f. La importancia de las diferentes fuentes de manto, ya sea de una pluma, astenósfera deprimida o litosfera oceánica.

La distancia que separa a las islas oceánicas de las placas continentales, junto al espesor de la corteza oceánica, hacen improbable la contaminación cortical de los magmas. Así la composición geoquímica de los basaltos primitivos reflejarían la mineralogía y química de la fuente, así como la temperatura, presión y fugacidad de oxígeno durante la fusión parcial (volumen de fusión parcial y posterior cristalización fraccionada) en el camino a los reservorios someros. Los magmas con caracteres casi primarios, tienen alto MgO, Ni y Cr, y son erupcionados con frecuencia en las islas oceánicas, indicando que dichas composiciones son poco modificadas por procesos de cristalización fraccionada a baja presión.

El estudio de este volcanismo, muestra que las erupciones son tanto de basaltos toleíticos como alcalinos. Los dos tipos corresponden a magmas primarios derivados por diferente fusión parcial, desde una fuente mantélica homogénea, o bien corresponden a fuentes diferentes. Algo similar ocurre con las relaciones de elementos incompatibles (K/Ba, K/Rb, Zr/Nb) y con las relaciones isotópicas de Sr, Nd y Pb, que indicarían derivación desde una fuente relativamente homogénea.

Los estudios experimentales indicarían condiciones de fusión parcial de lherzolitas con espinela. Para los basaltos de Hawai, los fundidos parciales por debajo de 15 kbar son toleíticos, volviéndose picríticos con mayor volumen de fusión. A presiones entre 15 y 25 kbar ellos son basaltos olivínico alcalinos y se vuelven toleíticos con el incremento de la fusión parcial y a presiones >25 kbar, se forman picritas alcalinas, que cambian a picritas toleíticas con el aumento de la fusión. Esto indicaría que los magmas primarios alcalinos y toleíticos se generarían desde la misma fuente, por variación del volumen de fusión y de la profundidad.

Basaltos toleíticos	**Basaltos alcalinos**
(a) Fenocristales	
Grandes fenocristales de olivino son raros, comúnmente no-zoneados y con anillos de reacción de ortopiroxeno.	Fenocristales de olivino son comunes, a menudo fuertemente zoneados con anillos más ricos en hierro.
Puede haber fenocristales de ortopiroxeno	Ortopiroxeno ausente
Fenocristales de plagioclasa aparecen tempranos en la secuencia de cristalización.	Fenocristales de plagioclasa poco comunes y son tardíos en la secuencia de cristalización.
Olivino < plagioclasa < augita	Olivino < augita < plagioclasa
Fenocristales de augita, marrón pálido	Fenocristales de augita titanífera, con fuerte zoneado en anillos marrón oscuro.
(b) Matriz	
De grano relativamente fino, con textura intergranular.	De grano relativamente grueso, con texturas de intergranular a ofítica.
Olivino ausente.	Olivino presente
Cantidad variable de piroxeno de augita sub-cálcica o augita+/-pigeonita.	Sólo una especie de clinopiroxeno rico en Ca (titansalita).
No hay feldespato alcalino o analcima	Feldespato alcalino intersticial y analcima
Vidrio intersticial relativamente común.	Vidrio intersticial raro o ausente.
(c) Rocas asociadas	
Xenolitos ultramáficos muy raros	Xenolitos ultramáficos bastante comunes, predominan dunitas y wherlitas
Asociadas con picritas (oceanitas) ricas en fenocristales de olivino.	Asociadas con ankaramitas, ricas en olivino y con fenocristales de augita.

Tabla 13-1. Diferencias petrográficas entre los basaltos toleíticos y alcalinos.

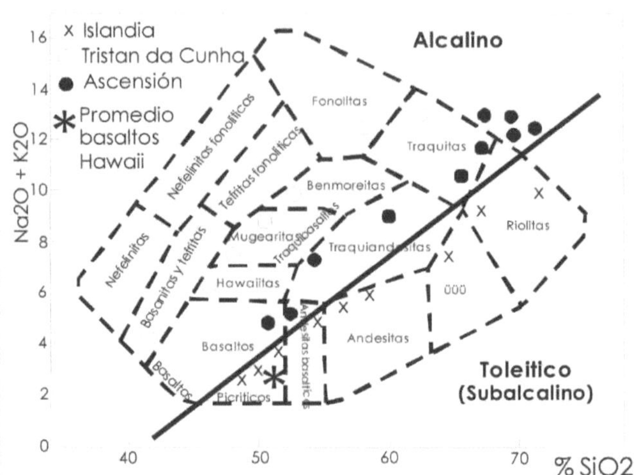

Fig. 13-3. Diagrama álcalis vs. sílice, mostrando las diferencias entre series toleíticas y las alcalinas.

Cámaras de magma en altos niveles

Los reservorios ubicados por debajo de los volcanes de islas oceánicas activas consisten esencialmente en complejos interconectados de diques, filones capa y cámaras magmáticas, situadas a menos de 7 km. En estos reservorios los basaltos toleíticos y alcalinos sufren cristalización fraccionada, contaminación cortical y mezcla de magmas. Evidencias directas de la importancia de la evolución geoquímica que sufren los magmas es la buena correlación linear de los elementos mayores y trazas en los diagramas de variación. Además, los basaltos alcalinos arrastran a la superficie una variedad de xenolitos correspondientes a rocas plutónicas, que corresponden a gabros, dunitas, piroxenitas y wherlitas, como así también pero en menor grado sienitas y granitos. En Hawai los basaltos alcalinos arrastran xenolitos ultramáficos que incluyen lherzolitas espinélicas y raramente con granate, que indican profundidades de 60-80 km, que corresponde a la zona de segregación magmática.

Los sistemas de cámaras magmáticas de alto nivel en los volcanes de islas oceánicas, se sitúan dentro de secuencias de rocas volcánicas previamente erupcionadas, con las cuales se contaminan, hacen crecer el edificio volcánico. Las fases submarinas tempranas se alteran por el agua de mar, la que produce cambios en las relaciones de isótopos $^{87}Sr/^{86}Sr$ y $18O/16°$, y por ende variaciones isotópicas en los OIB y sufren contaminación con los sedimentos oceánicos.

Asimismo en estos sistemas magmáticos, dos o más magmas pueden mezclarse para formar un fundido híbrido. Tales procesos son importantes en la petrogénesis de los volcanes de islas oceánicas y pueden ocurrir en los reservorios someros de magma.

Petrografía de las rocas volcánicas de islas oceánicas

Las islas oceánicas están esencialmente formadas por basaltos toleíticos y alcalinos.

La espinela es común en ambos tipos, pero su composición es muy variable. La plagioclasa es en general más común como fenocristales en los toleíticos, que en los alcalinos y estos últimos son más ricos en K_2O. Las fases hidratadas (anfíbol y biotita) están ausentes en las toleitas, indicando baja concentración de volátiles en los magmas, pero en contraste el anfíbol kaersutita es común en los basaltos alcalinos. Es interesante resaltar que los xenolitos de baja presión dentro de los basaltos suelen contener abundante anfíbol, esta aparente discrepancia de la inestabilidad del anfíbol a profundidades someras (<1 – 2 km), se debe a que en las cámaras sub-volcánicas (10 – 20 km) el anfíbol es estable y cristaliza como fenocristales tempranos en los magmas ricos en agua, cuando el magma asciende el anfíbol queda fuera de su campo de estabilidad y se resorbe dentro del magma.

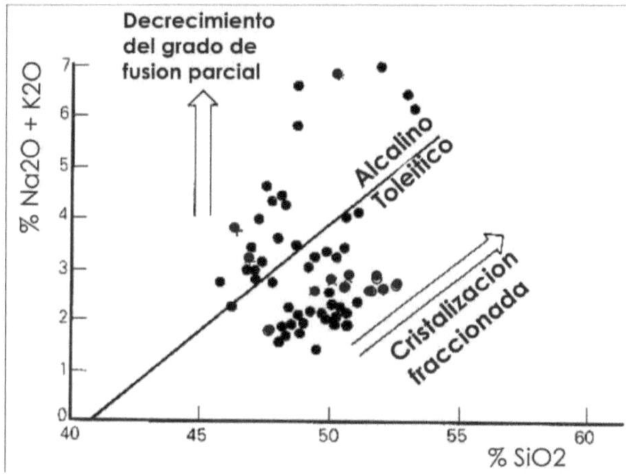

Fig. 13-4. Basaltos alcalinos y toleíticos de las islas Hawai. La línea separa los campos alcalino y toleítico.

Composición química

Los OIB, difieren de los MORB en sus elementos trazas e isótopos, por lo que deben derivar claramente de diferentes fuentes de manto, aunque probablemente con volúmenes similares de fusión parcial, ya que tienen similares valores en los elementos mayores. Los basaltos alcalinos dominan sobre los flancos y crestas de la mayoría de las islas oceánicas y seamounts, aunque gran parte del edificio volcánico puede ser toleítico.

Dentro de los OIB pertenecientes a las series de magmas alcalinos dos tendencias de diferenciación son reconocidas:

A – Sub-saturados: cuyos productos finales de diferenciación son fonolitas con nefelina.

B – Sobre-saturados: cuyos diferenciados finales son riolitas alcalinas (comenditas o pantelleritas).

Dentro de la tendencia evolutiva sub-saturada, que es la más común, se observan las siguientes suites:

Océano Atlántico: Tristan da Cunha, Gough, Islas Canarias, St. Helena, Trinidade, Fernando de Noroña

OcéanoPacífico: Tahití.

Océano Índico: Kerguelen.

La Fig. 13-3 separa las series de magmas alcalinos, de los toleíticos, mediante la línea gruesa, siguiendo a Macdonald y Katsura (1964). Pueden verse tres series de OIB: a) Toleitas de Islandia; b) medianamente alcalino – sobresaturado de Ascensión, y c) fuertemente alcalino potásico – subsaturado de Tristan da Cunha.

Elementos mayores

Los elementos mayores y trazas están representados en la Tabla 13-2, para un amplio espectro composicional de rocas volcánicas y se las compara con los MORB. Los OIB son dominantemente alcalinos y la evolución del K_2O parece incompatible con las tendencias que produciría la cristalización fraccionada a baja presión, por lo que esta característica derivaría de la fuente. Estas suites volcánicas tienen rangos limitados de variación para el Sr y Nd.

La Fig. 13-4 muestra la variación continua de los basaltos de las islas Hawai, Kohala, Hualalai, Mauna Kea, Mauna Loa y Kilauea, que van desde los basaltos toleiticos de Kohala cambiando en forma continua, a los tipos alcalinos en la secuencia estratigráfica. Esto podría reflejar el grado decreciente de fusión parcial desde una fuente relativamente homogénea, que se reflejaría en la constancia de las composiciones isotópicas de Sr, Nd y Pb.

La importancia de la cristalización fraccionada a baja presión se refleja en las tendencias lineales de K_2O – SiO_2 (Figs. 13-4, 13-5 y 13-6) de los diagramas de Harker como en los basaltos de Ascensión (sobresaturados) y Gough (subsaturados). La correlación lineal segmentada indica la cristalización de diferentes minerales, en la evolución magmática de cada suite, con puntos de quiebre que indican la aparición de nuevos minerales.

	Toleita Kilauea	Basalto Alcalino Hualalai	Basalto Tristan da Cunha	Traquita Tristan da Cunha	Comendita Ascensión	Traqui-andesita Ascensión	MORB
SiO_2	50,51	46,37	42,43	58,00	74,05	59,42	48,77
TiO_2	2,63	2,40	4,11	1,20	0,13	1,34	1,15
Al_2O_3	13,45	14,18	14,15	19,50	12,44	17,04	15,90
Fe_2O_3	1,78	4,09	5,84	1,70			1,33
FeO	9,59	8,91	8,48	2,20	2,53	6,79	8,62
MnO	0,17	0,19	0,17	0,10	0,06	0,27	0,17
MgO	7,41	9,47	6,71	1,00	0,04	2,22	9,67
CaO	11,18	10,33	11,91	3,30	0,22	4,38	11,16
Na_2O	2,28	2,85	2,77	6,50	5,53	5,38	2,43
K_2O	0,49	0,93	2,04	5,30	4,60	2,45	0,08
P_2O_5	0,28	0,28	0,58		0,02	0,66	0,3
-ppm							
La	13,4	18,8					2,1
Ce	35,5	43					
Sm	6,14	5,35					2,74
Eu	1,88	1,76					1,06
Yb	1,98	1,88					3,2
Rb	9,2	22	110	350	147	54	0,56
Sr	371	500	700	650	1,34	413	88,7
Ba	150	300	700	1000			4,2
Zr	115	166	200	350	871	488	
Nb	17	16	35	130	205	95	
Y	25	21	15	35	113	55	

Tabla 13-2. Análisis representativos de OIB y MORB.

Elementos trazas y tierras raras

Los cationes grandes de valencia baja: Cs, Rb, K, Ba, Pb y Sr, en general se muestran enriquecidos en los OIB con relación a los MORB, siendo los basaltos alcalinos los que muestran mas altos niveles de enriquecimiento (Tabla 13-3). Sólo el Sr y Ba están incorporados preferentemente dentro de los minerales de cristalización temprana como las plagioclasas cálcicas. La Fig. 13-7 muestra variación en las concentraciones del Ba y Sr (en ppm) con respecto a la SiO_2. Ambos elementos se comportan como incompatibles hasta que comienza a cristalizar plagioclasa, con aproximadamente 54% de SiO_2, que es cuando se produce al abrupto decrecimiento de dichos elementos. Las concentraciones de Ba y Sr en las toleitas de islas oceánicas, es comparable con las plumas tipo MORB.

Los cationes grandes de valencia alta: Th, U, Ce, Zr, Hf, Nb, Ta y Ti, incompatibles, se concentran preferentemente en los OIB con relación a los MORB. Las relaciones Zr/Nb son bajas en los OIB (<10) en comparación con los MORB tipo-N (>>30) y pueden ser usadas para demostrar mezcla en la fuente mantélica.

El Ni es un indicador del fraccionamiento del olivino en los magmas basálticos porque tiene alto coeficiente de partición fundido-mineral. Los OIB muestran buenas correlaciones entre Ni y MgO, indicando la importancia del fraccionamiento-acumulación del olivino. El Cr también se correlaciona con el MgO, debido a la cristalización concurrente de olivino y espinela rica en Cr. En general los OIB alcalinos están deprimidos en Ni y Cr, en relación a los OIB toleíticos y MORB, lo que indicaría cristalización fraccionada a alta presión en el camino hacia la superficie.

Los elementos de tierras raras muestran patrones característicos en los OIB, y enriquecimiento de tierras raras livianas en relación a las pesadas (Fig. 13-8), variando según se trate de basaltos toleíticos o alcalinos, normalizados a condrito. Tal comportamiento de las tierras raras, es a consecuencia de su derivación desde una fuente de manto deprimido.

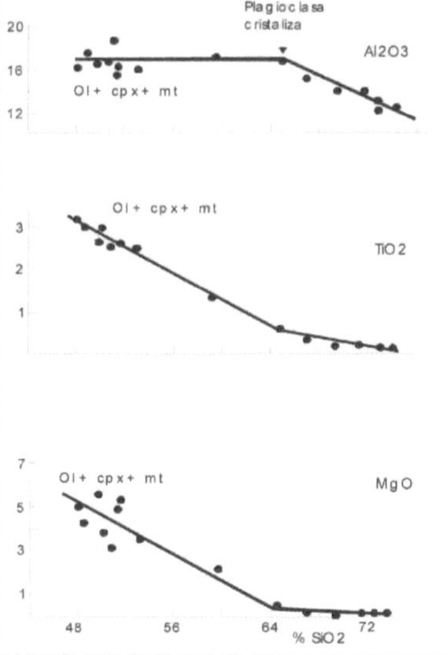

Fig. 13-5. Variación de Al_2O_3, TiO_2 y MgO vs.SiO_2 para volcanitas de Ascensión.

	MORB	TIO	OIBA
% K2O	< 0,1 – 0,3	0,2 – 1,0	1 – 7
Ba (ppm)	5 – 50	70 – 200	200 – 1400
S (ppm)	90 – 200	150 – 400	400 – 4000
Rb (ppm)	< 5	5 – 12	15 – 400
Zr (ppm)	15 – 150	100 – 300	200 – 1000
Nb (ppm)	1 – 15	5 – 25	20 – 160
K/Ba	20 - 160	25 - 40	~ 28

Tabla 13-3. Abundancia de elementos trazas en MORB (basaltos dorsales medio oceánicas), toleitas de islas oceánicas (TIO) y basaltos alcalinos de islas oceánicas (OIBA).

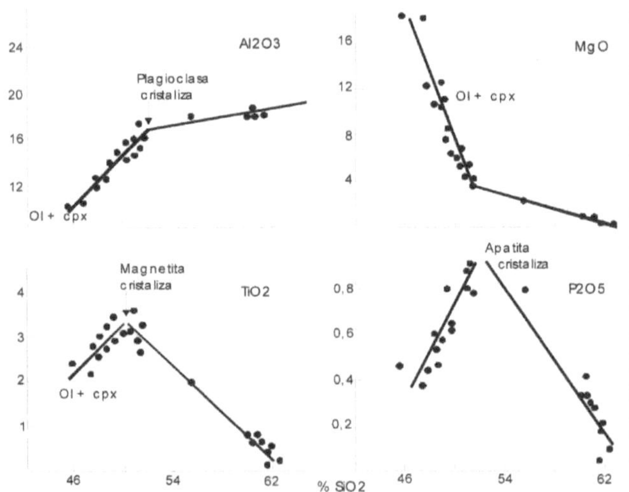

Fig. 13-6. Variación de Al$_2$O$_3$, MgO, TiO$_2$ y P$_2$O$_5$ vs. SiO$_2$ para la isla Gough.

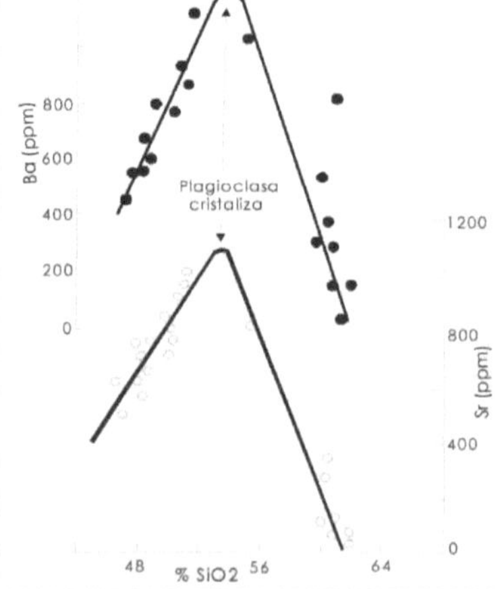

Fig. 13-7. Variación de Ba y Sr (ppm) vs. SiO$_2$ (%) para la isla Gough.

Isótopos radiogénicos

El estudio de los isótopos Sr-Nd-Pb de los MORB erupcionados en las dorsales oceánicas del Atlántico y del Pacífico Oriental muestran buena correlación lineal en las relaciones $^{207}Pb/^{204}Pb$ versus $^{206}Pb/^{204}Pb$; $^{87}Sr/^{86}Sr$ versus $^{206}Pb/^{204}Pb$ y $^{87}Sr/^{86}Sr$ versus $^{143}Nd/^{144}Nd$. Esto se interpreta en función de mezclas entre dos componentes diferentes del manto por debajo de las dorsales. Un componente es la astenosfera convectiva deprimida, con menos Pb y Sr radiogénicos e isótopos de Nd más radiogénicos, conocido como "manto deprimido". El otro componente son las burbujas del material fuente de los OIB, caracterizados por el mayor contenido de Pb y Sr radiogénicos, y menos Nd radiogénico.

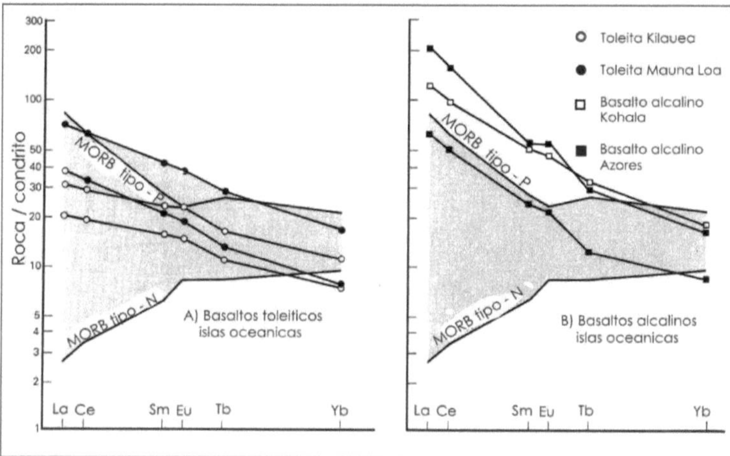

Fig. 13-8. Abundancia de tierras raras normalizado a condrito, para MORB tipos N y P.

La diferenciación del manto de la Tierra puede ser descripta como un transporte unidireccional de material, desde una porción de manto (¿primordial?) inicialmente homogéneo, hacia la litosfera. Esto implica que las heterogeneidades isotópicas en Sr, Nd y Pb en los basaltos oceánicos jóvenes no contaminados, son el resultado de mezclas entre regiones del manto que han sufrido diferentes extracciones en el curso del tiempo geológico. Tal modelo se originó sobre la base de interpretar las correlaciones de $^{87}Sr/^{86}Sr$ versus $^{143}Nd/^{144}Nd$ de los basaltos oceánicos, en los que un miembro extremo corresponde a un MORB-N de fuente astenosferica deprimida, y el otro extremo corresponde a material de manto próximo a la composición primordial, que no habría sufrido ninguna extracción de magma.

La fusión parcial de un reservorio de manto primordial con εNd~0, produce un residuo deprimido en Nd con respecto al Sm y el subsecuente decaimiento radiactivo del ^{147}Sm, genera un manto deprimido con εNd>0 (Fig. 13-9).

Los datos isotópicos de Pb para el MORB y OIB, se vuelven más claros en los modelos de diferenciación de la Tierra, que involucran transporte bidireccional de material, que incluye el reciclaje de materiales derivados del manto por subducción de litosfera oceánica. El Pb está altamente deprimido en el manto superior, siendo contaminado por Pb proveniente de los sedimentos oceánicos derivados de la corteza continental, que incorporan U de derivación

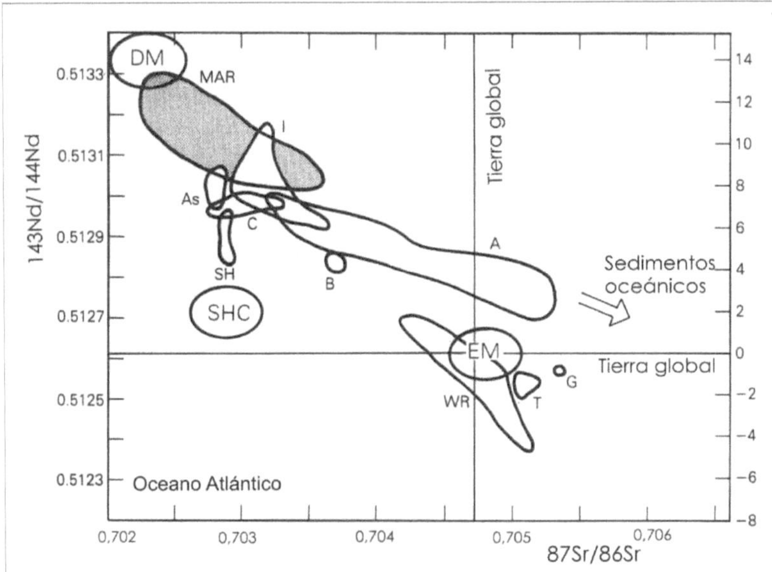

Fig. 13-9. Datos isotópicos de los OIB de las islas Marquesas y Tubaii.

cortical. Por esta razón los isótopos de Pb son los trazadores más sensibles de procesos de mezcla en la fuente de los OIB. En la Fig. 13-10, los datos de las islas de océano Atlántico, Discovery, Gough y Tristan da Cunha, se proyectan más próximas a la geocrona, que las islas del Atlántico Norte (Bouvet, Canarias, Azores, Ascensión y Cabo Verde), que reflejan el dominio de componentes de pluma enriquecida en la fuente.

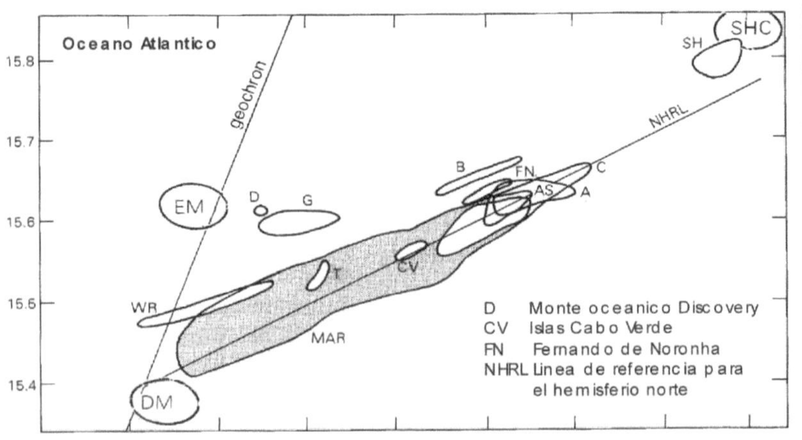

Fig. 13-10. Datos isotópicos de Pb para los OIB y MORB del Atlántico.

Modelo petrogenético

El origen de la islas volcánicas oceánicas y montes oceánicos han estado sujetos a fuertes controversias en relación con la teoría de las placas tectónicas. El modelo de punto caliente o pluma de manto, fue propuesto por Wilson (1963) y desarrollado por Morgan (1971, 1972). La Fig. 13-11, presenta los posibles procesos responsables de la generación de magmas de intraplaca, en la que se consideran dos capas de manto una superior deprimida, fuente de los MORB y una profunda, que sería la fuente de plumas y generadora de los OIB. Las plumas se originarían en el límite entre las dos capas como una serie de gotas invertidas que ascienden. La descompresión adiabática induce la fusión parcial en los diapiros y en la fuente mantélica adyacente a los MORB, que genera el flujo de la pluma ascendente. Morgan (1972) basó el modelo original sobre la idea de que los componentes de la pluma, de la capa de manto inferior, corresponden a material de manto primordial que no habría estado involucrado en los eventos que dieron lugar a la formación de la corteza continental. Los elementos trazas apoyan la teoría de fuentes diferentes de los MORB y de los OIB. La fuente de los OIB, debe involucrar una mezcla entre manto relativamente primordial y componentes derivados de cuñas litosféricas subductadas.

Profundidad de segregación de los magmas: las características geoquímicas de los magmas primarios, derivan esencialmente del punto de equilibrio con la fuente mantélica a la profundidad de la segregación, que estarían a ~100 km, con un límite superior de 50 – 60 km.

El ascenso diapírico del manto causa fusión parcial de los componentes de la pluma y de la astenosfera deprimida (fuente MORB). Esta mezcla, produce un magma que segrega a profundidades de 50 – 60 km, con signatura isotópica y elementos traza de ambas fuentes. Estos magmas primarios deben atravesar la litosfera oceánica antes de alcanzar los reservorios de alto nivel (<15 km) por debajo del edificio volcánico, donde se produce cristalización fraccionada y mezcla de magmas que diversifican las composiciones. Adicionalmente la contaminación de la corteza oceánica puede modificar las características geoquímicas de los magmas, en particular las relaciones de isótopos de Sr y O. En general, los volcanes de islas oceánicas, ubicados sobre corteza oceánica madura evolucionan desde fases tempranas poco alcalinas, a fases más alcalinas tardías. Tal secuencia se explica siguiendo modelos en los cuales las eruptivas tempranas representan volúmenes moderados de fusión parcial a profundidad relativamente somera, mientras que los basaltos alcalinos y nefelinitas representan volúmenes pequeños de fusión parcial a gran profundidad.

Uno de los mayores problemas para interpretar el volcanismo de intraplaca es la naturaleza intangible de las plumas de manto propuestas. Morgan (1972) estima que la pluma por debajo de Hawai debe tener alrededor de 150 km de diámetro, con una velocidad de ascenso de algunos metros por año, que se basa en el patrón volcánico de Hawaii y que no puede ser extrapolado a otras islas oceánicas.

Estudios experimentales y teóricos concluyen que las plumas de manto ascenderían en base al régimen calórico, que se originaría en el límite de placas de dos regímenes convectivos diferentes y que se situaría a la profundidad de la discontinuidad sísmica de 670 km. En el caso de Hawaii el flujo de la pluma se originaría en el límite manto-núcleo.

Hofmann y White (1982) porponen un modelo para los OIB que involucra el reciclado de corteza oceánica subductada en un reservorio fuente de los OIB. Tal reciclado es necesario para explicar las características geoquímicas e isotópicas de los OIB, sugiriendo que la corteza oceánica se aísla y acumula en el manto superior, donde permanece por algunos Ga y cuando se inestabiliza por calentamiento interno, asciende diapíricamente proveyendo componentes para los OIB.

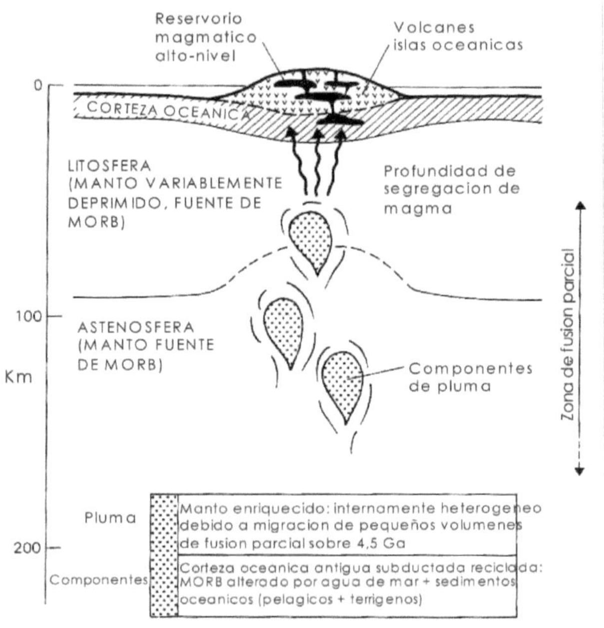

Fig. 13-11. Modelo esquemático del proceso de magmatismo de intraplaca.

Los magmas erupcionados en las islas oceánicas y montes submarinos, corresponden a magmas alcalinos y toleíticos, que se distinguen claramente de los MORB. Dichos magmas ascenderían y se estacionarían formando reservorios magmáticos someros a profundidades de 2 – 30 km, donde se produce la cristalización fraccionada y mezcla de magmas.

Lecturas seleccionadas

Batiza, R. 1982. Abundances, distribution and sizes of volcanoes in the Pacific Ocean and implications for the origin of non-spot volcanoes. Earth Planet. Sci. Lett. 60: 195-206.

Hofmann, A.W., y White, W.M. 1982. Mantle plumes from ancient oceanic crust. Earth. Planet. Sci. Lett. 57: 421-436.

MacDonald, G.A., y Katsura, T. 1964. Chemical composition of Hawaiian lavas. J. Petr. 5: 82-133.

Morgan, W.J. 1971. Convection plumes in the lower mantle. Nature 230: 42-43.

Morgan, W.J. 1972. Plate motions and deep mantle convection. Geol. Soc. Am. Mem. 7-22.

Turcotte, D.L., y Oxburgh, E.R. 1978. Intra-plate volcanism. Phil. Trans. R. Soc. London A288:561-579.

Wilson,J.T. 1963. A possible origin of the Hawaiian islands. Can. J. Phys. 41: 863-870.

Wilson, J.T. 1973. Mantle plumes and plate motion. Tectonophysics 19: 149-164.

Elementos básicos de petrología ígnea

Miscelanea 18: 257-264
Tucumán, 2010 -ISSN 1514 - 4836 - ISSN on-line ISSN 1668 - 3242

Capitulo 14
Flujos basálticos continentales

Introducción

Grandes sectores de los continentes han sido cubiertos por potentes flujos de lava basáltica durante el pasado geológico, lo que habría tenido lugar desde fisuras, más que de centros volcánicos individuales. Estos se denominan: flujos basálticos continentales (CFBs), o provincias basálticas, o plateau basálticos, como pueden verse en la figura 14-1 y en la tabla 14-1. Dominantemente son erupciones de basaltos toleíticos en términos de mineralogía y química de los elementos mayores y son similares a los MORB, con patrones de elementos trazas que los hacen afines con los MORB-E y con las toleitas de islas oceánicas, todos ellos generados en ambientes tectónicos extensionales.

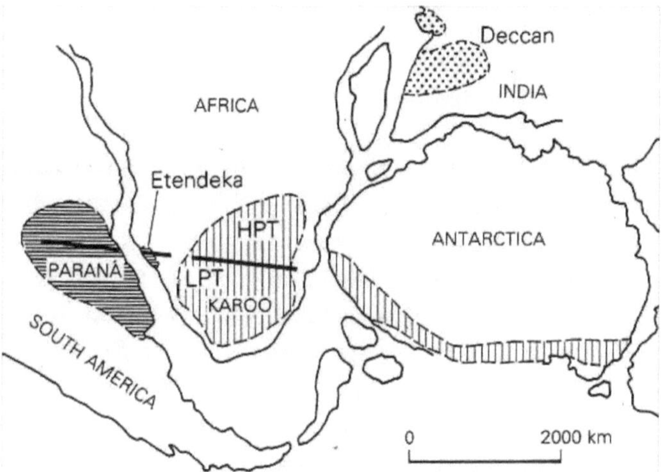

Fig. 14-1. Plateau basálticos continentales Mesozoicos y su relación con el fracturamiento de Gondwana.

Petrografía de las rocas volcánicas

La mayoría de los flujos basálticos son generalmente porfiríticos, con contenidos de hasta un 25% de fenocristales, aunque en algunas provincias como la de Paraná, predominan los afíricos. Los fenocristales de plagioclasa son dominantes y están acompañados en poca cantidad por olivino, augita, pigeonita y magnetita titanífera. Esta asociación sugiere que han evolucionado por procesos de cristalización fraccionada a baja presión que reflejan una serie compleja de eventos polibáricos entre 0 y 15 kbar.

Los flujos basálticos de Paraná tienen composiciones de: basaltos, andesitas basálticas, dacitas, riodacitas y riolítas (Fig. 14-2). Los basaltos y andesitas basálticas tienen fenocristales y pasta de plagioclasa, augita y pigeonita, acompañados de escasa magnetita-titanífera, ilmenita y olivino. Las andesitas basálticas tienen contenidos altos de P_2O_5 y TiO_2 y no tienen pigeonita como fenocristales. En las riodacitas y riolitas los fenocristales de plagioclasa, piroxeno y opacos son típicos, con fenocristales aislados de feldespato alcalino, que también se desarrolla en la pasta junto con cuarzo y clinopiroxeno rico en Ca, pigeonita, magnetita-titanífera e ilmenita. La presencia de xenocristales resorbidos de labradorita, apoya un modelo de fusión parcial de gabros o granulitas de la corteza inferior.

PROVINCIA	EDAD (Ma)	ESPESOR MAXIMO (m)	AREA ACTUAL (Km^2)
Keweenawan (lago Superior)	Precámbrico sup. 1100-200	12.000	>1.000.000
Plataforma Siberiana	Permo-Trias 248-216	3.500	>1.500.000
Karro (S. Africa)	Jurásico 206-166	9.000	140.000
Basaltos Kirkpatrick, doleritas Ferrar (Antartica)	Jurásico 179±7	900	7.800
Paraná – Etendeka (Sud América-Africa)	Jurásico sup-Cretácico inf. 140-110	1.800	1.200.000
Provincia ignea nord-Atlántica	Cretácico sup - Eoceno 65-50	2.000	1.000.000
Deccan (India)	Cretácico-límite Terciario	>2.000	> 500.000
Río Columbia (USA)	Mioceno 17 – 6	>1.500	200.000

Tabla 14-1. Edades y dimensiones de las mayores flujos basálticos continentales.

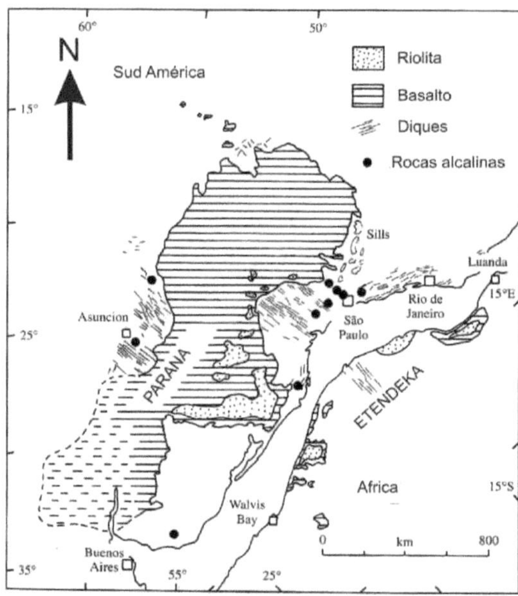

Fig. 14-2. Esquema geológico de la provincia de basalto-riolita de Paraná y Etendeka, a ~138 Ma. (modificado de Peate 1997).

Cuando se comparan los fenocristales de los típicos CFBs, con los MORB-N, encontramos que en ambos dominan las plagioclasas; pero en los MORB, olivino y espinela de Mg-Cr son accesorios comunes; mientras que en los CFBs, las plagioclasas están acompañadas, por augita ± pigeonita y el olivino es muy raro. En muchos CFBs el piroxeno pobre en Ca, cristaliza antes que el piroxeno rico en Ca, lo que sería a consecuencia de asimilación de corteza continental antes de alcanzar a las cámaras magmáticas de niveles altos. La presencia de piroxeno pobre en Ca (pigeonita) evidencia contaminación de corteza continental en el camino hacia la superficie.

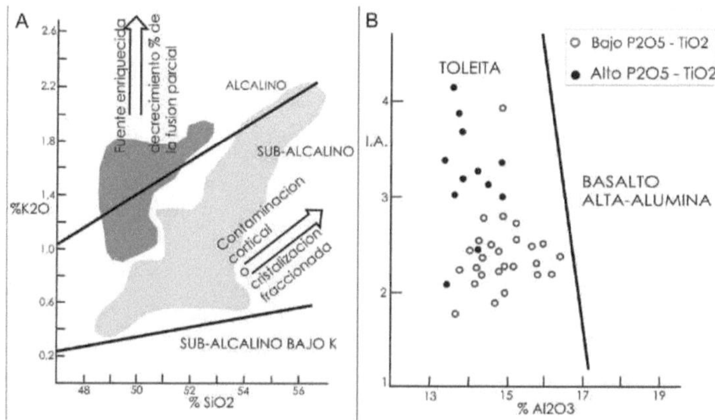

Fig. 14-3. A) Diagrama K_2O vs. SiO_2 para los basaltos de Paraná, que separa el campo de los Basaltos de alto $P_2O_5 - TiO_2$ (gris oscuro) del campo de bajo $P_2O_5 - TiO_2$ (gris claro), mostrando los procesos dominantes que han actuado. B) Diagrama Indice alcalinidad (I.A.) vs. Al_2O_3, que proyecta los basaltos en el campo toleítico, con alto y bajos contenidos en fósforo y potasio.

%	Deccan	Paraná	Toleita islas oceánicas	MORB normal	MORB Enriquecido
SiO_2	50,56	50,75	50,36	50,40	51,18
TiO_2	2,57	3,95	3,62	1,36	1,69
Al_2O_3	13,83	13,51	13,41	15,19	16,01
Fe_2O_3	13,79	14,24	13,63	10,01	9,40
MnO	0,17	0,19	0,18	0,18	0,16
MgO	5,12	4,21	5,52	8,96	6,90
CaO	9,62	8,45	9,60	11,43	11,49
Na_2O	2,65	2,80	2,80	2,3	2,74
K_2O	0,93	1,58	0,77	0,09	0,43
P_2O_5	0,22	0,66	0,42	0,14	0,15
Ppm					
Ba	239	653	191	<20	86
Be	0,7	1,6	1,1	--	--
Cr	44	20	81	346	225
Cu	202	74	98	--	--
Ga	24	25	22	--	--
Hf	4,49	7,22	5,95	--	--
Nb	15,9	37	21,5	2,1	8,6
Ni	44	43	78	177	132
Pb	--	6	2	--	--
Rb	15	44	15,4	2,3	10,3
Sr	219	732	396	98	155
Ta	1,39	1,88	1,5	--	--
Th	2,12	5,33	1,64	--	--
Y	50	42	42	37	39
Zn	149	127	119	--	--
Zr	203	398	227	97	121
La	19,3	46	24	2,95	6,92
Ce	43	100	53	12	17,8
Pr	5,2	11	6	--	--
Nd	27,6	51	35,1	9,9	13,6
Sm	7,6	10,9	8,9	3,91	4,64
Eu	2,47	3,5	2,98	1,41	1,55
Gd	8,4	9,9	9,1	6,4	6
Dy	8,18	7,61	7,58	5,6	--
Ho	1,55	1,42	1,41	--	--
Er	4,2	3,79	3,64	--	--
Yb	3,63	3,07	3,04	3,61	3,46
Lu	0,53	0,45	0,42	0,5	0,46

Tabla 14-3. Elementos mayores y trazas de flujos continentales, toleitas de islas oceánicas y MORB normales y enriquecidos.

Composición química

Elementos mayores: En general los basaltos toleíticos son pobres en Mg. En términos de K_2O versus SiO_2 (Fig. 14-3A) los CFBs varían desde toleíticos bajos en K, comparables a los MORB, algunos son basaltos medianamente alcalinos, aunque la mayoría son toleíticos subalcalinos, con contenidos de K_2O mayores a los MORB.

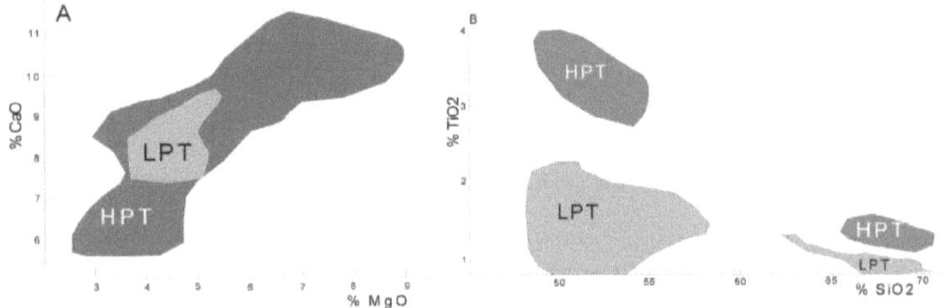

Fig. 14-4. A. Relación CaO vs. MgO, mostrando los campos de los basaltos de de Paraná. HPT (gris oscuro) y LPT (gris claro). B: Diagrama TiO_2 vs. SiO_2, mostrando la relación para HPT y LPT.

La proyección del índice álcalis (IA) versus Al_2O_3 (Fig. 14-3B) claramente establece las características toleíticas. La marcada dispersión que se observa en los diagramas de variación, tales como K_2O-SiO_2, es una consecuencia natural del fraccionamiento cristalino polibárico, combinado con heterogeneidad de la fuente, el grado variable de fusión parcial y la contaminación cortical. Como el rango de variación de SiO_2 es restringido, se usa el MgO como índice de diferenciación (Fig. 14-4A). Aunque la SiO2 resulta adecuada para comparar con el TiO_2. Algunos flujos basálticos son bajos en Mg´ ([Mg/(Mg+Fet)<0,7]) por lo que se los considera primarios y habrían sido generados desde un manto más rico en Fe, que el manto normal de los MORB-OIB. Asimismo, ellos son bajos en Ni, que junto con las correlaciones de CaO – MgO, son argumentos a favor de la cristalización fraccionada a baja presión, dominada por plagioclasa y clinopiroxeno.

Los estudios geoquímicos de los flujos basálticos de Paraná (Bellieni et al. 1984, 1986; Mantovani et al. 1985; Fodor 1987; Petrini et al. 1987), han revelado dos tipos: los LPT (bajos en P_2O_5 – TiO_2) que dominan en el área sur de la provincia volcánica y los tipo HPT (altos en P_2O_5 – TiO_2) que dominan en el norte. Ambos tipos basálticos serían resultantes de cristalización fraccionada a baja presión, combinada con contaminación cortical, que produjeron magmas más ricos en SiO_2.

Elementos trazas

Los estudios sobre estos elementos se han focalizado especialmente en los incompatibles, los cuales son fuertemente particionados en la fase líquida durante la fusión parcial de lherzolita, o durante la cristalización fraccionada del magma basáltico. En general están caracterizados por baja concentración de elementos compatibles como Ni, que apoyan la hipótesis que no son magmas primarios, pero que han sufrido fraccionamiento de olivino, en su camino hacia la superficie, lo que incrementa el contenido de elementos incompatibles, con relación a los magmas primarios más ricos en MgO. Los basaltos toleíticos de Paraná

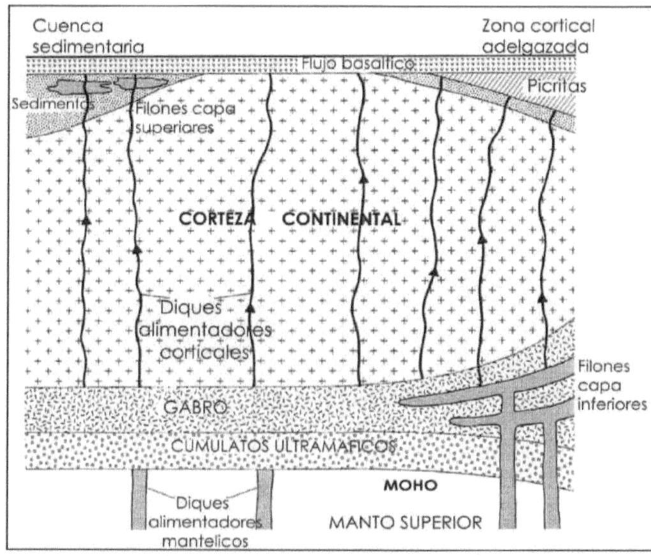

Fig. 14-5. Esquema de formación de los basaltos toleíticos continentales.

están enriquecidos en elementos incompatibles en relación a los MORB-N y muestran gran similitud a los MORB-E y a las toleitas de las islas oceánicas. Asumiendo que tanto los basaltos toleíticos continentales como los oceánicos, se han generado por volúmenes similares de fusión parcial, los CFBs no pueden ser derivados de un MORB-N, pero muestran un patrón muy similar a las toleitas de las islas oceánicas y a los basaltos alcalinos, con variable contaminación de corteza continental. Las rocas corticales fusibles son más ricas que las OIB, en Ba, Rb, Th, K y tierras raras livianas; pero tienen contenidos similares de Nb, Ta, P, Zr, Hf, Y y tierras raras medianas.

Las toleitas continentales tienen contenidos similares de HFS (Zr, Hf, P, Ti) a los MORB y a las toleitas de islas oceánicas. Las diferencias más evidentes entre los CFBs y los basaltos oceánicos (MORB + OIB) se da en los elementos incompatibles móviles (K, Rb, Sr, Ba, Th), que junto al fuerte enriquecimiento en tierras raras livianas, serían consecuencia de la contaminación cortical, o a su derivación desde una fuente de manto subcontinental enriquecido. Los basaltos de islas oceánicas, los basaltos alcalinos continentales y las kimberlitas, tienen relaciones La/Nb < 1; mientras que los CFBs = 0,7 – 7, según el grado de contaminación.

Isótopos radiogénicos

Las variaciones isotópicas de los datos Nd y Sr en los basaltos oceánicos (MORB y OIB) indican claramente que el manto superior es isotópicamente heterogéneo. Tales variaciones reflejan la evolución y reciclado de materiales corticales en las zonas de subducción, enriquecimiento por circulación de fluidos y fusiones parciales acontecidas a lo largo de la historia de la Tierra.

Modelos petrogenéticos

Los flujos basálticos continentales constituyen regiones complejas, al igual que los modelos para explicar su petrogénesis. Los problemas fundamentales se refieren: a la naturaleza y fuentes de los magmas primarios, así como a si la contaminación tiene lugar en cámaras magmáticas corticales, o en los diques que alimentan a dichas cámaras, o en los diques que salen desde las cámaras hacia la superficie (Fig. 14-5).

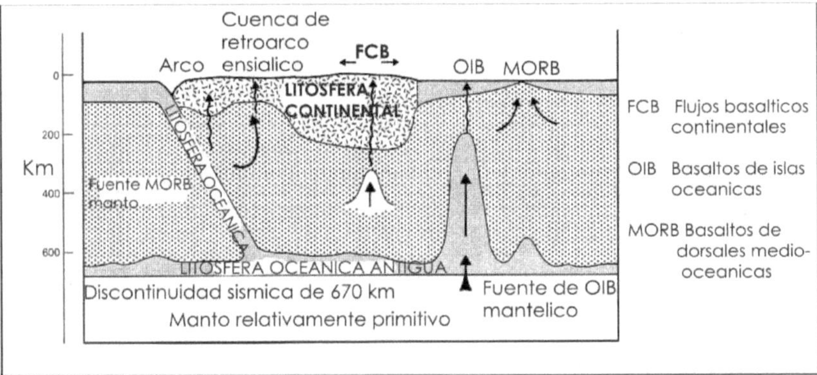

Fig. 14-6. Distribución de las fuentes mantélicas en relación con el volcanismo continental y oceánico.

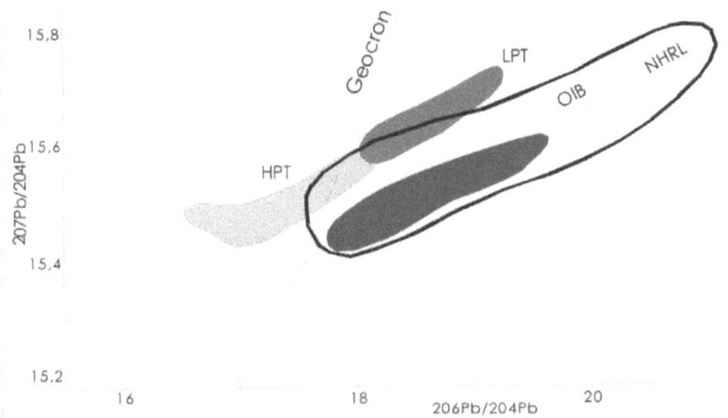

Fig. 14-7. Variación de los isótopos de Pb de los flujos toleíticos de Paraná (HTP y LTP), en comparación con los MORB (negro) e islas oceánicas (OIB).

Los CFBs son bajos en Mg, lo que significa que no pueden haberse equilibrado con la mineralogía del manto normal de lherzolita, bajo condiciones saturación en H_2O. Interpretaciones posibles serían: que el magma primario sean picritas altas en Mg, las cuales sufrieron fraccionamiento a baja-P, para producir erupciones de composiciones poco usuales; o bien que un magma primario de composición poco usual, derivara por fusión parcial de una fuente más rica en Fe que la lherzolita, o hubo fusión parcial de manto normal saturado en H_2O.

Cox (1980) considera que los fenocristales de "plg +/- ol +/- clpx" de la mayoría de los CFBs sugieren fraccionamiento cristalino en equilibrio a baja presión, desde magmas primarios ricos en MgO (Fig. 14-5), o sea que magmas picríticos constituirían complejos profundos en la base de la corteza (25 a 40 km).

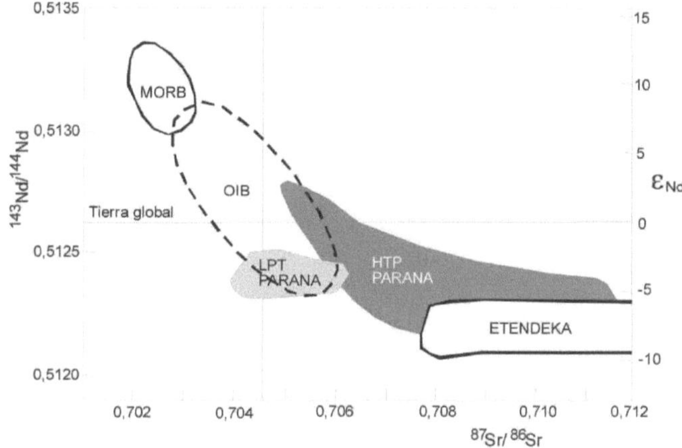

Fig. 14-8. Isótopos de Nd vs. Sr mostrando los rangos de variación de los basaltos de la cuenca de Paraná y Ethendeka.

Las diferencias químicas e isotópicas entre los magmas basálticos toleíticos oceánicos y continentales, puede ser expresada según la abundancia y relaciones de los elementos incompatibles: K, Rb, Ba, Ti, P y tierras raras livianas; en forma conjunta con los isótopos de Rb-Sr, Sm-Nd y U-Th-Pb. Las variaciones en los isótopos de $^{208}Pb/^{204}Pb$ versus $^{206}Pb/^{204}Pb$, para los flujos basálticos de Paraná en comparación con los MORB y los OIB, apoyan el modelo de derivación por fusión parcial de una litósfera subcontinental enriquecida y modificada por interacción con la corteza continental en su camino a la superficie.

En general los basaltos continentales tienen mayor diversidad isotópica, lo que ha sido atribuido a procesos que involucran:

a)   Contaminación cortical.
b)   Fusión de manto subcontinental enriquecido.
c)   Mezcla de fuentes de manto enriquecido y deprimido.
d)   Combinación, de fusión de manto enriquecido y contaminación cortical.

Los flujos basálticos con similares caracteres isotópicos serían derivados por fusión parcial de manto litosférico, sin necesidad de modelos de contaminación cortical.

Los xenolitos ultramáficos que llegan a la superficie, arrastrados por magmas kimberlíticos y alcalinos, son química e isotópicamente heterogéneos, registrando distintos estilos de enriquecimiento en tierras raras.

Los procesos de cristalización fraccionada, combinadas con asimilación de rocas corticales, serían responsables de la producción de magmas más silícicos en muchas provincias volcánicas continentales. Sin embargo, en estas provincias con magmas riolíticos se desarrollan con basaltos, constituyendo una asociación bimodal, sin composiciones intermedias, lo que ha llevado a proponer que los magmas ácidos, se generan por fusión parcial de rocas básicas en la base de la corteza continental.

Dos estilos de contaminación contrastados han sido reconocidos en la petrogénesis de los flujos basálticos. En el primer tipo, la asimilación de rocas corticales está acompañada por

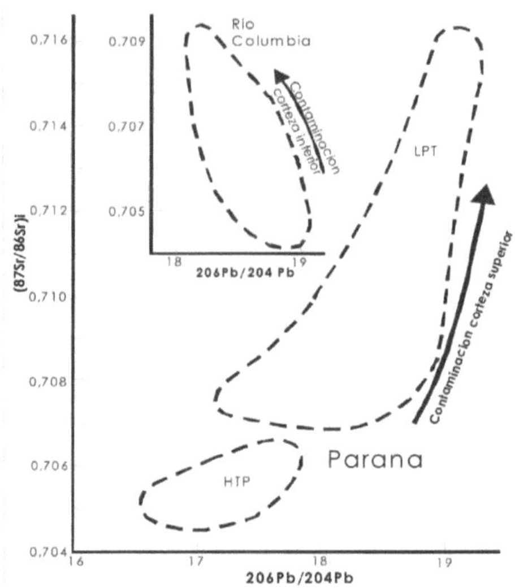

Fig. 14-9. Variación inicial de las relaciones de isótopos de Sr vs. los de Pb de los basaltos de Paraná (HTP y LTP) y de Río Columbia.

cristalización fraccionada y las lavas más evolucionadas, son también las más contaminadas. Este tipo está bien documentado en los basaltos de Paraná. En el segundo tipo de contaminación, los basaltos más primitivos están más contaminados, como en la provincia volcánica Terciaria de Britania. Para determinar los mecanismos de contaminación se necesita combinar el uso de isótopos y de elementos trazas.

La estrecha asociación entre provincias de basaltos toleíticos y la fragmentación continental, permiten considerar a este modelo petrogenético como precursor necesario de la generación de rifts activos de intraplaca y de la formación de nuevas cuencas oceánicas (Fig. 14-1).

Lecturas Seleccionadas

Bellieni, G.P., Brotzu, P., Comin-Chiaramonti, P., Ernesto, M., Melfi, A., Pacca, I.G., Piccirillo, M. 1984. Flood basalt to rhyolite suites in southern Parana Palteau (Brazil): paleomagnetism, petrogénesis and geodynamic implications. J. Petrol. 25: 579-618.

Bellieni, G.P., Comin-Chiaramonti, P., Marques, L.S., Melfi, A.J., Nardy, A.J.R., Papatrechas, C., Piccirillo, E.M., Roisenberg, A., Stolfa, D. 1986. Petrogenetic aspects of acid and basaltic lavas from the Parana Plateau (Brazil): geological, mineralogical and petrological relationships. J. Petrol. 27: 915-944.

Cox, K.G. 1980. A model for flood basalt volcanism. J. Petrol. 21: 629-650.

Fodor, R.V. 1987. Low- and high-TiO_2 flood basalts of southern Brazil: origin from picritic parentage and a common mantle source. Earth Planet. Sci. Lett. 84: 423-430.

Mantovani, M.S.M., Marques, L.S., De Sousa, M.A., Civetta, L., Atalla, L., Innocenti, F. 1985. Trace element amd strontium isotope constraints on the origin and evolution of Parana continental flood basalts of Santa Catarina State (Southern Brazil). J. Petrol. 26: 187-209.

Petrini, R.L., Civetta, L., Piccirillo, E.M., Bellieni, G., Comin.Chiaramonti, P., Marques, L.S., Melfi, A.J. 1987. Mantle heterogeneity and cristal contamination in the genesis of Low-Ti continental flood basalts from the Parana Plateau (Brazil): Sr-Nd isotope and geochemical evidence. J. Petrol. 28: 701-726.

Wilson, M. 1991. Igneous Petrogenesis. Harper Collins Academic, 466 pp.

Elementos básicos de petrología ígnea

Miscelanea 18: 265-278
Tucumán, 2010 -ISSN 1514 - 4836 - ISSN on-line ISSN 1668 - 3242

Capitulo 15
Magmatismo en márgenes activos de placas

Introducción

Los márgenes activos de placas, determinan los sitios de subducción de la litosfera oceánica en el manto de la Tierra, produciendo la mayoría de los volcanes activos y terremotos en el mundo, incluyendo todos los de focos intermedios y profundos, que se asocian con las placas litosféricas descendentes.

Para apreciar la escala de la intensidad de subducción, es necesario considerar, que los océanos Atlántico y Pacífico fueron creados en los últimos 200 Ma por la expansión del fondo oceánico, desde los márgenes de acreción de placas. Como la tierra no se expande, una superficie equivalente de litosfera debe ser subductada simultáneamente.

La sustitución de superficie de placas, puede ser tanto de litosfera oceánica como continental, resultando en diferentes interacciones geométricas para producir el volcanismo de – arcos de islas oceánicas y de los márgenes continentales activos -, que presentan las siguientes características (Thorpe 1982):

a) Las cadenas de islas o cinturones volcánicos lineales, tienen longitudes de cientos a miles de kilómetros y son relativamente estrechos de 200 a 300 km.

b) Desarrollan una fosa oceánica profunda de 6.000 a 11.000 m de profundidad.

c) El volcanismo es activo y presenta un límite abrupto de la zona volcánica, hacia el océano. El frente volcánico, se desarrolla paralelamente a la fosa oceánica a distancias de 100 – 200 km.

d) La zona sísmica de Benioff, incluye a los focos de terremotos de profundidades someras, intermedias y profundas, que definen el plano de descenso de la litosfera oceánica en el manto.

e) La asociación volcánica ha sido llamada asociación de "andesitas orogénicas".

Las cadenas de estrato-volcanes alineados encima de las zonas de Benioff representa la característica volcánica más conspicua sobre la tierra. Los productos eruptivos tienen amplia composición desde basaltos a riolitas, con andesitas como el tipo de magma más común, lo que define que el ambiente de generación es muy complejo. La morfología de los volcanes, reflejan procesos de crecimiento rápido, frecuentemente altamente explosivo y es común la formación de calderas, acompañadas por la erupción de flujos piroclásticos, coladas y tobas de caída.

Arcos de islas oceánicas

Los arcos de islas oceánicas (AIO) representan los sitios de subducción de una placa litosfera oceánica debajo de otra (Fig. 15 -1). Los rasgos característicos son cadenas lineales de islas formando el frente volcánico, a menudo flanqueado por cuencas marginales que se forman por expansión del fondo oceánico durante los procesos de comienzo del arco. Los sedimentos se acumulan sobre la corteza oceánica y a menudo son rastrillados con el descenso de la placa y forma un prisma de acreción en el ante-arco.

La Fig. 15-2 muestra la distribución de los sistemas de arcos de islas oceánicas mayores en los océanos Pacífico y Atlántico, y en Indonesia. En el Pacífico occidental los arcos se extienden desde el sistema de Nueva Zelandia – Tonga, a través de Nueva Bretaña – Papúa – Nueva Guinea y las islas de Mariana – Izu y el sistema de Japón – Kuriles – Kamchatka y las Aleutianas. En contraste, el Pacífico oriental no tiene arcos de islas pero muestra volcanismo de margen continental activo que se extiende desde el oeste de Estados Unidos a lo largo de México, América Central y Sud-América. En el Atlántico el volcanismo de arcos de islas oceánicas ocurre en los arcos de las Antillas Menores y de las Sándwiches del sur. En el Mediterráneo se manifiesta en los arcos de Aeolian y Aegean y en la zona de colisión continental activa que se extiende desde los Alpes, a través de Turquía e Irán hasta los Himalayas.

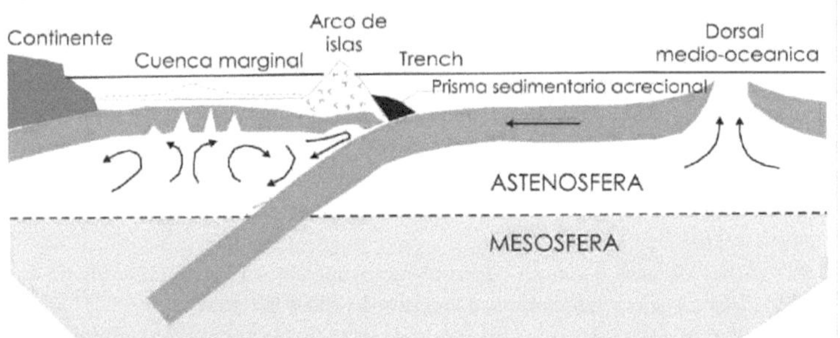

Fig. 15-1. Esquema de subducción de litosfera oceánica generada en la dorsal medio-oceánica. Corrientes de convección secundaria se desarrollan en el retro-arco.

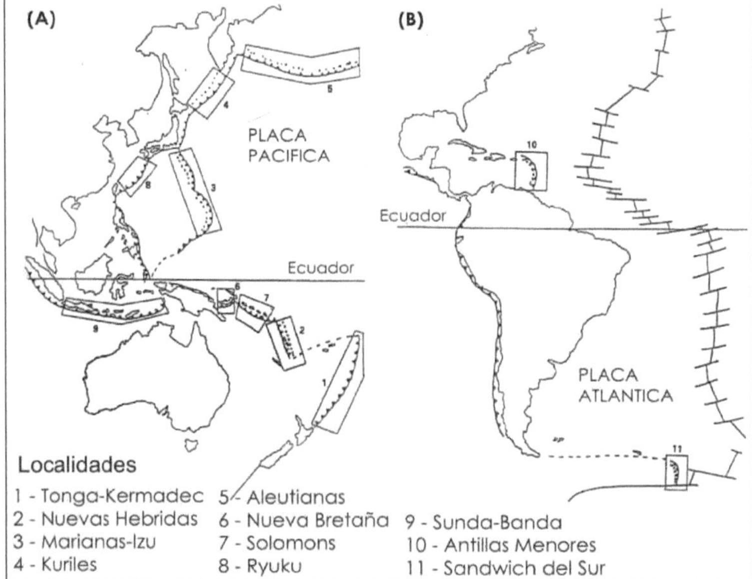

Fig. 15-2. Distribución de arcos de islas oceánicas del mundo (Wilson y Davidson 1984).

Estructura de los arcos de islas

El conocimiento de la estructura física de los arcos de islas da una importante ayuda para desarrollar los modelos petrogenéticos, los cuales deben incluir para las regiones de arco de islas: trench, ante-arco, arco y retro-arco (Gill 1981; Cross y Pilger 1982; Uyeda 1982; Jarrard 1986).

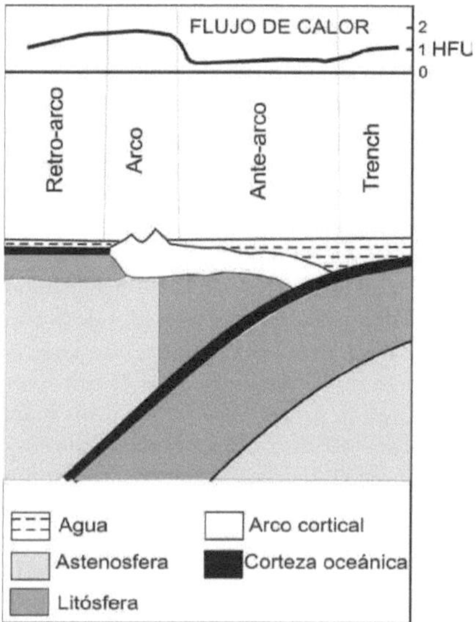

Fig. 15-3. Estructura de arco de un arco de islas.

La anomalía gravitaroria negativa próxima al trench se atribuye a la presencia de sedimentos en el ante-arco y la anomalía positiva a la litosfera fría subductada y más densa por debajo del arco. El flujo calórico es típicamente bajo en el ante-arco pero asciende abruptamente en el frente volcánico y permanece alto para distancia de 200 – 600 km detrás del arco. Este alto flujo de calor sólo puede ser explicado por transferencia de magma a niveles altos (Fig. 15-3).

Existiría un límite vertical entre el manto con características litosfericas y el manto con características astenofericas, que podrían reflejar el ascenso del magma por de bajo del arco. Anómalamente, el manto astenosferico somero por debajo del retroarco, podría indicar el ascenso de magma, formado por procesos distensivos en el retro-arco.

El espesor cortical juega un importante rol en el ascenso y fraccionamiento a baja presión de los magmas. En regiones de corteza delgada, los magmas derivados desde el manto ascienden rápidamente hasta la superficie y pueden mantener sus características primarias. Mientras que en los arcos más maduros, la corteza se engrosa y las rocas corticales de baja densidad, actúan como filtro impidiendo el ascenso de magmas primarios y causando extenso fraccionamiento cristalino en cámaras magmáticas someras.

Estructura térmica y procesos de fusión parcial

El conocimiento de la estructura térmica de las zonas de subducción es esencial para entender los procesos de generación de magma. Cualquier modelo térmico incluye los efectos de deshidratación de la corteza oceánica subductada, el calentamiento por fricción en la parte superior de la loza, la convección dentro de la cuña de manto astenosférico, el ángulo de subducción y la velocidad.

Corteza oceánica subductada: involucra a las rocas ígneas básicas y sedimentos de fondo oceánico que son metamorfizados a facies de anfibolitas y eclogita, en presencia de una fase fluida acuosa. La mineralogía de las rocas varía durante la subducción en función del aumento de la presión, temperatura y composición de la fase vapor. Este prograda de metamorfismo (facies zeolitas, esquistos azules, anfibolitas y eclogitas) está acompañado por deshidratación, que tiene lugar principalmente entre los 80-125 km de profundidad. La presencia del agua, baja la temperatura del solidus de las rocas en varios cientos de grados. La profundidad a la cual comienza la corteza oceánica a fundirse, puede predecirse si se conoce, el gradiente geotérmico de la parte superior de la loza y la cantidad de agua que contiene. Algunos modelos sostienen, que las andesitas derivan de corteza oceánica subductada, por fusión parcial en condiciones anhidras.

Cuña de manto: involucra la fusión parcial de lherzolitas modificadas por reacción con fluidos acuosos o fundidos silíceos hidratados derivados de la corteza oceánica subductada. La iniciación de la fusión parcial en la cuña de manto depende del gradiente geotérmico y la cantidad de volátiles presentes. La presencia de H_2O baja marcadamente la temperatura del solidus y así facilitan la fusión parcial. Algunos modelos muestran que la fusión parcial debajo del arco puede ocurrir sólo en condiciones de saturación de agua. La fusión parcial de lherzolita en condiciones anhidras produce líquidos de composición basáltica o picrítica, dependiendo del porcentaje de fusión. Los magmas andesíticos pueden ser generados directamente por fusión parcial de lherzolita hidratada a profundidades <40 km. Dichos fundidos deberían saturarse en agua conteniendo sólo el 15% H_2O a 40 km y comenzarían a cristalizar tan pronto como el vapor comienza a escapar. Tales magmas no pueden alcanzar la superficie sin sufrir cristalización fraccionada, lo mismo que los magmas básicos hidratados generados a mayor profundidad.

Hay un aporte continuo de volátiles desde la loza que se subducta a la cuña de manto sobreyacente, por lo que el fundido con algunos cristales debería estar saturado en H_2O y con el aumento de la fusión, se vuelve menos saturado y cambia la composición del fundido a basáltico o picrítico en equilibrio con la peridotita anhidra. Estos basaltos subsaturados en H_2O serían los magmas madre de las suites de arcos volcánicos, con fraccionamiento a miembros más ricos en sílice en niveles más altos. En los modelos teóricos, se usan fuentes mantélicas heterogéneas cuyos componentes varían con la profundidad, lo que involucra las siguientes posibilidades:

    a. Tanto la loza subductada como la cuña de manto se funden.

    b. La loza subductada se deshidrata y la cuña de manto se funde.

    c. Sólo la loza subductada se funde.

Segregación, ascenso y almacenamiento del magma

La parte astenosferica del manto, por encima de la loza subductada, es el sitio de mayor generación de magma de los AIO. La fusión parcial tiene lugar en un rango considerable de profundidad, cuando los diapiros de lherzolita boyan hacia la superficie. A una profundidad no especificada, la segregación de magma primario ocurre, durante el ascenso hacia la superficie siguiendo distintos mecanismos.

Distintas evidencias indican la existencia de reservorios de magma en niveles altos dentro de la corteza y del manto superior, donde se pueden fraccionar. Tales cámaras se sitúan a profundidades < 20-30 km y pueden extenderse hasta cerca de la superficie. Los xenolitos tienen combinaciones de: olivino-clinopiroxena-ortopiroxeno-plagioclasa-anfíbol-magnetita. La rareza de magmas primarios en AIO atestigua la importancia de los procesos de fraccionamiento cristalino.

Características de las series de magmas

Hay una amplia variedad de estilos eruptivos en los arcos de islas (AI), que se relaciona con la composición química, viscosidad y contenido de volátiles. En general el estilo eruptivo es controlado por el contenido de SiO_2 y volátiles. Las coladas de lava se forman por extrusión de magma pobre en gas, mientras que altos contenidos en volátiles, tienden a producir erupciones altamente explosivas.

Los volcanes de AI petrográficamente, se dividen en dos tipos: a) Volcanes de basalto y andesita basáltica y b) Volcanes de andesita y dacita. Cada grupo desarrolla morfologías diferentes en virtud del comportamiento reológico distinto de los productos eruptivos. Los primeros forman volcanes en escudo de bajo ángulo; mientras que el segundo tipo, forma grandes edificios cónicos compuestos de lavas y material piroclástico. En general los magmas de los AI tienen altos contenidos en volátiles, lo que tiende a producir erupciones explosivas, durante las cuales el tefra es expelido a gran distancia. Las erupciones de gran volumen de magma desde cámaras de alto nivel, pueden causar el colapso del techo y formar calderas.

Típicamente desde el punto de vista composicional, los magmas han sido subdivididos en tres series: toleíticos, calco-alcalinos y alcalinos. Cada serie tiene un rango composicional desde basalto a riolita. Según Gill (1981) dos diagramas pueden ser usados para subdividir las composiciones de los magmas: K_2O vs. SiO_2 y $FeO*/MgO$ vs. SiO_2.

El diagrama de K_2O versus SiO_2 (Fig. 15-4), permite dividir a los AI oceánicos, en cuatro series distintivas:

A. Series bajas en K.

B. Series calco-alcalinas.

C. Series calco-alcalinas altas en K.

D. Series shoshoníticas.

La serie A, corresponde a la serie toleítica de arcos de islas y la D es una serie alcalina. Los basaltos de la serie B son de alta alúmina y varían en relación con los magmaa más evolucionados (andesitas, dacitas y riolitas). La serie C, es similar a la B.

El diagrama $FeO*/MgO$ versus SiO_2 (Fig. 15-5): se aplica a los magmas toleíticos bajos en K, que tienen marcado enriquecimiento en Fe en estadios tempranos de fraccionamiento, en contraste con las series calco-alcalinas, en que el Fe decrece con el incremento de SiO_2. En los basaltos, el gráfico índice alcalino (AI) versus alúmina, permite separar los tipos toleíticos de los calco-alcalinos altos en alúmina.

Las diferencias entre estas cuatro series de magmas, se reflejan en sus formas eruptivas. La serie volcánica de arcos de islas toleíticas está caracterizada por erupciones de basaltos muy fluidos y andesitas basálticas, acompañados de escasos flujos piroclásticos. Hay mayor proporción de lavas afíricas, que en las series calco-alcalinas, los anfíboles y biotita están ausentes, sugiriendo un bajo contenido en volátiles. Ejemplos típicos de los arcos toleíticos

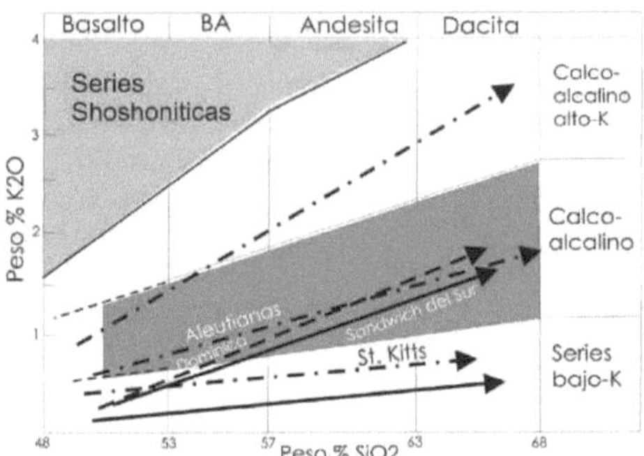

Fig. 15-4. Diagrama K$_2$O vs. SiO$_2$ % peso, con las divisiones de las Suites de las Rocas volcánicos de arcos de islas.

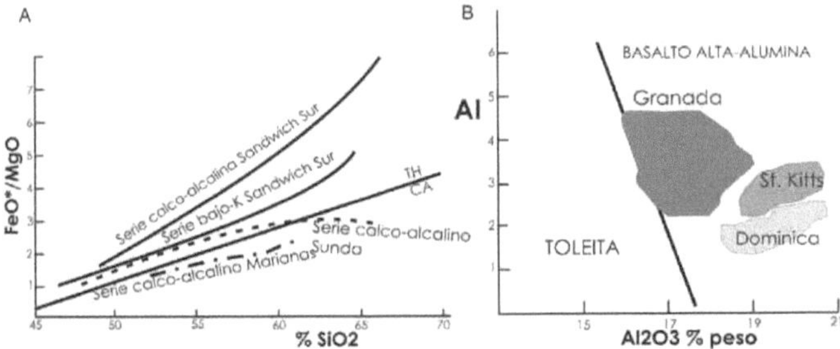

Fig. 15-5. A) Relación FeO*/MgO vs. SiO$_2$, muestra las tendencias calco-alcalina o toleítica de distintos AIO. B) Indice álcalis (AI) vs. Al$_2$O$_3$, muestra la dominancia de basaltos de alta-alúmina en los AIO.

son las islas Sándwich del Sur, Tonga, Izu y el sector norte de las Antillas Menores.

En marcado contraste, las rocas principales de las series calco-alcalinas (incluyendo las altas en K) son andesitas de dos piroxenas con un 59% de SiO$_2$. Las erupciones son más explosivas y los flujos piroclásticos comunes. Los magmas andesíticos son más viscosos que los basálticos y producen estrato-volcanes de flancos empinados. La mayoría de las lavas son altamente porfíricas, con fenocristales de plagioclasa cálcica, hornblenda y biotita, reflejando una mayor riqueza en volátiles, en concordancia con la mayor actividad explosiva. En esta categoría entran los volcanes de los arcos Circum-Pacíficos, las Antillas Menores e Indonesia.

Las series shoshoníticas son mas variables, en promedio comprenden 50% en volumen de basalto, 40% de andesitas y 10% de dacitas. Las suites alcalinas (sódicas y potásicas) erupcionan en arcos de islas, aunque las lavas sódicas se restringen a ambientes tectónicos específicos, tales como: a) A lo largo o en los bordes de las zonas de subducción, b) Donde las fracturas son normales al trench donde se produce la subducción.

Estrictamente hablando el término shoshonítica, se aplica a las suites potásicas y ejemplos típicos son las islas de Fiji, Sunda, el arco de Indonesia, el arco Aeolian, Granada y las Antillas Menores.

También se encuentra un grupo de andesitas con alto MgO (>6% peso de MgO), llamadas boninitas, que se restringen a regiones de ante-arco, como por ejemplo el ante-arco del sistema Marianas – Izu, en las islas Bonin.

Los esquemas de clasificación utilizados permiten dividir los arcos de islas oceánicas en

1	Velocidad de convergencia >7 cm/año. A> 40% de volcanes calco-alcalinos. B> 80% de volcanes toleíticos	Corteza < 20 km de espesor. Islas Solomon, Aleutianas. Tonga-Kermadec, Mariana-Izu, Sándwiches del Sur
2	Velocidad de convergencia >7 cm/año. 30-70% de volcanes toleíticos	Corteza 30-40 km de espesor. New Britain, Nuevas Hébridas, Buriles, Sunda (Java).
3	Velocidad de convergencia >7 cm/año. <50% de volcanes toleíticos.	Corteza > 30 km de espesor. Antillas Menores, Ryuku.

Tabla 15-1. Clasificación de los arcos de islas.

grupos, según la velocidad de convergencia, el espesor cortical y las series de magmas, que se muestran en la Tabla 15-1.

Petrografía de las volcanitas

Las volcanitas de los arcos de islas son altamente porfíricas, mientras que las series toleíticas lo son menos. Es importante la mineralogía de los fenocristales de las series de magmas: toleíticos, calco-alcalinos, calco-alcalinos altos en K y shoshoníticos. En general los minerales ferromagnesianos más importantes (olivino, clino-piroxena, orto-piroxena, anfíbol y biotita) tienden a ser ricos en Mg, aún en las dacitas y riolitas. La plagioclasa cálcica es el fenocristal más abundante mientras que el feldespato alcalino y los foides se restringen a las series altas en K. La titano-magnetita es común. La pasta varía de vítrea a microcristalina y contiene los mismos minerales que constituyen los fenocristales.

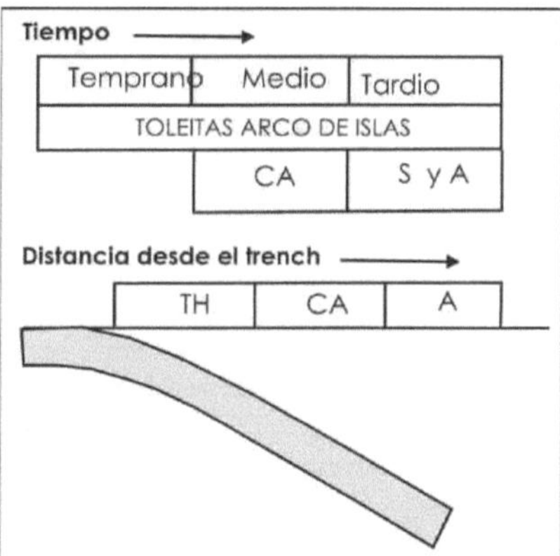

Fig. 15-6. Variación espacial y temporal en la composición de los magmas de AIO. Ca: calco-alcalino. TH: toleítico. S y A: subalcalino y alcalino.

Variaciónes temporales y espaciales del magmatismo de arco

Los primeros modelos del magmatismo de arco de islas, se basaron en el estudio del arco de Japón, que sugiere que los magmas erupcionados incrementan su contenido de K_2O (para un valor de SiO_2), con el aumento de la profundidad de la zona de Benioff (Fig. 15-6). Pero en las Nuevas Hébridas se ha reportado lo inverso, con un decrecimiento del K_2O con la profundidad.

Como se ha visto, la existencia de una fuente heterogénea, con diferentes grados de fusión parcial, puede generar espectros de magmas primarios independientemente de la geometría del sistema de subducción. Esto combinado con procesos de cristalización fraccionada produce magmas de diferentes composiciones.

Composición química de los magmas

Los elementos mayores de los basaltos de AI, muestran incremento en K_2O en la secuencia que va desde toleíticos, calco-alcalino, calco-alcalinos altos en K y shoshoníticos.

En los diagramas de Harker el K_2O es incompatible en las suites de AI, por lo que definen una tendencia lineal de incremento del K_2O, con el aumento de la SiO_2. En forma similar, pero con correlación negativa, es el comportamiento de TiO_2, CaO y $FeO+Fe_2O_3$, para las suites genéticamente relacionadas, confirmando el rol de la plagioclasa y la magnetita, como fases principales en el fraccionamiento durante la evolución magmática.

M	ORB promedio Atlántico	AI toleítico	AI Calco-alcalino	AI calco-Alcalino Alto K	IO alcalinas Hawaii	IO toleítica Hawaii
SiO_2	50,67	49,20	49,40	51,00	44,50	49,20
TiO_2	1,28	0,52	0,70	0,93	2,15	2,57
Al_2O_3	15,45	15,30	13,29	13,6	14,01	12,77
FeO*	9,67	9,00	10,15	8,11	12,51	11,40
MnO	0,15	0,18	0,20	0,14	0,19	0,17
MgO	9,05	10,10	10,44	12,50	10,12	10,00
CaO	11,72	13,00	12,22	7,92	10,63	10,75
Na_2O	2,51	1,51	2,16	2,67	2,47	2,12
K_2O	0,15	0,17	1,06	2,37	0,53	0,51
P_2O_5	0,20	0,06	0,20	0,59	0,42	0,25

Tabla 15-2. Elementos mayores de rocas basálticas de Arcos de islas (AI), dorsales medio-oceánicas (MORB) e islas oceánicas (IO).

En general se considera que el fraccionamiento bajo condiciones reductoras, disminuye la cristalización de magnetita, produciendo el enriquecimiento de Fe en los estadios tempranos (tendencia toleítica – reductora). Por el contrario bajo condiciones oxidantes la magnetita cristaliza rápidamente, disminuyendo en el líquido residual el contenido de Fe (tendencia calco-alcalina – oxidante).

En las Tablas 15-2 y 15-3, se muestran análisis de rocas de arcos de islas, comparados con otros de MORB e intraplaca oceánicos. Pareciera que sólo el TiO_2 sería distintivamente bajo, mientras que el resto de elementos mayores son bastante similares.

Las suites AI revelan un importante desarrollo de cristalización fraccionada, desde el magma basáltico madre que genera los tipos más evolucionados.

Los elementos trazas de los basaltos de AI se comparan convencionalmente con los MORB-N, ya que ambos derivarían del manto superior oceánico. Los basaltos de AI muestran enriquecimiento de elementos incompatibles de bajo potencial iónico (Sr, K, Rb, Ba, Th) y baja abundancia de elementos de alto potencial iónico (Ta, Nb, Ce, P, Zr, Hf, Sm, Ti, Y, Yb, Sc, Cr) con relación a los MORB-N.

La baja abundancia de elementos incompatibles es altamente significativa del tipo de fuente de los basaltos de AI, ya que como los MORB, derivarían de una fuente químicamente deprimida. Los basaltos de AI, tienen bajo contenido en Ni, lo que sugiere que no son magmas primarios y habrían fraccionado olivino en el camino hacia la superficie, lo que incrementa las concentraciones de elementos incompatibles de los magmas primarios.

Los elementos de bajo potencial iónico son movilizados por la fase fluida y su enriquecimiento en los basaltos de arcos de islas, se atribuye a metasomatismo en la región mantélica fuente, por fluidos acuosos derivados de corteza oceánica subductada.

La baja abundancia de elementos de alto potencial iónico se atribuye (Pearce 1982) a:

1) Alto grado de fusión parcial de la fuente mantélica.

2) Estabilidad de fases residuales menores (rutilo, circón, titanita) en la fuente mantélica, los que concentran preferentemente a los elementos trazas.

3) Refusión de una fuente mantélica ya deprimida.

M	ORB Tipo-N	MORB Tipo-E	Toleita Intra-placa	Toleita Retro-arc	Toleita Arco-isla	Calc-alcal. Arco-islas	Alcalino Intra placa
Rb	1,0	3,9	7,5	6	4,6	14	22
Ba	12	68	100	77	110	300	380
K	1060	1920	4151	3569	3240	8640	9600
Nb	3,1	8,1	13	8	0,7	1,4	53
La	3,0	6,3	9	7,83	1,3	10	35
Ce	9,0	15,0	31,3	19,0	3,7	23	72
Sr	124	180	290	212	200	550	800
Nd	7,7	9,0	19	13,1	3,4	13	35
Zr	85	75	149	130	22	40	220
Sm	2,8	2,5	5,35	3,94	1,2	2,9	13
Ti	9300	8060	13369	8753	3000	4650	20000
Y	29	22	26	30	12	15	30
Th	0,20	0,55	--	--	0,25	1,1	3,4
U	0,10	0,18	--	--	0,10	0,36	1,1

Tabla 15-3. Concentración de elementos trazas en basaltos de arcos de islas, comparado con otros tipos de basaltos oceánicos.

La Fig. 15-7 muestra el amplio espectro de basaltos de AI para tierras raras normalizadas a condrito, que corresponden a las subdivisiones, según el contenido de K_2O.

La Fig. 15-8 separa a los basaltos de AI, de los MORB y de los de intraplaca. El alto contenido de Ba se debería a enriquecimiento, en la zona de subducción, por circulación de fluidos derivados de sedimentos oceánicos subductados.

Identificación de los magmas primarios

En los AI, los basaltos constituyen un porcentaje importante de los productos erupcionados y los magmas primarios serían basaltos con alto contenido en MgO >6%, Ni = 25-300 ppm y Cr = 500 – 600 ppm. Estas composiciones son raras en las suites volcánicas de AI. Las evidencias petrológicas y geoquímicas sugieren el desarrollo de la serie basalto – andesita – dacita – riolita, por fraccionamiento a baja presión de magmas primarios.

Los patrones de tierras raras (Fig. 15-7) para los OIB muestran un amplio espectro de patrones composicionales, desde deprimidos, planos o con fuerte enriquecimiento en tierras raras livianas, los cuales se corresponden con las subdivisiones mayores entre las diferentes series de magmas basadas en el contenido de K_2O. Por ejemplo, los basaltos toleíticos de

AI muestran patrones deprimidos en tierras raras livianas; mientras que los basaltos calco-alcalinos están enriquecidos en las mismas. En general, las magnitudes de Sr, K y Ba, parecen correlacionarse con el grado de enriquecimiento en tierras raras livianas.

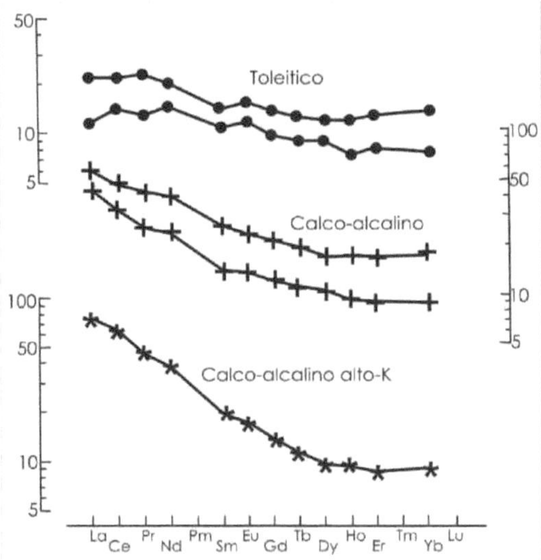

Fig. 15-7. Normalización de tierras raras a condrito de OIB.

Contenidos de volátiles

Los gases juveniles volcánicos que están originalmente contenidos en el magma, en su mayoría se pierden durante la erupción y cristalización de las lavas. El H_2O es dominante y es acompañada por: CO, CO_2, H_2S, SO_2, HCl y H_2. Las relaciones H_2O/Cl son más bajas en los magmas de AI, que en los de otros ambientes tectónicos. Los contenidos de Cl reflejan que el agua derivaría de corteza oceánica subductada. En general los magmas toleíticos tienen bajos contenidos en volátiles, mientras que los calco-alcalinos tienen altos contenidos. Esto se asume por la frecuencia de erupciones explosivas, la presencia de minerales hidratados como fenocristales y en el alto contenido de anortita de los fenocristales de plagioclasa.

La cantidad de H_2O que puede disolver un magma se incrementa con la presión. Los basaltos y andesitas cuando ascienden alcanzan la saturación en niveles en que se produce la vesiculación, que origina erupciones explosivas. En las lavas de AI la alta relación Fe_2O_3/FeO, sugiere que los magmas son más hidratados y oxidados que en otros ambientes geotectónicos. El estado de oxidación controla las tendencias evolutivas de los magmas, en los toleíticos (condiciones reductoras) y en los calco-alcalinos (condiciones oxidantes).

Isótopos radiogénicos

Los isótopos de Nd y Sr demuestran que en el origen de los magmas participa corteza oceánica subductada (basalto + sedimentos) y la cuña de manto astenosferica, aunque no permiten aclarar si los fundidos provienen de la fusión de la loza, o son solo fluidos aportados durante la deshidratación.

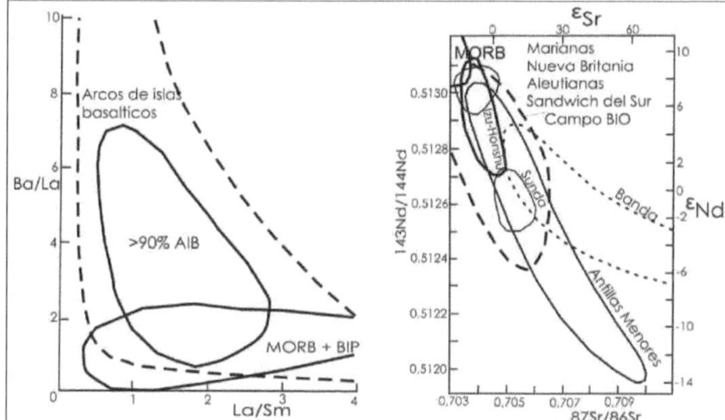

Fig. 15-8. Campos de variación de los arcos de islas, en comparación con los MORB y basaltos de intra-placa (BIP).

Fig. 15-9. Variación relaciones de isótopos de Nd vs. Sr de los arcos de islas en comparación con los MORB y basaltos islas oceánicas (OIB).

Las relaciones $^{147}Nd/^{144}Nd$ y $^{87}Sr/^{86}Sr$ (Fig. 15-9) muestran el campo de variación de los mismos, en relación con los MORB, mostrando tendencias negativas hacia el manto y se sobreponen parcialmente con los OIB, que podrían derivar por fusión parcial de manto enriquecido, no modificado por los componentes de la zona de subducción.

Los isótopos de Pb tienen características particulares en los AI y permiten identificar los componentes sedimentarios en sus petrogénesis, ya que la concentración en los sedimentos oceánicos es alta y diferente de los fundidos del manto lherzolítico, lo que hace muy sensitivo al método aún para pequeños grados de contaminación (<10%). En la proyección de las relaciones $^{207}Pb/^{204}Pb$ versus $^{206}Pb/^{204}Pb$, los magmas de AI tienen relación mayor de $^{207}Pb/^{204}Pb$ que los MORB y se sobreponen parcialmente con el campo de los sedimentos oceánicos. Los AI, se proyectan en parte con el campo MORB – OIB, indicando componentes sedimentarios involucrados en la petrogénesis.

Modelos petrogenéticos

Los ambientes de zonas de subducción son las provincias tectónicas más complejas de la tierra y muchos de los procesos que tienen lugar son incompletamente entendidos. Teóricamente, los AI deberían representar a los tipos menos complicados de magmatismo relacionado a subducción, específicamente, porque no existiría contaminación por material cortical en los magmas durante el ascenso.

Las placas de subducción litosfera oceánica fría, transportadas dentro del manto están compuestas por:

a. Litosfera oceánica de lherzolita de manto, variablemente deprimida.

b. Corteza oceánica (basalto y gabro), generados en la dorsal medio-oceánica, que son metamorfizados hidrotermalmente.

c. Cuerpos de serpentina.

d. Sedimentos oceánicos.

Durante la subducción, la corteza fría es progresivamente calentada por conducción desde el manto que la rodea y por calentamiento por fricción de las superficies de las placas. Con el incremento de presión y temperatura, se producen reacciones metamórficas de progrado con participación de fluidos acuosos y los componentes basálticos son convertidos a facies de zeolitas, esquistos verdes, esquistos azules, anfibolitas y eclogitas.

Los modelos petrogenéticos consideran que los magmas andesíticos se generan por fusión parcial de la corteza oceánica subductada. Pero también incluyen los fenómenos de multi-fuentes y multi-estadios, que involucran a las cuñas de manto. La generación de los magmas, en general, comienza en los lugares donde la temperatura excede al sólido de las rocas.

Las fuentes potenciales de magmas de arcos de islas son:

1. El manto acuñado encima de la loza subductada, que tiene dos componentes: A) De 40 a 70 km de espesor, la litosfera oceánica está deprimida por la extracción de los MORB que allí se generan y estaría formada por lherzolitas y harzburgitas, que son refractarias a fundirse aún en presencia de fases fluidas. B) Una zona de manto superior astenosferica de espesor variable que depende de la geometría del arco. Las lherzolitas de esta zona serían más fértiles que la litosfera que la sobreyace. En general, si el ángulo de subducción es bajo, no hay cuña astenosferica encima de la loza y el volcanismo no se produce.

2. Corteza oceánica, constituida por dos componentes: A) Gabros y basaltos de fondo oceánico, con metamorfismo variable. B) Sedimentos oceánicos formados por arcillas pelágicas, carbonatos y sedimentos clásticos continentales.

3. Agua de mar: provee parte del H_2O presente en los magmas de los AI y es incorporada durante la alteración hidrotermal de la corteza oceánica, en el metamorfismo de fondo oceánico y también por la circulación del agua de mar dentro de la corteza del arco de islas.

En general se considera que los magmas de AI, se generarían por la fusión parcial de:

1. Anfibolita, con o sin fase fluida.

2. Eclogita, con o sin fase fluida.

3. Lherzolita, con fase fluida.

4. Lherzolita, modificada por reacción con magmas silíceos hidratados derivados por fusión parcial de la loza subductada.

Los fluidos de la loza oceánica subductada actúan, más como un activador catalítico de la generación de magmas, que como fuente primaria de los magmas, aceptándose que muchos de los magmas basálticos erupcionados en los arcos de islas oceánicas, se habrían generado por fusión parcial de la cuña de manto, por encima de la loza litosferica subductada.

El manto astenosférico muestra heterogeneidades composicionales, que serían anteriores a la subducción, en las que interviene una mezcla de MORB + OIB, en los procesos de generación del magma. La fusión parcial contiene los elementos mayores, menores y los isótopos de Sr, Nd y Pb, con valores similares a los MORB y OIB, a los que se agrega material sedimentario y circulación de fluidos derivados de las reacciones de deshidratación y de fluidos ricos en SiO_2, para producir fundidos andesíticos.

La circulación de agua marina durante los estadios tempranos de desarrollo del arco, origina alteraciones hidrotermales que enriquecen al reservorio en las relaciones $^{87}Sr/^{86}Sr$, y que pueden contaminar a los magmas acumulados en las cámaras magmáticas durante los estadios tardíos de desarrollo. Isotópicamente, los efectos de esta contaminación son difíciles de distinguir de los fluidos acuosos que ascienden desde la corteza oceánica subductada, lo que solo puede ser resuelto mediante los isótopos de oxígeno.

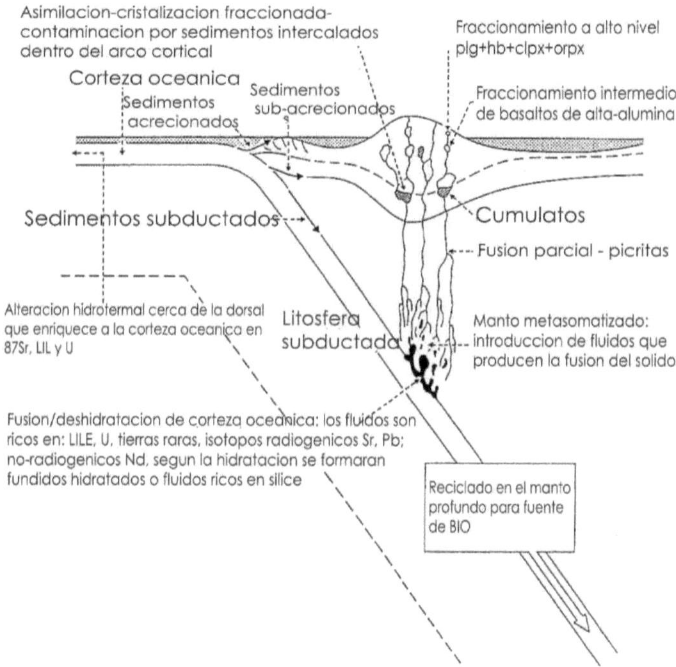

Fig. 15-10. Esquema de los procesos involucrados en la generación de magma en la zona de colisión de placas oceánicas.

Las composiciones de magmas evolucionados, como los andesíticos, son tan diversas que un único proceso de generación magmática no puede explicar el amplio rango de variación química. La cristalización fraccionada se considera como el proceso más importante en la evolución magmática e involucra a plagioclasa, olivino, clino-piroxeno, orto-piroxeno, magnetita y anfíbol (Powell 1978). Asimismo los experimentos de Sekine y Wyllie (1982 a-b) demuestran que es posible la generación de magmas primarios más ricos en SiO_2 que los basaltos, desde una fuente mantélica metasomatizada, a los que se le agrega la formación de magmas más ácidos por contaminación con sedimentos terrígenos.

Las boninitas, que son andesitas altas en MgO, serían derivadas de una fuente de harzburgita ultra-deprimida, con enriquecimiento en los elementos incompatibles K, Ba, Rb y Sr, que habrían sido agregados a las harzburgitas antes de la fusión y que tendrían aporte del manto litosférico. La Fig. 15-10 muestra esquemáticamente los procesos que operarían durante la generación del magma en la zona de colisión de placas oceánicas.

Lecturas seleccionadas

Cross, T.A., y Pilger, Jr. R.H. 1982.Controls of subduction geometry of magmatic arcs, and tectonics of arc and back-arc regions. Bull. Geol.Soc. Am. 93: 545-562.

Gill, J.B. 1981. Orogenic andesites and plate tectonics. Berlin: Springer-Verlag.

Jarrard, R.D. 1986. Relations among subduction parameters. Rev. Geophys. 24: 217-284.

Pearce, J.A. 1982. Trace element characteristics of lavas from destructive plate boundaries. In: Andesites: orogenic andesites and related rocks. Thorpe, R.S. (ed.), 525-548. Chichester: Wiley.

Powell, M. 1978. Crystallizations conditions of low-pressure cumulate nodules from the Lesser Antilles island arc. Earth Planet. Sci. Lett. 39: 162-172.

Sekine, T., y Wyllie, P.J. 1982 a. Phase relationships in the system $KAlSiO_4 - Mg_2SiO_4 - SiO_2 - H_2O$ as a model for hybridization between hydrous siliceous melts and peridotite. Contrib. Mineral. Petrol. 79: 368-374.

Sekine, T., y Wyllie, P.J. 1982 b. The system granite – peridotite – H2O at 30 kbar, with applications to hybridization in subduction zone magmatism. Contrib. Mineral. Petrol. 81: 190-202.

Thorpe, R.S. (ed.) 1982. Andesites. Chichester: Wiley.

Uyeda, S. 1982. Subduction zones: an introduction to comparative subductology. Tectonophysics 81: 133-159.

Wilson, M., y Davidson, J.P. 1984. The relative roles of crust and upper mantle in the generation of oceanic island arc magmas. Phil. Trans. R. Soc. Lond. A310: 661-674.

Wilson, M. 1991. Igneous Petrogenesis. Harper Collins Academic, 466 pp.

| Elementos básicos de petrología ígnea | Miscelanea 18: 279-292
Tucumán, 2010 -ISSN 1514 - 4836 - ISSN on-line ISSN 1668 - 3242 |

Capitulo 16
Magmatismo de margenes continentales activos

Introducción

La subducción de placas oceánicas por debajo de placas continentales, genera un magmatismo calco-alcalino particular, como ocurre en las costas occidentales de América, Japón, Sumatra, Alaska, Nueva Zelandia y las islas Aegean (Fig. 16-1).

Las andesitas orogénicas son típicas tanto de los arcos de islas como de los márgenes continentales activos (MCA), aunque la circulación de los magmas a través de la corteza continental, agrega complejidades a las interpretaciones petrogenéticas. Los magmas calco-alcalinos son dominantes, pero varían entre bajos en K, altos en K y shoshonitas. Además, lavas alcalinas suelen presentarse en asociación con el volcanismo calco-alcalino, aunque constituyendo zonas separadas dentro del cinturón volcánico y pueden haberse formado en un régimen de extensión similar a las cuencas de trans-arco.

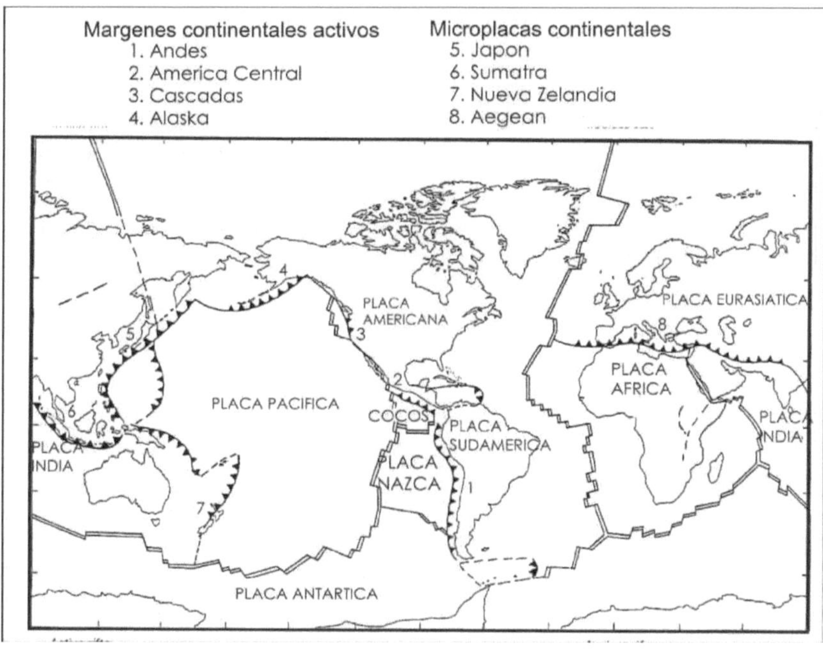

Fig. 16-1. Márgenes continentales activos con zonas de subducción (modificado de Wilson 1991).

Una diferencia fundamental entre las series de los AI y los MCA, es que en estos últimos predominan los magmas ricos en sílice (dacitas y riolitas), al igual que las rocas piroclásticas (ignimbritas), que estarían asociadas con zonas de corteza continental engrosada.

Químicamente los volcanes de MCA tienen en comparación con los AI, mayor concentración de K, Sr, Rb, Ba, Zr, Th y U, con altas relaciones K/Rb y Fe/Mg y un amplio rango de variación de isótopos de $^{87}Sr/^{86}Sr$, $^{143}Nd/^{144}Nd$ y Pb. Estas características se deberían a la participación de corteza y a las variaciones del manto subcontinental en la petrogénesis de los magmas. En los MCA la distribución y volumen del magmatismo es controlada por el ángulo y velocidad de subducción de las placas.

La Cordillera Andina de Sudamérica se extiende a lo largo de 10.000 km, sobre el margen oeste del continente, desde el Mar Caribe hasta el Mar de Scotia, siendo la cadena montañosa más larga del mundo y está integrada por segmentos que buzan desde <10° hasta ~30° y con velocidades de subducción de ~10cm/año (Fig. 16-2).

	Zona volcánica S (45 – 33°)	Zona volcánica Central (26 – 18°S)	Zona volcánica N (2 – 5°N)
Angulo zona sísmica	<25°	25-30°	20-30°
Profundidad zona sísmica	90 km	140 km	140 km
Elevación cortical máxima	2000-4000 m	5000-7000 m	4000-6000 m
Espesor cortical	30-35 km	50-70 km	40 km
Edad cortical	Mesozoico-Cenozoico	Precámbrico-Paleozoico	Cretácico- Cenozoico
Composición volcánica	Basalto, con andesita, dacita	Andesita-dacita con ignimbrita riolítica	Andesita basáltica a andesita
SiO_2 (% peso)	50 - 69	56 - 66	53 – 63
K_2O (% peso)	0,4 - 2,8 (series mediano K)	1,4 - 5,4 (series alto K)	1,4 – 2,2 (series mediano K)
$\delta^{18}O$	5,2 – 6,8	6,8 – 14,0	6,3 – 7,7
$^{87}Sr/^{86}Sr$	0,7037 – 0,7044	0,7054 – 0,7149	0,7036 – 0,7046
$^{206}Pb/^{204}Pb$	18,48 – 18,59	17,38 – 19,01	18,72 – 18,99
$^{207}Pb/^{204}Pb$	15,58 – 15,62	15,53 – 15,68	15,59 – 15,68
$^{208}Pb/^{204}Pb$	38,32 – 38,51	38,47 – 39,14	38,46 – 38,91

Tabla 16 -1. Caracteres geológico-tectónicos de zonas volcánicas Cenozoicas de los Andes.

Una característica de los Andes es la asociación espacial de rocas plutónicas y volcánicas calco-alcalinas. Estas varían de gabros y dioritas, a tonalitas, granodioritas y granitos, mostrando todas ellas, rangos similares de variación (Tabla 16-1).

Estructura de los márgenes continentales activos

Cuatro variables interdependientes controlan la geometría de las zonas de subducción, que son:

1. Velocidad de convergencia relativa de las placas.

2. Dirección y velocidad absoluta de movimiento de la parte superior de la placa.

3. Edad de las placas que se subductan.

4. La subducción de cinturones asísmicos, plateau oceánicos o cadenas de islas de intraplaca.

Los efectos que causan, pueden ser aditivos o neutralizarse entre si. En general un ángulo bajo de subducción resulta de la combinación, de rápido movimiento hacia el trench y relativamente rápida convergencia, con subducción en la litosfera oceánica joven de baja densidad. Esto produce, o una separación del arco magmático, o una cesación del magmatismo relacionado con la subducción y el desarrollo de un régimen compresivo, tanto en el arco como detrás del mismo.

En contraste una subducción de alto ángulo es el resultado de la combinación de movimiento de placa lento, con baja velocidad de convergencia y subducción en una litosfera oceánica más antigua y densa. Esto produce un arco magmático próximo al trench y una tectónica extensional al comienzo del arco. Perfiles de arcos de islas y del margen Andino se muestran en Fig. 16-3.

Reservorios de magma en la corteza

Evidencias de la existencia de reservorios someros de magma en la corteza por debajo de los volcanes activos, son aportadas por:

1. Datos geofísicos.

2. Evidencias petrológicas de fraccionamiento cristalino a baja presión y la evolución geoquímica de los magmas.

3. Presencia de plutones por debajo de complejos volcánicos erosionados.

Las evidencias geofísicas detectan cuerpos de magmas, por el brusco descenso de velocidad de las ondas símicas y cambios en la conductividad eléctrica, que se da por la fusión parcial de rocas.

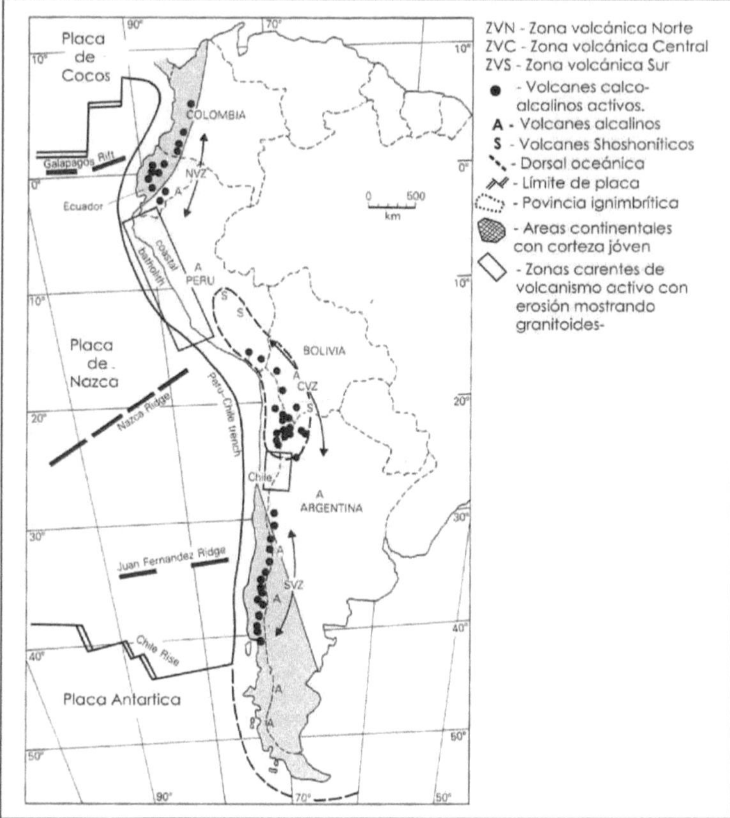

Fig. 16-2. Distribución de los volcanes activos en la Cordillera de los Andes (Harmon et al. 1984; Thorpe et al. 1982, 1984).

En los márgenes continentales activos, las rocas plutónicas y volcánicas, varían en composición desde basalto (gabro) a riolita (granito), que definen buenas correlaciones lineales en los diagramas de variación de Harker, sugiriendo que los magmas más ácidos derivarían por cristalización fraccionada de olivino, plagioclasa, piroxeno, magnetita y anfíbol, de magmas originales basálticos. En las suites volcánicas los isótopos de Sr-Nd-Pb, sugieren poca contaminación cortical, que se interpreta, como reflejo del descenso de temperatura de los líquidos. Por otra parte muchos magmas andinos muestran caracteres geoquímicos que reflejan procesos combinados de asimilación y cristalización fraccionada.

Una de las evidencias más utilizadas como prueba de la existencia de cámaras magmáticas someras, es dada por las raíces de áreas volcánicas erosionadas, que pasan a cuerpos granitoides, que habrían cristalizado a <10 km, como los batolitos de la Costa del Perú, que se extienden por 1.600 km de largo, con un ancho de 60 km, paralelamente a la elongación del trench. Comprende más de 1.000 plutones intruidos en 70 Ma, entre los 100 y 30 Ma. Estas rocas plutónicas coinciden espacialmente con dos grupos de rocas volcánicas. El Grupo Casma de 100 Ma y el Grupo Calipuy del Terciario inferior, que se sobrepone al

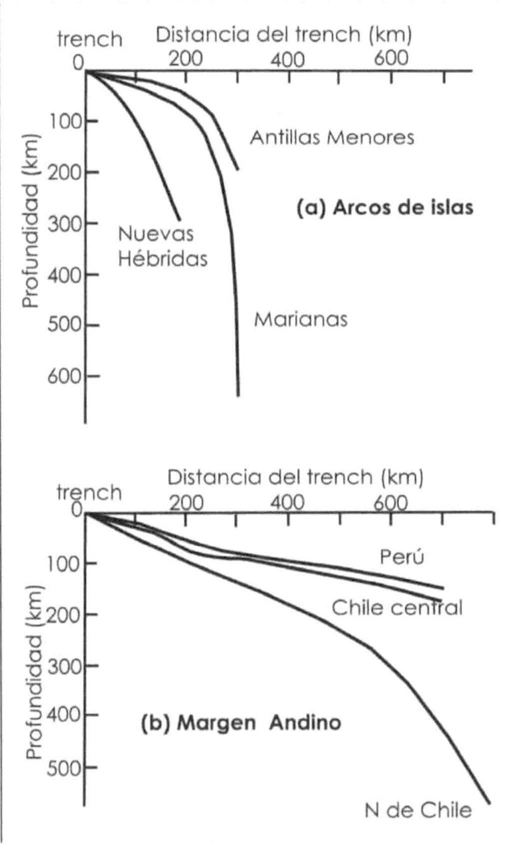

Fig. 16-3. Perfiles de la zona de Benioff correspondientes a arcos de islas y al margen continental andino.

batolito. Las rocas plutónicas del batolito está formado por: 16% de volumen de gabro y diorita; 58% de tonalitas y granodioritas; 25,5% de adamellita y 0,5% de granito. Los magmas de los batolíticos parecen haber sido canalizados a lo largo de aberturas abiertas en la misma cuenca marginal. En niveles más altos de la corteza, el emplazamiento es por combinación de levantamiento de techo y subsidencia de techo de caldera y la forma de los plutones está controlada por patrones de fracturas inducidas que en su mayoría tienen forma circular a elongada. La Fig. 16-4 muestra una sección esquemática de la forma de intrusión de los plutones del batolito de la Costa del Perú (Pitcher 1985).

Características petrográficas de las rocas volcánicas y plutónicas

Los magmas erupcionados en los MCA, son químicamente similares a los magmas de los arcos oceánicos (toleíticos, calco-alcalinos, calco-alcalinos altos en K, y shoshoníticos). Pero en los MCA predominan los magmas calco-alcalinos que constituyen el grueso de los cinturones de batolitos.

Los minerales más comunes que forman las rocas plutónicas y volcánicas son: plagioclasas, feldespatos alcalinos, cuarzo, piroxenos, anfíboles, biotita y magnetita. Titanita y apatita son accesorios comunes.

Las rocas volcánicas más comunes son las andesitas y las riolitas.

ANDESITAS (Hall 1987)

Se presentan en asociaciones con basaltos, dacitas y riolitas en los volcanes de arcos de islas y márgenes continentales orogénicos. En los arcos de islas, que no tienen corteza continental, están asociadas con abundantes basaltos y escasas dacitas y riolitas. En regiones volcánicas, con corteza continental, los basaltos son menos abundantes y las dacitas y riolitas son más voluminosas.

Las andesitas típicas tienen como minerales esenciales hornblenda y plagioclasa y son pocas las rocas descritas como andesitas, fuera de los arcos de islas y márgenes continentales. Algunas rocas intermedias han recibido el nombre de andesitas, como en Islandia y Hawai, pero ellas son diferentes a las andesitas orogénicas, ya que no contienen hornblenda y son más bajas en Al_2O_3. Algunas rocas asociadas con basaltos alcalinos y traquitas, han sido clasificadas como traquibasaltos, hawaitas y mugearitas. Otras asociadas con toleítas y riolitas se denominan icelanditas.

Las andesitas y dacitas se dividen en variedades bajas, medianas y altas en K, usando los diagramas K_2O vs. SiO_2, y K_2O vs. FeO/MgO (Peccerillo y Taylor, 1976). Carmichael (1964) define: ".. la icelandita difiere de la andesita orogénica en que es más pobre en alúmina y más rica en hierro.."

Los esquemas petrogenéticos invocan las características composicionales y ocurrencias geológicas de las andesitas, aunque no hay acuerdo sobre sus orígenes.

El hecho de que las andesitas calco-alcalinas no han sido erupcionadas en volcanes en cuencas oceánicas y que se desarrollan a lo largo de márgenes continentales, o en arcos de islas donde la subducción alcanza a la corteza continental por debajo de las cadenas volcánicas, es una evidencia importante del carácter distintivo de estas rocas, como producto de interacción entre magma basáltico derivado del manto y componentes más félsicos de la corteza.

La alta proporción de rocas con composiciones intermedias reflejaría la contribución de componentes félsicos y la falta de enriquecimiento en hierro puede ser debido al estado oxidado del material cortical que incrementa la proporción de Fe^{+3} y permite que magnetita precipite en estadios tempranos de cristalización. Las investigaciones detalladas de suites calco-alcalinas muestran que este proceso puede haber ocurrido. Por ejemplo el estudio de las lavas del Paricutín (Méjico) entre 1943 y 1952. Durante este período, 1,4 Km3 de magma fue erupcionado en condiciones que permitieron un muestreo continuo. El contenido de SiO_2 de las lavas se incrementó desde el 54% para los más antiguos hasta el 60%, nueve años después. Al mismo tiempo el olivino decreció en abundancia y desarrolló anillos de reacción de piroxeno. Los fenocristales de plagioclasa desaparecieron y el hipersteno aumentó en cantidad. Estos cambios progresivos en la composición de las lavas, pudo ser explicado por combinación de fraccionamiento y asimilación de rocas del basamento, que se encuentran en todos los estadios de fusión e incorporación. Los magmas que asimilan gran cantidad de rocas continentales félsicas deberían producir correspondientemente grandes proporciones de: andesitas, dacitas o riolitas, que son ricas en los componentes de la litósfera continental.

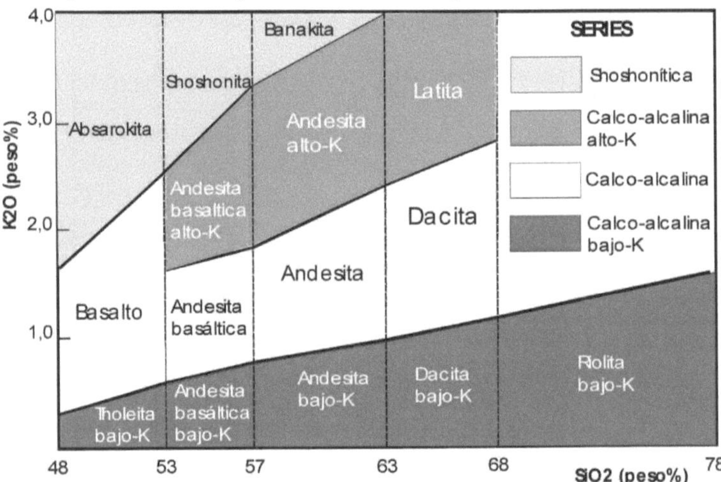

Fig. 16-4. Diagrama K_2O vs. SiO_2 (en peso%) mostrando las tendencias evolutivas mayores, correspondientes a las series: shoshonítica, calco-alcalina alta en potasio, calco-alcalina y baja en potasio (Wilson 1991).

Asimismo, los magmas básicos que pasan a través de la corteza continental fría pierden calor y cristalizan progresivamente en su camino a la superficie, esto ocasiona un ascenso más lento a través de la corteza continental menos densa y tienen más tiempo para diferenciarse. Así la corteza continental constituye una barrera que inhibe que los magmas máficos densos a altas temperaturas alcancen la superficie.

En los arcos de islas y márgenes continentales activos, los basaltos asociados con andesitas muestran distribución composicional sistemática. Los ubicados del lado oceánico de un arco o margen continental son toleíticos; mientras que los que están fuera del océano son altos en alúmina. Jakes y White (1972) encuentran que la asociación de andesitas y dacitas varían en forma similar, lo que permite su agrupación en tres asociaciones:

1. Asociación toleítica: basalto toleítico - andesita toleítica (icelandita) - dacita toleítica.
2. Asociación calco-alcalina: basalto calco-alcalino (alto en Al_2O_3)- andesita basáltica -

andesita - dacita.

3. Asociación shoshonítica: basalto shoshonítico (absarokita) - andesita shoshonítica (banakita) - dacita shoshonítica (latita).

La diferencia química más importante entre las tres series es su contenido en K_2O, que muestra un progresivo aumento con la profundidad. En los arcos volcánicos los basaltos y riolitas se vuelven más ricas en K_2O, para contenidos particulares de SiO_2.

RIOLÍTAS

Se relacionan con los diferentes tipos de granitos e integra la serie de rocas volcánicas "basalto-andesita-dacita-riolita". En general son rocas leucocráticas constituidas esencialmente por cuarzo y feldespatos alcalinos.

La subcomisión de rocas ígneas, de la IUGS, aconseja la utilización del diagrama TAS ($Na_2O + K_2O$ vs. SiO_2) para su clasificación y para dividir a las riolitas en bajas, medianas y altas en K, usando el diagrama K_2O vs. SiO_2 (Peccerillo y Taylor 1976). También subdivide a las riolitas en tipos normal y peralcalino, si la proporción molecular de $Na_2O + K_2O / Al_2O_3$ > 1. Las riolitas peralcalinas puede a su vez ser divididas en comenditas y pantelleritas usando el diagrama Al_2O_3 vs. FeOT, según la relación Al_2O_3 > ó < 1,3 FeO + 4,4 (Mcdonald 1974). En ciertas áreas las riolitas son separadas en grupos usando su contenido de CaO (menor al 1% de CaO alcalinas o mayor al 1% calco-alcalinas). Las alcalinas tienen concentraciones más altas de F, Cl, Nb, Ta, Zr, Mo y Cd.

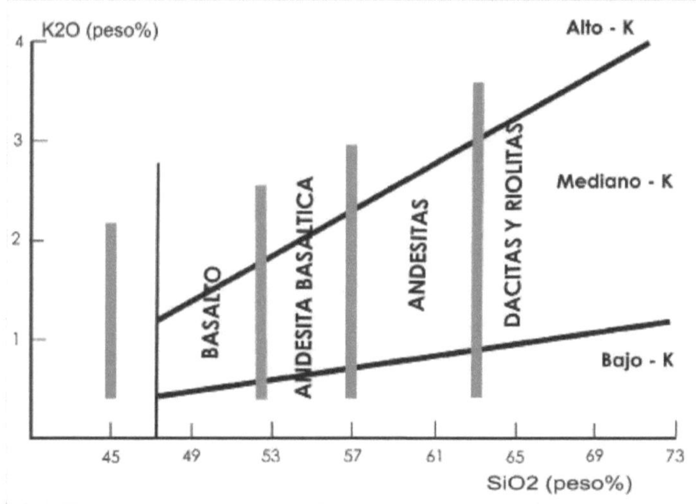

Fig. 16-5. División de las volcanitas en relación al K_2O. Las líneas en gris definen los campo de la claificiación TAS, según el contenidos de SiO_2 (Peccerillo y Taylor 1976).

Las riolitas pueden tener distintos orígenes, por lo que para su interpretación se deben realizar preguntas como: ¿Puede la corteza continental engrosada hospedar por largos períodos magmas máficos mantélicos, aislados del exterior, para producir diferenciaciones que permitan formar riolitas? o ¿Los magmas máficos se contaminan con material cortical para producir fundidos riolíticos? o ¿Los magmas máficos pueden aportar suficiente energía térmica a la corteza continental, para producir fundidos riolíticos?

Los magmas basálticos y andesíticos derivados del manto de las Islas Tonga-Kermadec han sufrido fraccionamiento cristal-líquido, produciendo magmas dacíticos (Ewart et al. 1977). Estos autores sostienen también, que magmas máficos similares derivados del manto, en el arco de Nueva Zelandia, fueron contaminados por material siálico produciendo andesitas y basaltos. La residencia de los magmas máficos en la corteza continental inferior por tiempo suficiente como para contaminarse, está sujeta a tener suficiente temperatura para ser transferida a la roca de caja siálica, creando fundidos parciales riolíticos de baja temperatura.

Los isótopos de Sr y los elementos trazas, indican la generación magmas riolíticos por fusión parcial de grauvacas y lutitas, con R.I. de Sr = 0,705 - 0.718. Dacitas de composición intermedia fueron posiblemente originadas por mezcla de magmas máficos y riolíticos, o tal vez por fraccionamiento líquido-cristal desde magmas máficos.

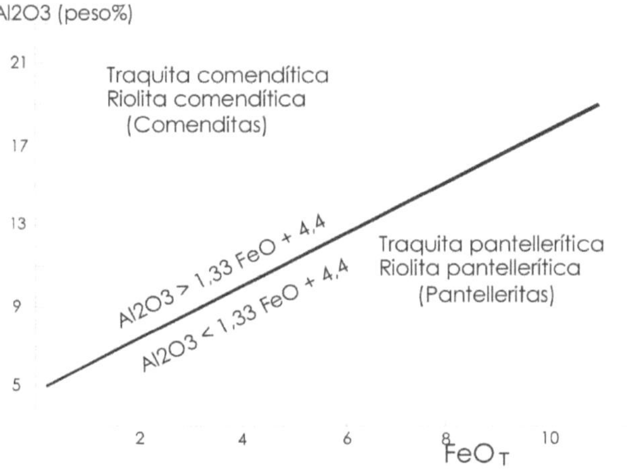

Fig. 16-6. Separación de los campos de las traquitas y riolitas alcalinas en comenditas y pantelleritas (Macdonald 1974).

La mayoría de las investigaciones apoyan la hipótesis de un origen cortical como fuente de las riolitas, pero los isótopos de oxígeno lo ponen en duda, porque el $\delta 18O$ de las riolitas es de (+7 a +9), que es más baja, que el de rocas sedimentarias corticales, que es de (+7 a +15).

Composición química de los magmas

Las series de magmas reconocidas en MCA son: calco-alcalinos altos en K y shoshoniticas. Los altos contenidos en K_2O pueden reflejar el aumento de contaminación cortical. Asimismo las suites alcalinas se presentan del lado continental del frente volcánico, variando desde basaltos medianamente alcalinos a basanitas leucíticas. Estos magmas no necesariamente están relacionados a la subducción y pueden generarse a consecuencia de tectónica extensional en el trans-arco de la región. Los tipos litológicos más comunes son basaltos, andesitas basálticas, andesitas, dacitas y riolitas.

ELEMENTOS MAYORES

La Fig. 16-5 A, muestra el diagrama K_2O vs. SiO_2 de rocas volcánicas de distintas zonas de los Andes, que se proyectan en los campos de alto y mediano potasio, atribuible a contaminación cortical, que los diferencian de los AI.

Los procesos de cristalización fraccionada muestran tendencias lineales coherentes en los diagramas de Harker, por ejemplo Fig. 16-5B, muestra las variaciones de MgO, CaO y Al_2O_3 % peso versus SiO_2 % peso, para rocas plutónicas de Batolitos de la Costa del Perú.

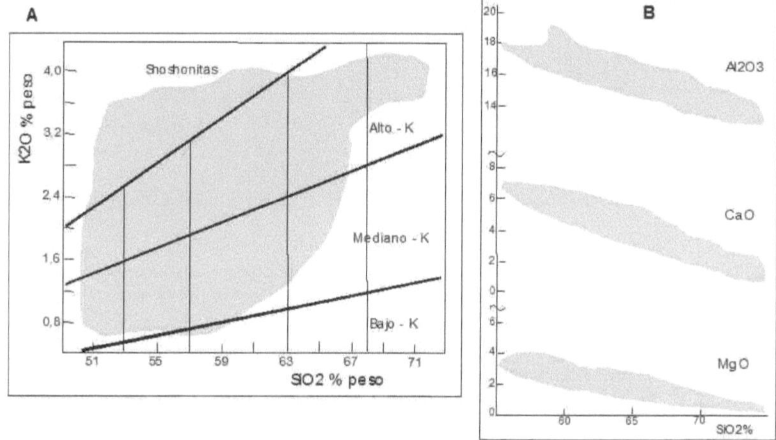

Fig. 16-7. A) Proyección del volcanismo andino, mostrando la amplia dispersión composicional en el diagrama. B) Variación de Al_2O_3, CaO y MgO vs. SiO_2 en el Batolito de la Costa de Perú (Peccerillo y Taylor 1976).

%	Basalto	Andesitas basálticas	Andesitas	Gabro	Diorita	Granodiorita	Granito
SiO_2	51,05	53,90	59,89	49,84	58,65	69,04	75,58
TiO_2	1,14	1,27	0,95	0,94	0,81	0,42	0,22
Al_2O_3	18,57	17,50	17,07	24,92	16,84	15,03	13,35
Fe_2O_3	3,42	3,13	3,31	1,27	2,76	1,37	0,90
FeO	5,48	5,39	3,00	4,03	4,63	1,77	0,43
MnO	0,16	0,15	0,12	0,13	0,15	0,07	0,05
MgO	5,54	5,35	3,25	2,65	3,66	1,21	0,69
CaO	8,87	7,68	5,67	10,58	6,01	2,85	1,41
Na_2O	3,98	3,67	3,95	2,73	2,85	3,49	3,96
K_2O	1,42	1,62	2,47	0,64	2,16	4,07	3,90
P_2O_5	0,38	0,35	0,31	0,12	0,17	0,10	0,03
ppm							
Rb	49,9	45,4	75,4	19	70	159	144
Ba	345	676	886	259	564	741	595
Sr	6,08	644	648	431	352	237	104
Zr	162	179	195	27	120	191	85
La	16,3	24,6	38	7	14	18	14
Ce	41,6	51,3	66,8	28	37	38	34
Y	31	25,4	12,2	15	25	22	21
Yb	2,29	2,32	1,94	--	--	--	--
Cu	30	49,6	40	--	--	--	--
Ni	57,9	67,4	38,6	7	10	7	14
Co	29,6	30,5	18,6	15	20	8	3
Cr	67,9	202	48,4	11	16	6	3
V	187	220	125	163	196	65	18
Nb	---	12,5	--	--	--	--	--
Pb	--	--	--	9	15	14	12
Hf	2,9	3,67	5,46	--	--	--	--

Tabla 16-2. Análisis de rocas andinas, efusivas y plutónicas

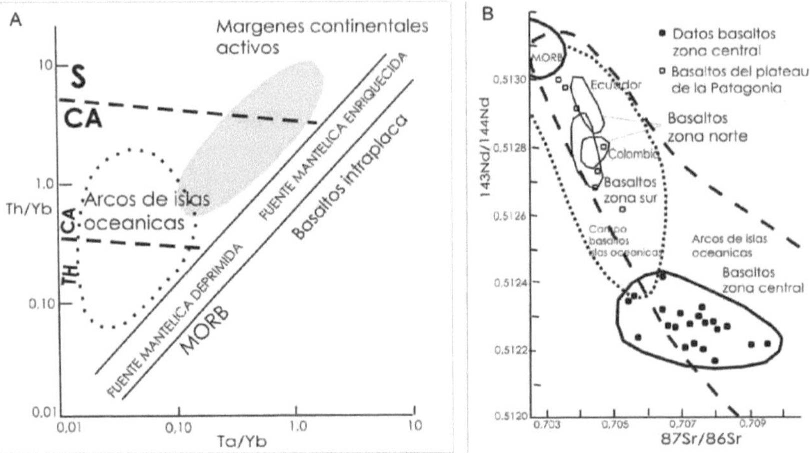

Fig. 16-8. A) relaciones Th/Yb vs. Ta/Yb, mostrando las diferencias entre los basaltos de MCA y AIO según su fuente mantélica. B) relaciones de isótopos de Nd vs. Sr, para distintas zonas de volcanismo activo de los Andes.

ELEMENTOS TRAZAS

Los basaltos de AI se caracterizan por el enriquecimiento de elementos de bajo potencial iónico (Sr, K, Rb, Ba, Th) y baja concentración de elementos de alto potencial iónico (Ta, Nb, Ce, P, Zr, Hf, Sm, Ti, Y, Yb, Sc, Cr) en comparación con los MORB-N. El enriquecimiento en elementos de bajo potencial iónico se atribuye a metasomatismo en la fuente de los basaltos, por fluidos relacionados a la loza subductada. Mientras que la depresión de los elementos de alto potencial iónico, se debería al alta fusión parcial y a la estabilidad de las fases residuales del manto. En el borde andino la participación de contaminación cortical, es difícil de predecir por la variada composición del material involucrado. Es posible que el agregado de material cortical al fundido basáltico, produzca la variación desde andesitas basálticas, a andesitas y riolitas. En general en los MCA, los magmas muestran enriquecimiento en los elementos trazas incompatibles, en comparación con los basaltos de AIO, que reflejarían efectos combinados de derivación de una fuente de manto enriquecido y contaminación cortical. En la Fig. 16.8 A, se proyecta las relaciones Th/Yb vs. Ta/Yb, mostrando las diferencias entre basaltos relacionados a subducción y los basaltos oceánicos derivados de una fuente deprimida o enriquecida.

ISÓTOPOS RADIOGÉNICOS

La relación $^{143}Nd/^{144}Nd$ versus $^{87}Sr/^{86}Sr$ de las rocas volcánicas se muestran en la Fig. 16-8 B y corresponden a las zonas norte, central y sur de los Andes, en comparación con los campos MORB, OIB y AIO. Los basaltos Cenozoicos del plateau de la Patagonia, han sido erupcionados en un ambiente de tectónica extensional, al este de la Cordillera de los Andes. En general los magmas tienen un alto rango de variación de toleiticos, a basaltos alcalinos y basanitas leucíticas, que no habrían sufrido contaminación cortical y manteniendo caracteres primitivos de alto contenido de MgO = 6 – 11%.

La variación de $^{207}Pb/^{204}Pb$ vs. $^{206}Pb/^{204}Pb$ de la Fig. 16-9, muestra las zonas volcánicas del norte, centro y sur de los Andes (plutónicas y volcánicas). Los datos definen una tendencia

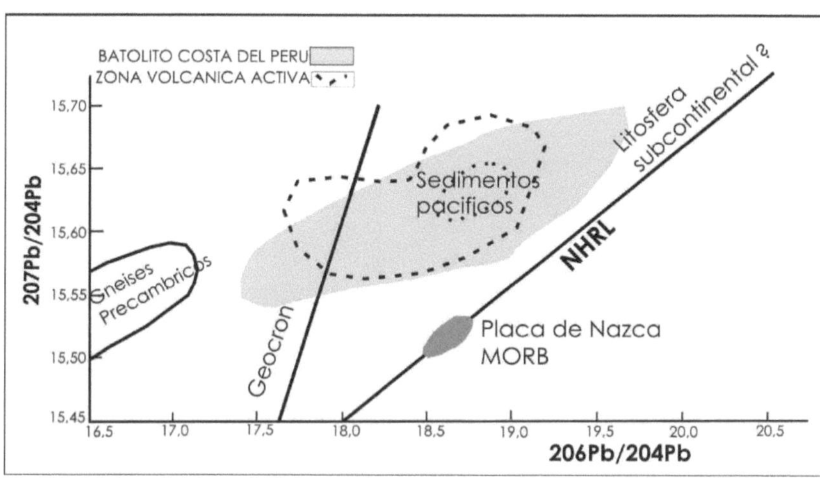

Fig. 16-9. Relaciones de isótopos de Pb de rocas plutónicas y volcánicas de los Andes.

lineal bastante diferente de los MORB + OIB. La superposición de los isótopos de Pb de las rocas volcánicas y plutónicas, indican conexión genética entre ambos ambientes.

Modelos petrogenéticos

Los procesos petrogéneticos discutidos para los AI son similares en el ambiente de MCA, a los que se le suma el pasaje de los magmas a través de la corteza continental. La Fig. 16-10 muestra en forma esquemática la estructura de un margen continental activo de una zona de la Cordillera de los Andes. En la subducción la litosfera oceánica fría es calentada por combinación de efectos de fricción y conducción térmica, que producen transformaciones metamórficas desde facies de esquistos verdes, pasando por anfibolitas hasta eclogitas. El progrado de metamorfismo involucra la deshidratación y los fluidos resultantes son liberados dentro del manto, produciendo el descenso del solidus y promoviendo la fusión parcial. Si la temperatura del solidus de la corteza subductada es excedida, se puede generar un fundido parcial ácido hidratado, que puede metasomatizar la cuña de manto y causar fusión parcial.

El espesor de la litosfera continental alcanza los 140 km (por debajo de los Andes), comparada con los 70-80 km de la litosfera oceánica. Asimismo la corteza continental tiene 50 km de espesor, en comparación con los 10 km de la corteza oceánica.

En el ambiente tectónico de los AI el volcanismo generalmente tiene lugar en la cuña astenosférica más fértil, por debajo de la loza oceánica. En los MCA, tienen lugar fenómenos similares, pero los procesos son más complejos, porque la litosfera oceánica está variadamente deprimida debido a eventos de generación de magmas en la dorsal medio oceánica y la litosfera continental puede haber sido metasomatizada y enriquecida, especialmente si ha formado parte de raíces continentales por un tiempo considerable.

Así los fluidos derivados de la loza pueden iniciar la fusión parcial en la litosfera subcontinental, agregando complejidad a la geoquímica de los isótopos y elementos traza de los magmas. Pearce (1983) considera que el manto subcontinental enriquecido (litosfera) juega un rol dominante en la petrogénesis de todos los basaltos generados en un MCA, más que la convección astenosférica.

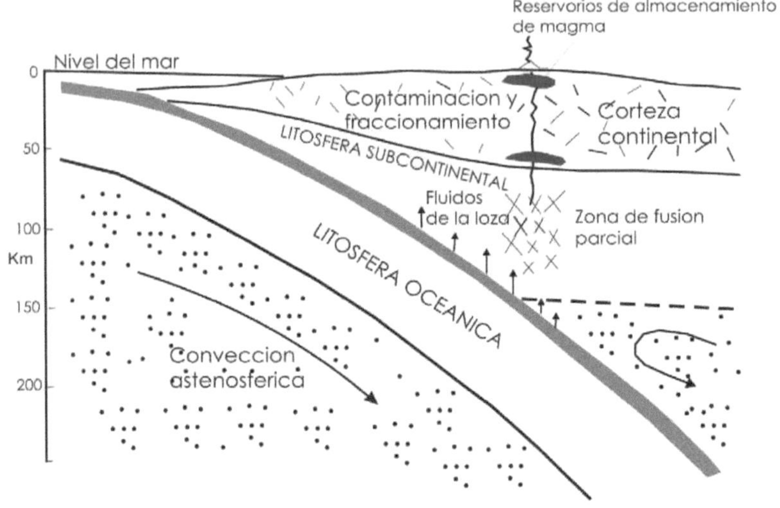

Fig. 16-10. Esquema de generación magmática en un margen continental activo.

Cualquier magma derivado del manto que pase a través de 50 km de corteza continental debe inevitablemente interactuar con dicha corteza, por procesos de asimilación y cristalización fraccionada.

En general se asume que los magmas primarios derivados del manto son de composición basáltica, aunque magmas más silicios pueden formarse por metasomatismo en el manto. El fraccionamiento cristalino de tales magmas a baja presión, combinado con la contaminación cortical, pueden formar tipos de rocas más evolucionadas.

Una característica particular que aparece en todas las instancias de subducción relacionadas con el magmatismo, es la transferencia de Sr, K, Rb, Ba, Th, Ce, P y Sm, a la cuña mantélica por procesos de fusión parcial o transportada por fluidos, que se asocian a la deshidratación de la loza subductada.

Una vez que los magmas primarios han sido generados por fusión parcial en la cuña de manto, ellos ascienden a través de la secuencia cortical, que es superior a los 70 km, en la que sufren contaminación. Estos magmas de MCA tienen signaturas isotópicas distintivas de Sr, Nd, Pb y O, que reflejan la composición específica de los componentes con los cuales interactúan. Ellos pueden ser corteza superior o inferior, corteza moderna o Precámbrica, cada una con sus diferentes caracteres isotópicos. Donde los magmas atraviesan corteza joven, los datos isotópicos de Sr, Nd y Pb, dan la impresión que el magma no estuviera contaminado, en razón que dichas rocas tienen caracteres isotópicos similares a los magmas derivados del manto. A esto se suman los efectos de la contaminación de los sedimentos terrígenos que entran en la placa que es subductada, introduciendo su propia signatura isotópica. Todo esto evidencia la complejidad de los procesos y la dificultad en separar los componentes actuantes.

Los magmas basálticos primitivos generados en la cuña mantélica, ascienden porque son menos densos, hasta que el contraste de densidad se hace nulo, con las rocas de caja. En los AIO esto puede acontecer a pocos kilómetros de la superficie, mientras que en los ambientes de MCA, esto ocurre en la corteza profunda, en las proximidades del Moho (límite corteza-manto). La corteza continental, que es de densidad menor que la corteza oceánica, actúa como filtro, estancando los magmas, lo que produce que el fraccionamiento y la contaminación tengan lugar a niveles más profundos. La rareza comparativa de las lavas basálticas en los MCA, refleja la dificultad que estas tienen para poder atravesar la corteza continental, más que a la falta de magmas basálticos primarios en las áreas continentales.

Los AI oceánicos inmaduros jóvenes, se caracterizan por altas proporciones de rocas volcánicas máficas toleíticas, en que las composiciones isotópicas y elementos trazas reflejan que han derivado de un manto astenosférico deprimido con agregado de material derivado de la loza. En contraste, en los AI maduros y en los arcos de MCA, los magmas que están por debajo de una corteza espesa, erupcionan volúmenes mayores de rocas volcánicas silícicas. En estos arcos predominan los tipos calco-alcalinos y toleíticos, aunque se encuentren tipos shoshoníticos. Esta variación estaría reflejando los efectos petrogenéticos combinados de fuente mantélica enriquecida y contaminación cortical.

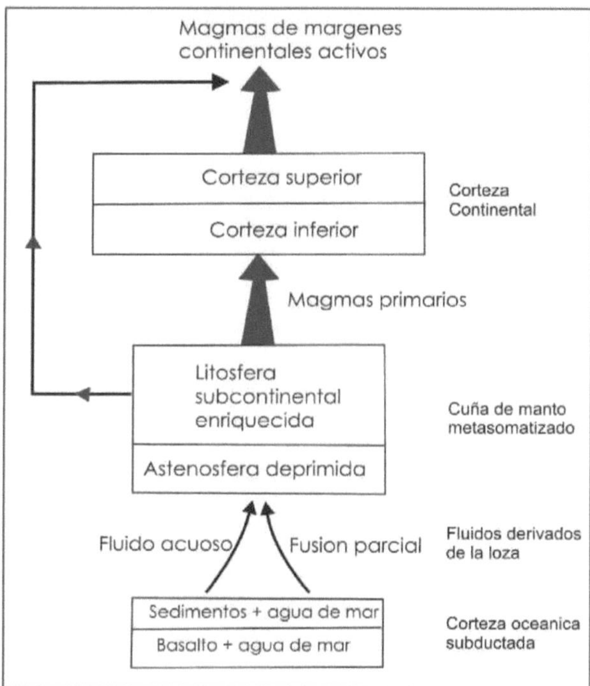

Fig. 16-11. Diagrama mostrando los componentes involucrados en la generación de magma en un MCA.

Así como en los AI, el magmatismo evoluciona con el tiempo, los repetidos flujos de magma causan el engrosamiento de la corteza y así la profundidad a la cual se quedan varados se incrementa, por lo que la característica toleítica o calco-alcalina de los arcos no significaría diferencias en el magma primario, sino diferencias en las condiciones de fraccionamiento. Por ejemplo la evolución de un magma basáltico que fracciona a profundidad somera, por encima del campo de estabilidad del anfíbol, será dominado por asociaciones anhidras que incluyen plagioclasa, olivino, ortopiroxeno, clinopiroxeno y magnetita, por lo que la evolución sigue la línea toleítica. Por otra parte, a mayor profundidad el fraccionamiento cristalino de magmas básicos hidratados, estará dominado por el anfíbol, que es fundamental para producir magmas calco-alcalinos.

En regiones particulares de arcos magmáticos de larga vida, el efecto térmico de los basaltos en la base de la corteza, puede causar fusión parcial (anatéxis), de los gneises de la corteza inferior, produciendo magmas silícicos, a los cuales se atribuye las erupciones de ignimbritas de los Andes. La Fig. 16-11 resume los procesos y fuente de los componentes involucrados en la petrogénesis de los magmas de un arco continental activo.

Lecturas Seleccionadas

Barazangui, M., e Isacks, B.L. 1976. Subduction of the Nazca plate beneath Peru: evidence from spatial distribution of earthquakes. Geophysics Journal R. Astron. Soc. 57: 537-555.

Harmon, R.S., Barreiro, B.A., Moorbath, S., Hoefs, J., Francis, P.W., Thorpe, R.S., Deruelle, B., McHugh, J., y Viglino, J.A. 1984. Regional O-, Sr- and Pb isotope relationships in late Cenozoic calc-alkaline lavas of the Andean Cordillera. J. Geol. Soc. Lond. 141: 803-822.

Pearce, J.A. 1983. The role of sub-continental lithosphere in magma génesis at destructive plate margins. In: Hawkesworth, C.J., y Norry, M.J.(eds.). Continental basalts and mantle xenoliths, 230-249. Nantwich: Shiva.

Peccerillo, A., y Taylor, S.R. 1976. Geochemistry of Eocene calc-alkaline volcanic rocks from the Katamonu area, northern Turkey. Contrib. Mineral. Petrol. 58: 63-81.

Pitcher, W.S. 1985. A multiple and composite batholiths. In: Pitcher, W.S., Atherton, M.P.,Cobbing, E.J., Beckensale, R.D.. (eds.). Magmatism and Plate Edge. The Peruvian Andes. Blackie. Glasgow. 19-40.

Thorpe, R.S. (ed.) 1982. Andesites: orogenic andesites and related rocks. Chichester: Wiley, 724 pp.

Thorpe, R.S., Francis, P.W., y O´Callaghan, L. 1984. Relative roles of source composition, fractional crystallization and crustal contamination in the petrogenesis of Andean volcanic rocks. Phil. Trans. R. Soc. London. A310: 675-692.

Wilson, M. 1991. Igneous Petrogenesis. Harper Collins Academic, 466 pp.

Elementos básicos de petrología ígnea

Miscelanea 18: 293-300
Tucumán, 2010 -ISSN 1514 - 4836 - ISSN on-line ISSN 1668 - 3242

Capitulo 17
Magmatismo en cuencas de retroarco

Introducción

Las cuencas de retro-arco (CRA) o marginales son cuencas semi-aisladas o series de cuencas ubicadas detrás de los sistemas de arcos de islas. Generalmente se acepta que estas tienen características extensionales y se producen por procesos de extensión del fondo oceánico, similares a los que tienen lugar en las dorsales medio-oceánicas. El origen extensional está avalado por el alto flujo calórico característico de estas cuencas y las series de lineaciones magnéticas, similares a las observadas en las cuencas oceánicas.

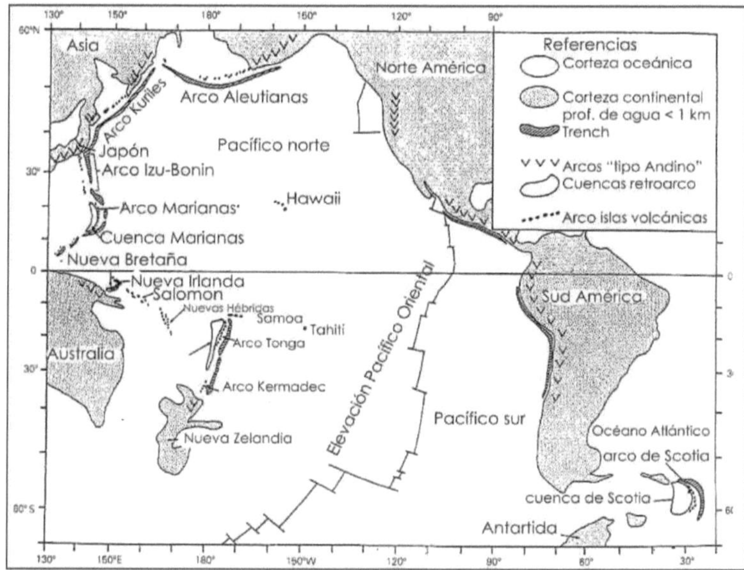

Fig. 17-1. Principales cuencas de retro-arco del Atlántico y Pacífico (modificado de Wilson 1991).

La Fig. 17-1 muestra las principales cuencas de retro-arco activas de los océanos Atlántico y Pacífico. La Tabla 17-1 muestra la duración de la distensión y la apertura total de cuencas de retro-arco activas.

Arco	Cuenca de retro-arco Asociada	Edad de inicio de la apertura (MA)	Velocidad de Apertura (cm*año^{-1})
Nueva Bretaña	Mar de Bismarck	3,5	13,2
Nuevas Hébridas	Plateau Fiji	10	7,0
Tonga	Cuenca Lau	6	7,6
Marianas	Cuenca Marianas	6-7	4,3
Andaman	Mar de Andaman	13	3,7
Sándwich del Sur	Mar de Scotia Oriental	8	5-7

Tabla 17-1. Listado de CRA, con las edades y velocidades de apertura.

Las CRA corresponden esencialmente a un fenómeno oceánico, aunque el régimen tectónico extensional tiene lugar en el lado continental, del frente volcánico en un margen continental activo. Asimismo aquí se genera nueva corteza oceánica. Por ejemplo rocas volcánicas alcalinas son erupcionadas al este de la cordillera de los Andes, debido a este fenómeno tectónico.

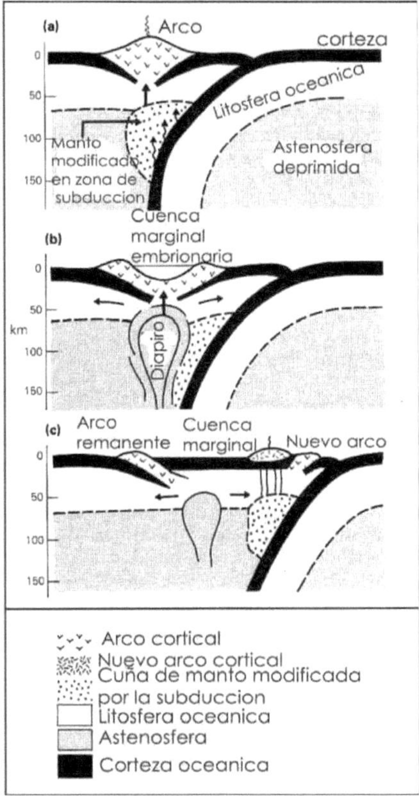

Fig. 17-2. Modelos de desarrollo de cuencas de retro-arco.
a- Magmatismo de arco de islas normal.
b- Diapiro astenosférico ascendente.
c- Ruptura del viejo arco por distensión.

Todas las áreas de CRA que presentan extensión se relacionan con zonas de alto ángulo de subducción y pareciera la extensión del retro-arco se produjera sólo donde la litosfera subductada es mas vieja que 80 Ma y en consecuencia mas fría y densa.

La extensión del fondo marino en las CRA es claramente diferente de las dorsales medio oceánicas, por que aquí la distensión está relacionada con la subducción. Asimismo los modelos petrogenéticos de formación de magmas tienen diferencias fundamentales entre ambos ambientes, en términos de composiciones de las fuentes, profundidades, grados de fusión parcial y rol de los volátiles. El ambiente tectónico de la distensión de retro-arco, involucra a los fluidos de la loza subductada, dependiendo específicamente de la geometría de la subducción, que producen basaltos con caracteres geoquímicos transicionales a basaltos de arco.

Los magmas basálticos erupcionados en CRA, varían desde toleítas bajas en K, cuyos elementos mayores son similares a los MORB, variando a basaltos subalcalinos con contenidos ligeramente más altos en álcalis. Asimismo, los elementos trazas difieren marcadamente entre ambos ambientes, como consecuencia de estar involucrados los fluidos de la zona de subducción en la petrogénesis de los basaltos de retro-arco. Por otra parte, junto a los basaltos se agregan un grupo inusual de andesitas altas en MgO, llamadas boninitas, que suelen también aparecer asociadas a secuencias de ante-arco en regiones de arco de islas. Muchos complejos ofiolíticos, se reconocen como el piso de una CRA obductada, más que debido a emplazamiento tectónico de fragmentos de corteza oceánica verdadera.

Petrografía de las rocas volcánicas

Como ejemplo típico de basaltos de retro-arco se toman las descripciones del Mar de Scotia Oriental. Los basaltos son ligeramente porfíricos, con fenocristales de olivino y plagioclasa y micro-fenocristales de plagioclasa, olivino, clinopiroxeno-Ca, cromita y titanomagnetita, que ha menudo se desarrollan en una masa vítrea. Mineralógicamente son similares a los basaltos de dorsal medio-oceánica y las texturas son típicas de basaltos enfriados en ambiente submarino. Las boninitas son lavas vítreas con olivino, ortopiroxeno y clinopiroxeno, con ausencia de feldespatos.

Composición química de los magmas

Elementos mayores: Las muestras dragadas del Mar de Scotia Oriental, tienen contenidos de $SiO_2 = 49\text{-}54\%$ e incluye basaltos bastante primitivos con $MgO = 7\text{-}8\%$. La Tabla 17-1 presenta las composiciones de algunos basaltos primitivos y toleíticos del arco de las Sándwich del Sur, en comparación con los MORB del Atlántico Sur.

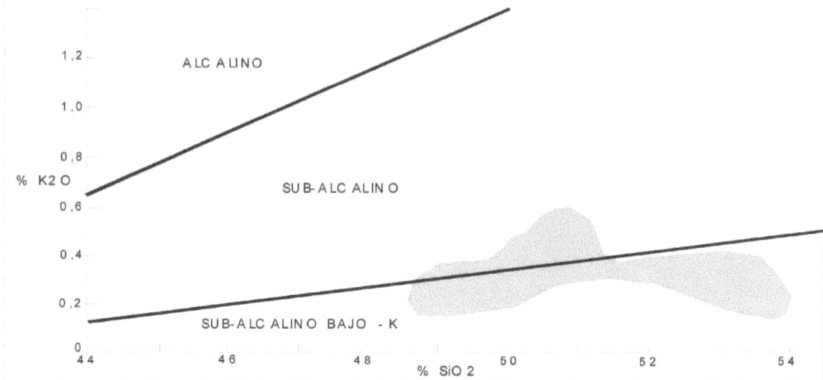

Fig. 17-3. Diagrama K_2O vs. SiO_2, zona en gris corresponde a basaltos de retro-arco del Mar de Scotia oriental.

La Fig. 17-3 proyecta las relaciones entre $\%K_2O$ vs. $\%\ SiO_2$ de los basaltos del Mar de Scotia Oriental, mostrando caracteres subalcalinos bajos en K a sub-alcalinos, similares a las toleitas MORB. Mientras que la Fig. 17-4 muestra que el "índice de alcalinidad" (A.I.) vs. $Al_2O_3\%$ se aproxima a los basaltos primitivos con $MgO > 7\%$, que distingue los basaltos toleíticos de los basaltos de arco de alta alúmina. Como el contenido de SiO_2 es bastante restringido, no se usa como índice y en su lugar se aplica el Zr (ppm) vs. MgO%, el que revela un espectro de tipos de basaltos primitivos, con contenidos de $MgO > 7\%$, que podría generarse por fusión parcial progresivamente mayor de una fuente homogénea, como indica el incremento de tierras raras.

Las boninitas son altas en SiO_2 (>55%), en MgO (>9%) y en elementos compatibles (Ni = 70-450 ppm; Cr = 200-1800 ppm); a su vez tienen muy bajo contenido de TiO_2 (<0,3 %). Meijer (1980) sugiere que el magma boninítico corresponde a una serie particular, porque estas rocas se asocian con contenidos de MgO = 4 – 25%, a consecuencia de la baja presión de fraccionamiento del ortopiroxeno. Los caracteres geoquímicos indican que las boninitas derivarían de una fuente mantélica fuertemente deprimida bajo condiciones anhidras, en condiciones inusuales.

Elementos trazas: los basaltos del Mar de Scotia Oriental y de las Islas Sándwich del Sur están deprimidos en elementos trazas, en comparación con el enriquecimiento que muestran los MORB del Atlántico Sur. Comparando los MORB-N, los basaltos de retro-arco muestran enriquecimiento de los cationes LIL: K, Rb, Ba, Sr. Mientras que en los MORB-E, sólo el K y Sr se enriquecen. En la Tabla 17-3 se realizan algunas comparaciones entre los basaltos de cuenca de retro-arco del Mar de Scotia Oriental, los MORB y las toleitas de islas oceánicas.

%	Mar de Scotia		Sándwich del Sur	MORB Atlántico Sur		Islas Bonin (Japón)	Arco de islas
	1	2		Enriquecido	Deprimido	Boninita	Andesita
SiO_2	50,36	53,84	51,03	51,22	50,40	59,69	58,58
TiO_2	1,46	0,61	0,82	1,62	1,26	0,29	0,72
Al_2O_3	16,36	14,51	15,76	15,87	17,20	14,44	17,52
Fe_2O_3	9,07	9,24	11,76	10,66	10,24	9,15	7,10
MnO	0,16	0,17	0,21	0,17	0,17	0,23	0,14
MgO	7,36	7,71	6,30	7,51	7,72	5,71	3,43
CaO	10,84	10,80	10,72	11,04	11,98	8,38	7,55
Na_2O	3,39	1,79	2,40	2,69	2,51	2,28	3,11
K_2O	0,43	0,24	0,18	0,38	0,08	0,51	0,92
P_2O_5	0,20	0,08	0,13	0,18	0,10	0,07	0,19
Ppm							
Cr	270	295	100	229	267	208	40
Ni	64	42	14	127	127	--	7
Rb	6	4	3	8	2	11,1	21
Ba	77	55	57	74	20	27,9	200
Sr	212	123	133	151	117	85,7	204
Zr	130	40	29	117	91	30	91
Hf	2,9	0,98	--	--	--	0,88	--
Nb	8	1	1	7,2	2	--	--
Ta	1,1	0,36	--	--	--	--	--
Zn	68	71	79	74	67	--	--
Ga	15	12	--	--	--	--	--
La	7,83	--	1,59	6,87	2,63	1,13	6,24
Ce	19,0	6,45	4,99	21,4	9,1	2,69	16,76
Nd	13,1	4,55	4,39	13,5	7,7	1,95	10,37
Sm	3,94	1,46	1,62	4,69	2,77	0,623	3,0
Eu	1,44	0,56	0,69	1,59	1,24	0,231	0,77
Gd	4,87	1,99	2,36	6,8	4,5	--	--
Dy	5,24	3,38	2,88	6,4	--	--	--
Er	3,20	1,58	1,91	--	--	--	--
Yb	3,02	1,59	1,84	3,60	3,19	0,894	2,99
Y	30	14	18	37	34	0,149	--

Tabla 17-1. Análisis de basaltos del Mar de Scotia Oriental, Sándwich del Sur y MORB del Atlántico Sur. Así como boninita de Bonin y andesita de arco de islas

Los basaltos de CRA muestran afinidad con los de intra-placa y su petrogénesis es más compleja y pudiendo involucrar una fuente mantélica MORB deprimida, o de OIB, además de componentes de la zona de subducción.

Relaciones	Mar de Scotia Oriental- basaltos Cuenca retro-arco	MORB		Toleitas Islas oceánicas
		Tipo-N deprimido	Tipo-P enriquecido	
K/Rb	400 - 800	1046	414	400
K/Ba	40 - 60	109	34	25 – 40
Rb/Sr	0,025 - 0,04	0,0079	0,043	0,01 – 0,05
Zr/Rb	16 - 54	37	6	6 - 15

Tabla 17-2. Comparación entre basaltos de cuenca retro-arco, MORB y Toleitas de islas oceánicas.

Isótopos radiogénicos: los basaltos de CRA se caracterizan por bajas relaciones $^{87}Sr/^{86}Sr$, que las rocas volcánicas asociadas a los arcos de islas y se considera que reflejan el rol de los fluidos enriquecidos en estos isótopos en la loza subductada y que genera estos magmas.

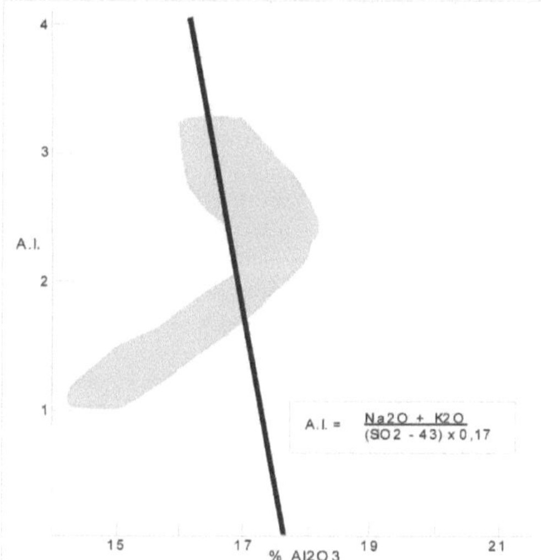

Fig. 17-4. Diagrama Indice Alcalino (A.I.) versus Al_2O_3, de basaltos de la cuenca de retroarco del Mar de Scotia Oriental (zona gris).

En el arco de la islas Sándwich del Sur las relaciones son de 0,70376 – 0,70423; mientras que en el Mar de Scotia Oriental es de 0,70281 – 0,70336. Los pocos datos combinados de las relaciones $^{143}Nd/^{144}Nd$ vs. $^{87}Sr/^{86}Sr$ se presentan en la Fig. 17-4 comparando los basaltos de las islas Sándwich del Sur, con los de islas oceánicas, arcos de islas oceánicas y MORB. La utilización de los isótopos $^{207}Pb/^{204}Pb$ vs. $^{206}Pb/^{204}Pb$, muestran en la Fig. 17-5 los campos correspondientes a los basaltos de las islas Sandwichs del Sur y el arco de las Marianas, comparados con los MORB.

Modelo petrogenético

Los modelos de evolución del sistema arco de islas – cuenca de retro-arco, se basa

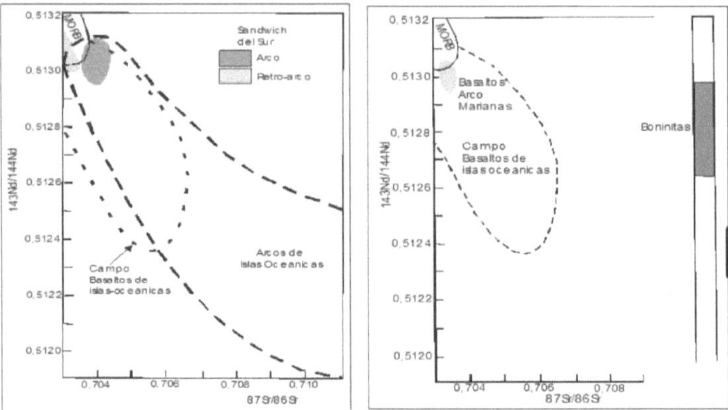

Fig. 17-5. A) Diagrama $^{143}Nd/^{144}Nd$ vs. $^{87}Sr/^{86}Sr$ con las composiciones de los basaltos de arcos de islas de las Sándwich del Sur, que se asocian a cuencas marginales. B) Variaciones isotópicas del Nd de boninitas del ante-arco de las Marianas e islas de Bonin, en comparación con los basaltos del arco de las Marianas.

esencialmente en el modelo de Karig (1971) de las regiones de Tonga-Lau y Marianas y Oeste de Filipinas. La Fig. 17-2 muestra secciones esquemáticas del desarrollo de la CRA. En a) se muestra el típico ambiente tectónico de arco de islas oceánicas que puede haberse desarrollado antes del desarrollo de la CRA. Los fundidos parciales y fluidos ascienden desde la litosfera oceánica subductada metasomatizada y de la cuña de manto astenosférica, que funden parcialmente para producir el arco de basaltos. En b) se produce el rift con un desarrollo embrionario de cuenca de trans-arco, que se genera por el ascenso diapírico de manto astenosférico profundo por debajo del eje del arco, el cual funde parcialmente a consecuencia de la descompresión adiabática, para producir los basaltos de retro-arco. El arco volcánico cesa aproximadamente, cuando comienza la apertura del retro-arco. Eventualmente la corteza del arco se rompe c) en dos bloques y se desarrolla una verdadera CRA.

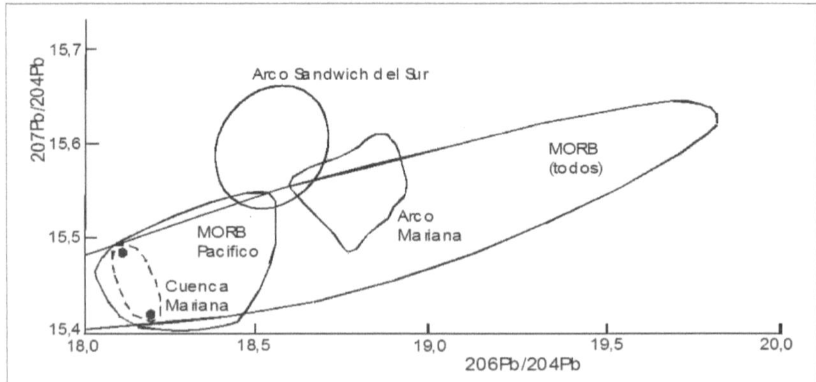

Fig. 17-6. Las relaciones de isótopos de Pb muestran las variaciones de los basaltos del arco y cuenca de Mariana, Sándwich del Sur y MORB.

El bloque desarrollado desde el trench se hunde y forma un nuevo arco, mientras que el trench migra hacia el océano como una cuenca extendida. La fusión parcial y la tectónica extensional están relacionadas a la descompresión adiabática de ascenso de manto lherzolítico por debajo del eje del arco. Como alternativa, se supone que la corteza oceánica subductada y componentes del manto litosférico pueden segregar en profundidad desde una eclogita, harzburgitas boyantes, que en su ascenso producen la distensión del retro-arco.

En resumen, se observa que hay más variables involucradas en la fuente que produce los basaltos de retro-arco, que en la fuente que produce los basaltos de las dorsales medio-oceánicas. Siendo muy significativos los fluidos derivados de la placa oceánica que se subducta.

En base a los elementos químicos mayores los basaltos de cuencas de trans-arco caen dentro del espectro de los MORB-E, aunque estos no son usados como discriminantes entre los OIB y MORB. La geoquímica de los elementos trazas de los basaltos de retro-arco es compleja, mostrando caracteres tanto de MORB como de Arco. En general la influencia de los fluidos en la zona de subducción debe ser mayor durante estadios tempranos de apertura de la cuenca y disminuye cuando la cuenca se extiende. En el Mar de Scotia en el centro de distensión los basaltos son más ricos en volátiles que los MORB-N, existiendo la posibilidad que la deshidratación de la loza subductada pueda haber contribuido con alta presión de agua a la fusión parcial. Esto es consistente con los elementos trazas, que indican una fuente mantélica modificada durante la subducción, en la generación del magma. Componentes potenciales a la región de retro-arco incluyen peridotitas de la litosfera oceánica, junto con lherzolitas relativamente fértiles de diapiros de manto astenosférico que ascienden.

Estudios experimentales sobre el origen de las boninitas confirman que se puede producir una fusión parcial hidratada (>30%) desde una peridotita a profundidades de 30 – 60 km, con composiciones de alto SiO_2 y MgO, dejando una residuo refractario de olivino y ortopiroxeno.

Lecturas Seleccionadas

Karig, D.E. 1971. Origin and development of marginal basins in the western Pacific. J. Geophys. Res. 76: 2542-2561.

Meijer, A. 1980. Primitive arc volcanism and a boninite series: examples from western Pacific islan arcs. In: Tectonics and geological evolution of Southeast Asia seas and islands. D.F. Hayes (ed.), 269-282. Am. Geophys. Union Monogr. 23.durante la generación del magma en la zona de colisión de placas oceánicas.

Miscelanea 18: 301-318
Tucumán, 2010 -ISSN 1514 - 4836 - ISSN on-line ISSN 1668 - 3242

Capitulo 18
Magmatismo potasico de intraplaca

Introducción

Las rocas alcalinas en general ocurren en todos los ambientes tectónicos, incluyendo las cuencas oceánicas. Este capítulo estará dirigido especialmente al magmatismo potásico y ultra-potásico, que se desarrolla especialmente en ambientes continentales anorogénicos, incluyendo a las kimberlitas, orangeitas, lamproitas y lamprófiros.

Las kimberlitas han sido emplazadas esporádicamente es plataformas continentales estables, no orogénicas, especialmente en Africa, Siberia, India y América del Norte, durante el Arqueano y Proterozoico (Fig. 18-1).

Los modelos petrogenéticos asumen que los magmas primarios básicos y ultrabásicos se generan por grados variables de fusión parcial a partir de lherzolita fértil, en el manto superior. El grado de fusión parcial y la profundidad de la segregación de los magmas se consideran las variables principales que controlan la composición del fundido. En forma adicional participan el contenido de volátiles y la mineralogía de la fuente mantélica, así como la cristalización fraccionada y la contaminación cortical, que explican el amplio rango composiciones de las rocas básicas.

En la mayoría de los ambientes tectónicos, una característica importante es que los magmas primarios basálticos tienen concentraciones de $Na_2O > K_2O$ en peso %. Excepciones, son los miembros potásicos y ultrapotásicos de series magmáticas relacionadas con subducción y algunas suites de islas oceánicas. Ciertos magmas básicos y ultrabásicos generados en ambiente de intraplaca continental, el K_2O excede al Na_2O en peso%, y los ultrapotásicos, son los que la relación molecular $K/Na > 3$ (Mitchell y Bergman 1991).

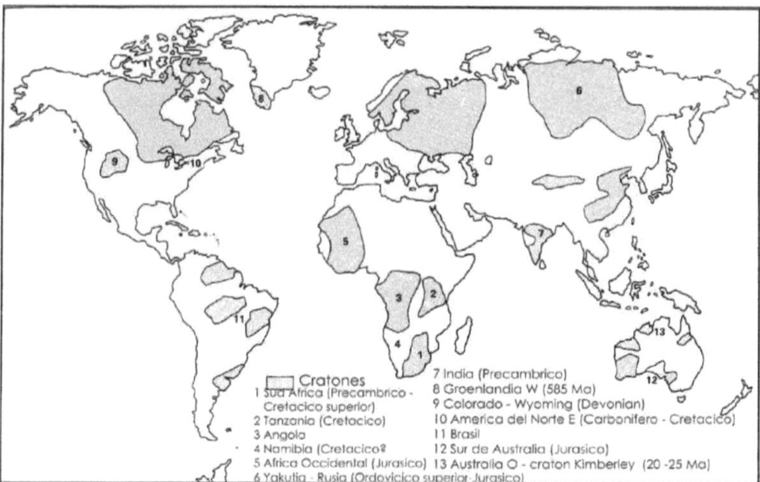

Fig. 18-1. Distribución global de kimberlitas, orangeitas y lamproitas, potásicas y ultra-potásicas, que ocurren en los cratones Arqueanos y Proterozoicos (modificado de Mitchell 1986).

Tres ambientes geodinámicos parecen favorecer la producción de magmas máficos potásicos (que contienen nefelina) y ultra-potásicos (que contienen leucita y kalsilita):

a) Ellos serían productos poco comunes del magmatismo por debajo de las zonas de subducción activa y se asocian íntimamente con miembros de la suite calco-alcalina, que incluyen a la serie shoshonítica. Un problema del origen de las kimberlitas es determinar si el magma rico en K, está relacionado con litosfera oceánica subductada, o es producto de levantamiento cortical posterior al rifting, como en zonas de rift continental.

b) Este magmatismo tiene lugar después de la colisión continental que sigue al cierre de una cuenca oceánica. La fase magmática post-colisional puede continuar por millones de años, gradando a alcalino intra-continental relacionado con extensión.

c) El magmatismo ultra-potásico ocurriría en áreas extensionales de intraplaca continental confinadas a regiones cratónicas y en relación a plumas de manto sublitosférico, que causarían adelgazamiento y rift, en zonas débiles.

La petrogénesis de magmas ultrapotásicos, de diversos ambientes tectónicos muestran muy alta concentración de elementos incompatibles, que apoyan el origen por fusión parcial de lherzolita con espinela o granate, con muy baja fusión parcial (<1%), desde una fuente mantélica enriquecida o metasomatizada.

Kimberlitas

Son rocas igneas ultrabásicas ricas en K, con alta relación K_2O/Na_2O, alto contenido de volátiles ($CO_2 + H_2O$) y de elementos incompatibles (Smith et al. 1985; Mitchell 1986). Las kimberlitas contienen inclusiones de rocas ultramáficas del manto superior y raramente xenocristales de diamante. Ellas forman pequeñas diatremas volcánicas, chimeneas, diques y filones capa, que se agrupan en provincias (Fig. 18-1). Estos episodios magmáticos son de corta duración e involucran volúmenes pequeños de magma. Provincias como las de Sud Africa y Yakutia, muestran múltiples episodios de magmatismo.

Las kimberlitas constituyen un fenómeno magmático pre-cenozoico raro, que se origina a profundidades de 100 a 200 km por fusión parcial del manto peridotítico en presencia de H_2O y CO_2, que ascienden rápidamente hacia la superficie en pocos días o años.

La petrografía de las kimberlitas es compleja y exhiben variaciones mineralógicas relacionadas con procesos de diferenciación magmática e incluye a rocas híbridas, que contienen fragmentos de corteza y xenolitos de manto. Esto permite su división en dos tipos petrográficos: Grupo I – no micáceo (80 – 114 Ma) y Grupo II – micáceo u orangeitas (114 – 200 Ma). Ambos tipos pueden contener diamantes y tienen diferencias marcadas entre sí, en los isótopos de Nd – Sr – Pb, que reflejan variaciones en la fuente mantélica.

El Grupo I de kimberlitas, tienen composiciones isotópicas Nd – Sr que sugieren su derivación desde una fuente de manto astenosferico, mientras que el Grupo II – derivaría desde una fuente de manto enriquecido, dentro de la litosfera subcontinental (Fig. 18-3).

En el oeste de Africa, Angola y Namibia, las kimberlitas fueron intruidas después de la apertura del Atlántico y estarían emplazadas en zonas de cizalla reactivadas del basamento Precámbrico. En las de América del Norte se habrían emplazado durante la apertura del Atlántico Norte, en fracturas reactivadas del basamento.

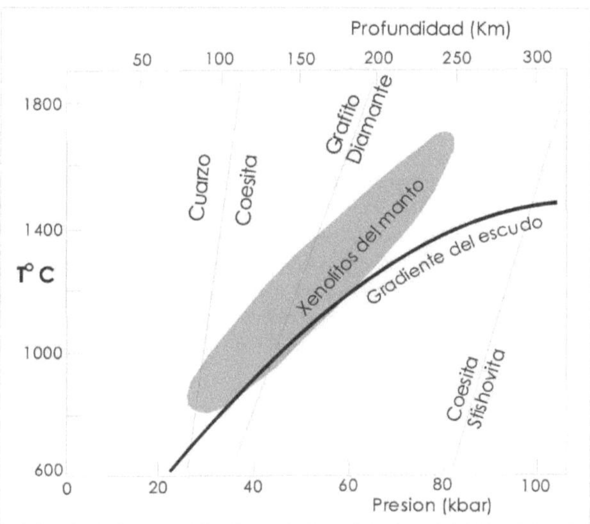

Fig. 18-2. Profundidades de generación del magma Kimberlítico en base a presiones y temperaturas de equilibrio de los xenolitos del manto.

Petrografía de las Kimberlitas

Son rocas de grano fino, que contienen megacristales de olivino (en su mayoría serpentinizados), enstatita, diópsido de Cr, flogopita, piropo, ilmenita, magnetita, cromita y raros diamantes (que constituyen como máximo una parte en 8 millones) en una matríz carbonática-serpentinizada. Minerales accesorios incluyen piropo, monticellita, rutilo y perovskita.

La naturaleza híbrida de las kimberlitas se manifiesta, por megacristales anhedrales y con bahías de corrosión derivados de la fragmentación de peridotitas granatíferas y eclogitas, que constituyen xenolitos y que indican profundidades de formación (Fig. 18-2).

La mayoría de las kimberlitas ocurren como diatremas. Característicamente: 1) El fundido juvenil es kimberlita, o rocas alcalinas máficas-ultramáficas químicamente relacionadas. 2) Los bloques erodados, de rocas que provienen de niveles estratigráficos altos se encuentran concentrados hacia los márgenes de la chimenea, mientras que xenolitos bien redondeados y bloques arrastrados de la corteza profunda o del manto superior, tienden a concentrarse hacia el centro del conducto. 3) Los efectos de metamorfismo de contacto sobre xenolitos y la pared de caja, son débiles. 4) Las diatremas terminan en maars y anillos de toba. 5) El material fragmentado, se encuentra próximo al techo de la diatrema. 6) Las diatremas son compuestas, mostrando emplazamiento múltiple de material fragmentado e intrusión tardía de magma fluido. 7) Enjambres de diatremas terciarias y maars en Europa y América del Norte, se asocian con sedimentos lacustres, testificando la presencia de agua durante la actividad volcánica.

Una diatrema es una brecha que rellena una chimenea volcánica, que se ha formado por una explosión gaseosa (Fig. 18-4). Las diatremas de kimberlitas son pequeñas, menos de 1 km2 en área horizontal y tienden a presentarse arracimadas o coalescentes en profundidad con diques ígneos de kimberlita, que son delgados (<10 m) y pueden tener más de 14 km de largo.

Lamproitas

Están constituidas por: flogopita rica en Ti y pobre en Al (peralcalinas), tetraferriflogopita de Ti, richterita de Ti – K, forsterita, diópsido, sanidina y leucita. Nunca contienen plagioclasa, nefelina o melilita. Los accesorios incluyen: enstatita, priderita, wadeita, magnesio-cromita,apatita, ilmenita, shcherbakovita, armalcolita, perovskita y jeppeita. Los xenocristales de diamante de algunas lamproitas, derivarían del manto. Es característica la presencia de flogopita, en fenocristales o en láminas poiquilíticas y la cristalización tardía de richterita de K-Ti y flogopita-Ti. La analcima es secundaria y reemplaza a la leucita o sanidina y están presentes: carbonatos, clorita y baritina.

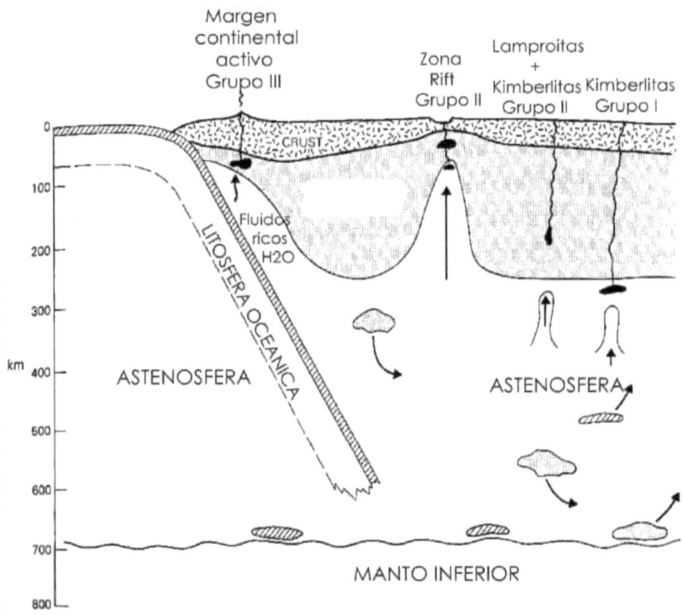

Fig. 18-3. Ambiente tectónico y fuentes de los componentes involucrados en la petrogénesis de magmas potásicos de intraplaca continental.

Según Dawson (1987) las mineralogías que diferencian a las lamproitas y kimberlitas son:

1. Las lamproitas contienen vidrio.

2. La pasta de lamproitas contiene richterita-K.

3. Las micas de la pasta de las lamproitas son más ricas en Ti, Fe y Na, y más pobres en Al, que las de las kimberlitas.

4. En las lamproitas la pasta tiene diópsido con mayor contenido en Ti, que la pasta micácea de las kimberlitas.

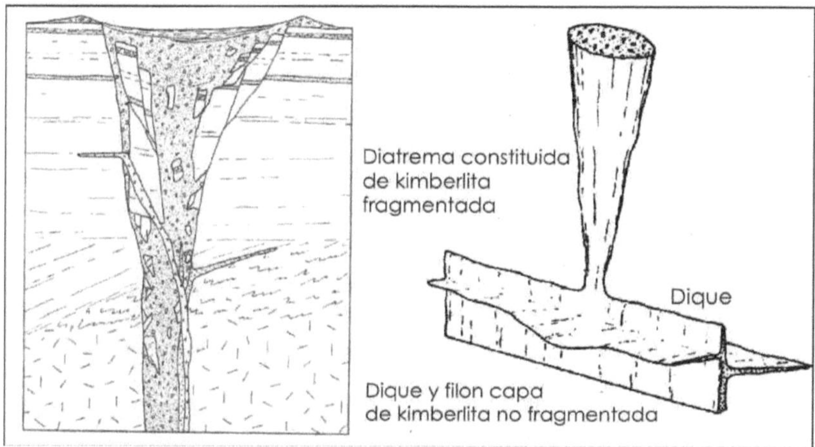

Fig. 18-4. Terminación de una diatrema en un maar en superficie y relaciones en profundidad entre la diatrema superficial y las conexiones con filones capa y diques en profundidad.

Rocas Melilíticas

Corresponden a rocas básicas y ultrabásicas altas en potasio que se asociación con kimberlitas. Esta clasificación sólo se aplica a las rocas que tienen más del 10% de melilita modal (Streckeisen, 1978) y se subdividen en ultramáficas y no ultramáficas.

Las rocas melilíticas ultramáficas: tienen (M>90%) y su nombre general para las rocas melilíticas plutónicas es "melilitolita" y para las volcánicas es "melilitita". Si el olivino es mayor que el 10% el término olivino es agregado al nombre.

Las rocas melilíticas no-ultramáficas (M<90%), son clasificadas, tanto los términos plutónicos como los volcánicos, usando el calificativo de "melilita".

{La Melilita corresponde al grupo de minerales de fórmula $(Na,Ca)_2(Mg,Al)(Al,Si)_2O_7$. Los miembros extremos son: akermanita – $Ca_2MgSi_2O_7$ - y gehlenita – $Ca_2Al_2SiO_7$-, que pertenecen al sistema tetragonal.}

Lamprófiros

Constituyen un complejo grupo poligenético de intrusiones hipabisales menores, que característicamente tienen fenocristales de anfíbol y /o flogopita. Ellos pueden ser divididos según Rock (1987) en tipos calco-alcalinos, alcalinos y ultramáficos (Tabla 18-1). Como implica su nombre, los lamprófiros son porfíricos y la mayoría de las variedades comunes, tienen minerales de Fe-Mg. Tradicionalmente, han sido descritos como diques, atributo considerado definitorio, pero se han encontrado ocurrencias locales de lavas y plutones pequeños.

Los lamprófiros cristalizan en presencia de abundantes volátiles y forman fenocristales de biotita-flogopita y/o anfíbol, con cantidades menores de clinopiroxeno y/o melilita. Los feldespatos están confinados en la matriz en la que se combina con feldespatoides, mica, anfíbol, carbonatos, monticellita, melilita, piroxena, olivino, perovskita, óxidos de

COMPONENTES FELSICOS		COMPONENTES MAFICOS			
Feldespatos	Foides	Biotita, Augita diopsídica (± olivino)	Hornblenda, Augita Diopsídica (± olivino)	Anfíbol Ti – Na Olivino, biotita	Melilita, Biotita, ±Ti-augita, ± olivino, ± calcita
Or > Pl	--------	Minette	Vogesita	----------------	------------
Pl > Or	--------	Kersantita	Espesartina	----------------	------------
Or > Pl	Feld > Foides	----------	--------------	Sannaita	------------
Pl > Or	Feld > Foides	----------	--------------	Camptonita	-------------
Pl > Or	Vidrio o Foides	----------	-------------	Monchiquita	Polzenita
Pl > Or	----------	----------	--------------	----------------	Alnöita

Tabla 18-1. Clasificación de los lamprófiros.

Fe-Ti y vidrio. Los minerales zonados y corroídos indican la falta de equilibrio durante la cristalización.

En los arcos continentales forman diques en plutones tonalítico-granodioríticos, que en algunos casos irradian hacia afuera de las intrusiones. En otros casos constituyen enjambres de diques subparalelos, o bien no muestran orientaciones preferenciales, en los plutones graníticos.

Lamprofiros calco-alcalinos		Minette, Vogesita, Kersantita, Espesartina, Kentallenita, Alpinita
Lamprofiros alcalinos		Camptonita, Monchiquita, Sannaita
Lamprofiros ultramaficos		Aillikita, Alnoita, Bergalita, Damkjernita, Ouachitita
Lamproitas	Lamproita flogopítica	Wyomingita, Orendita, Verita, Fortunita, fitzroyita, cedricita, mamillita
	Lamproita madupitica	Madupita, Jumillita, Wolgidita
Kimberlitas	Grupo I / Grupo II	

Tabla 18-2. Subdivisión del clan de los lamprofiros (Rock 1987).

Los lamprófiros se caracterizan por la abundancia de fases máficas euhedrales, en muchos casos de doble generación, una temprana, a menudo alterada que constituye los fenocristales y otra tardía que forma parte de la pasta y que es generalmente fresca. Los fenocristales pueden ser de biotita, hornblenda (incluyendo barqueviquita), augita, titanoaugita u olivino. Aunque la masa de la roca aparece oscura en muestras de mano, ella está formada principalmente de minerales félsicos, incluyendo sanidina, plagioclasa, analcima, nefelina o melilita y fases secundarias tales como zeolitas, calcita o talco (por alteración de olivino). Xenolitos de cuarzo, feldespato alcalino, granito, gneis o metasedimentos, son comunes, especialmente en lamprófiros biotiticos.

Composiciones químicas de kimberlitas, lamproitas y lamprófiros

Elementos mayores: Foley et al. (1987) usan el término ultra-potásico para las rocas ígneas con contenidos altos de K_2O (>3%) y con relaciones K_2O/Na_2O >3, alto número de Mg y alto contenido de Cr y Ni, que son característicos de los magmas basálticos primitivos. Son rocas ultra-básicas sub-saturadas (SiO_2 = 25 - 35%), contenido de Al_2O_3 <5% y la relación molar (Na_2O+K_2O)/Al_2O_3 <1.

Las rocas ultrapotasicas se sub-dividen en tres grupos según el contenido de elementos mayores (Tabla 18-3). La Fig. 18-5 muestra las proyecciones de CaO vs. Al_2O_3 y SiO_2 respectivamente, que permiten diferenciar a cada grupo.

%	Kimberlita	Lamproita	Lamprofiro	IA	IB	II
SiO_2	38,4	53,3	46,3	32.1	25.7	36.3
TiO_2	2,6	3,0	2,6	2.0	3.0	1.0
Al_2O_3	4,7	9,1	13,5	2.6	3.1	3.2
Fe_2O_3	---	---	---	9.2	12.7	8.4
FeO	11,3	6,3	11,0	--	---	--
MnO	0,18	0,10	0,21	0.2	0.2	0.2
MgO	28,7	12,1	9,1	28.5	23.8	29.7
CaO	11,3	5,8	10,7	8.2	14.1	6.0
Na_2O	0,5	1,4	3,1	0.2	0.2	0.1
K_2O	1,4	7,2	2,9	1.1	0.6	3.2
P_2O_5	0,9	1,3	0,9	1.1	1.1	1.1
H_2O+	6,6	2,7	2,6	9.7	7.7	6.0
CO_2	5,6	2,8	2,5	4.3	8.6	3.6
Ppm						
La	150	240	105	90	125	200
Ce	200	400	195	140	220	350
Nd	85	207	100	90	100	145
Sm	13	24	22	--	--	--
Eu	3,0	4,8	4,9	--	--	--
Gd	8,0	13	14,3	4.0	8.0	6.0
Tb	1,0	1,4	1,8	--	--	--
Dy	--	6,3	5,7	--	--	--
Yb	1,2	1,7	1,9	--	--	--
Lu	0,16	0,23	0,37	--	--	--
Y	22	27	36	13	30	16
U	3,1	4,9	5,0	4.0	6.0	5.0
Th	16	46	24	18	27	30
Rb	65	272	115	50	30	135
Sr	740	1530	1010	825	1020	1140
Ba	1000	5120	1345	1000	850	3000
Zr	250	922	350	200	385	290
Ta	9	4,7	2	--	---	--
Hf	7	39	9	--	---	--
Nb	110	95	83	165	210	120
Ni	1050	420	1553	1360	800	1400
Cr	1100	580	40	1400	1000	1800
V	--	--	--	75	170	85
Sc	--	--	--	13	20	20

Tabla 18-3. Analisis químicos de kimberlitas, lamproitas y lamprófiros. IA, IB y II, tipos de kimberlitas.

El Grupo I está constituido por lamproitas, que pueden formarse en áreas orogénicas que previamente han experimentado subducción relacionada a un evento magmático. Tienen bajos contenidos de Al_2O_3, CaO y Na_2O, con variable contenido de SiO_2 (36 – 60%) y mayor número de Mg que los otros grupos, sugiriendo que fueron derivadas desde una fuente de manto deprimido, que ha sido posteriormente enriquecido en K_2O y elementos incompatibles.

El Grupo II, se presentan generalmente en ambientes de rift continental. Tienen más bajo contenido en SiO_2 (<46%), Al_2O_3 y Na_2O, sugiriendo una fuente deprimida, pero el alto contenido de CaO sería introducido por metasomatismo, lo que requiere parcial eliminación de clinopiroxeno.

El Grupo III, se presenta en zonas orogénicamente activas y tienen alto contenido de Al_2O_3, CaO y Na_2O con muy bajo contenido de SiO_2 (<42%) y el número de Mg es más bajo que los grupos I y II. El contenido variable de SiO_2, se atribuye a cristalización fraccionada a baja presión y contaminación cortical, no mostrando evidencias de eventos depresión previa en la región fuente.

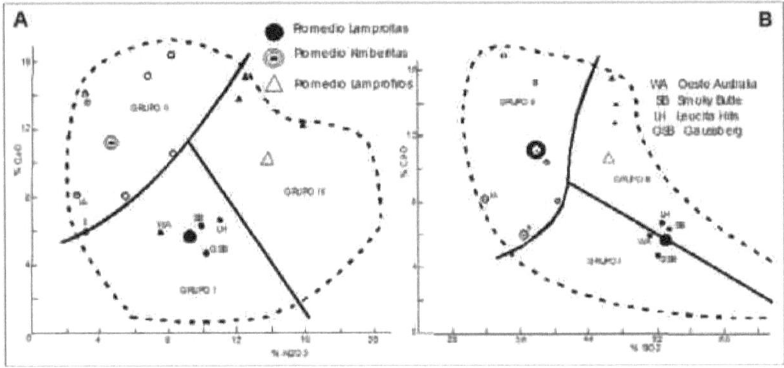

Fig. 18-5. Muestra la distribución de las rocas ultrapotásicas en los Grupos I, II y III, en base de las relaciones CaO vs. Al_2O_3 y CaO vs. SiO_2, para diferentes localidades consideradas típicas.

Las kimberlitas pueden ser subdivididas en Grupo I – kimberlitas típicas (pobres en micas) y Grupo II - Orangeitas (o micáceas), en base a sus composiciones isotópicas y elementos mayores y trazas. A su vez el Grupo I puede ser subdividido en IA y IB. El Grupo IA, se presenta totalmente en los cratones; mientras que el Grupo IB está fuera de los cratones. Los promedios composicionales se expresan en la Tabla 18-1, conjuntamente con el Grupo II. Los resultados se contrastan en la Fig. 18-7 A, que proyecta los contenidos de TiO_2 vs. K_2O y en la Fig. 18-7B en el diagrama triángular $K_2O – MgO – Al_2O_3$ se muestran las diferencias composicionales entre kimberlitas, lamproitas y lamprófiros.

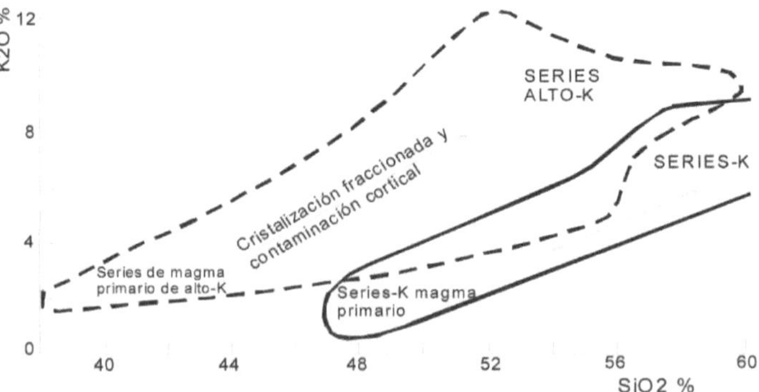

Fig. 18-6. Variación de K_2O vs. SiO_2 para las series potásicas de la provincia Romana de Italia (Peccerillo y Manetti 1985).

En la Fig. 18-6 se muestra la proyección de K_2O vs. SiO_2, para las series de potasio y alto potasio de la Provincia Romana de Italia, que muestran dos tendencias que difieren en la composición del magma primario y evolucionan según vectores subparalelos a consecuencia de la cristalización fraccionada en cámaras magmáticas subvolcánicas.

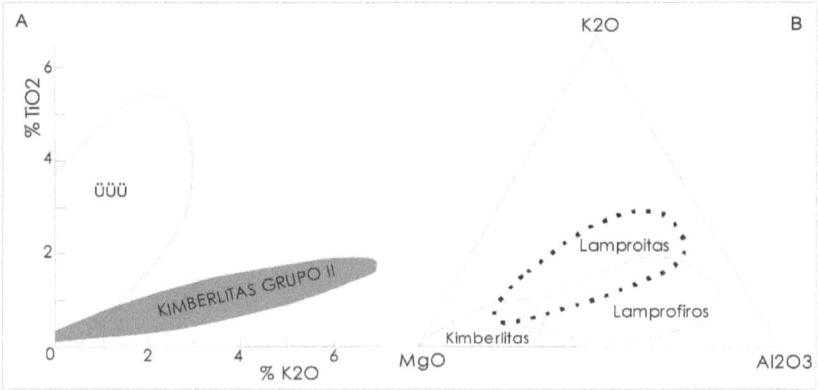

Fig. 18-7. A – muestra la variación del TiO_2 vs. K_2O para las kimberlitas, Grupos IA y IB y Grupo II. B – campos composicionales de lamproitas, lamprófiros y kimberlitas.

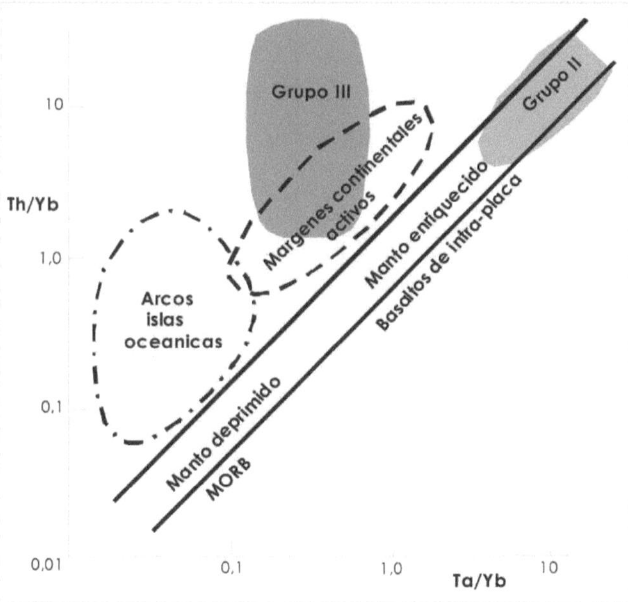

Fig. 18-8. Variación Th/Yb vs. Ta/Yb mostrando similitudes y deferencias entre los distintos grupos de rocas potásicas.

Elementos trazas

Las rocas ultrapotásicas se caracterizan por el enriquecimiento en elementos incompatibles, que reflejarían la composición química de la fuente mantélica y los procesos de fusión parcial involucrados en su formación. La concentración de elementos trazas incompatibles, tales como Ni, Cr, Sc y Va son importantes para identificar la composición del magma primario. En general los magmas con >500 ppm de Ni y 1000 ppm de Cr, se consideran magmas primarios. Pero para las rocas ígneas potásicas esto, no siempre es válido, porque el metasomatismo en el manto de lherzolita pudo haber eliminado al olivino y ortopiroxeno, reemplazándolos por la asociación clinopiroxeno + flogopita + granate.

De esta manera la fusión parcial del manto modificado puede no corresponder con el número de Mg y los contenidos de Ni y Cr, que convencionalmente caracterizan a los magmas primarios en equilibrio con el residuo de harzburgita (olivino + ortopiroxeno). Por lo que es necesario identificar al magma primario para demostrar que los grupos I, II y III de rocas ultrapotasicas derivan de distintos magmas madre, más que relacionar unos con otros por procesos de cristalización fraccionada o contaminación cortical.

En la Fig. 18-8 se proyectan las relaciones Th/Yb versus Ta/Yb, que caracteriza la fuente mantélica de las rocas volcánicas relacionadas a la subducción, para arcos de islas y márgenes continentales activos. El Grupo III de rocas ultrapotásicas se sobreponen con los basaltos de margen continental activo, mientras que el Grupo II del Rift de Africa Oriental, los basaltos de intraplaca se proyectan en el campo de manto enriquecido, que evidencia a un manto modificado por subducción durante la petrogénesis.

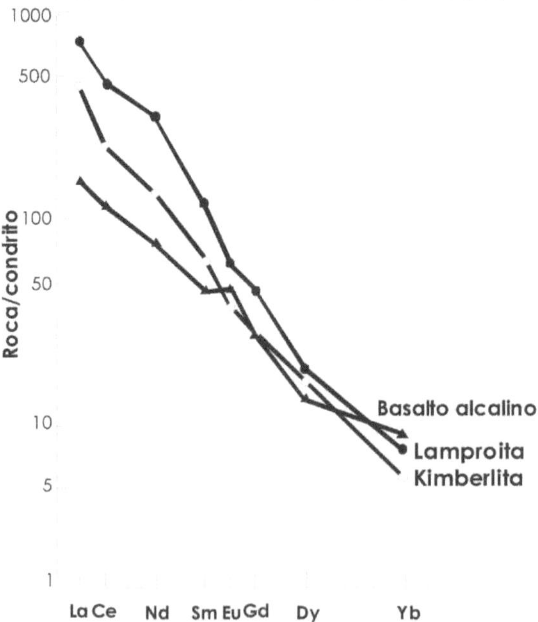

Fig. 18-9. Diagrama de tierras raras normalizadas a condrito para los distintos grupos de rocas

Para comparar kimberlitas y rocas ultrapotásicas se usan diagramas multielementos, normalizados al manto. La Fig. 18-9, muestra los patrones de tierras raras de lamproitas, kimberlitas y basaltos alcalinos, normalizados a condrito. Las lamproitas y kimberlitas están enriquecidos en tierras raras livianas y deprimidas en tierras raras pesadas en relación a los basaltos alcalinos. La similitud de los patrones, sugiere que ellos derivan de fuentes similares del manto superior. Aunque las diferencias mineralógicas de los diferentes magmas, requiere fuentes de diferente composición.

	Grupo I	Grupo II
Relaciones isotópicas iniciales $^{87}Sr/^{86}Sr$ $^{143}Nd/^{144}Nd$ $^{206}Pb/^{204}Pb$	0,702 – 0,705 0,51268 – 0,51276 18,3 – 20,0	0,7075 – 0,710 0,51206 – 0,51227 17,2 – 17,7
Edad de emplazamiento	80 – 100 Ma	114 – 127 Ma
Mineralogía	Pobre en flogopita. Rica en perovskita, circón e ilmenita	Rica en flogopita, pobre en perovskita. Circón e ilmenita ausentes.
Fuente	Basaltos islas oceánicas	Litosfera subcontinental antigua enriquecida.

Tabla 18-4. Características de los Grupos I y II de kimberlitas del sur de Africa.

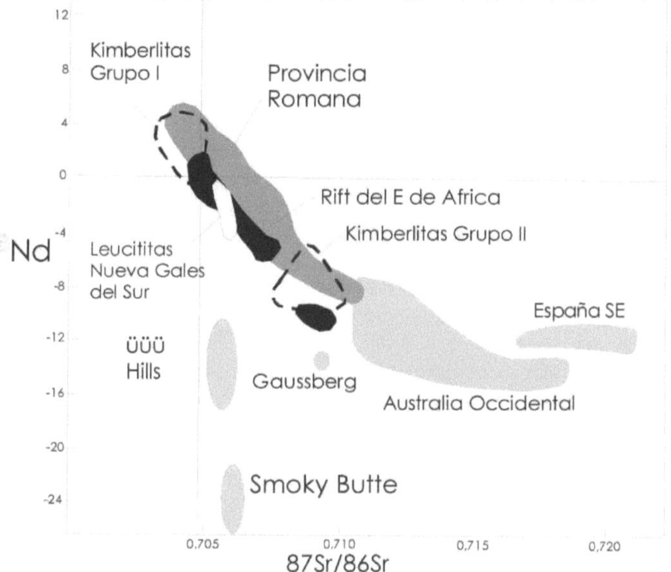

Fig. 18-10. Variación del εNd vs. la relación inicial $^{87}Sr/^{86}Sr$, mostrando los campos de las kimberlitas y rocas volcánicas ricas en potasio.

Isótopos radiogénicos: los datos Nd-Sr documentan una amplio rango de valores que exceden a los MORB + BIO y que indican cabios mantélicos. Por ejemplo las lamproitas diamantíferas del oeste de Australia, derivarían de una fuente enriquecida en Rb/Sr y Sm/Nd de al menos 1000 Ma.

La Fig. 18-10, muestra la variación de la relación inicial $^{87}Sr/^{86}Sr$ versus εNd para las kimberlitas. En los Grupo I y II, los isótopos de Nd-Sr tienen diferentes características que serían consistentes con derivación desde rocas de manto enriquecidas durante su evolución.

El Grupo I tiene signatura isotópica que indica derivación desde una fuente primitiva suavemente deprimida y sus caracteres isotópicos son similares a basaltos de arcos de islas oceánicos. Las kimberlitas del Grupo II sugieren que el enriquecimiento en elementos incompatibles, fue característica de la fuente e indicarían contaminación cortical. En la Tabla 18-4 se presentan algunas características de las kimberlitas de Africa.

Modelos petrogenéticos

Los problemas petrogenéticos que presentan las rocas ultra-potásicas son similares para las kimberlitas, orangeitas, lamproitas, melilititas y lamprófiros, a los que eventualmente se asocian carbonatitas. Todos están caracterizados por enriquecimiento extremo en elementos incompatibles como K, Rb, Ba, Sr, tierras raras, P y Zr, esto hace difícil considerarlos como derivados por fusión parcial, de una fuente de manto normal de lherzolita con espinela o granate. Para lograr altas concentraciones en elementos incompatibles se requiere bajo volumen de fusión parcial (<1%), que los modelos de fusión no permiten su separación, por lo que las hipótesis sugeridas, sugieren procesos de enriquecimiento en la fuente.

En la explicación de la petrogénesis de kimberlitas y magmas ultra-potásicos se consideran los resultados de experimentos de:

1. Fusión de peridotita – normal – en presencia de H_2O y CO_2;
2. Fusión de peridotita metasomatizada en presencia de H_2O y CO_2;
3. Comportamiento de líquidos ultra-potásicos para establecer condiciones P-T de formación.

Generalmente se asocia la fusión parcial del manto con la descompresión adiabática, producida por el ascenso de diapiros o plumas.

Los experimentos en el sistema lherzolita-C-O-H muestran que con baja fusión parcial de lherzolita con granate, en presencia de flogopita o richterita y magnesita o dolomita, se pueden producir kimberlitas a profundidades >100 km y a T° = 1000-1300° C (Canil y Scarfe 1990; Wendlandt y Eggler 1980 a, b; Wyllie et al. 1990). Aunque la pendiente en los diagramas de tierras raras, pueden ser producidos por este camino, su abundancia absoluta, junto al P, Sr, Th, U, Zr y Ta, son difíciles de alcanzar sin agregar en la fuente, fosfatos ricos en tierras raras o titanita. Así, el enriquecimiento metasomático del manto peridotítico primordial sería un precursor necesario para generar los fundidos de kimberlitas.

Los modelos petrogenéticos explican la profundidad a la que los fundidos se separan de la fuente, en base a los xenocristales de diamante y coesita, y por cálculos de presión de equilibrio de xenolitos derivados del manto. Los modelos de Wyllie (1980, 1989) y Wyllie et al. (1990) indican que la introducción de CO_2 y H_2O baja el sólido de la lherzolita y produciría la génesis conjunta de kimberlitas además de carbonatitas y nefelinitas, (Figs. 18-19 y 18-20). El ascenso de la pluma de astenosfera hidro-carbonatada intersecta a la geoterma continental y un fundido kimberlítico se produce en el "punto 2" (260 – 270 km). El diapiro con magmas potásicos continúa ascendiendo adiabáticamente y pueden detenerse por resistencia mecánica, en el límite astenosfera-litosfera (punto 1) o pueden continuar hasta encontrar un nivel (punto 4) donde comenzaría a cristalizar flogopita-dolomita desde la peridotita, desprendiendo vapor y produciendo fracturación y metasomatismo en las paredes de las rocas de caja a 60 – 100 km. La litosfera deprimida de harzburgita en esta capa, reacciona con los fundidos hidro-carbonatados para producir flogopita, richterita-K y/o wehrlita y dunita, junto con carbonatos ricos en elementos incompatibles. Anderson (1979) propone que el vapor desprendido desde las plumas, ayuda a la propagación de las fracturas dentro de la listosfera, generando canales hasta la superficie, por las que el magma kimberlítico se separa y asciende. Wyllie (1980) propone que las fracturas que alcanzan la superficie son seguidas por la erupción explosiva y vesiculación del magma directamente desde la separación a aproximadamente 90 km. Esta idea es contraria a la formación de complejos de diques y filones capa, que estarían restringidos a niveles someros.

Los magmas que se separan a <90 km, no contendrán diamantes, ya que el ascenso comienza por encima de su campo de estabilidad (Fig. 18-19). Para contener diamantes Wyllie (1980) propuso que una vez que los conductos han sido establecidos, el escape de volátiles alcanza sucesivamente profundidades mayores, hasta lograr niveles correspondientes al rango de estabilidad del diamante. Asimismo, una vez que el ascenso de la pluma enriquecida en volátiles inicia la fusión de la astenosfera, los fluidos metasomatizan el manto sobreyacente, reduciendo el punto de fusión de la peridotita y extienden la fusión a niveles más altos. Así las kimberlitas del grupo 1, se generarían desde lherzolitas granatíferas enriquecidas en volátiles en porciones de astenosfera ascendida, que contienen magnesita-flogopita, además de Ti, K y Ba. Las fases en el manto profundo incluyen richterita-K-Ti, diópsido-K, granate, etc. Algunos ubican el origen de los fundidos de kimberlita, en el límite núcleo-manto, pero el sólido peridotítico aparece por debajo del "punto 2" (Fig. 18-19), por lo que su origen es a menos de 300 km.

Carbonatitas, melilititas y otros magmas alcalinos también pueden formarse en estas celdas ascendentes, dependiendo de la mineralogía inicial, composición, profundidad y grado de fusión parcial. Los magmas silicáticos alcalinos requieren fusión astenosférica y sólo pueden desarrollarse en áreas que experimenten adelgazamiento litosférico y rifting. La composción química de los magmas ultrapotasicos en las áreas orogénicas se atribuye a que participan componentes del manto astenosférico y del litosferico, en los cuales la fusión parcial es disparada por fluidos ricos en H_2O previamente introducidos por subducción.

Bailey (1980, 1982, 1985, 1987) propuso que las fracturas por las que ascienden los magmas, se desarrollan por procesos externos al cratón, que penetran la litosfera y proveen canales por los que escapan los volátiles desde la astenosfera. En las zonas adyacentes a estos canales, se produciría metasomatismo y fundidos, que se agregan al magma kimberlítico y la fusión de las rocas ultramáficas alcalinas, es condiconada por el contenido de volátiles, cuando el ambiente geotérmico intersecta al solidus en presencia de vapor; proceso similar al invocado para la generación de magmas basálticos en zonas de subducción.

Aunque las kimberlitas son ricas en CO_2 y las carbonatitas se formarían por fusión parcial de lherzolitas carbonatadas; los fundidos ricos en H_2O tales como las orangeitas y lamproitas serían de origen diferente. Las signaturas isotópicas sugieren origen litosferico y los modelos de capas metasomatizadas proveen la fuente posible para estos fundidos enriquecidos. Mientras que los modelos para las orangeitas sugieren una fuente de harzburgita deprimida y la ausencia de xenocristales de ortopiroxeno indicaría, una dunita hibridizada, enriquecida en flogopita, richterita-K, apatito y carbonatos, como así también en Pb, Rb, Ba, tierras raras livianas, SiO_2 y H_2O. Estos pueden producir fundidos de orangeitas, con xenolitos e inclusiones de diamantes, que se habrían formado a 150 – 200 km de profundidad.

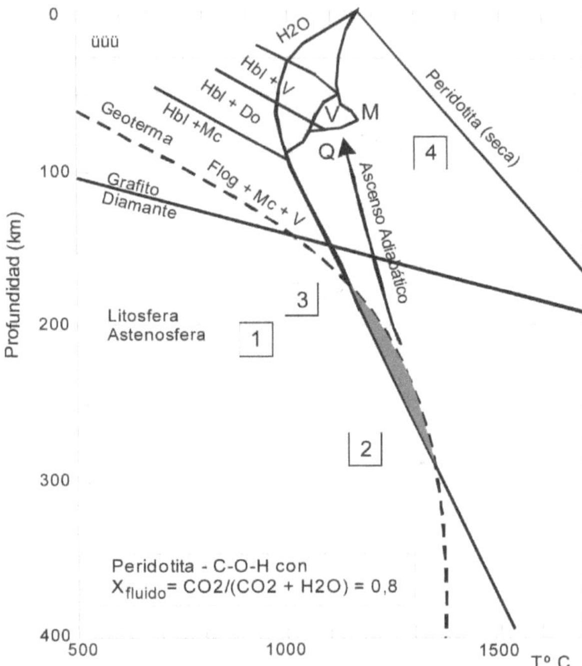

Fig. 18-19. Curva del solidus (línea gruesa continua) para lherzolita con relación CO_2:H_2O= 0,8. Líneas de puntos, peridotita solida saturada en H_2O y libre de volátiles (Wyllie 1989).

Las lamproitas se podrían generar en condiciones similares, pero en una fuente enriquecida en richterita-K, diópsido, K, Ba y titanita, relacionadas a una zona de subducción previa, con la que se relacionaría el enriquecimiento.

La Fig. 18-20 es una sección esquemática de un cratón Arqueano, un cinturón móvil Proterozoico y un rift moderno. Debido al bajo gradiente geotérmico en las áreas cratónicas pobremente radiactivas, la transición grafito-diamante es elevada dentro del manto litosferico cratónico (Fig. 18-19). Los diamantes ocurren solo en las lherzolitas y dunitas-harzburgitas deprimidas en dichas raíces y solo los fundidos generados, en o debajo de estas raíces, pueden intruir o desagregar xenolitos conteniendo diamantes. Las kimberlitas pasan a través de los diferentes tipos de rocas, arrastrando xenolitos de harzburgitas, eclogitas y lherzolitas. Las orangeitas litosfericas pueden también atravesar niveles conteniendo niveles con diamantes. Las lamproitas ocurren más comúnmente en los viejos cinturones móviles, generados en lentes cratónicos conteniendo diamantes. Las inclusiones diamantiferas en las lamproitas son generalmente de eclogitas y la fuente puede ser una loza subductada de corteza oceánica remanente, convertida en eclogita.

La Fig. 18-20 sugiere que cualquier fundido, que atraviese horizontes con diamantes en las raíces corticales, puede incorporarlos. Mitchell (1995) menciona que algunos raros basaltos alcalinos y melilititas así lo hacen. Pero la mayoría de los fundidos asciende muy lentamente y la oxidación tiene tiempo para destruir a los diamantes. Las nefelinitas y la mayoría de los magmas alcalinos se generan por fusión parcial en niveles más someros, que los de kimberlitas, orangeitas y lamproitas.

Mitchell (1995) observa que hay diferencias distintivas entre los magmas potásicos en cada cratón. Las orangeitas ocurren sólo en el cratón de Kaapvaal en Sud Africa (donde las lamproitas están ausentes). En el cratón Wyoming (EEUU), las lamproitas son comunes dando lugar a la suite de las shonkinitas. En el cratón Aldan de Rusia, las lamproitas ocurren como huéspedes de rocas extremadamente subsaturadas en sílice, de la suite kalsilita-leucita-biotita-ortosa.

Los lamprófiros constituyen un complejo grupo poligenético de intrusiones hipabisales menores, que característicamente tienen fenocristales de anfíbol y /o flogopita. Las características texturales, peculiaridades mineralógicas, similitud en la composición con los basaltos alcalinos y/o toleíticos, sugieren modificaciones de tales magmas en profundidad por influencia posiblemente hidrotermal, de álcalis y volátiles, o por haber asimilado rocas graníticas, esquistos micáceos o cuarzo feldespáticos, desde un magma madre, que puede ser ultrabásico. Los lamprófiros ocurren en diferentes ambientes tectónicos como, zonas de rift continental, islas oceánicas, arcos de islas, márgenes continentales activos y zonas de colisión continental.

Los lamprófiros calco-alcalinos serían los equivalentes hipabisales potásicos relacionados a la subducción (son los únicos potásicos); mientras que los lamprófiros alcalinos pueden ser los equivalentes de los basaltos alcalinos, basanitas y nefelinitas. Para los lamprófiros ultrabasicos no se reconocen equivalentes volcánicos excepto algunas rocas muy bajas en SiO_2 (<15%) que gradan a carbonatitas (Tabla 18-7).

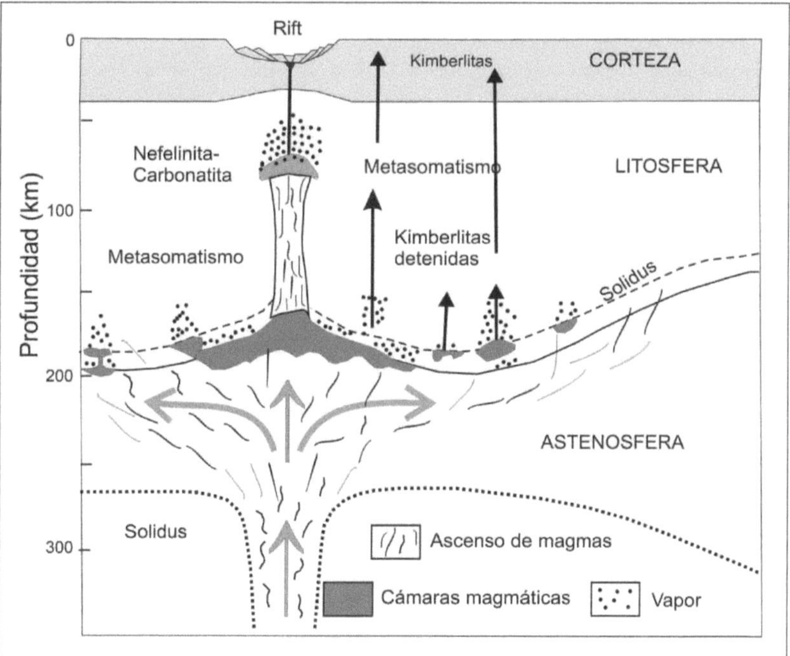

Fig. 18-20. Corte esquemático de una pluma de manto astenosférico, debajo de un rift continental y la génesis de nefelinitas-carbonatítitcas y kimberlitas-carbonatíticas.

Las minettes ricas en mica y algunas clases de lamprófiros tienen afinidades de arco y son relativamente deprimidos en los contenidos de Nb y Ta, alta relación Ba/Ti y la composición química es semejante a la serie absarokita-shoshonita-banakita de las zonas de subducción. Las rocas shoshoníticas compuestas dominantemente por olivino, piroxenas y plagioclasa, formadas con baja fugacidad de agua, pueden ser consideradas heteromorfos de las minettes, que se forman en condiciones de alta fugacidad de agua, desestabilizando a las plagioclasas y a los mafitos anhidros. Las altas concentraciones de elementos compatibles e incompatibles de los lamprófiros primitivos, junto con las relaciones isotópicas de Sr y Nd, sugieren derivación de fundidos formados por bajo grado de fusión parcial de manto metasomatizado.

Rock (1987) considera que las kimberlitas y lamproitas deberían ser consideradas subgrupos del clan de los lamprófiros, ya que se caracterizan por la presencia de biotita. La superposición parcial de los campos de las lamproitas y lamprófiros no sorprende, ya que ambos grupos se generan en áreas que han experimentado un evento previo de subducción relacionado con el magmatismo. El diferenciado magmático es enriquecido en CO_2 y H_2O, retardando la cristalización de los silicatos de Mg y Fe, lo que puede concentrar a los ferromagnesianos con los álcalis en los fluidos lamprofíricos postumos. De los datos químicos surge la importancia que tienen el H_2O y el CO_2 en las kimberlitas, rocas ultra-potásicas y lamprófiros.

Origen de los magmas y relación con los diamantes

Las kimberlitas de importancia económica se encuentran en regiones de corteza continental antigua con edades mayores a 2,4 Ga, mientras que las que se originan en cinturones móviles más jóvenes, tienden a ser estériles. Las edades Sm-Nd y Rb-Sr de las inclusiones singenéticas de granate y piroxeno, los diamantes dan entre 900 y 3300 Ma. La mayoría de los diamantes son más viejos que las rocas que los contienen (de 1600 a 90 Ma en Africa del sur). Los caracteres químicos de las inclusiones indican que los diamantes cristalizaron y fueron preservados en las raíces de un cratón estable a profundidades entre 120-200 km a temperaturas <1200° - 1500° C, que implica gradientes geotérmicos muy bajos (8-10° C/km). Después de largos períodos con baja actividad convectiva en el manto, los diamantes fueron englobados y arrastrados por magmas más jóvenes y genéticamente no relacionados. Eclogitas y peridotitas que contuvieron a los diamantes, son ahora xenolitos con diamantes, englobados en magmas de lamproitas, orangeitas y kimberlitas, durante el Arqueano tardío y las inclusiones de diamantes contenidos en las eclogitas son de edad arqueana.

Lecturas Seleccionadas

Anderson, O.L. 1979. The role of feature dynamics in Kimberlite pipe formation. In: Boyd, F.R., y Meyer, O.A. (eds.). Kimberlites, Diatremes, and Diamonds: Their Geology, Petrology and Geochemistry. AGV. Washington D.C.: 344-353.

Bailey, D.K. 1980. Volatile flux, geotherms, and the generation of the kimberlite-carbonatite-alkaline magma spectrum. Mineral. Mag. 43: 695-699.

Bailey, D.K. 1982. Mantle metasomatism – continuing chemical change within the Earth. Nature 296: 525-530.

Bailey, D.K. 1985. Fluids, melts, flowage and styles of eruption in alkaline ultramáfica magmatism. Trans. Geol. Soc. S. Afr. 88: 449-457.

Bailey, D.K. 1987. Mantle metasomatism – perspective and prospect. In: Alkaline igneous rocks. Fitton, F.J., y Upton, B.G.J. (eds.), 1-13. Geol. Soc. Sp. Publ. 30.

Basaltic Volcanismo Study Project. 1981. Basaltic volcanism on the terrestrial planets. New Cork. Pergamon Press, 108-131.

Canil, D., y Scarfe, C.M. 1990.Phase relations in peridotite + CO_2 systems to 12 GPa: Implications for the origin of kimberlite and carbonatite stability in the Earth´s upper mantle. J. Geophys. Res. 95: 15805-15816.

Cox, K.G., Bell, J.D., y Pankhurst, R.J. 1979. The Interpretation of Igneous Rocks. 450 pp. London. George Allen & Unwin.

Dawson, J.B. 1987. The kimberlite clan: relationship with olivine and leucite lamproites and inferences for upper-mantle metasomatism. In: Alkaline igneous rocks. Fitton, F.J., y Upton, B.G.J. (eds.), 95-101. Geol. Soc. Sp. Publ. 30.

Foley, S.F., Venturelli, G., Green, D.H., y Toscani, L. 1987. The ultrapotassic rocks: characteristics, classification and constraints for petrogenetic models. Earth Sci. Rev. 24: 811-134.

Keen, C.E. 1985. The dynamics of rifting: deformation of the lithosphere by active and passive driving forces. Geophys. J.R. Astron. Soc. 80: 95-120.

McDonough, W.F., McCulloch, M.T., Sun, S.S. 1985. Isotopic and geochemical systematic in Tertiary-Recent basalts from southeastern Australia and implications for the evolution of the sub-continental lithosphere. Geochim. Cosmochim. Acta 49: 2051-2067.

McKenzie, D.P. 1984. The generation and compaction of partially molten rock. J. Petrol. 25: 713-765.

Mitchell, R.H. 1986. Kimberlites: mineralogy, geochemistry and petrology. New York: Plenum Press, 442 pp.

Mitchell, R.H. 1995. Kimberlites, Orangeites, and Related Rocks. Plenum. New York.

Mitchell, R.H., y Bergman, S.C. 1991. Petrology of lamproites. Plenum, New York.

Peccerillo, A., y Manetti, P. 1985. The potassium alkaline volcanism of central-southern Italy: a review of the data relevant to petrogénesis and geodynamic significance. Trans. Geol. Soc. S. Afr. 88: 379-394.

Rock, N.M.S. 1987. The nature and origin of lamprophyres: an overview. In: Alkaline igneous rocks. Fitton, F.J., y Upton, B.G.J. (eds.), 191-226. Geol. Soc. Sp. Publ. 30.

Smith, C.B., Gurney, J.J., Skinner, E.M.W., Clement, C.R., y Ebrahim, N. 1985. Geochemical character of southern Africa kimberlitas: a new approach based on isotopic constraints. Trans. Geol. Soc. S. Africa, 88: 267-280.

Streckeisen, A. 1978. IUGS Subcommission on the Systematics of Igneous Rocks. Classification and Nomenclature of Volcanic Rocks, Lamprophyres, Carbonatites and Melilite Rocks. Recommendations and Suggestions. N.Jarhb. für Mineralogie. Sttutgart. Abh. 143: 1-14.

Wendlandt, M.E., y Eggler, D.H. 1980 a. The origins of potassic magmas. 1. Melting relations in the system $KAlSiO_4$. $MgO-SiO_2$ and $KAlSiO_4-SiO_2-CO_2$ to 30 kilobars. Amer. J. Sci. 280: 385-420.

Wendlandt, M.E., y Eggler, D.H. 1980 b. The origins of potassic magmas. 2. Stability of phlogopite in natural spinel lherzolite and in the system $KAlSiO_4-MgO-SiO_2-H_2O-CO_2$ at high pressures and high temperatures. Amer. J. Sci. 280: 421-458.

Wyllie, P.J. 1980. The origin of kimberlite. J. Geophys. Res. 85: 6902-6910.

Wyllie, P.J. 1989.Origin of carbonatites: Evidence from phase equilibrium studies. In: Bell, K. (ed.). Carbonatites: Genesis and Evolution. Unwin Hyman. London. 500-545.

Wyllie, P.J., Baker, M.B., y White, B.S. 1990. Experimental boundaries for the origin and evolution of carbonatites. Lithos 26: 3-19.

Elementos básicos de petrología ígnea

Miscelanea 18: 319-332
Tucumán, 2010 -ISSN 1514 - 4836 - ISSN on-line ISSN 1668 - 3242

Capitulo 19
Magmatismo de rift continental

Introducción

El magmatismo basáltico es la manifestación más espectacular de la tectónica extensional en las placas continentales. Aquí se prestará especial atención al Rift de Africa Oriental por la gran diversidad magmática y la actividad tectónica que lo caracteriza. Constituye además el rift continental más grande y significativo, con un volumen erupcionado de 500.000 km3, en suma a con los 12.000 km3 del rift de Río Grande (USA) o los 5.000 km3 del rift Baikal (Rusia) (Fig. 19-1).

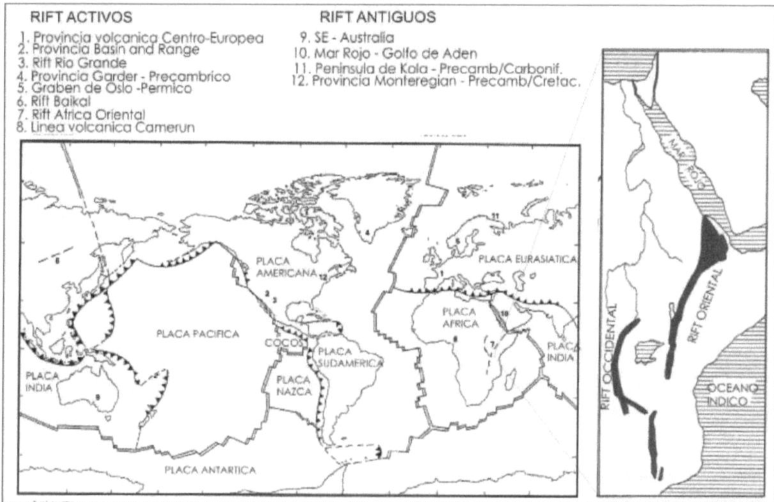

Fig. 19-1. Distribución global de los rift mayores, tanto activos como antiguos, dentro de las grandes placas. A la derecha esquema del desarrollo de los rift de Africa, occidental y oriental. (Modificado de Barberi etal. 1982).

Las zonas de rift continental son áreas de extensión litosférica localizadas y caracterizadas por una depresión central, flancos levantados y adelgazamiento cortical. Con esta estructura generalmente se asocia un alto flujo de calor, amplias zonas de levantamiento regional y magmatismo. En general los rifts tienen pocas decenas de kilómetros de ancho y decenas a centenares de kilómetros de largo y sus orígenes pueden deberse a distintos factores tales como colisiones continente-continente (graben del Rhin), o cuencas de retro-arco relacionadas a subducción (Río Columbia). Pero todas originan procesos de fusión en el manto subyacente en respuesta a tectónica distensiva (Fig. 19-2). En general la velocidad de distensión es de dos órdenes de magnitud menor, que las zonas de distensión oceánicas, con valores de ~1 mm/año.

El espectro composicional de los magmas erupcionados es más amplio que en los flujos de basaltos continentales. En general los basaltos pueden variar, desde tipos subalcalinos transicionales a basaltos alcalinos, basanitas subsaturadas en sílice, nefelinitas y más raramente magmas ultrapotásicos como leucititas. En algunos rifts las carbonatitas están presentes y se asocian con rocas subsaturadas en sílice. En general el volcanismo es altamente explosivo y las rocas piroclásticas pueden dominar en las secuencias volcánicas, lo que sugiere un enriquecimiento en volátiles en la región fuente. En rifts antiguos erosionados (Gardar, Groenlandia; Oslo, Noruega) han quedado expuestas las raíces, que están constituidas por rocas plutónicas como sienitas, sienitas nefelínicas y granitos alcalinos que dieron lugar en superficie a estrato-volcanes de traquita y fonolita.

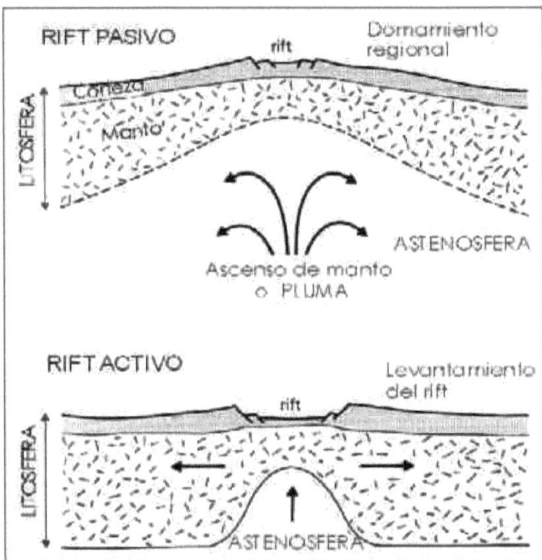

Fig. 19-2. Modelos de desarrollo de rifts, pasivos y activos (Keen 1985).

Petrografía

Dada la amplia diversidad de las ZRC se han seleccionado tres tipos considerados representativos:
   a) Suite de basanita-fonolita de Nyamberi range y E de Kenia.
   b) Suite basalto alcalino-traquita del rift Gregory de Kenia.
   c) Suite transicional basalto-riolita del centro Boina de Etiopia.

La alcalinidad (Na_2O+K_2O %) de estas suites decrece desde (a) a (c), con amplia variación textural desde tipos afíricos a fuertemente porfíricos, siendo similares los minerales de los fenocristales y de la pasta. Los minerales presentes son plagioclasa, olivino, clinopiroxeno rico en Ca, óxidos de Fe y Ti, y apatito. Los minerales hidratados incluyen hornblenda y biotita y están restringidos a los miembros más evolucionados de la suite basanita-fonolita, al igual que la nefelina.

Composición química

Elementos mayores: Las lavas de las suites volcánicas de las ZRC pueden ser clasificadas usando los diagramas (Na_2O+K_2O) versus SiO_2 (Cox et al. 1979) (Fig. 19-3; 19-6), ya que los álcalis son incompatibles hasta estadios avanzados de fraccionamiento.

En general el $Na_2O>K_2O$, aunque en sectores es lo inverso. En la fig. 19-3, se muestra que algunas suites volcánicas desarrollan un espectro de composiciones de básico a ácido, mientras que otras son marcadamente bimodales. Para las que muestran un rango de variación continua es razonable suponer que los magmas más ácidos serían producidos por cristalización fraccionada desde los basaltos asociados. Mientras que en las suites bimodales, las relaciones entre magmas básicos y ácidos no son obvias.

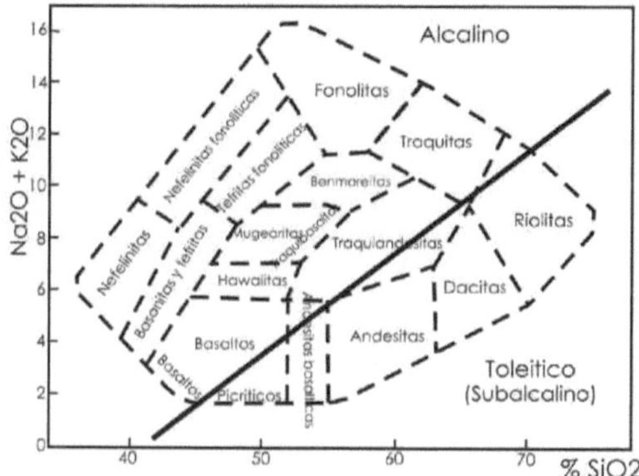

Fig. 19-3. Diagrama total de álcalis vs. Sílice (Cox et al. 1979).

%	Basanita	Mugearita	Benmoreita	Traquita	Fonolita	Basalto	Basalto	Riolita
			A				B	
SiO_2	41,43	50,07	58,28	65,04	55,74	47,2	47,8	75,2
TiO_2	3,64	2,23	0,81	0,22	0,85	1,95	1,95	0,17
Al_2O_3	11,87	16,37	15,99	15,77	18,26	15,83	15,43	12,11
Fe_2O_3	2,74	1,63	1,69	0,90	1,51	1,60	--	0,83
FeO	11,55	9,32	7,11	2,84	4,63	9,61	12,09	1,06
MnO	0,23	0,25	0,31	0,17	0,25	0,20	0,21	0,04
MgO	10,52	2,93	0,74	0,15	1,01	7,34	6,55	0,07
CaO	11,10	5,96	2,79	0,99	2,57	12,27	11,12	0,44
Na_2O	2,33	5,71	6,69	6,98	8,53	2,62	2,26	4,59
K_2O	1,48	2,74	4,16	5,57	4,82	0,48	0,81	4,73
P_2O_5	0,94	1,18	0,51	0,10	0,41	0,24	0,42	--
H_2O	0,87	0,28	0,27	0,49	0,36	0,12	0,46	0,06
CO_2	0,07	0,89	0,01	0,07	0,02	--	--	--
S	0,01	0,05	0,05	0,04	0,04	--	--	--
F	--	--	0,12	0,36	0,15	--	--	--
ppm								
Rb	52	56	88	168	94	9	20	290
Ba	622	1028	1337	236	1324	254	461	13
Sr	1230	1375	481	26	881	382	448	6
Pb	4	8	11	29	12	--	--	--
Th	5	5	13	39	15	--	--	--
U	<1	1	2	2	<1	--	--	--
La	73	81	96	228	107	17	23	74
Ce	100	149	161	314	167	36	49	142
Y	26	29	44	88	33	19	25	108
Zr	197	283	545	1119	545	71	108	439
Nb	59	86	127	301	145	23	24	200
Sc	22	9	7	2	3	--	--	--
V	350	113	14	<1	23	--	--	--
Ni	137	2	<1	<1	<1	--	--	--
Cu	84	38	14	7	11	--	--	--
Zn	100	113	111	157	107	--	--	--
Ga	16	18	22	30	21	--	--	--
F	--	--	1164	3564	1455	--	--	--
Nd	--	--	--	--	--	18,1	24,4	53
Sm	--	--	--	--	--	4,11	5,09	12,3
Eu	--	--	--	--	--	1,64	1,8	0,15
Gd	--	--	--	--	--	4,5	5,05	15,6
Dy	--	--	--	--	--	4,05	4,56	--
Er	--	--	--	--	--	2,25	2,49	--
Yb	--	--	--	--	--	2,13	2,14	10,1

Tabla 19-1. A: Análisis químicos de la suite basanita-fonolita y B: bimodal basalto-riolita del Rift Monte Kenya.

En general los diagramas de variación responden a los efectos combinados de cristalización polibárica, heterogeneidades de la fuente, desarrollo de fusión parcial variable y contaminación cortical. Por fuera de la aparente coherencia de estas tendencias, debe tenerse cuidado en la interpretación de los datos que representan líneas descendentes de líquidos verdaderos, que sólo son avalados cuando están acompañados por estudios de elementos trazas e isótopos radiogénicos. Por ejemplo en la Fig. 19-4, muestra la variación del porcentaje de K_2O versus SiO_2 de los basaltos del rift de Etiopia. El K_2O se correlaciona positivamente con la sílice, con tendencia similar a los Flujos Basálticos Oceánicos. La variación de estos elementos reflejaría variable fusión parcial de una misma fuente, o también contaminación cortical progresiva, lo que puede determinarse en base a los isotopos de Sr-Nd y Pb.

En el ambiente tectónico correspondiente a las ZRC, las lavas mas sálicas pueden producirse por cristalización fraccionada desde magmas basálticos temporal y espacialmente asociados, en combinación con variable contaminación cortical. Alternativamente pueden producirse por fusión de una fuente independiente, en condiciones de abundancia de volátiles.

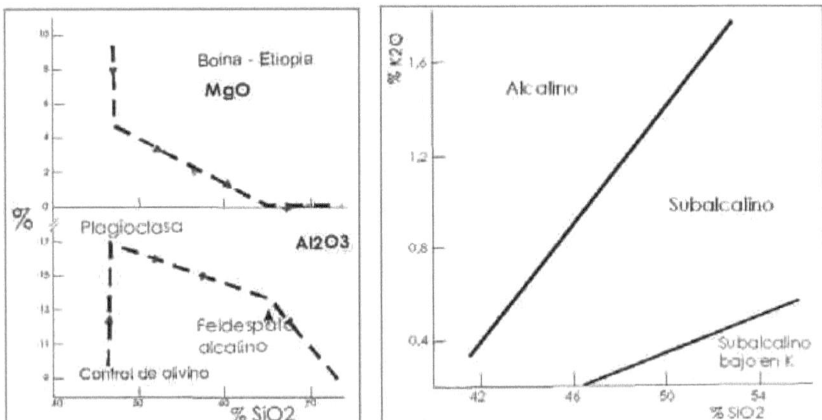

Figuras 19-4 y 5. Variación de % peso de MgO y Al_2O_3 vs. SiO_2, en la suite Boina y campos de variación de K_2O vs. SiO_2 en Etiopía.

Las tendencias fuertemente segmentadas se interpretan como dominadas por cristalización fraccionada de olivino y plagioclasa en estadios tempranos. El clinopiroxeno no es dominante y puede cristalizar junto con la plagioclasa. Es significativo que en la suite basanita-fonolita, el clinopiroxeno domina la secuencia de fraccionamiento, mientras que en la suite transicional basalto-riolita, la plagioclasa es la fase más importante, lo que queda demostrado, para ambas suites en el diagrama Al_2O_3 versus SiO_2.

Elementos trazas

La Tabla 19-2, muestra las composiciones químicas de basaltos y lavas más evolucionadas de suites volcánicas del rift de Africa oriental y Etiopia que se consideran representativos de los magmas de ZRC. Los elementos trazas incompatibles son particionados en la fase fundida, durante los procesos de fusión parcial e cristalización fraccionada. Los miembros más básicos de estas suites tienen concentraciones bajas de Ni, lo que sugiere que han sufrido fraccionamiento de olivino en el camino hacia la superficie, que tiende a incrementar la concentración de los elementos trazas incompatibles en el magma basáltico, con relación a los magmas primarios ricos en MgO. Una característica de estas suites volcánicas de Africa Oriental son las relaciones relativamente constantes de algunos elementos trazas incompatibles tales como: Nb/Zr, Ce/Zr, La/Zr y Rb/Zr, en rocas con amplia variación de la SiO_2. Sólo la cristalización fraccionada puede preservar las relaciones de las concentraciones de los elementos incompatibles ya que cualquier proceso de contaminación cortical, tiende a cambiarlos.

Isótopos radiogénicos

Los datos de Nd-Sr del manto superior muestran considerable variación isotópica y el manto litosférico subcontinental, preserva las heterogeneidades isotópicas, que presentan magmas en diferentes regiones fuentes de la placa intracontinental.

%	Basaltos		Riolitas
SiO_2	47,2	47,8	75,2
TiO_2	1,95	1,95	0,17
Al_2O_3	15,83	15,43	12,11
Fe_2O_3	1,60	--	0,83
FeO	9,61	12,09	1,06
MnO	0,20	0,21	0,04
MgO	7,34	6,55	0,07
CaO	12,27	11,12	0,44
Na_2O	2,62	2,26	4,59
K_2O	0,48	0,81	4,73
P_2O_5	0,24	0,42	--
H_2O	0,12	0,46	0,06
Ppm			
Cr	--	67	--
Ni	--	20	--
V	--	274	--
Rb	9	20	290
Sr	382	448	6,15
Y	19	25	108
Zr	71	108	439
Nb	23	24	200
Ba	254	461	13
La	16,9	23,1	74
Ce	36,3	48,7	142
Nd	18,1	24,4	53
Sm	4,11	5,09	12,3
Eu	1,64	1,80	0,158
Gd	4,5	5,05	15,6
Dy	4,05	4,56	--
Er	2,25	2,49	--
Yb	2,13	2,14	10,1
Th	--	--	38,8
Ta	--	--	14,4
Hf	--	--	14,9
U	--	--	7,1

Tabla 19-2. Elementos mayores y trazas para la suite basalto-andesita del Rift de Kenya.

Aunque la composición química e isotópica de los reservorios son temas de especulación, los xenolitos ultramáficos contenidos en kimberlitas y en basaltos alcalinos continentales, confirman la existencia de heterogeneidades que exceden de lejos a los rangos de los basaltos MORB y OIB. La Fig. 19-6 muestra la variación de $^{143}Nd/^{144}Nd$ versus $^{87}Sr/^{86}Sr$ para un amplio rango de volcanes de la ZRC.

Muchos basaltos se proyectan dentro del campo mantélico que se definen como basaltos oceánicos no-contaminados (MORB + OIB), mientras que otros se proyectan fuera de ese campo. El rango de variación isotópica de los basaltos de ZRC, podría explicarse en términos de su derivación desde un reservorio en el manto. En general la fuente mantélica MORB no constituye el mayor componente de los volcanes de ZRC. En su lugar se debe considerar la posibilidad de que la mayoría derivarían de una pluma de manto de fuente OIB (rifts activos) o desde litosfera subcontinental (rifts pasivos).

Los isótopos de Pb presentan variaciones de las relaciones $^{207}Pb/^{204}Pb$ versus $^{206}Pb/^{204}Pb$ para las rocas volcánicas de las ZRC, permiten considerar la existencia de anomalías isotópicas a gran escala en el manto superior, diferentes a los basaltos OIB, MORB y las kimberlitas grupos I y II (Fig. 19-7).

La composición isotópica de Pb en clinopiroxeno y anfíbol de los xenolitos de lherzolita derivados de litosfera subcontinental y de una suite de granulitas máficas derivados del límite corteza-manto, representan el rango de composición isotópica de la litosfera subcontinental.

Las lavas pobres en SiO_2 y ultrapotásicas del campo Kikorongo del rift occidental de Africa, muestra variación isotópica de Pb. Esta lava tiene alto contenido de Cr y MgO e incluye xenolitos derivados del manto, lo que sugiere que han subido rápidamente a través de la corteza, sin haber sufrido contaminación apreciable. Por otra parte las nefelinitas de Nyiragongo muestran amplia variación isotópica de Pb con relaciones $^{206}Pb/^{204}Pb > 62$. Para explicar estas altas relaciones isotópicasr, es necesario que la región fuente haya sufrido fuerte metasomatismo para causar el fraccionamiento extremo de U y Pb.

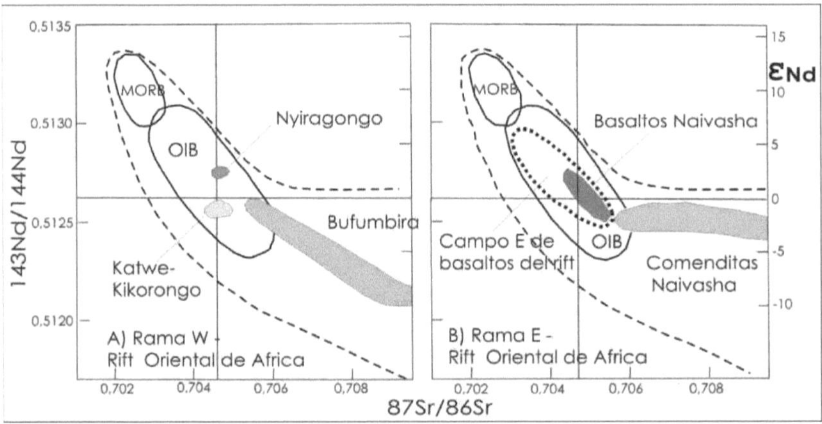

Fig. 19-6. Diagrama de variación $^{143}Nd/^{144}Nd$ vs. $^{87}Sr/^{86}Sr$, correspondientes a las ramas este y oeste del rift de Africa Oriental, para los distintos tipos de volcanitas.

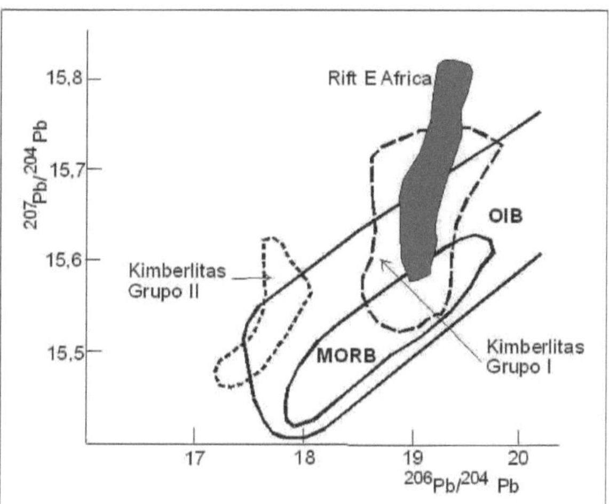

Fig. 19-7. Variación de las relaciones isotópicas de Pb, para las kimberlitas, OIB, MORB y Rift del E de Africa.

Modelo petrogenético

Actualmente se acepta que la formación de cuencas sedimentarias y rifts intracontinentales están conectados por extensión y deformación de la corteza y del manto litosférico. Los modelos teóricos asumen que el componente mantélico de la litosfera es adelgazado más eficientemente que la corteza y como consecuencia el calor transferido hacia arriba desde la astenósfera produce una aureola térmica que genera el levantamiento o domamiento de las rocas corticales superpuestas. Dos casos son considerados: A) Rift activo: el ascenso astenosférico causa el levantamiento de la litosfera y controla la formación del rift. El ascenso de material caliente, asociado con las dorsales medio-oceánicas o a una pluma de manto simétrica a un eje. En estos ambientes los volcanes deben preceder al rifting. B) Rift pasivo: es causado por deformación diferencial en la litosfera. En este caso el rift se forma primero y el levantamiento de los flancos continuaría debido al desarrollo de pequeñas celdas de convección debajo de ellos (Fig. 19-8). Se aplica como mecanismo para el origen de algunas cadenas lineales de islas oceánicas.

En los modelos petrogenéticos de zonas de rift continental (ZRC) se debe explicar la gran diversidad de magmas, desde melilíticos pobres en sílice, basanitas y nefelinitas, pasando por carbonatitas y magmas ultrapotásicos, así como rocas medianamente alcalinas y basaltos transicionales. En general estos magmas de naturaleza alcalina, enriquecidos en elementos litófilos de radio grande, sugieren derivación mantélica y desde una fuente MORB astenosférica enriquecida. Esto posiblemente se relacionaría a que por debajo de los rifts continentales la fuente enriquecida involucrada, corresponde a litosfera subcontinental antigua.

En la evolución de un rift se puede observar una progresión temporal desde erupciones tempranas dominadas por magmas de origen litosférico, a tardíos dominados por fuentes astenosféricas.

Un problema importante en el estudio del magmatismo de las ZRC son los roles relativos que juegan el manto astenosférico y el litosférico en la petrogénesis del espectro composicional de los magmas basálticos primarios. El adelgazamiento de la litosfera puede producir una fusión significativa por debajo del eje del rift desde la fuente de manto astenosférico. Esto genera un cambio progresivo desde la fuente astenosférica a la litosférica. La amplitud composicional de los xenolitos transportados a la superficie por los basaltos alcalinos continentales y por la kimberlitas, muestran marcadas heterogeneidades en los isótopos de Sr-Nd-Pb.

Bailey (1983) considera que las ZRC están caracterizadas por dos asociaciones magmáticas distintas. La primera involucra a basaltos de tipos transicionales a medianamente alcalinos, fuertemente alcalinos y basanitas, los cuales fraccionan produciendo tipos más evolucionados como hawaitas, mugearitas, benmoreitas, traquitas y riolitas alcalinas. Mientras que la segunda asociación más altamente alcalina y subsaturada en sílice, incluye a nefelinitas, melilitas y leucititas, las cuales fraccionan a un residuo fonolítico.

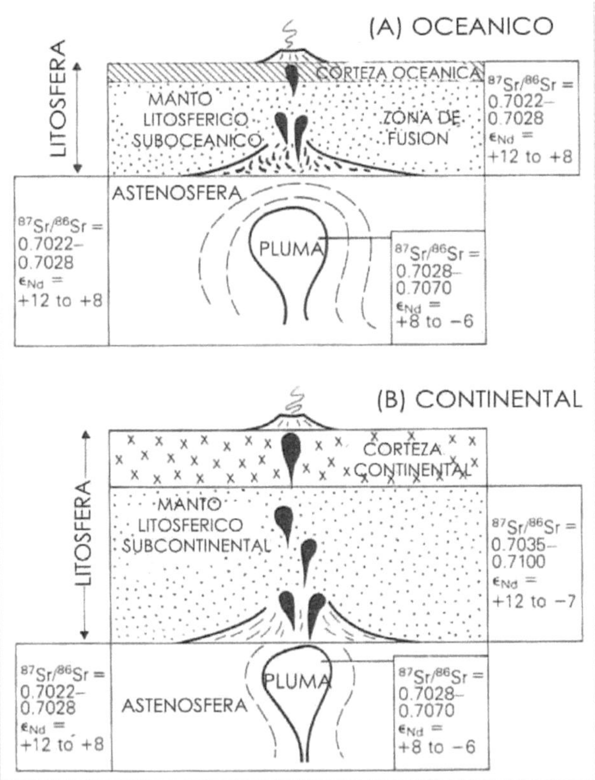

Fig. 19-8. Comparación de las características isotópicas de diversos reservorios magmáticos involucrados en la petrogénesis de (a) islas oceánicas y (b) basaltos de rift continentales activos (McDonough et al. 1985).

Barberi et al. (1982) han clasificado a los rifts intracontinentales en tipos de alto-volcanismo y de bajo-volcanismo, sobre la base del volumen de material erupcionado. Ejemplos de rifts de bajo volcanismo son la rama occidental del rift de Africa, el graben del

Rhin y el graben del Baikal, que además del bajo volumen de material erupcionado, muestran baja velocidad de extensión cortical, volcanismo discontinuo, con un amplio espectro de magmas basálticos y pequeños volúmenes de diferenciados ácidos. Predominan magmas subsaturados fuertemente alcalinos (nefelinitas, basanitas, leucititas), con tipos transicionales que se vuelven más abundantes cuando el volumen de las erupciones se incrementa. En este ambiente Bailey (1983) sugiere que las fracturas litosféricas profundas permiten el flujo de volátiles desde la astenosfera causando metasomatismo de la litosfera, que al sufrir fusión parcial provee los componentes mayores para el magmatismo.

En contraste los rifts de alto volcanismo, tienen mayor velocidad de extensión cortical, predominando los basaltos medianamente alcalinos, con distribución bimodal de magmas ácidos y básicos. Como ejemplos se citan sectores de Kenia y Etiopía del rift de Africa Oriental y sectores del rift Río Grande (USA). En general muestran estrecha relación química con los magmas básicos y ácidos que erupcionan en los mismos sectores del rift. Así las fonolitas se asocian con nefelinitas y basanitas; las traquitas con basaltos alcalinos; las riolitas peralcalinas con basaltos medianamente alcalinos y riolitas subalcalinas. En la mayoría de los casos el magmatismo ácido se habría originado por cristalización fraccionada de basaltos asociados. El decrecimiento de la alcalinidad de los magmas erupcionados con el tiempo, podría explicarse por incremento de la fusión parcial con el ascenso de material astenosférico desde el manto.

La composición química de los magmas erupcionados en zonas de rift de placa intracontinental dependen de una variedad de factores que incluyen la heterogeneidad química y mineralógica de la fuente mantélica, el desarrollo de fusión, la profundidad de la fusión y la relación de transferencia de magma a la superficie, así como la existencia de reservorios de magma en niveles corticales someros. Generalmente estas provincias están caracterizadas por campos de cono-cinder y lavas basálticas que han ascendido relativamente rápido hasta la superficie sin haber sufrido cristalización fraccionada o contaminación cortical significativa. Estas provincias se caracterizan por el desarrollo de grandes estructuras volcánicas centrales, con reservorios de magma cortical en los cuales la cristalización fraccionada produce un amplio espectro de composiciones intermedias, traquitas, fonolitas y riolitas alcalinas. Esto muestra que la cristalización fraccionada en combinación con la contaminación cortical, son procesos que controlan la evolución geoquímica en muchos magmas de las ZRC.

McKenzie (1984) sugiere el ascenso convectivo de plumas de manto que se originan en la discontinuidad sísmica a 670 km y los fundidos parciales ascenderían indistintamente, tanto por debajo de las rocas oceánicas como de las continentales. Esto sugiere que hay similitudes entre los rift de intraplaca continentales y las islas oceánicas. La Fig. 19-7, presenta modelos simplificados de estos dos ambientes, con estimación de las composiciones isotópicas Sr-Nd de varios reservorios mantélicos en procesos de fusión parcial, que son tomados de basaltos OIB y MORB-N.

En ambos casos, continentales y oceánicos, la intrusión de plumas de manto en la base de la litosfera, aumenta la temperatura e inicia la fusión parcial. Por lo que los fundidos del manto litosférico, son una mezcla con fundidos derivados de la pluma, generando un espectro de composiciones químicas e isotópicas.

En las ZRC los basaltos derivan de lherzolita de espinela o granate y los estudios experimentales indican que a baja fusión parcial de peridotita con flogopita a profundidades por debajo del campo de estabilidad del anfíbol, se producen fundidos parciales altos en K_2O. La fuente de magmas ultrapotásicos se ha atribuido a metasomatismo asociado a estadios tempranos de rift continental.

Carbonatitas

Introducción

Las carbonatitas son rocas carbonáticas que pueden ser divididas entre las compuestas principalmente por calcita (sövitas) y aquellas compuestas principalmente por dolomita o ankerita. La mayoría contienen óxidos como magnetita y hematita, como así también algunos minerales silicáticos, como: monticellita, melilita, apatito y pirocloro, los cuales pueden estar en concentraciones que pueden tener interés económico. La clasificación en carbonatitas debe realizarse sólo cuando las rocas contienen más del 50% modal de carbonatos (Streckeisen 1979) y pueden ser tanto plutónicas como volcánicas.

La asociación de carbonatitas con nefelinitas e ijolitas, ocurren en pequeños complejos continentales centrales y anillos intrusivos complejos, los cuales tienen concentraciones inusualmente altas de Nb, Ba, Sr y tierras raras y que sería el posible eslabón de separación del magma carbonático inmiscible, del magma nefelinítico parental (Fig. 18-20).

	Alternativa	
Nombre	**Grueso**	**Mediano a Fino**
Carbonatita de Calcita	Sövita	Alvikita
Carbonatita de dolomita	Rauhaugita*	Beforsita
Ferrocarbonatita	--------------	--------------
Natrocarbonatita	--------------	--------------

* Poco utilizado. Beforsita puede ser utilizado para cualquier granulometría

Tabla 19-3. Clasificación carbonatitas.

La mayoría de las carbonatitas están íntimamente asociadas con nefelinitas pobres en olivino o su contraparte plutónica, ijolita. Estas asociaciones, de origen mantélico, ocurren en algunos rift continentales como en el sistema del este de Africa y en regiones tectónicamente estables como en el sur de Africa y en el este de Brasil. Esta asociación es desconocida en regiones oceánicas.

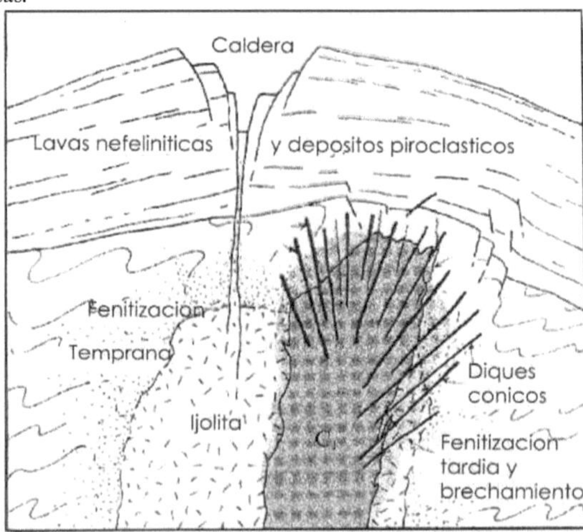

Fig. 19-9. Sección idealizada de la asociación carbonatita – nefelinita y los fenómenos de fenitización en el rift de Africa oriental.

Las asociaciones jóvenes de carbonatita-nefelinita, se presentan en volcanes jóvenes compuestos por lavas y rocas volcaniclásticas (p.ej el volcán Oldoinyo Lengai, en Tanzania, la temperatura de erupción es de 576-593° C); mientras que en los más viejos se presentan como asociaciones plutónicas complejas someras. Típicamente tienen formas circulares u ovales y se presentan en asociación común con fenitas. La fenita es una roca metasomática producida en estado sólido por transformación de la vieja pared de la roca, compuesta por gneis cuarzo-feldespático, por infiltración de gases reactivos calientes o soluciones hidrotermales ricas en Na y K derivados del magma nefelinítico o carbonatítico, que originan aegirina, anfíbol alcalino y a veces feldespato potásico, además de nefelino, flogopita y carbonatos.

La petrogénesis de la asociación carbonatita-nefelinita se desarrolla básicamente en dos fases: 1) Origen del par de la asociación nefelinita-carbonatita. 2) Esta asociación silicato-carbonato representa un sistema magmático unificado, en que el magma madre se formó en un ambiente tectónico estable, o en un ambiente de rift continental. Las investigaciones experimentales sumarizadas por LeBas (1977) indican dos posibles mecanismos para producir la asociación magmática carbonatita-nefelinita: 1) a baja temperatura (<800°C) por fraccionación cristal-líquido de un magma parental nefelinítico. 2) a alta temperatura (>800°C) por inmiscibilidad entre fundidos nefeliníticos y carbonatíticos.

Origen de las Carbonatitas

Hay tres caminos posibles para el origen de los magmas carbonatíticos: a) como producto inicial de fusión parcial en el manto, con contenidos pequeños de minerales carbonáticos; b) como producto final de diferenciación de fundidos silicáticos que contienen carbonatos disueltos, y c) por inmiscibilidad líquida desde un fundido silicático homogéneo, que contiene carbonatos.

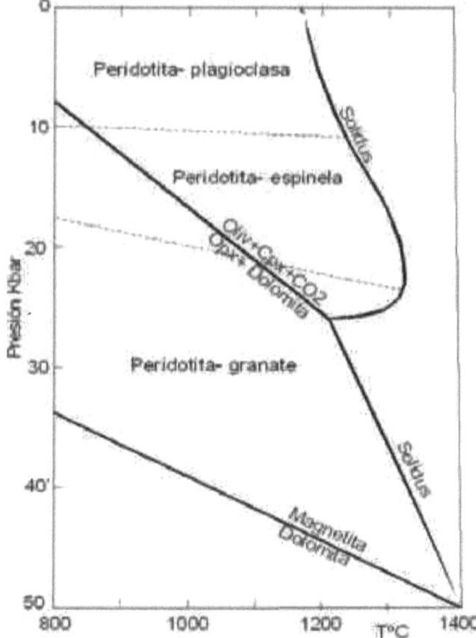

Fig. 19-10. Relaciones de fases de peridotitas, con bajos contenidos de CO_2 (modificado de Wyllie 1989).

Desde un fundido inicial: la carbonatita sería un magma primario producido por fusión parcial del manto que contiene carbonatos, bajo condiciones particulares, como por ejemplo por la reacción: En + Dolomita = Di + Fo + CO_2, que intersecta al solidus en el sistema $CaO\text{-}SiO_2\text{-}MgO\text{-}CO_2$, a P = 25-29 Kbar (Fig. 19-10). En este caso el magma carbonatítico es el producto inicial de la fusión y el incremento de temperatura lo enriquece en SiO_2. Wendlandt y Mysen (1980) encontraron experimentalmente que el fundido carbonatítico se produciría a partir de lherzolita granatífera en presencia de CO_2 a P ~ 30 kb. Como los magmas carbonatíticos tienen muy baja viscosidad, pueden ser extraídos con fracciones de fundidos tan bajas como 0,1%, en contraste con los fundidos silicáticos que con dicho volumen de fusión, no se podrían separar de la fuente.

Fracción de fundido final: El sistema $NaAlSiO_4\text{-}CaCO_3\text{-}H_2O$, a 1 kb, que sufre cristalización fraccionada, muestra que el líquido carbonático es rico en nefelina en equilibrio con vapor y sucesivamente da las asociaciones: nefelina; nefelina-melilita; hauyna-melilita; cancrinita-melilita y calcita-cancrinita-melilita, con enriquecimiento del líquido residual en carbonato. Este resultado experimental muestra gran semejanza con las rocas plutónicas observadas en algunos complejos carbonatíticos, sugiriendo que las mismas podrían haberse formado por este mecanismo.

Inmiscibilidad líquida: en los sistemas petrogenéticos formados en presencia de exceso de volátiles, tres fases fluidas pueden coexistír: a) líquidos silicático subsaturado, peralcalino y bajo en calcio; b) líquido carbonático que contiene Ca y Na y que es análogo al magma natro-carbonatítico, y c) vapor rico en $CO_2 - H_2O$ que contiene disuelto cantidades importantes de Na y Si, que sería correlacionable con los fluidos que causan la fenitización. Esto también avalaría la separación de los líquidos carbonatíticos y nefelínicos, desde un magma parental común.

Lecturas Seleccionadas

Bailey, D.K. 1980. Volatile flux, geotherms, and the generation of the kimberlite-carbonatite-alkaline magma spectrum. Mineral. Mag. 43: 695-699.

Bailey, D.K. 1982. Mantle metasomatism – continuing chemical change within the Earth. Nature 296: 525-530.

Bailey, D.K. 1983. The chemical and termal evolution of rifts. Tectonophysics 94: 585-597.

Bailey, D.K. 1985. Fluids, melts, flowage and styles of eruption in alkaline ultramáfica magmatism. Trans. Geol. Soc. S. Afr. 88: 449-457.

Bailey, D.K. 1987. Mantle metasomatism – perspective and prospect. In: Alkaline igneous rocks. Fitton, F.J., y Upton, B.G.J. (eds.), 1-13. Geol. Soc. Sp. Publ. 30.

Barberi, F., Santacroe, R., Varet, J. 1982. Chemical aspects of rift magmatism. In: Palmason, G. (Ed.). Continental and oceanic rifts. 223-258. Washington D.C.: American Geophysical Union.

Basaltic Volcanismo Study Project. 1981. Basaltic volcanism on the terrestrial planets. New Cork. Pergamon Press, 108-131.

Cox, K.G., Bell, J.D., y Pankhurst, R.J. 1979. The Interpretation of Igneous Rocks. 450 pp. London. George Allen & Unwin.

Keen, C.E. 1985. The dynamics of rifting: deformation of the lithosphere by active and passive driving forces. Geophys. J.R. Astron. Soc. 80: 95-120.

McDonough, W.F., McCulloch, M.T., Sun, S.S. 1985. Isotopic and geochemical systematic in Tertiary-Recent basalts from southeastern Australia and implications for the evolution of the sub-continental lithosphere. Geochim. Cosmochim. Acta 49: 2051-2067.

McKenzie, D.P. 1984. The generation and compaction of partially molten rock. J. Petrol. 25: 713-765.

Streckeisen, A. 1978. IUGS Subcommission on the Systematics of Igneous Rocks. Classification and Nomenclature of Volcanic Rocks, Lamprophyres, Carbonatites and Melilite Rocks. Recommendations and Suggestions. N.Jarhb. für Mineralogie. Stttutgart. Abh. 143: 1-14.

Wyllie, P.J. 1989.Origin of carbonatites: Evidence from phase equilibrium studies. In: Bell, K. (ed.). Carbonatites:

Genesis and Evolution. Unwin Hyman. London. 500-545.

Wyllie, P.J., Baker, M.B., y White, B.S. 1990. Experimental boundaries for the origin and evolution of carbonatites. Lithos 26: 3-19.

Elementos básicos de petrología ígnea

Miscelanea 18: 333-338
Tucumán, 2010 -ISSN 1514 - 4836 - ISSN on-line ISSN 1668 - 3242

Capitulo 20
Intrusiones maficas bandeadas (LMIs)

Introducción

Las rocas máficas y ultramáficas se originan en los mismos ambientes geotectónicos que los basaltos y representan un enfriamiento lento en profundidad y raramente alcanzan la superficie, por lo menos en el Fanerozoico. Los gabros son equivalentes a los basaltos, pero han cristalizado lentamente en profundidad.

Las rocas ultramáficas y anortositas suelen ser monominerálicas, formadas por sólo olivino, o piroxeno, o plagioclasa. Esta característica junto con la virtual ausencia de rocas volcánicas equivalentes, sugieren que estas rocas, en general, son diferenciados cristalinos de magmas de origen mantélico.

Estas "Grandes Intrusiones Máficas", suelen tener estructura bandeada de ahí su nombre LMIs (Winter 2001). El alzamiento y erosión de estos grandes cuerpos proporcionan un excelente laboratorio natural en los que se pueden observar los productos de la dinámica petrogenética, que acompaña la cristalización. La mayoría de los LMIs, se asocian con basaltos y son de edad precámbrica, relacionados probablemente con los altos gradiente geotérmicos, siendo probable que muchos de estos cuerpos máficos emplazados en la corteza no hayan alcanzado nunca la superficie por su alta densidad.

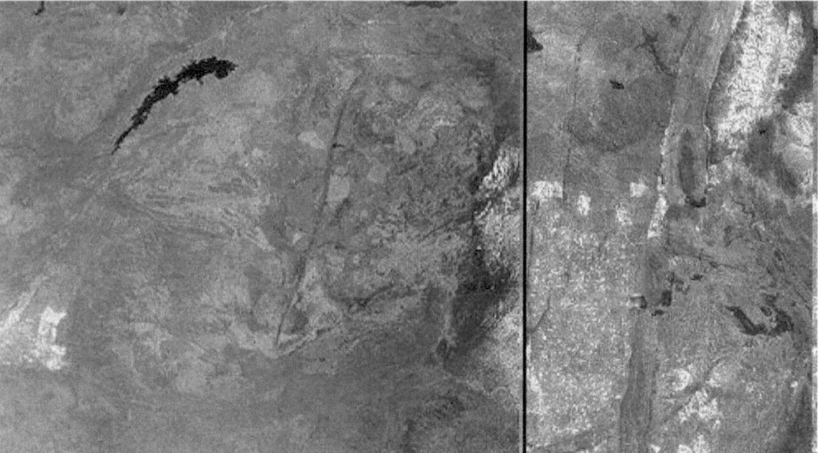

Fig. 20-1. Gran dique de Zimbawe (Rhodesia).

Intrusiones Básicas

Los gabros gradan a diabasas oofíticas en pequeños intrusivos, diques y filones capa. Con el incremento de las dimensiones de la intrusión se incrementa el tamaño de grano y los efectos de la diferenciación magmática se hacen más evidentes en las variaciones de composición y en la fábrica. Rocas monominerálicas, de piroxenita, peridotita, dunita y anortosita, así como diferenciados residuales más félsicos están presentes.

Las intrusiones básicas caen en dos grupos distintos: a) Diques y filones capa diferenciados internamente y sin bandeamiento y b) Grandes intrusiones diferenciadas bandeadas. Las diferencias están dadas por las dimensiones, ambiente y tiempo de cristalización, que se reflejan en la fábrica y composición de los intrusivos.

Diques y Filones capa diferenciados

Los diques y filones capa, carecen de texturas cumulus, que son típicas de los cuerpos máficos mayores estratificados. Las características de muchos de los filones capa diferenciados de todo el mundo han sido estudiados (Carmichael et al. 1974) y un ejemplo es el Gran Dique de Zimbabwe en Rhodesia, de centenares de kilómetros de longitud, que ha sido inyectado pasivamente dentro de zonas de tensión (Fig. 20-1). Como en el caso de los filones capa, el magma probablemente ascendió hasta un nivel determinado, controlado por la mayor densidad relativa que las rocas circundantes.

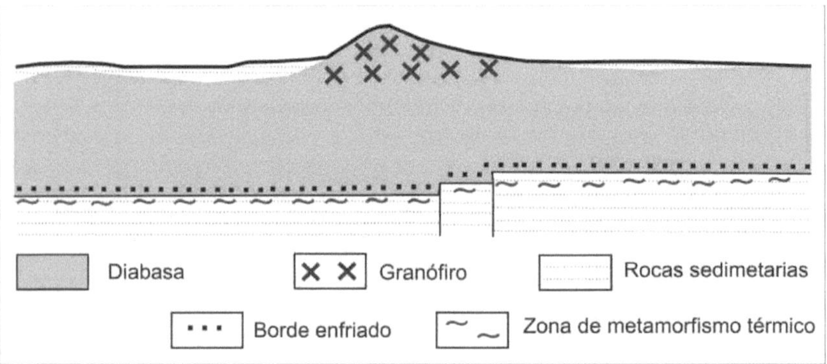

Fig. 20-2. Esquema filón capa Red Hills (Tasmania). El granófiro se acumula debajo de un bloque fallado y elevado. (modificado de Mc Birney 1984).

Un filón capa diferenciado muy conocido es la intrusión del Red Hill de Tasmania (Fig. 20-2), que tiene un espesor máximo de 700 m, con potencias de 400 m y desarrolla cúpulas que ascienden otros 300 m, en las que se han acumulado materiales diferenciados más livianos, como granófiros. La composición es toleítica y muestra en ambos bordes zonas de grano fino por enfriamiento, en contacto con la roca de caja sedimentaria.

Grandes intrusiones diferenciadas bandeadas

Las intrusiones bandeadas mayores de decenas a centenas de kilómetros cuadrados y miles de metros de espesor, son en su mayoría de edad Precámbrica. Las intrusiones más jóvenes son más pequeñas y generalmente están relacionadas con intrusiones más ácidas.

En la formación y evolución de estas intrusiones actúan diversos procesos físicos de cristalización y diferenciación produciendo: a) Bandeado: por segregación gravitacional, y b) Corrientes magmáticas convectivas, que producen capas gradadas. La gradación se debe, tanto a la depositación de cristales grandes, como a la concentración de minerales densos como magnetita, ilmenita, cromita, etc., en la base de las capas (Figs. 20-3 A y B).

Fig. 20-3. A: Bandeado por concentración de minerales máficos más densos en la base (Duke Island). B: Bandeado por separación de minerales mayor tamaño en la base (Skaergard).

Propiedades

Algunas intrusiones bandeadas parecen ser "embudos" (lopolitos), en los que el diámetro relativo de la chimenea a la altura de su eje subvertical varía ampliamente.

El bandeado es discordante con las paredes del embudo y distintivo como lo es la estratificación en las secuencias sedimentarias. Las capas individuales varían desde milímetros a decenas de metros de espesor y desde metros a decenas de kilómetros en extensión lateral. El bandeado es definido por variación de las proporciones relativas de los minerales. Las variaciones gradacionales de minerales dentro de una capa, con una mayor concentración de mafitos en el piso y más plagioclasa en el techo, son comunes. Otros tipos de capas no muestran selección y son isomodales, siendo las más comunes en las intrusiones estratificadas. Una propiedad sorprendente de algunas capas minerales gradadas, inducidas por gravedad es la ausencia de selección hidráulica por tamaños de los granos constituyentes, por lo que es probable que la depositación se haya ocurrido por corrientes de densidad.

Las similitudes entre bandeado y fábrica granulométrica, en cuerpos sedimentarios clásticos con el bandeado rítmico y la fábrica cumulus de intrusiones estratiformes, sugieren procesos similares a la sedimentación. En intrusiones estratificadas, con 2 o 3 fases cristalinas, los componentes son producto de sedimentación magmática. En tales cumulatos según (Wager y Brown, 1968), los granos de minerales cumulus se interpretan como depositados desde un fundido bajo la influencia de la gravedad en el sitio, mientras que los minerales post-cumulus crecen alrededor de los mismos. Por comparación, en las rocas clásticas tales como areniscas hay generalmente una clara distinción textural entre los granos detríticos acumulados por gravedad y el cemento secundario que los rodea.

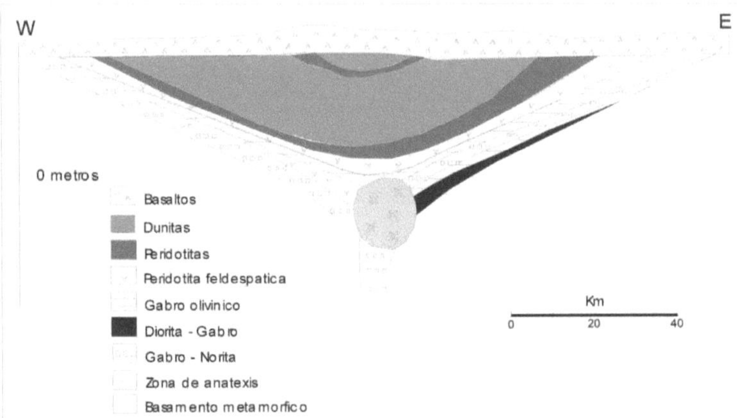

Fig. 20-4. Sección simplificada del lopolito de Muskox (Canadá).

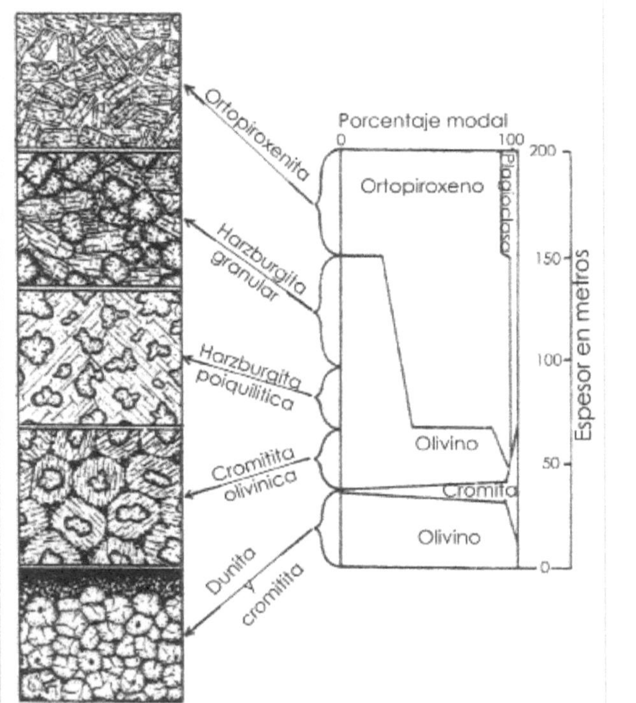

Fig. 20-5. Secuencia cíclica en la intrusión ultramáfica bandeada de Stillwater.

Básicamente la sedimentación magmática involucra simultáneamente asentamiento de cristales, inducida por la gravedad y convección del flujo de magma. El fraccionamiento líquido-cristal asociada con asentamiento de cristales permitirían explicar la variación mineral críptica, con la fracción cristalina más rica en Ca y Mg que se acumulan en la base de la secuencia.

Con respecto a las fases cumulus, tres caracteres principales del bandeado son tenidos en cuenta: a) bandeado modal o unidades cíclicas; b) bandeado mineral críptico y; c) fases del bandeado.

a) El bandeado modal o unidades cíclicas: es la característica más notable y presenta variaciones en la sección vertical del intrusivo. Puede ser - rítmica o intermitente -. El espaciamiento uniforme, puede calificarse como rítmico, pero muchos no son regulares y se los denomina intermitentes.

Dentro de las capas inferiores y en las porciones ultramáficas de las grandes intrusiones hay comúnmente una repetición regular de una cierta secuencia de capas de cumulatos. Así en la intrusión Muskox, un espeso cumulato de olivino, es seguido por uno delgado de olivino-clinopiroxeno y luego por otro de piroxeno-olivino-plagioclasa; este triplete de capas o unidad cíclica se repite en forma reiterada.

b) Bandeado mineral críptico: está dado por la variación de la composición química de determinados minerales, según su ubicación en las distintas capas, como por ejemplo, olivino, plagioclasas y piroxenos.

c) El término fases del bandeado: es usado para denotar intervalos definidos por la presencia de un mineral particular (olivino, piroxeno, etc.) en la secuencia de cristalización, con espesores de centímetros a metros. Así un mineral distintivo puede servir para delimitar unidades de una intrusión diferenciada. En Skaegaard se observan variaciones crípticas y minerales (fases) del bandeado.

Wager y Deer (1939), fueron los primeros en describir el bandeado en Skaegaard, postulando a la convección como responsable del bandeado rítmico, laminación ígnea, bandeado entrecruzado y estructuras lenticulares y de deslizamiento. Como fue desarrollado posteriormente por Wager y Brown (1968) la hipótesis de convección, presume una gran pérdida de calor desde el techo de la intrusión, en relación con las paredes y el techo. Esto indica que el magma próximo al techo comenzó a cristalizar primero y al ser más denso y gravitacionalmente inestable descendería a lo largo de las paredes de la intrusión y siguiendo una distribución horizontal sobre el piso y con goteo de cristales suspendidos, que se formarían en el inmediato contacto del techo del intrusivo (Fig. 20-6).

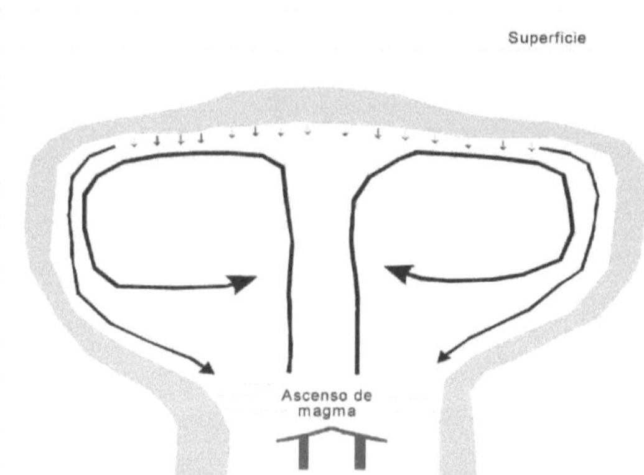

Fig. 20-6. Esquema de enfriamiento y cristalización en una cámara magmática somera, mostrando las posibles formas de convección y depositación de minerales.

Dos tipos de convección fueron postulados; una lenta, por efecto de una corriente uniforme que produce capas más o menos isomodales y corrientes intermitentes rápidas dentro de la espuma de cristales sobre el piso y como ellos están en reposo producen capas gradadas de mineral y capas lenticulares de mineral, desde una suspensión con abundantes cristales.

El enfriamiento de las intrusiones estratificadas de magma emplazados en niveles someros de la corteza, puede realizarse por conducción y por transferencia convectiva, por la circulación hidrotermal de agua meteórica alrededor de los intrusivos (McBirney, 1984).

La acumulación de cristales se iniciaría en las proximidades del piso de la intrusión. La falta de selección hidráulica en algunas capas indica que el asentamiento de los granos de cumulus puede ocurrir como en los procesos de sedimentación clástica, con posteriores nucleaciones y fenómenos de cristalización, que podrían estar involucrados en este sistema magmático químicamente complejo. En las intrusiones estratiformes hay un incremento del cumulus de plagioclasa sódica, conjuntamente con el incremento de los fundidos ricos en Fe, en el curso de la solidificación y teóricamente las plagioclasas más livianas pueden flotar, como podría esperarse en el mecanismo de cumulus.

Nombre	Edad	Ubicación	Area (km^2)
Bushveld	Precámbrica	Sud Africa	66.000
Dufek	Jurásica	Antartida	50.000
Duluth	Precámbrica	Minnesota	4700
Stillwater	Precámbrica	Montana	4.400
Muskox	Precámbrica	NW Terranova Canadá	3.500
Great Dike	Precámbrica	Zimbabwe	3.300
Kiglapait	Precámbrica	Labrador	560
Skaegaard	Eocena	Este Groenlandia	100

Tabla 20-1. Ejemplos de intrusiones básicas estratificadas.

Lecturas Seleccionadas

Carmichael, I.S.E., Turner, F.J., Verhoogen, J. 1974. Igneous Petrology. International Series in the Earth and Planetary Sciences. 739 pp.

Hess, P.C. 1989. Origins of Igneous Rocks. Harvard University Press. 336 pp.

McBirney, A.R. 1984. Igneous Petrology. 509 páginas. Freeman, Cooper & Co.

Wager, L.R., y Brown, G.M. 1968. Layered igneous rocks. Freeman, San Francisco.

Wager, L.R., y Deer, W.A. 1939. Geological investigations in East Greenland, III. The petrology of the Skaergard Intrusion. Medd. Om Groenland, 105 (4): 1-352.

Winter, J.D. 2001. An Introduction to Igneous and Metamorphic Petrology. 697 págs. Prentice Hall.

Miscelanea 18: 339-344
Tucumán, 2010 -ISSN 1514 - 4836 - ISSN on-line ISSN 1668 - 3242

Capitulo 21

Anortositas

Introducción

Las anortositas ocurren en dos ambientes geológicos: 1) como capas cumuláticas en intrusiones básicas estratificadas. P. ej. Bushveld o Stillwater (Fig. 21-1), y 2) como grandes macizos anortosíticos anorogénicos, dentro de terrenos metamórficos de alto grado de edad Precámbrica (Hess 1989). Por ejemplo, en Québec, los Adirondacks, en el SO de Noruega, Groenlandia y en Suecia. El primer tipo de anortosita es formado por procesos de diferenciación de magma básico in situ, como ya se viera en el capítulo anterior, pero el segundo tipo es más problemático.

Fig. 21-1. Norita estratificada con anortosita, en intrusivo máfico estratificado.

Anortositas

Estas son rocas plutónicas constituidas esencialmente o enteramente por plagioclasa. No se conocen rocas volcánicas o piroclásticas de esta composición. Las anortositas se presentan, ya sea como capas cumuláticas de centímetros a metros en complejos ígneos ultráficos, como las anortositas de los Complejos máficos y ultramáficos estratificados. Pero los cuerpos de anortositas más importantes forman plutones de edad arqueana, proterozoica y algunos del paleozoica inferior. Las anortositas Arqueanas tienen dos caracteres distintivos. Ellas contienen grandes cristales de plagioclasa (>30 cm) (Fig. 21-2), que tienen formas equidimensionales subhedrales a euhedrales (Phinney 1982). Los mismos son notablemente uniformes y con composiciones de An80-90, aunque las anortositas Paleozoicas muestran composiciones entre An40-65. En algunos aspectos estas anortositas son similares y aún más cálcicas que las antiguas anortositas de la Luna, aunque estas son de grano fino y nunca alcanzan los tamaños observados en la Tierra.

Los cuerpos de anortositas forman complejos independientes de tamaño batolítico, con tamaños de afloramientos de1000 a 20000 km2 y en su gran mayoría se generaron entre 1,7 y 1,2 Ga.

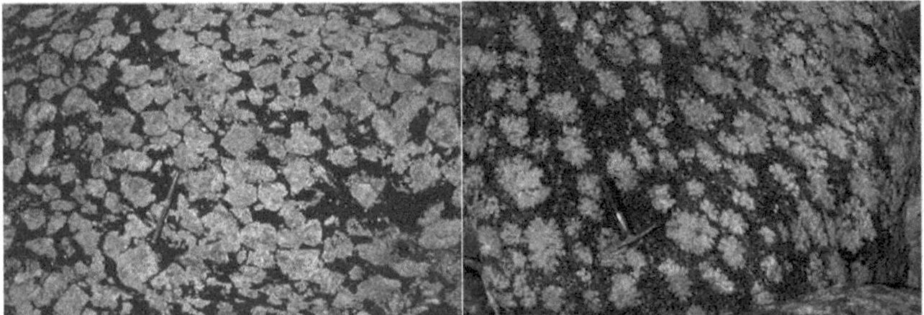

Fig. 21-2. Texturas de los intrusivos anortositicos. A: Fenocristales de plagioclasa. B: Plagioclasa en copo de nieve.

Las anortositas Arqueanas se asocian con gabros que se emplazan en rocas supracrustales de origen volcano-sedimentario de los cinturones verdes (greenstone belts). Las anortositas están compuestas hasta el 100% de anortita, aunque en general tienen fenocristales de anortita en una matríz de grano fino constituida por piroxeno, olivino y anfíbol magnesiano, que pueden estar metamorfizados a facies de esquistos verdes o anfibolitas.

La composición química de las anortositas se expresa en la Tabla 21-1.

Óxido	1	2	3	4
SiO2	48,70	49,17	45,4	46,8
TiO2	0,04	0,11	0,0	0,4
Al2O3	29,50	30,13	33,9	27,2
FeO	0,33	0,97	0,6	5,3
MgO	0,60	1,10	0,5	3,4
CaO	14,18	12,20	17,6	13,2
Na2O	3,81	3,42	1,10	2,3
K2O	0,29	0,83	0,1	0,2
P2O5	0,03	0,03	0,0	0,1

Tabla 21-1. Análisis químicos de Anortositas Arqueanas de Bad Vermilion Lake Complex de Canadá (1-2) y Fiske-naeddet Complex de Groenlandia (3-4) (Aswhal et al. 1983; Weaver et al. 1981).

La razón por la cual los elementos trazas son excluidos de las plagioclasas, a excepción de Sr y Eu^{+2}, debe ser sensitivo a su abundancia y mineralogía de la matríz. Por ejemplo el contenido de Ni en la anortosita de la columna 2 de la Tabla 21-1, es de 14 ppm, para una moda de minerales máficos del 4% (1/25 del volumen de la anortosita), por lo que el contenido de Ni en estos minerales es de 350 ppm (25 x 14). Este alto valor de Ni sugiere que el material máfico habría sido formado desde cumulatos.

La interpretación de la génesis de de los complejos anortosíticos, como los expresados en la Tabla 21-1, habría comenzado con magnetita de Cr y seguido por un prolongado episodio dominado por la cristalización de plagioclasa y anfíbol, con la cristalización final de espinela rica en Fe y Cr. La cristalización temprana de magnetita modera el incremento de la relación FeO/MgO del líquido residual, por lo que la cristalización de magnetita, plagioclasa cálcica (45% de SiO$_2$) y anfíbol (40% de SiO$_2$) aumenta el contenido de SiO$_2$ en los líquidos residuales, lo que reproduce una tendencia evolutiva calco-alcalina.

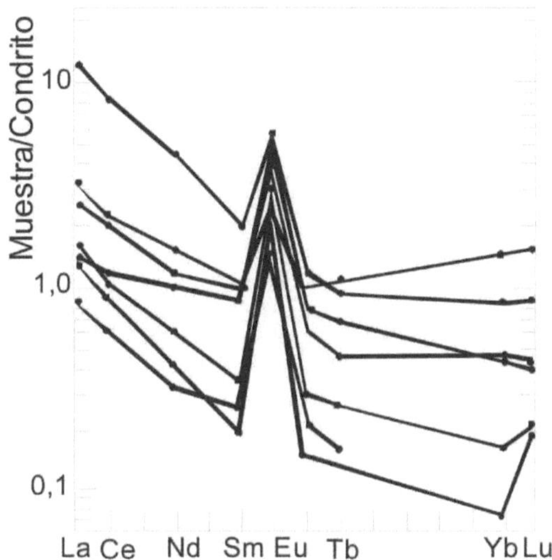

Fig. 21-3. Anortosita normalizada a condrito, muestra la típica anomalía positiva de Eu.

Modelo de generación de anortositas – Tipo masivo

a) Magma derivado del manto, que por su alta densidad, se equilibra por debajo de la corteza,.

b) Cristalización de fases máficas con hundimiento y fusión parcial de la corteza inferior. El fundido es rico en Al y Fe/Mg.

c) La plagioclasa se acumula en el tope de la cámara , mientras se hunden los mafitos.

d) Las acumulaciones se vuelven menos densas y ascienden.

e) La coalescencia de plutones forma macizos anortosíticos. Los cumulatos máficos permanecen en profundidad (Fig. 21-4).

Las anortositas gábricas y gabros relacionados, están a menudo presentes en macizos anortosíticos y en complejos Precámbricos metamorfizados, de los cuales no se conocen lavas ni depósitos piroclásticos.

La intrusión Stillwater, contiene el más espectacular desarrollo de anortositas en complejos estratificados. Dentro de las series bandeadas hay troctolitas ricas en plagioclasa, noritas y gabros, así como dos horizontes mayores de anortosita casi pura, uno de 400 m de espesor y otro de 500 m, en los cuales la plagioclasa es el único mineral cumulus. En el total de 2500 m de espesor de la serie de capas bandeadas, que incluyen capas gábricas y anortosíticas, el promedio de las rocas contienen 84% de feldespato, pero la asociación de rocas de la intrusión, sugiere que el parent magma ha sido gábrico.

La característica distintiva más importante de las anortositas de tipo macizo, es que el volumen de plagioclasa es mayor al 90%, con típica textura de cumulus, y con composición de andesina (An 40-60), diferente a la de las intrusiones gábricas estratificadas en las que la composición es labradorita-bitownita (An65-85). Hipersteno y augita son los minerales máficos más comunes y la ilmenita y apatita son accesorios importantes. Las rocas asociadas son gabros y noritas, que forman márgenes gradacionales alrededor de un núcleo central más leucocrático, constituido por los mismos minerales y un borde externo de charnoquitas. La cristalización tuvo lugar bajo condiciones fuertemente oxidantes.

Las profundidades de emplazamiento estuvieron entre 5 y 25 Km, ninguno muestra mayor aproximación a la superficie. Sus temperaturas deben haber sido muy altas, con bajos contenidos de agua, por las aureolas de contacto que muestran y por la poca evidencia de fluidos hidrotermales. El magma anortosítico anhidro debe haber tenido temperaturas del orden de 1300°C. Estas propiedades evidencian una condición única en la historia de la Tierra, posiblemente relacionada a muy altos gradientes térmicos y fusión justo por debajo de la corteza continental.

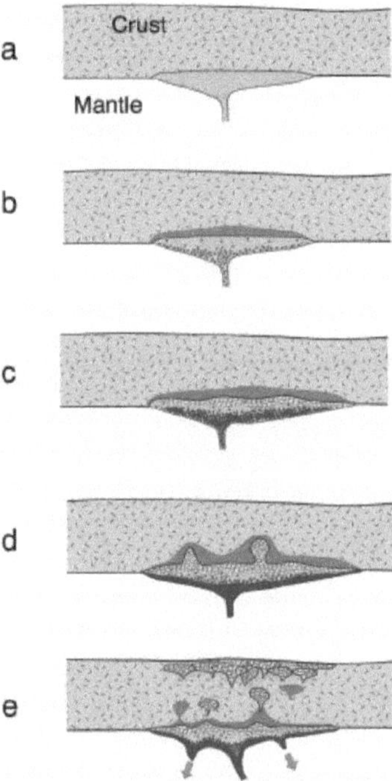

Fig. 21-4. Secuencia de generación y evolución de macizos de anortositas del Precámbrico.

Como se formaron tan altos contenidos de plagioclasa es difícil de explicar. Las interpretaciones, para la inusual acumulación de plagioclasa desde magmas máficos, debe considerar: ¿Como tal cantidad de plagioclasa puede ser fraccionada sin la correspondiente cantidad de minerales máficos visibles? Las mayores concentraciones de plagioclasa pueden ser formadas a partir de un magma derivado del manto, por cristalización cotéctica. Para lograr tan altas concentraciones de anortosita, se requiere una importantísima precipitación de minerales máficos que permanecen ocultos en alguna otra parte del sistema, probablemente en la interfase manto-corteza, pero esto nunca ha sido detectado por geofísica. La nucleación y precipitación de plagioclasa debe haber ocurrido en niveles más someros, porque el feldespato requiere alto sobreenfriamiento para su nucleación.

Los macizos anortosíticos reflejan un importante evento petrogenético anorogénico en la temprana evolución térmica y química de la corteza y manto.

Charnoquítas

Las charnoquitas se asocian con anortositas Proterozoicas. Son rocas casi anhidras de composición granítica con ortopiroxeno; también se asocian con dioritas y monzonitas ricas en potasio. Generalmente son ligeramente más jóvenes que las anortositas en las cuales intruyen.

Las charnoquitas son típicamente anorogénicas y forman parte de la suite de intrusivos llamada "Suite AMCG" (anortosita-mangerita-charnoquita-granito) típica del Proterozoico.

La charnoquita (granito con hipersteno) y la mangerita (monzonita con hipersteno), contienen también fayalita y cuarzo.

Fig. 21-5. Sección delgada de charnoquita, con la asociación mineral característica. Q: cuarzo. Opx: ortopiroxeno. F: plagioclasa.

Están asociadas con noritas y anortositas, siendo típicas de terrenos Precámbricos. La clasificación debe ser usada sólo si las rocas consideradas pertenecen a la suite charnoquítica, las cuales están caracterizadas por la presencia de hipersteno (o fayalita mas cuarzo) y en muchos casos también por pertitas, mesopertitas y antipertitas.

La génesis pudo haber estado relacionada con eventos térmicos de alta temperatura, en condiciones de baja presión de agua, que han producido fusión en la parte inferior de la corteza continental, que puede estar relacionado a eventos ígneos que dieron origen a los macizos de anortositas, o metamórficos de alto grado (Kilpatrick y Ellis 1992). La asociación se puede explicar utilizando el diagrama Fo-An-Qtz (Fig. 7-2), en el cual el descenso de la presión causa que la curva anortita-ortopiroxeno se desplace hacia el vértice de la anortita. Como resultado la composición del fundido cotectico a alta presión se localiza en el campo de la anortita. Asimismo, las charnoquitas asociadas, que en algún momento fueron consideradas líquidos residuales, después de la acumulación de las plagioclasas, aunque ellos son considerados ahora como fundidos corticales, más fácilmente generados como magmas por calentamiento debajo de las placas. Esta teoría explica la naturaleza bimodal de anortosita-charnoquita y racionaliza la observación de la ausencia de rocas intermedias entre ambas.

Lecturas Seleccionadas

Ashwal, L.D., Morrison, D.A., Phinney, W.C., Wood, J. 1983. Origin of Archean Anorthosites: Evidence from the Bad Vermilion Lake Anorthosite Complex, Ontario. Contribution to Mineral. and Petrol. 82: 259-273.

Hess, P.C. 1989. Origin of Igneous Rocks. Harvard University Press. 336 pp.

Kilpatrick, J.A., y Ellis, D.J. 1992. C-type magmas. Igneous charnockites and their extrusive equivalents. In: Brown, P.E., y Chappell, B.W. (eds.). The Second Hutton Symposium on the Origin of Granites and Related Rocks. Geol. Soc. Amer. Spec. Paper 272: 155-164.

Phinney, W.C. 1982. Petrogenesis of archean anorthosites. In: Workshop on magmatic processes of early planetary crusts. Ed. McCallum, I.S., y Walker, D., 121-124. LPI Tech. Rep. 82-01. Houston: Lunar & Planetary Institute.

Weaver, B.L., Tarney, J., Windley, B. 1981. Geochemistry and petrogenesis of the Fiskenaesset anorthosite complex, southern West Greenland: Nature of the parent magma. Geochemistry and Cosmochimica Acta 45: 711-725.

Printed by Books on Demand GmbH, Norderstedt / Germany